TRAITEMENT

PRATIQUE

DES VINS

CULTURE DE LA VIGNE DANS LES DIVERS VIGNOBLES
(Gironde, Bourgogne, Champagne, Hermitage, vignobles étrangers)

VINIFICATION ET DISTILLATION
Fabrication des liqueurs, vinaigres, huiles

TRAITEMENT SPÉCIAL DE CHAQUE GENRE DE VINS
Manipulation des spiritueux, Tenue des livres de chai, Expéditions, Régie

PAR RAIMOND BOIREAU

**

TRAITEMENT SPÉCIAL DE CHAQUE GENRE DE VINS
MANIPULATION DES SPIRITUEUX
LIVRES DE CHAI, EXPÉDITIONS, RÉGIE

DEUXIÈME ÉDITION
Contenant 133 figures des outils et ustensiles de chai

BORDEAUX

Vve PAUL CHAUMAS, LIBRAIRE-ÉDITEUR
Cours du Chapeau-Rouge, 34
ET CHEZ L'AUTEUR, RUE MONSARRAT, 28

1876

TRAITEMENT

PRATIQUE

DES VINS

⋆⋆

TRAITEMENT

PRATIQUE

DES VINS

CULTURE DE LA VIGNE DANS LES DIVERS VIGNOBLES
Gironde, Bourgogne, Champagne, Hermitage, vignobles étrangers
VINIFICATION ET DISTILLATION
Fabrication des liqueurs, vinaigres, huiles
TRAITEMENT SPÉCIAL DE CHAQUE GENRE DE VINS
Manipulation des spiritueux, Tenue des livres de chai, Expéditions, Régie

PAR RAIMOND BOIREAU

★ ★

TRAITEMENT SPÉCIAL DE CHAQUE GENRE DE VINS
MANIPULATION DES SPIRITUEUX
LIVRES DE CHAI, EXPÉDITIONS, RÉGIE

———

DEUXIÈME ÉDITION
Contenant 133 figures des outils et ustensiles de chai

———

BORDEAUX

Vᵛᵉ PAUL CHAUMAS, LIBRAIRE-ÉDITEUR
Cours du Chapeau-Rouge, 34
ET CHEZ L'AUTEUR, RUE MONSARRAT, 28

1876

TRAITEMENT

PRATIQUE

DES VINS

DEUXIÈME PARTIE

TRAITEMENT GÉNÉRAL DES VINS ET SPIRITUEUX

LIVRES DE CHAI, EXPÉDITIONS, RÉGIE

———

AVANT-PROPOS

Je remercie mes confrères les Sommeliers-Viticulteurs de la Gironde, de l'accueil bienveillant qu'ils ont fait à la première édition de cet ouvrage, qui a pour objet principal la conservation des vins de France, si appréciés des consommateurs du monde entier.

L'introduction dans ce travail de quelques chapitres nouveaux, a nécessité sa division en deux volumes :

Le premier volume est consacré à la culture de la vigne. à l'art de faire le vin, de le distiller et de fabriquer les liqueurs.

Le second volume se rapporte à la conservation et à l'expédition de ces liquides, c'est-à-dire à la partie qui intéresse plus particulièrement le Négociant et le Maître de chai.

Chargé par plusieurs maisons dont le centre commercial est éloigné de Bordeaux, du choix, de la préparation et de l'expédition, en France et à l'étranger, des vins et spiritueux de toute espèce et de toute provenance, j'ai dû rechercher les moyens propres à conduire à bonne fin les différentes opérations qui m'étaient confiées. En indiquant ici les avantages et les inconvénients de toutes les méthodes usitées, je ne me suis pas borné à la mention de quelques principes généraux, j'ai tenu compte de l'étendue des locaux, des sommes et du personnel dont on dispose. J'ai pu ainsi donner des renseignements exacts pour effectuer le travail dans les meilleures conditions possibles.

Cette deuxième édition a été complétement refondue et considérablement augmentée ; entre autres additions elle présente la description et la figure des ustensiles de chai, tant anciens que modernes, de nouvelles tables de réduction des alcools, les lois qui régissent le commerce des vins et liqueurs.

En résumé, je crois n'avoir rien négligé pour faire de cet ouvrage un traité complet, essentiellement utile et pratique, une sorte d'aide-mémoire pour tous ceux qui, comme moi, ont à conserver, manipuler ou expédier des vins ou des spiritueux.

Bordeaux, mars 1876.

RAIMOND BOIREAU.

CHAPITRE PREMIER

TRAITEMENT GÉNÉRAL DES VINS

Observations générales. — Influence du contact de l'air ambiant; des variations de température; du dégagement des ferments et des dépôts; des locaux convenables à l'emmagasinage des vins : caves, chais, magasins, etc. — Dispositions à prendre pour éviter la déperdition due à l'évaporation, conserver une température régulière et combattre l'excès d'humidité. — Installation, pose des chantiers; matières diverses employées à cet usage. — Encarrassage ou gerbage: travail pratique; ustensiles et appareaux nécessaires; installation bordelaise; gerbage et dégerbage des fûts dans les entrepôts du Nord et de Paris; machines à gerber. — Soutirage des vins et transvasage; utilité et divers buts de ces opérations; conditions d'époque et de température les plus favorables; causes qui nécessitent des soutirages à des époques indéterminées; influence, dans ce travail, du contact de l'air; méthodes employées pour soutirer et transvaser; outils et ustensiles nécessaires; travaux pratiques; soins de propreté; méthodes bordelaise et mâconnaise; transvasage par les pompes diverses, siphons, cannelles, etc.; meilleurs modes d'opérer. — De l'acide sulfureux; sa nature, ses propriétés générales, son emploi dans la fabrication des vins et dans la conservation des fûts, etc. — Vins muets; leur fabrication; soins qu'on doit y apporter.

Observations générales. — Les soins que l'on doit donner aux vins comprennent non-seulement ceux qui sont nécessaires à leur conservation, mais encore la manière de les aider à vieillir en développant en eux toutes les qualités qu'ils sont susceptibles d'acquérir, ainsi que les moyens de remédier aux maladies ou aux vices dont ils peuvent être atteints et d'en prévenir le retour.

Trois principales conditions sont essentielles pour atteindre ce but :

1º Tenir les vins à l'abri du contact de l'air ambiant;

1

2º **Leur** conserver une température uniforme;

3º **Les** dégager de leurs ferments et dépôts; obtenir leur défécation et leur clarification complète sans nuire à leur avenir, et prévenir leur dégénérescence.

A part ces soins généraux, il est très-important de goûter, de surveiller, de visiter fréquemment les vins, afin de prévenir et d'éviter, par des soins opportuns, les fermentations secondaires et intempestives qui se produisent, surtout dans les vins moelleux, et qui, transformant en alcool les mucilages et la pectine qu'ils tiennent en suspension, leur font perdre le goût de fruit. Ces soins, qui ne sont que le développement des conditions essentielles que nous venons de poser, seront détaillés en parlant du traitement particulier à chaque genre de vin.

Les observations qui suivent s'appliquent à tous les vins de table *en nature*, c'est-à-dire non vinés, dont le titre varie de 7 à 15° d'alcool pur selon les climats, les cépages, etc.; nous réservons un chapitre spécial aux vins dits *de liqueur* (secs ou liquoreux), dont les conditions de conservation diffèrent.

Influence du contact de l'air ambiant. — Lorsque le vin est mis en contact immédiat avec l'air, il s'opère plusieurs changements dans sa constitution. Une partie de l'alcool s'évapore, ainsi que le bouquet et la séve, et si le contact se prolonge, il se forme à la surface du liquide une croûte blanchâtre nommée *fleurs*. Ces fleurs ne sont autre chose que des moisissures d'une nature spéciale, formées par la végétation de champignons microscopiques nommés par les chimistes *micoderma vini* et *micoderma aceti,* qui se développent rapidement par bourgeonnement sous l'influence de l'air, par suite de l'affaiblissement dû à l'évaporation de l'alcool. Ces moisissures, qui sont imprégnées d'acidité, communiquent au vin un goût désagréable, que l'on désigne sous le nom de *goût d'évent,* troublent et louchissent sa transparence, et y introduisent des ferments acides. Parfois, lorsque le vin renferme des parties sucrées, il ne fleurit pas; mais alors il s'opère en lui une seconde fermentation alcoolique.

Si on ne s'empresse de soustraire le vin au contact de l'air, il s'acidifie, se pique, et, en un mot, se transforme peu à peu en vinaigre. La science explique cette transformation du vin en vinaigre par l'action de l'oxygène de l'air qui, oxydant l'alcool, le transforme en acide acétique. Les liquides alcooliques sont susceptibles de subir la fermentation acide au contact de l'air, de l'eau et d'un ferment. Or, on sait que la plupart des vins renferment des ferments. Selon M. Pasteur, l'acidité serait due à un ferment spécial, aux fleurs des vins aigres, *micoderma aceti.*

Quoi qu'il en soit, le vin peut se transformer en vinaigre, d'une manière plus ou moins rapide et complète (et souvent sans que la surface se couvre de fleurs), à la température de 0° à 100°; mais la température qui active le plus cette transformation est celle de 25° à 40° centigrades.

L'alcool contenu dans le vin se transforme progressivement en acide acétique.

Le vinaigre, maintenu dans les mêmes conditions au contact de l'air, s'affaiblit à son tour, à moins qu'il ne soit alimenté par des vins non acidifiés; l'acide est détruit, et le liquide finit par se corrompre ou se pourrir.

En résumé, les vins soumis au contact de l'air peuvent subir trois fermentations différentes : la fermentation alcoolique, la fermentation acéteuse et la fermentation putride.

La fermentation alcoolique secondaire, qu'en terme de métier on nomme *travail,* transforme en alcool les divers mucilages contenus dans les vins. Cette fermentation peut, une fois commencée, s'accomplir sans le contact de l'air ; elle est parfois très-préjudiciable.à l'avenir des vins, auxquels elle enlève le goût de fruit. Nous aurons occasion d'en parler plus tard.

La fermentation acéteuse transforme l'alcool du vin en acide acétique, et le vin devient ainsi du vinaigre.

La fermentation putride est, comme l'indique son nom, la décomposition de l'acide. On ne reconnaît plus alors ni vin ni vinaigre : ce n'est plus qu'un liquide infect.

Ces diverses transformations ont lieu dans les vins de toute qualité dont le titre alcoolique est au-dessous de 16° d'alcool pur, lorsqu'ils restent soumis à l'influence de l'air.

Les vins très-faibles en alcool se tournent et se décomposent sans passer franchement à l'état acide. La cause doit en être attribuée à leur faiblesse relative ; ayant peu d'alcool, ils ne peuvent donner que peu d'acide.

Quant aux vins dits *de liqueur,* tels que le Porto, le Malaga, l'Alicante, etc., deux causes retardent leur transformation sous l'influence de l'air : la quantité d'alcool qui dépasse 16° jointe à la grande quantité de matière sucrée, naturelle ou artificielle, que plusieurs variétés renferment, alimente en eux, au contact de l'air, une fermentation insensible qui, en transformant une partie du mucilage en alcool, retarde et même souvent empêche l'établissement de la fermentation acide. Leur titre alcoolique élevé, qui le plus souvent a été augmenté artificiellement par de forts vinages, retarde la fermentation alcoolique et empêche la putridité.

Toutefois, ces vins ne sont pas toujours exempts d'altération sous l'influence de l'air : le titre alcoolique et le bouquet s'affaiblissent en eux ; il s'établit une fermentation alcoolique qui leur enlève la matière sucrée, et cette perte,

jointe à l'affaiblissement du degré, les fait passer rapidement à l'acidité; il arrive même souvent que la présence de
l'acide se manifeste avant que toute la matière sucrée soit
transformée en alcool.

Les vins se trouvent à l'abri du contact immédiat de
l'air, lorsque les fûts ou barriques sont faits en bois assez
fort et bien étanche; lorsqu'il n'entre dans leur confection
ni bois poreux ni bois suintant. Il faut, en outre, que les
fûts soient complétement pleins et bien bondés.

Les vins sont en contact avec l'air, si les fûts ne sont pas
exactement remplis, s'il ne sont pas suffisamment bondés
ou s'il y a des fuites.

Influence des variations de température. — Il
est important que le local dans lequel les vins sont conservés ait une température invariable; dans nos climats, la
température moyenne des caves est de 15 à 17° centigrades, mais les variations de température des caves dépen-
dent des dispositions plus ou moins favorables du local et
des précautions prises pour éviter l'accès de l'air extérieur.
Nous parlerons un peu plus loin des locaux qu'il convient
d'adopter à cet égard.

Les variations de température font éprouver aux vins,
comme aux autres liquides, des différences de densité et
de volume; il y a contraction des liquides quand la température s'abaisse, dilatation quand elle s'élève. Ainsi, le vin
d'un fût complétement plein et placé dans un local dont la
température est plus basse que celle du vin, éprouvera un
mouvement de retrait, se contractera, et par conséquent
diminuera de volume. Ce mouvement est, dans la plupart
des cas, favorable à la défécation des lies; mais il offre
l'inconvénient de laisser dans les fûts un espace vide qui
souvent sèche la surface extérieure du bois et livre passage

à l'air. Il faut alors, ou remplir le fût, ou soutirer le vin pour le soustraire au contact de l'air.

Lorsque la température du local est plus élevée que celle du vin, il y a dilatation du liquide, qui tend à occuper un espace plus grand. Outre le danger qu'il y a à laisser le vin dans cet état, à cause de la pression qu'il exerce contre les parois des douves et des fonds, ce qui pourrait occasionner des fuites, la dilatation peut faire remonter dans le vin les lies déjà déposées, troubler ainsi sa transparence et lui communiquer un mauvais goût de lie ; de plus elle le prédispose aux fermentations secondaires.

Influence du dégagement des ferments et des dépôts ; des moyens d'éviter la dégénérescence trop rapide des vins. — L'importance du dégagement des ferments et des dépôts formant les lies est incontestable ; les vins troubles ou louches sont prédisposés aux fermentations secondaires, alcoolique ou acéteuse ; ils contractent facilement un mauvais goût de lie, d'amertume, etc.

Il s'opère dans tous les vins un travail de défécation continuel ; diverses matières, entre autres la matière colorante, plusieurs sels minéraux et végétaux, etc., qui étaient en dissolution dans le vin, deviennent insolubles et se précipitent au fond du liquide, ou bien y restent en suspension ; ce sont ces matières qui, avec les ferments précipités, constituent la lie. Les vins déposent plus ou moins, selon leur nature et les soins qui ont été apportés à la vinification. Les dépôts les plus volumineux s'opèrent dès la première année ; ils diminuent en volume et en consistance à chaque soutirage, lorsque les vins sont bien soignés ; quand ces derniers sont bien dépouillés et qu'ils sont parvenus à leur entier développement, le dépôt est presque nul. Il augmente de nouveau lorsque les vins déclinent et dégénèrent.

On prévient la dégénérescence des vins en les mettant en bouteilles avant qu'ils aient faibli et qu'ils aient perdu leur goût de fruit en barriques. En bouteilles, ils se conservent et gagnent en qualité, tandis que, laissés en barriques, ils deviennent âcres et secs, et perdent leur saveur et leur prix.

On débarrasse les vins de leurs dépôts et de leurs ferments par divers moyens, suivant les cas : par le repos du liquide et l'abaissement de sa température, par les soutirages, par les collages. Nous donnerons plus loin les détails pratiques de ces diverses opérations.

Des locaux convenables à l'emmagasinage des vins : caves, chais, magasins, etc. — Les caves ou chais destinés à recevoir les vins doivent réunir deux conditions principales : uniformité et régularité de température en toute saison ; réduction aussi grande que possible de la consommation produite par l'évaporation.

Autrefois, une troisième condition était indispensable, c'était celle d'éviter l'humidité, qui, en pourrissant promptement les *cercles en bois* des fûts, occasionnait fréquemment des pertes de vin. Dans ce but, on aérait les chais et les caves par des soupiraux. Ces ouvertures, renouvelant l'air constamment, évitaient l'excès d'humidité, *mais augmentaient considérablement la consommation et rendaient la régularité de température impossible.* A cette époque, les barriques étaient cerclées en bois, et on était obligé de veiller à la conservation de la dépouille des fûts, qui, dans certaines caves closes, se pourrissait en moins de six mois. Aujourd'hui, l'usage de ferrer complétement les barriques est devenu général, et non-seulement cette méthode offre une économie sur l'ancienne, mais encore elle est indispensable à la sécurité des vins destinés à vieillir et logés dans des chais ou des caves closes. Ainsi, tout en combattant l'excès d'humidité du sol par des moyens appropriés dont nous parlerons plus loin, on doit tenir les caves et les chais complétement clos, et sans communication directe avec l'air exérieur, si ce n'est par des ventilateurs verticaux se fermant hermétiquement et dont nous indiquerons plus loin la construction et l'utilité.

Des dispositions à prendre pour éviter la déperdition due à l'évaporation et conserver une température invariable; ventilateur; différences entre la consommation d'un chai aéré et celle des chais clos. — Les chais et les caves doivent, autant que possible, être exposés au nord et protégés, du côté du midi, soit par d'autres constructions mitoyennes, soit par des murs épais. Les meilleurs chais sont ceux qui sont creusés en demi-caves, de 0^m 30^c à 1 mètre environ en contre-bas du niveau du sol, à condition que le sous-sol ne soit pas trop humide. Lorsque les chais sont placés sur une côte, à part leur construction en demi-caves, il faudra les entourer d'arbres, pour les garantir de la chaleur. Ils ne doivent avoir aucune communication permanente avec l'air extérieur, ni par des fenêtres, ni par des soupiraux; toutes les ouvertures de ce genre seront condamnées, et les planchers plafonnés et plâtrés. Il est nécessaire qu'ils n'aient qu'*une unique issue :* la porte, exposée au nord, s'il est possible. On établit en outre, à la porte d'entrée, un ou deux avant-chais servant d'ateliers ou de magasins provisoires, et munis de doubles portes que l'on tient fermées, surtout lorsque la température est élevée.

Les greniers, au-dessus des chais, seront plafonnés, plâtrés et aérés en temps chaud, dans les grands locaux. Les ventilateurs sont surtout utiles pour abaisser la température des greniers et *chais chauds*. On les établit de la même forme que ceux des navires à vapeur ; ils doivent dépasser la toiture d'un mètre au moins, et être surmontés d'une girouette soudée au-dessus de la prise d'air qui est mobile et dont l'orifice est ainsi présentée debout au vent régnant ; lorsque l'on a besoin de rafraîchir les chais, on choisit l'heure où la température extérieure se trouve la plus basse ; vers trois à quatre heures du matin, en été, on ouvre les soupapes, que l'on referme à six heures, après avoir arrosé le sol abondamment. Lorsqu'ils ne sont pas plâtrés, on doit calfater tous les joints des planches ou les recouvrir avec soin de liteaux. De plus, ces greniers seront constamment garnis de marchandises, de menu bois, etc., afin d'éviter que l'air chaud ne pénètre dans le chai ; ou bien on recouvrira les planchers d'une couche de sable fin et sec.

Quant aux chais mansardés, sans greniers, on ne peut, même lorsqu'ils sont plâtrés, espérer d'y obtenir une température uniforme, à cause de la chaleur qui se communique par la toiture.

Les locaux les plus propices à l'emmagasinage des vins sont les *caves voûtées* et sans communication directe avec l'air extérieur.

Dans les chais anciennement construits, si l'on veut obtenir la stabilité de la température, on arrivera à de bons résultats en supprimant les soupiraux, surtout ceux qui forment des courants d'air, en établissant des avant-chais, en plâtrant les planchers, et en disposant les greniers comme nous l'indiquons plus haut.

Lorsque, pendant les grandes chaleurs, la température d'un chai s'élève ce dont on doit s'assurer à l'aide d'un thermomètre, on peut l'abaisser de plusieurs degrés en arrosant la surface du sol avec de l'eau de puits fraîche, qui a environ 15°, et en tenant ensuite le chai bien clos ;

mais si la chaleur pénètre par les greniers, les planches mal jointes, ce qui est le plus ordinaire, il faut placer les fûts le plus près possible du sol et éviter de les encarrasser trop haut. En effet, dans ces sortes de chais, il y a souvent un écart de plus de 10° entre la température observée près de la surface du sol et celle de la partie la plus voisine du plancher. Ainsi, dans les journées chaudes, il n'est pas rare de voir la température près du plancher s'élever jusqu'à 30°, tandis que celle que l'on observe près du sol n'en atteint que 18. Ce fait s'explique par la dilatation de l'air chaud, qui, en raison de sa plus grande légèreté spécifique, se maintient dans la partie supérieure.

La consommation ou déperdition des vins par évaporation dépend essentiellement des dispositions du local et des fûts; elle varie de 3 à 10 pour 100, selon que les chais sont aérés ou clos.

La loi accorde aux marchands en gros et aux entrepositaires, en raison de cette déperdition, une allocation de 8 pour 100 par an.

Dans les chais secs, où l'air se renouvelle continuellement par des soupiraux, par des fenêtres ou par les greniers, la consommation atteint l'allocation accordée par la loi, et même la dépasse, surtout si les vins sont logés en barriques faibles, peu fondées, cerclées en bois, et si on néglige de faire *resuivre* les cercles quand elles ont séché. La consommation, dans ce cas, peut aller jusqu'à 10 pour 100, sans qu'il y ait eu des pertes par des coulages extraordinaires.

Dans les chais parfaitement clos, et surtout dans les caves voûtées, les vins logés en barriques fortes et cerclées en fer atteignent à peine 3 pour 100 de consommation par an.

Les chais d'une grande partie des propriétaires de la Gironde et de la généralité des contrées vinicoles sont dans de mauvaises conditions pour conserver les vins, et pour obtenir de l'économie sur la consommation. En effet, à part les propriétaires des grands crûs du Médoc, qui, ayant un puissant intérêt à bien soigner leur vin et à restreindre la consommation, ont établi leurs chais et caves dans les conditions que nous indiquons, les chais des producteurs sont, pour la plupart, de véritables *granges* où l'air se renouvelle constamment, et dont la température varie selon la température extérieure ; très-peu sont plafonnés et plâtrés, et les travaux de soutirages, ouillages, visites, etc., se font à l'air libre, portes et fenêtres ouvertes ; et tout cela dans le but d'économiser de la chandelle et d'éviter que la dépouille des barriques cerclées en bois ne se pourrisse trop vite sous l'influence de l'humidité.

Les propriétaires devraient réfléchir qu'en aérant leurs chais, ils perdent chaque année, par l'accroissement de la consommation, 3 à 4 pour 100 de leur récolte, sans parler des dépréciations qu'ils éprouvent encore dans la vente de leurs vins vieux, par suite des vices que leur ont communiqués le contact de l'air et les mauvais soins, comme la *sécheresse*, l'*acidité*, l'*âcreté*, etc.

La diminution de la consommation leur paierait largement les frais de rebattage qu'ils auraient en plus, et leurs vins auraient une plus grande valeur, si les chais étaient établis convenablement et maintenus parfaitement clos.

D'ailleurs, ne peuvent-ils pas supprimer les frais de rebattage en logeant leurs vins en barriques ferrées ?

Autrefois, la différence de valeur entre les barriques *liées* et les barriques *ferrées* était grande : le cercle en bois était à bas prix, et le fer à un prix élevé ; mais aujourd'hui, le cercle en châtaignier devient de plus en plus rare et tend à augmenter progressivement de valeur, tandis que le cours du feuillard en fer demeure plus stationnaire.

Les barriques cerclées à six cercles de fer et quatre de bois ne reviennent pas 1 franc de plus, la pièce, que les mêmes cerclées tout en bois.

Lorsque des raisons majeures s'opposent à ce que les chais soient clos, comme par exemple le dépôt provisoire des vins dans des magasins, des hangars, etc., on ne peut éviter la consommation ; mais on peut empêcher que les vins ne s'altèrent, en maintenant toujours les fûts bien pleins ; on les ouillera tous les cinq jours et on les bondera fortement, si ce sont des vins nouveaux. On préviendra les fermentations secondaires par des soutirages fréquents. Si on ne peut les soutirer, on les transvasera dans des fûts soufrés, sans les mettre en contact avec l'air. On les goûtera souvent, afin de s'assurer s'il ne s'opère pas en eux quelque travail. Si les fûts sont tout à fait exposés à l'air, on les recouvrira de toiles de prélarts, que l'on aura soin d'arroser souvent.

On prendra les mêmes précautions pour les vins vieux, placés bonde de côté, et on les soutirera dès qu'ils auront plus d'un litre de creux par fût.

Humidité ; moyen de la diminuer. — L'humidité est inévitable dans les caves et les chais clos. Lorsqu'elle n'est pas trop forte, *elle est utile, en ce qu'elle diminue l'évaporation ;* mais si elle est en excès, elle pourrit promptement non-seulement les cercles en bois, mais encore les fûts eux-mêmes. On combat l'excès d'humidité par les moyens suivants.

Le sol des caves et des chais doit être tenu très-propre et bien battu, rendu en quelque sorte imperméable ; cette précaution est indispensable pour éviter les émanations humides et parfois putrides de la terre.

Si les caves ou les chais sont construits dans des endroits

marécageux, il faut enlever de la surface du sol une couche de terre de 0ᵐ 20ᶜ à 0ᵐ 30ᶜ d'épaisseur, et la remplacer soit par de la pierre tendre pulvérisée (vulgairement nommée *peyruche*), soit par un mélange de chaux, de sable et de menus graviers, soit par de la terre glaise mélangée de cailloux, par des résidus de forges, débris de fer et de charbon, bien battus sur le sol, de manière à former une couche imperméable. On laisse sécher ces compositions, et si l'humidité qu'en séchant elles répandent dans l'air est trop forte, on accélère le desséchement au moyen d'un réchaud. Lorsque le sol est bien raffermi, on le recouvre d'une *couche de sable fin et siliceux, préalablement séché au soleil.*

Si, malgré ces précautions, il existait des infiltrations d'eau, on devrait faire maçonner, en moellons de pierre dure cimentés au béton ou en briques posées de champ, toutes les parties de la cave où elles se produiraient.

On ne doit jamais laisser dans les caves ou dans les chais aucune espèce de matières susceptibles d'être attaquées par l'humidité, parce qu'une fois qu'elles en sont imprégnées, elles contribuent à l'augmenter. Outre cet inconvénient, un grand nombre de matières attaquables par l'humidité sont sujettes à se décomposer sous l'influence de la fermentation putride.

On diminue l'intensité de l'humidité en balayant souvent le sol des caves et des chais, en enlevant par des grattages la mousse et les moisissures des murs, en brossant avec soin la mousse des barriques à chaque soutirage, en enlevant le sable humide qui recouvre le sol sous les chantiers et entre les barriques, et en le remplaçant par du sable sec.

La sciure de bois ne doit jamais être employée pour remplacer le sable dont on recouvre le sol, parce que, si elle y séjourne longtemps, elle s'imprègne d'humidité et l'*augmente;* mais le plus grand inconvénient que présente l'emploi de cette substance, c'est que, dans la sciure de bois comme dans toutes les matières ligneuses et végétales, il se produit, sous l'influence de l'air et de l'humidité, une fermentation putride qui vicie l'air, met les vins en fermentation, et transforme peu à peu la sciure en fumier.

Il faut donc donner la préférence au sable fin, siliceux, préalablement bien séché.

Installation, pose des chantiers; des diverses matières employées à cet usage. — Les *chantiers* ou *tins* sont des pièces de bois ou d'autre matière, posées sur le sol, et élevées de 0^m 15^c à 0^m 20^c. Les chantiers sont destinés à recevoir les fûts pour les garantir de l'humidité du sol, à consolider leur arrimage, et à faciliter les soutirages des vins.

Ils peuvent se faire de divers matériaux. Dans le Bordelais, on emploie généralement, par mesure d'économie, des tins en bois de pin maritime, qui ne sont autre chose que de jeunes arbres grossièrement équarris, d'environ 0^m 15^c de diamètre et de longueur indéterminée (6 mètres en moyenne). Pour former un chantier, on place deux de ces arbres à terre, et on laisse entre eux un écart de 0^m 67^c de dehors en dehors, s'ils sont destinés à recevoir des barriques bordelaises ou des fûts d'égale longueur; si les fûts excèdent cette longueur, il faudra augmenter l'écart des tins dans les mêmes proportions. Les tins en pin ne sont pas d'ordinaire reliés entre eux par des traverses; lorsqu'on les place sur le sol du chai, ils doivent bien porter d'un bout à l'autre sur la terre; on choisit pour cela le sens le plus favorable, et si quelqu'une des parties du tin forme bosse, on lui donne en dessous, jusqu'à moitié de son épaisseur, un coup de scie qui aide le tin à se rapprocher du sol sous le poids des fûts pleins.

On peut faire des chantiers en bois d'essences diverses. Lorsqu'on ne peut se procurer économiquement des *tins en pin*, on emploie le sapin ou tout autre bois tendre, que l'on équarrit tout simplement. Si l'on scie les madriers plus haut que large (0ᵐ 15ᶜ de hauteur sur 0ᵐ 10ᶜ de largeur, par exemple), il faut les relier entre eux par des traverses, afin d'éviter qu'ils ne chavirent.

Il serait préférable d'employer, pour former les chantiers, des bois d'essences dures, tels que le chêne, l'ormeau, etc., qui résisteraient mieux et plus longtemps à la pourriture ; mais l'élévation de leur prix de revient est un obstacle à leur emploi.

Toutefois, dans les caves et les chais très-humides, il n'y a pas économie à employer des tins en pin, car ils se pourrissent très-rapidement. Il est plus avantageux, dans ce cas, d'établir des chantiers en pierre dure, s'enfonçant dans le sol d'environ 0ᵐ 03ᶜ, et ayant, au-dessus de sa surface, la même hauteur et la même largeur que ceux en bois, soit 0ᵐ 15ᶜ de haut sur 0ᵐ 15ᶜ de large. On évite le contact des fûts avec la pierre, en la recouvrant d'une barre croûte à barrique ou de toute autre planche. Ces sortes de chantiers sont plus coûteux à établir que ceux formés de tins en pin ; mais, outre qu'ils offrent une grande solidité, ils finissent par revenir moins cher, car leur emploi supprime le renouvellement des tins en pin, parfois annuel dans les caves humides.

Nous avons dit que les tins et autres chantiers doivent être espacés d'environ 0ᵐ 67ᶜ de dehors en dehors, pour supporter un rang formé de barriques bordelaises ; la longueur moyenne des barriques bordelaises étant de 0ᵐ 92ᶜ, on compte que chaque rang occupe en largeur l'espace de 1 mètre.

Les *passes* ou couloirs entre les rangs, nécessaires pour le travail des soutirages, ouillages, etc., pour le service des barriques bordelaises ou des fûts de même longueur, auront, en largeur, les dimensions suivantes :

Passes ou couloirs à pouvoir rouler et éviter. . . .	1m 20
— à rouler sans éviter	1 05
— à mâter.	0 85

Les travaux s'accomplissent beaucoup plus facilement, et par conséquent plus économiquement, lorsque tous les couloirs d'un chai ont la largeur nécessaire pour rouler et éviter. Par cette disposition, en effet, on peut placer les barriques à rouler dans tous les couloirs, tout en y réservant un espace libre de 0m 20c à 0m 25c, qui permet aux ouvriers de circuler entre les rangs de fûts et d'exécuter commodément les opérations de l'ouillage, du collage, etc. C'est l'arrangement le plus avantageux pour le travail.

On évalue le nombre de barriques que peut contenir un chai d'après la longueur et la largeur qu'il mesure ; on sait que la barrique bordelaise occupe 1 mètre en longueur et 0m 66c en diamètre, et que les couloirs doivent avoir de 0m 85c à 1m 20c de largeur ; on peut donc se rendre un compte exact de la contenance d'un chai, sans avoir besoin de mesurer rang par rang.

La pose des tins ou chantiers se fait de deux manières, selon que les chais sont destinés à loger les vins d'un propriétaire ou ceux d'un négociant : dans les chais des propriétaires, on établit les rangs dans le sens longitudinal, tandis que dans les chais destinés au commerce, et surtout lorsqu'il existe une grande division de parties, on les établit, pour faciliter le service, dans le sens transversal.

Ustensiles d'Eclairage et Ouillage.

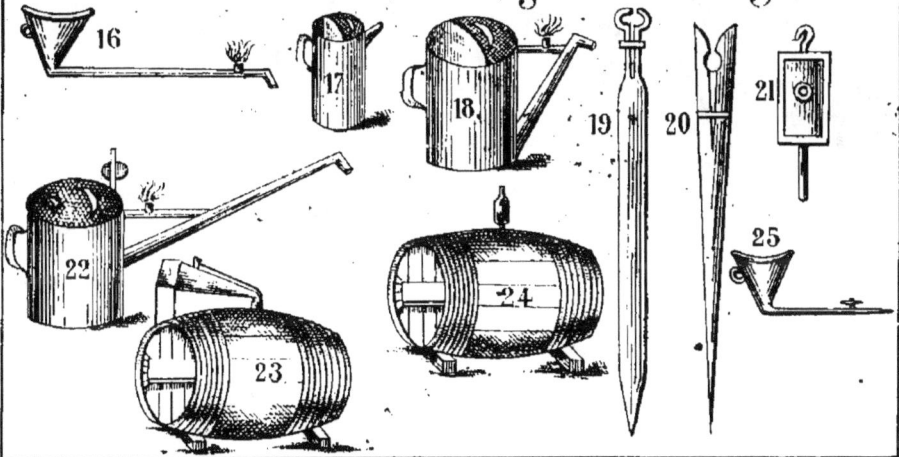

16

17

18

19   20

21

22

23

24

25

Appareils de Gerbage ou Encarassage.

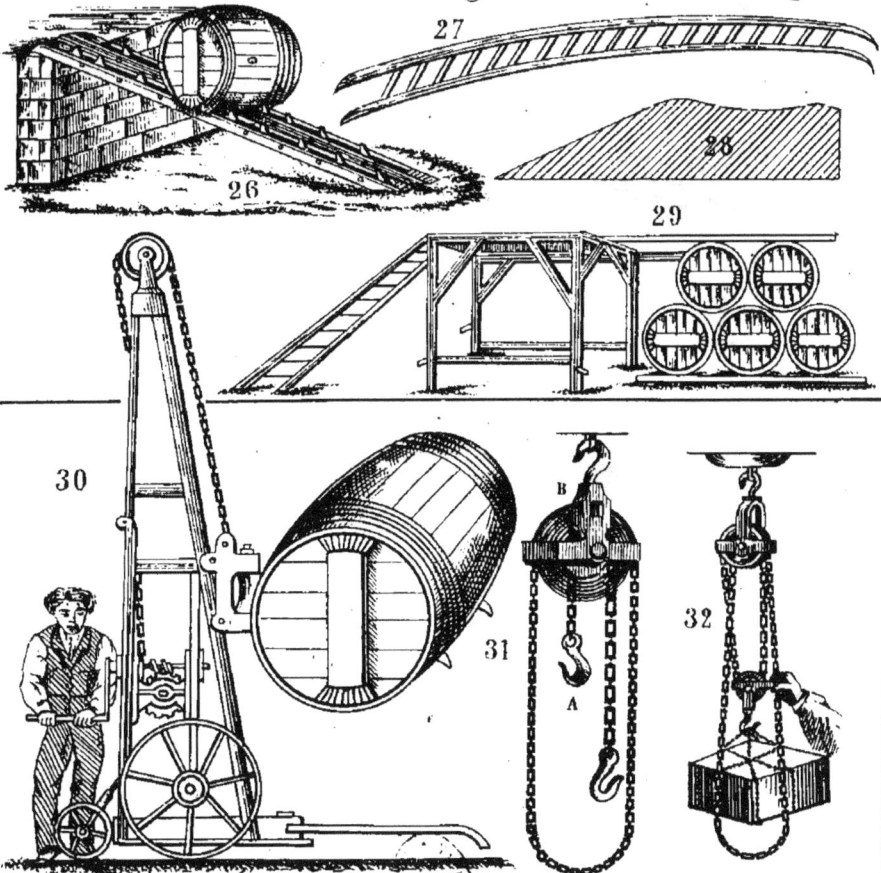

27

26

28

29

30

31

B

A

32

Si les rangs s'établissent dans le sens longitudinal, on en forme d'abord un d'un bout à l'autre du chai, de chaque côté des murs; on place ensuite soit un rang simple au milieu, en laissant les deux extrémités libres pour faciliter la circulation, soit plusieurs rangs continus et espacés par des couloirs, selon la largeur du chai. Dans les chais très-longs, on ménage, vers le milieu des rangs, des passages qui servent à éviter de trop longs détours. C'est la disposition la plus ordinaire des chais de propriétaires.

Dans les chais destinés au commerce, on laisse un vaste couloir de 2 mètres de large sur toute l'étendue d'un des murs, et on établit et règle les rangs et les couloirs en travers : toutes les passes aboutissent au grand couloir, et tous les rangs s'appuient à l'autre mur.

Pour faciliter les recherches et les inventaires, chaque rang doit porter un *numéro d'ordre,* inscrit sur un tableau placé dans le grand couloir, contre le mur, en face du rang. Ce tableau indiquera, en outre, le numéro d'entrée des vins et les quantités qui existent sur chaque rang.

Dans les chais de construction ancienne, ou dans les locaux qu'il est impossible de modifier, il faut disposer les rangs de la façon la plus propre à utiliser la place sans nuire au service. Dans tous les cas, il serait imprudent de supprimer les couloirs dans le but de loger un plus grand nombre de fûts; ce serait s'exposer à perdre une grande quantité de vin, surtout lorsque les fûts sont mal logés, car, ne pouvant les visiter, on se mettrait dans l'impossibilité de voir les fuites, de les étancher, et de transvaser lorsque cela deviendrait nécessaire.

Encarrassage ou gerbage; ustensiles et apparaux; méthode bordelaise. — *L'encarrassage* ou *gerbage* des fûts consiste dans leur arrimage sur les tins ou chantiers. Les fûts doivent être placés d'aplomb, de manière qu'ils ne penchent ni en avant ni en arrière; on les maintient en place au moyen de cales en bois taillées en forme de coins. Ces cales se font ordinairement, à Bordeaux, avec des rognures de barres à barriques; dans certaines localités où le bois est rare, à Paris par exemple, on remplace les coins en bois par des éclats de pierre dure.

Les fûts placés en sole doivent être sur quatre cales, deux devant et deux derrière, afin d'éviter le déplacement des fûts, qui compromettrait la sécurité du rang et troublerait les lies. Cela arriverait infailliblement si le rang était soutiré dans le sens contraire à son placement et qu'il ne fût calé que d'un côté. La dernière barrique de sole, outre les quatre coins ordinaires, doit être retenue par une grosse pierre triangulaire ou par un morceau de bois de même forme, que l'on appuie contre le bouge. Il est important de veiller à ce que cette dernière cale ne dépasse pas le diamètre du bouge de la barrique; car autrement, en circulant dans les couloirs, on courrait le risque de la déplacer et de compromettre ainsi la solidité des rangs, surtout s'ils étaient encarrassés en quatrième ou en cinquième.

Les barriques se montent en second, en troisième, etc., à l'aide de ponts en bois. Les barriques de ces nouveaux rangs doivent être calées avec le même soin que celles de la sole; on les roule d'un bout à l'autre du rang sur des barres à barriques placées en double dans le sens des tins. Les *barres à barriques* destinées à cet usage sont sciées à la longueur de $0^m 68^c$ (à peu près le diamètre du bouge de la barrique bordelaise), et on les place, sans les châtrer, sur les barriques arrimées sur la sole; on a soin de les faire joindre de bout en bout, pour éviter qu'elles ne glissent.

Pour que l'encarrassage s'exécute avec célérité, et pour diminuer la fatigue de l'ouvrier qui est à la pince, il est nécessaire, selon les cas, que les barriques arrivent en place, soit sur bonde, soit bonde de côté.

Pour arriver à ce résultat, il faut les parer avant de les monter. Les barriques se parent au tiers de leur circonférence en dedans. Ainsi, la première barrique arrivant en haut sur bonde, il faut que la bonde de la seconde soit parée, au départ, au tiers de sa circonférence en dedans, c'est-à-dire bonde aux ponts ; la troisième barrique devra, pour arriver sur bonde, être parée aux deux tiers de sa circonférence, c'est-à-dire bonde au-dessus des pieds du *pareur ;* enfin, la quatrième barrique devra partir bonde dessus, et ainsi de suite.

Les ustensiles et apparaux nécessaires à l'encarrassage sont : 1º une pince en fer recourbée d'un bout et aiguë de l'autre, ayant 0^m 80^c de longueur pour le service des barriques bordelaises, et 1 mètre pour celui des pièces, pipes, etc., de plus grande dimension; 2º des barres sciées et des coins en bois ; 3º des ponts de longueurs assorties, de 3 à 6 mètres ; 4º un câble en chanvre d'environ 0^m 03^c de grosseur, sur une longueur moyenne de 25 mètres, destiné principalement à encarrasser l'extrémité des rangs.

Les *ponts* sont des bouts de tins choisis, bien droits et exempts de nœuds ; après en avoir équarri les extrémités, on creuse légèrement en dessous les bouts qui doivent s'appuyer sur les barriques, afin qu'ils portent mieux et soient moins sujets à glisser; on abat, dans le même but, le dessus de ces bouts, et on taille en dessous les extrémités opposées, de façon qu'elles portent carrément sur le sol. Ces ponts ne sont pas reliés entre eux par des traverses; ils ont une longueur de 3 à 6 mètres. Pour les longueurs moindres, comme de 1^m 66^c à 2^m 33^c (de 5 à 7 pieds),

on choisit des barres croûtes à barriques, fortes et sans
nœuds, en pied de pin gemmé. Ces barres sont taillées comme
les ponts, qu'elles remplacent, et sont appelées *pipailles*.

La pose des câbles, pour monter les dernières barriques
d'un rang, s'effectue de la manière suivante : on prend le
milieu du câble, que l'on place sur le bouge extérieur
d'une barrique de second : on prend ensuite un des bouts
du câble, que l'on fait passer sur le collet de dessous, en
dessus de la seconde barrique de troisième ; on y place un
coin, que l'on enfonce fortement pour éviter qu'il ne se
dérange. Les bouts du câble, passant par-dessus la barrique de troisième, retombent à terre, et on les fait revenir
sur le troisième, entre les mains des ouvriers chargés de
l'encarrassage du quatrième.

Pour hisser la barrique, on hale sur chaque bout de
câble ; un homme supplémentaire (le maître encarrasseur,
celui qui est à la pince) guide les câbles et aide à hisser ; il
se tient en avant, et reçoit la barrique lorsqu'elle est rendue en haut du rang.

Pour décarrasser, on se sert également des câbles, établis de la même manière et avec les mêmes précautions,
surtout pour le quatrième et le cinquième rang.

Pour décarrasser le second et le troisième rang, on descend les barriques sur les ponts, en les retenant ; ou bien,
après avoir décalé la première barrique du rang, devant
laquelle on a préalablement placé une barrique pleine, on
laisse glisser les fûts doucement et avec précaution, en
s'aidant de la pince, et en ayant soin de mettre entre les
tins deux barres appuyées contre les barriques qui restent
en place, afin d'éviter tout choc violent. Mais ce système,
pour ne pas occasionner d'avaries, exige une grande pratique, et il est plus prudent de ne l'employer que pour décarrasser le second rang.

A Bordeaux, les opérations d'encarrassage se faisant généralement à l'entreprise, par des hommes habitués à ce genre de travaux et organisés par bandes, l'installation élémentaire que nous venons de décrire, quoique incomplète, leur suffit pour les exécuter rapidement. Mais, si ce travail devait être fait par les tonneliers, les grandes maisons de commerce auraient un avantage réel à s'installer complétement, comme le sont les grands entrepôts du nord de la France, afin que les ouvriers puissent exécuter ces travaux facilement, avec moins de fatigue, et surtout avec plus de sécurité.

C'est cette installation que nous allons décrire.

Gerbage des fûts dans les entrepôts de Paris. — Les ustensiles et apparaux employés à Paris, pour le gerbage ou encarrassage des fûts, diffèrent en plusieurs points de ceux dont on se sert actuellement à Bordeaux : les ponts en pin sont remplacés par des *poulains,* et on emploie, en outre, un appareil spécial, dit *tabernacle.*

Les poulains à gerber sont des madriers en frêne, en chêne ou en sapin (les meilleurs sont ceux en frêne); ils ont de 1ᵐ 66ᶜ à 6 mètres de long, sur environ 0ᵐ 10ᶜ de large et 0ᵐ 12ᶜ à 0ᵐ 15ᶜ de hauteur, et sont reliés par des barreaux en chêne plats et recourbés en dedans, incrustés dans l'échelle de 0ᵐ33ᶜ en 0ᵐ33ᶜ. L'écartement de l'échelle, qui est de 0ᵐ 66ᶜ, est retenu par deux ou trois boulons placés sous les barreaux, aux extrémités et au milieu des poulains; sur un des bouts des deux échelles se trouve une patte en fer formant crampon recourbé, à deux branches aiguës qui s'incrustent sur la barrique, afin d'éviter que le poulain ne vienne à glisser.

On se sert de poulains assortis de plusieurs longueurs, depuis 1ᵐ 66ᶜ jusqu'à 6 mètres (le plus petit se nomme *crève-cœur*). On emploie les poulains de moins de 2 mètres pour monter du tabernacle sur les rangs.

Le tabernacle remplace les appontages, lorsque les rangs à faire ne sont pas dans le sens de la longueur des poulains: ce qui arrive fréquemment, car les rangs sont placés presque toujours en travers, et le grand couloir sur un des côtés ou au milieu.

Le tabernacle est une forte table en chêne, solidement construite, d'environ 1^m 10^c de long sur 0^m 70^c de large et arrivant juste à la hauteur du troisième: on règle sa hauteur selon l'élévation des chantiers ou tins.

Les pieds en chêne ont en carré environ 0^m 10^c et sont reliés entre eux à 0^m 10^c du sol, par des traverses de même épaisseur, réunies à l'aide de tenons et de mortaises; le haut des pieds est également relié à la table par quatre bras de même épaisseur et mortaisés; le dessus du tabernacle est planchéié en chêne de 0^m 03^c d'épaisseur.

Une bande en fer d'environ 5 millimètres d'épaisseur sur 0^m 04^c de largeur est vissée sur le pourtour supérieur du tabernacle, au niveau du plancher. Elle sert à recevoir les crampons des poulains (que l'on place sur un des côtés étroits, afin que l'appareil ait plus de stabilité); à cet effet, on entaille légèrement les traverses en dedans de la bande de fer, afin d'enchâsser solidement les crampons. On transporte facilement le tabernacle à l'aide de poignées en fer enchâssées sur les montants.

On comprend qu'à l'aide des poulains et du tabernacle, il soit facile d'encarrasser dans tous les sens avec sécurité et facilité; un des ouvriers, muni d'un fort tablier en cuir avec bavette pour garantir la poitrine, accompagne la barrique en montant le poulain barreau par barreau; on n'a pas à craindre que l'un des ponts vienne à glisser, ou que la barrique glisse tout à coup sur un côté, ce qui arrive assez fréquemment en employant les ponts, surtout lorsque l'on encarrasse des fûts humides.

Lorsque l'on a à monter de fortes pièces, on assujettit un câble sur le premier barreau du haut du poulain.

Pour décarrasser (dégerber), on se sert des mêmes appareils et d'un sac d'emballage à demi plein de paille, sur lequel on fait descendre les fûts afin d'amortir les chocs; on se sert, selon les positions des rangs, du tabernacle avec des poulains, sur lequel la barrique glisse en long et arrive sur le sac, ou sans poulains en descendant les barriques sur le sac, étage par étage; on peut employer la méthode que nous avons décrite en remplaçant les barres par le sac.

Machine à gerber. — Nous avons remarqué, aux dernières expositions des produits de l'industrie, une machine à gerber qui a obtenu l'attention du jury. C'est la machine brevetée de Louis Vernay (des Batignolles). Nous en donnons le plan. Cette machine, pour laquelle l'inventeur a pris un brevet, aurait surtout son utilité pour encarrasser ou monter de fortes pièces, ou des balles et fardeaux très-lourds, dans un espace restreint et avec peu de personnel. Elle se compose d'un plateau mobile descendant près du sol, et sur lequel se place la pièce qu'il faut monter; ce plateau s'élève le long d'une tige de fer d'une forme toute particulière; le mouvement ascensionnel est donné par des engrenages, qu'une manivelle, mue à bras d'homme, fait mouvoir; lorsque le plateau est arrivé à la hauteur voulue, on le fait pivoter à volonté dans tous les sens. Au moyen d'une disposition spéciale, le plateau peut servir de bascule à peser. La machine, montée sur roulettes, est facilement transportable.

Toutefois, malgré les avantages qu'elle paraît offrir, elle est peu employée, par le motif qu'elle est d'un prix trop élevé pour devenir d'un usage général, et ensuite parce que, pour le gerbage des pièces ordinaires, telles que la barrique bordelaise ou mâconnaise, etc., il faut autant et même plus de temps pour gerber en second à l'aide de la machine que par les procédés ordinaires ; les poulains automatiques de divers systèmes offrent les mêmes inconvénients ; elle est surtout utile pour les hautes carrasses en quatrième ou cinquième.

Nous croyons qu'elle pourrait rendre de grands services dans des pays où la main-d'œuvre est chère et rare, et dans des entrepôts où l'on aurait à gerber de fortes pièces, telles que des pipes ou des muids, ou de lourds fardeaux que leur forme rend peu maniables.

Nous décrirons au chapitre de la *Description des outils nouveaux,* les machines établies *à poste fixe, ou sur pivots, ou sur rails,* et servant à monter d'un étage à l'autre, dont on emploie dans les chais plusieurs types et modèles, tels que treuils, grues, palans, monte-charges, etc., selon les dispositions des locaux et la nécessité d'opérer l'ascension verticalement ou sur plan incliné.

Soutirage des vins et transvasage ; utilité et divers buts des soutirages ; conditions d'époque et de température les plus favorables pour soutirer les vins. — Le soutirage des vins a pour objet : 1° de les séparer des lies déposées au fond des fûts, soit par le repos ou par suite des collages ; 2° de prévenir ou arrêter, à l'aide de l'acide sulfureux, les fermentations secondaires alcooliques ou acéteuses ; 3° de remplacer, dans les barriques laissées bonde de côté, le vin évaporé ou consommé ; 4° de rebattre les barriques à expédier ou de les consolider.

On ne doit jamais laisser les vins séjourner longtemps

Appareils de Transvasage.

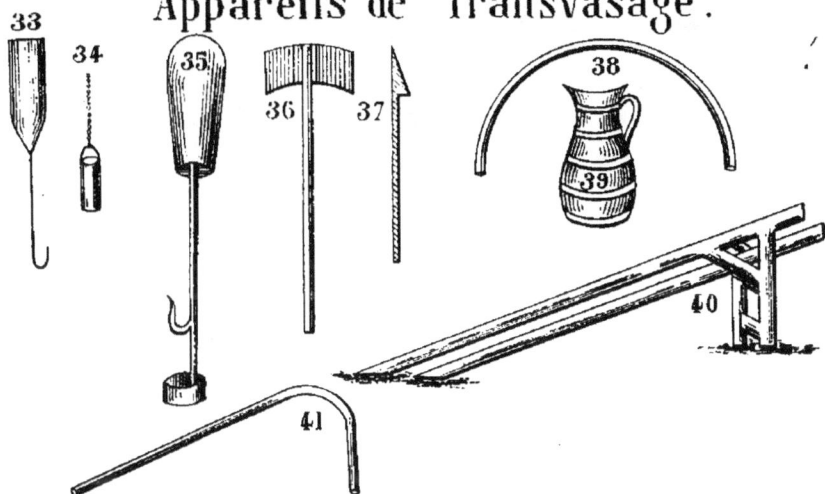

Pompes et Siphons.

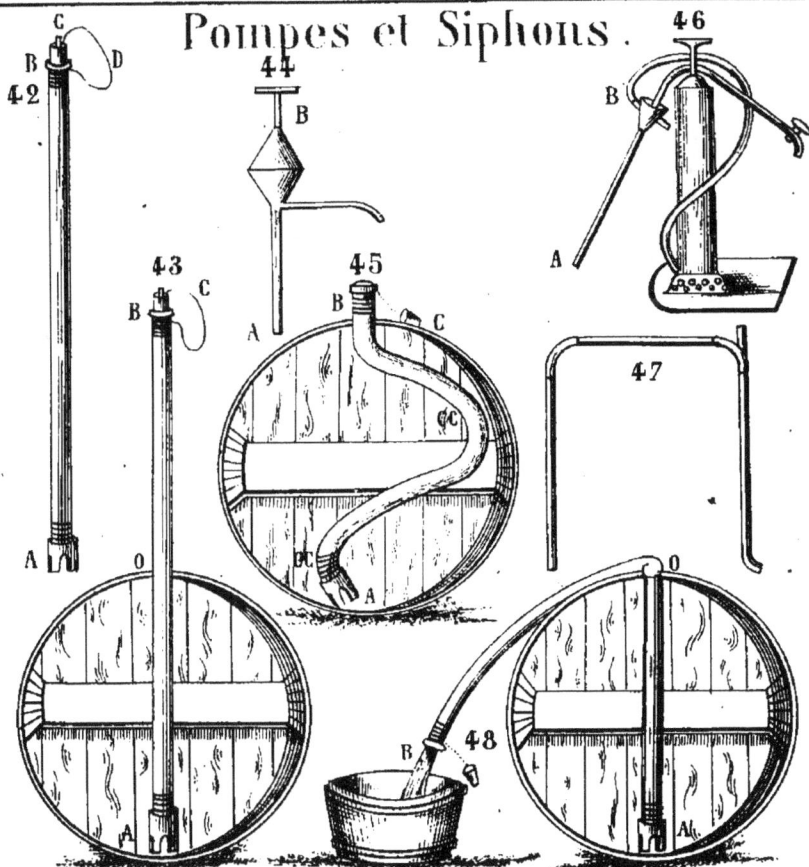

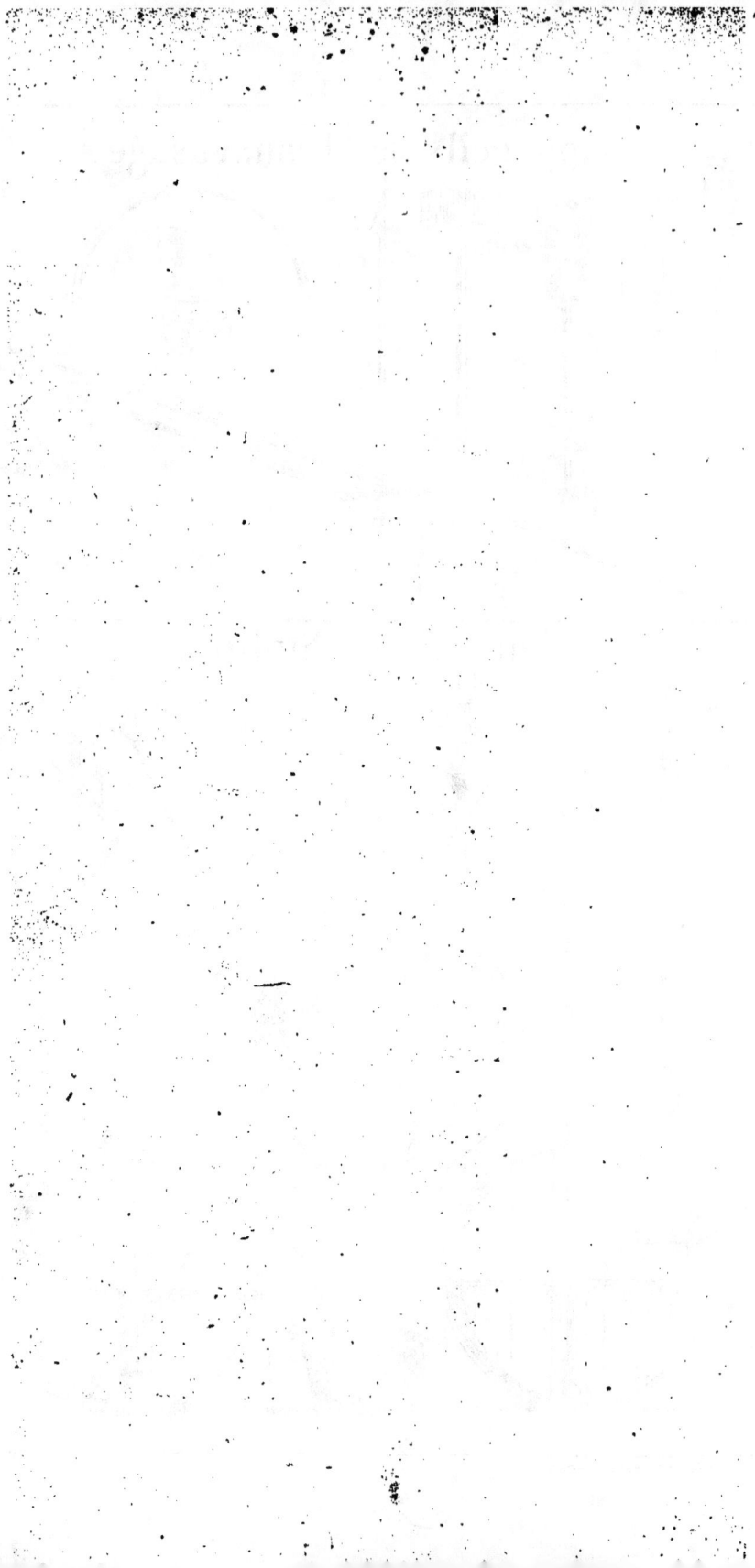

sur leur lie, dès que, par le repos ou le collage, ils sont devenus limpides, parce que, si les lies ne sont pas séparées du vin, la fermentation secondaire, ou même la simple dilatation causée par l'augmentation de la température, ramène ces lies dans le vin, qui, dans ce cas, perd sa limpidité et prend quelquefois une teinte plombée et louche ; on a remarqué que, même en restant limpide, il contracte, par le séjour prolongé sur le dépôt, un goût désagréable de lie ; de là l'importance du soutirage.

Nous avons constamment reconnu que les vins en général, et surtout les vins sur colle qui étaient soutirés dès que leur limpidité, leur diaphanéité était parfaite (environ quinze jours à un mois après le collage, selon les colles employées, les locaux, la nature du vin, etc.), étaient généralement plus limpides, d'un goût plus franc, et bien moins sujets au travail que les vins laissés sur colle pendant six mois (d'un tirage à l'autre). Les vins non collés, louches, qui se sont clarifiés naturellement par le repos, ont produit le même effet ; ceux que l'on soutire dès qu'ils sont brillants, sont, sous tous les rapports, d'une qualité supérieure à ceux qu'on laisse séjourner sur leurs lies d'un équinoxe à l'autre.

Nous préciserons, en parlant du traitement de chaque espèce de vin en particulier, les causes qui nécessitent le soutirage des vins hors des époques ordinaires, et dont les principales sont le travail, la dilatation, la trop grande consommation, le trouble de la transparence, etc.

Les observations qui suivent ne s'appliquent qu'aux vins dont la vinification a été bien faite, qui sont limpides, qui ne travaillent pas et que l'on conserve dans des locaux exactement clos ; dans ce cas on pratique pour les vins nouveaux quatre soutirages dans la première année de leur récolte : le premier se fait dès que les vins deviennent limpides, que la fermentation insensible cesse, aux premiers froids, en décembre; le deuxième s'effectue en mars, avant la pousse de la vigne, à l'équinoxe du printemps; le troisième, à la floraison de la vigne, en juin; et enfin, le quatrième, à l'équinoxe d'automne, en septembre.

Les vins vieux se soutirent deux fois l'an, aux équinoxes du printemps et de l'automne.

Mais, nous le répétons, malgré les soutirages faits aux époques ordinaires, les vins auront été *mal soignés* si, faute de tirages opportuns, on les a laissés s'altérer ou entrer en fermentation. Il est très-important aussi de s'assurer si les fûts sont maintenus pleins; cela est très-facile lorsque les vins sont sur bonde, mais lorsqu'ils sont *bonde de côté,* il arrive souvent que, par l'effet de plusieurs causes dont les principales sont les fuites, la sortie trop fréquente d'échantillons, etc., il se forme un creux trop considérable, et si les vins ne sont pas ouillés sur place, ils s'altèrent, deviennent secs sans que l'on s'en aperçoive. Pour les ouiller **sur** place, on fait un trou de foret sur le haut du fond et on y introduit une petite *ouillette à zède munie d'un robinet;* on perce ensuite un trou de foret sur le haut du bouge et on verse le vin d'ouillage dans l'entonnoir jusqu'à ce qu'il regorge par le trou de fausset supérieur; on ferme alors ce fausset, puis le robinet, et on met un fausset sur le fond : cette opération doit se faire toutes les fois que l'on a retiré des échantillons d'une barrique, et dans les chais qui consomment beaucoup, dans les intervalles des soutirages.

Il est préférable d'effectuer les soutirages par un temps sec, lorsque les vents soufflent du nord ou de l'est et que la lune est sur son déclin plutôt que lorsque le temps est pluvieux, avec les vents de sud ou d'ouest et pendant le croissant de la lune. Car il est à remarquer que les vents chauds et humides font éprouver aux liquides un mouvement de

Soutirage.

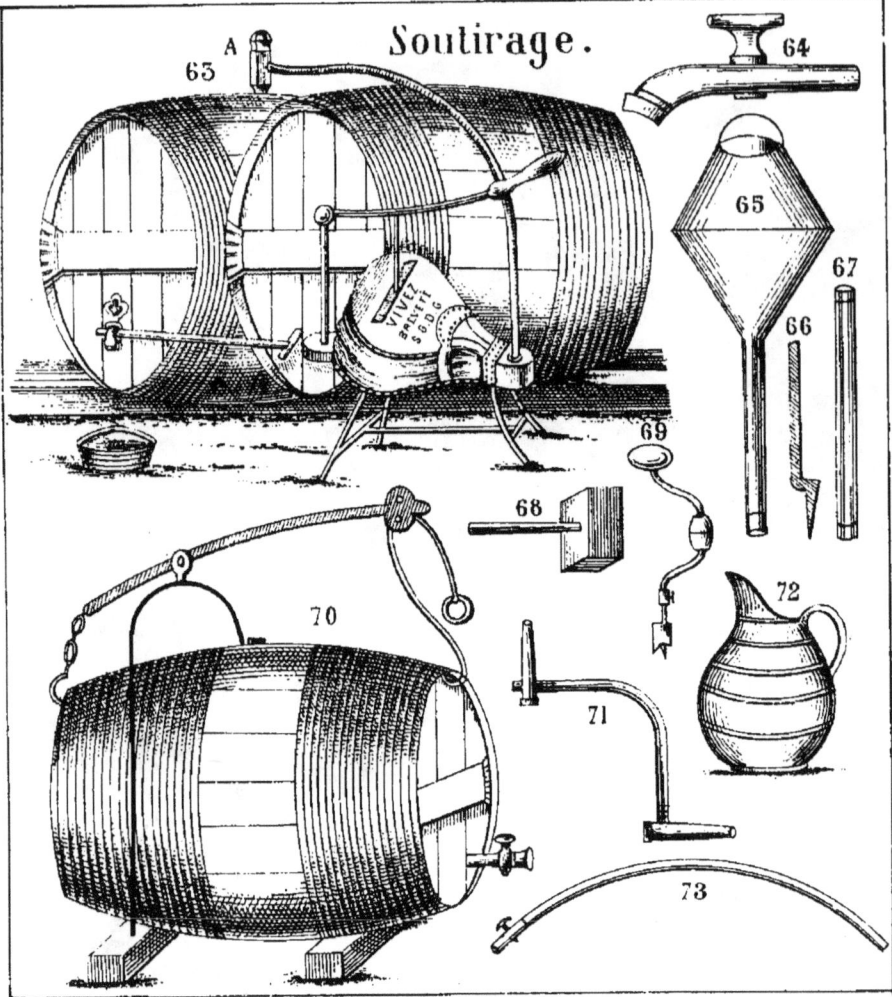

Siphons
et Pompes.

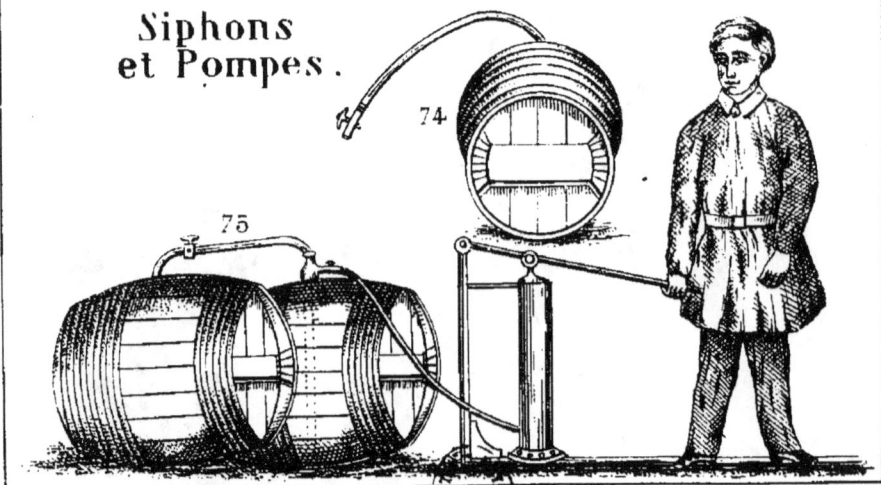

dilatation qui est susceptible de déplacer les lies; tandis que les vents froids et secs exercent une certaine contraction en abaissant la température et favorisent ainsi la défécation. Les phases de la lune paraissent aussi influer sur la dilatation.

Les soutirages et transvasements des vins doivent se faire à l'abri du contact direct de l'air et en ayant soin, au préalable, de faire brûler un bout de mèche soufrée dans les fûts vides destinés à contenir le liquide, afin de neutraliser par l'acide sulfureux l'oxygène de l'air qu'ils renferment: si les soutirages se font à l'air libre et sans employer la mèche, outre l'évaporation d'une partie du bouquet et de vapeurs alcooliques, on s'expose, par le contact direct des vins avec l'air ambiant, à les voir entrer en fermentation.

Manière d'opérer les soutirages; méthode bordelaise. — Par cette méthode, le vin des barriques de sole et de second est soutiré en évitant le contact immédiat de l'air; celui des troisième, quatrième et cinquième rangs encarrassés n'y est soumis que momentanément, en passant dans l'entonnoir; toutefois, on peut éviter en partie ce contact, en faisant plonger les tubes, dits *cuirs*, dans l'entonnoir.

Les outils nécessaires au soutirage, et dont nous donnons la description et le plan, sont : une *asce* dite *à flandre,* un verre fin et uni, un *locet*, un *tire-esquive,* deux ou trois robinets en cuivre à douille droite, une *bassine* en bois, deux baquets en cœur, dits *bassiots,* un soufflet spécial, deux entonnoirs en bois et une *canne,* cinq tubes en bois, dits *cuirs,* de formes et de grandeurs diverses, un cuir de sole, un de second, dit *tête de chien,* et un de troisième, de quatrième et de cinquième.

Lorsque les passes et les couloirs sont très-étroits, on soutire, sans placer les fûts vides dans les couloirs, à l'aide de cuirs très-longs.

Pour soutirer la sole, si les vins sont placés bonde dessus, on rebonde la barrique et l'on place le bassiot au dessous. Après avoir garni le robinet d'une bande de toile, on perce, à l'aide du locet un trou d'esquive à l'extrémité inférieure du maître-fond, à 0^m 04^c (deux travers de doigt) du jable ; ou bien, lorsque la barrique a déjà été percée, on retire l'esquive, à l'aide du tire-esquive si elle est rasée, à l'aide de l'asce si elle est longue et coiffée. On place ensuite le robinet, que l'on assujettit à l'aide de légers coups de manche d'asce, puis on retire l'esquive de la barrique vide destinée à recevoir le vin ; on garnit les extrémités du cuir de sole de bandelettes de toile, et on enfonce l'une dans l'embouchure du robinet, et l'autre dans le trou d'esquive de la barrique vide, que l'on cale et débonde ; on place un bassiot sous le trou d'esquive, et la bassine sous le robinet ; enfin, on débonde la barrique pleine avec l'asce et on ouvre le robinet.

Si la bonde est rasée, il faut débonder à l'aide du tire-esquive. Dans aucun cas, on ne doit se servir du martinet pour débonder en soutirant, ni frapper sur les douves avec l'asce, car on risquerait de faire remonter les lies dans le vin. Pour le même motif, on évitera de donner des secousses aux rangs.

Le robinet une fois ouvert, le vin s'écoule, sans avoir de contact avec l'air extérieur, d'une barrique dans l'autre, jusqu'à ce que le liquide soit arrivé au même niveau dans les deux ; on place alors le soufflet sur la barrique que l'on vide et on l'assujettit au moyen d'un crochet ; en soufflant dans la barrique, on comprime l'air, et on force ainsi le vin à passer dans la barrique vide. Quand il est arrivé au niveau du robinet, on entend un certain bruit, un *glou-glou* produit par l'air qui s'introduit entre le robinet et le cuir de sole ; on ferme alors le robinet, on sort le soufflet, et on bonde la barrique pleine. On sort ensuite le bout du cuir qui est dans le robinet, il s'écoule un peu de vin dans la bassine, et dès que l'air commence à s'introduire dans le cuir, on en retire l'autre extrémité et on met l'esquive en place ; le cuir s'égoutte dans le bassiot. Après cela, on débonde et on place un entonnoir sur la barrique à remplir ; on ouvre le robinet, et on soulève la barrique soutirée, afin d'en extraire tout le vin clair, qui s'écoule dans la bassine. Le levage de la barrique est exécuté par un second ouvrier, à la main, ou mieux à l'aide d'une pince en fer ou d'un cric spécial, mais toujours sans secousses ni mouvements brusques. Dès que le vin commence à se troubler, ce dont on s'assure à l'aide d'une chandelle et d'un verre fin, on ferme le robinet et on transvase le vin qui est dans la bassine. (On se sert aussi, au lieu de verre fin, d'une tasse d'argent ; mais on reconnaît moins bien la limpidité du vin.) Enfin on enlève le robinet et on met une esquive à la barrique soutirée, dont la lie est ôtée immédiatement.

Les esquives ou *broches* sont revêtues de jonc, afin de fermer exactement les rebours faits par le locet et de pouvoir être retirées facilement aux soutirages suivants.

Le soutirage des barriques encarrassées en deuxième, troisième, quatrième et cinquième rang, est beaucoup plus simple. Pour le deuxième rang, après avoir percé la barrique et introduit le robinet (toujours avec le bassiot dessous et les mêmes précautions que pour la sole), on place au-dessous la barrique vide ; on introduit l'une des extrémités du cuir de second, dit *tête de chien*, dans la bonde de cette barrique vide, et l'autre extrémité, garnie d'une bande de toile, entre dans le robinet, où on l'adapte en frappant avec l'asce. Lorsque le liquide s'est écoulé, on retire le cuir et on recule la barrique soutirée ; on place ensuite sous le robinet une canne et un entonnoir destinés à recevoir le levage. Pour les barriques des troisième, quatrième et cinquième rangs, les cuirs plongent directement dans les entonnoirs placés sur les barriques vides, et le levage s'exécute sans changer les fûts de place.

Soins de propreté. — Les barriques vides destinées à être remplies doivent être rincées jusqu'à ce que l'eau du lavage en sorte sans coloration ; si les lies sont grasses, on rince à plusieurs eaux et on passe la chaîne aux premières, pour détacher les lies qui adhèrent aux parois des douves.

Il ne faut soufrer les fûts que quand l'eau du rinçage est bien égouttée, et au moment de les remplir. Dans le cas contraire, l'eau séjournant contre les parois de la barrique s'imprégnerait d'acide sulfureux et pourrait donner au vin un goût de soufre désagréable qui ne disparaîtrait qu'au bout de quelques jours de repos.

Les outils et ustensiles de soutirage doivent être brossés et rincés à grande eau *chaque jour* avant d'être mis en usage, et ils doivent toujours, dans les intervalles de leur service, *être placés de manière à ce qu'ils s'égouttent;* car autrement, le vin qui y séjournerait se chargerait promptement d'acidité, et celle-ci se communiquerait aux liquides que l'on mettrait en contact avec leurs parois. On démonte les cuirs, et on enlève la lie volante qui adhère à leurs parois internes à l'aide de brosses à bouteilles auxquelles on adapte une longue tige en fer. Ce nettoiement s'effectue toutes les semaines dans un chai bien tenu.

Le vin qui dégoutte des percements et qui tombe dans le bassiot se verse sur les lies, et non dans les vins soutirés.

La bassine ne doit pas se placer sans précaution sur le

sol des chais ou des caves ; on la pose sur des lattes ou sur un triangle en bois, afin de ne pas introduire la terre dans les entonnoirs.

Méthode mâconnaise *(employée dans les entrepôts de Paris)*. — Outils nécessaires : une *ascette,* un *vilebrequin* muni d'une mèche du diamètre des broches ; deux ou trois *cannelles* en cuivre, recourbées, de forme dite *mâconnaise ;* deux baquets en forme de cœur, une bassine, deux entonnoirs en bois, un maillet en bois, deux brocs en bois de la contenance de 12 à 15 litres ; deux tuyaux ou tubes en ferblanc, qui s'adaptent au rebord de la courbe des cannelles et que l'on allonge ou raccourcit à volonté au moyen de bouts s'emboîtant les uns dans les autres ; un petit cric, une tasse d'argent, un foret et des faussets.

Pour soutirer la sole, on place un baquet en cœur sous la barrique, que l'on perce à l'aide du vilebrequin ; si la barrique a déjà été percée, on enfonce la broche avec le coin de l'ascette, ou à l'aide d'un petit ciseau courbe dit *à débrocher.* Lorsque les bondes sont rasées ou que le vin est placé bonde de côté, on perce plusieurs trous de foret sur la douve supérieure, afin de donner de l'air, et, à l'aide du maillet, on enfonce la cannelle, au-dessous de laquelle on met un des brocs. La barrique vide étant placée à portée, on la cale et on y met un entonnoir ; alors on entr'ouvre la cannelle, et, changeant lestement les brocs, on évite ainsi de la fermer à chaque transvasement et de troubler les lies ; on vide les brocs dans l'entonnoir, et lorsque la barrique arrive au levage, on vide le restant, soit dans le baquet à cœur, soit dans une bassine. On s'assure de la limpidité du vin à l'aide d'une tasse d'argent creuse et bosselée, dont les reflets flattent l'œil ; mais un vin *qui paraît encore clair à la tasse, serait trouvé louche vu à la chandelle, dans un verre fin et lisse.* Après le soutirage, on retire la cannelle, et on y met une broche. Les broches ou esquives sont faites au tour, et comme la mèche du vilebrequin ne fait pas de rebours, on les enfonce à l'ascette, sans y mettre ni jonc ni pâte.

Les barriques de deuxième se soutirent en adaptant à la cannelle mâconnaise le bout du tuyau, dont on a sorti tous les tubes ; pour les lever, on retire la barrique à remplir, et on met le levage dans un broc. Les troisième, quatrième et cinquième rangs s'écoulent directement du tube, que l'on allonge à volonté, dans l'entonnoir, et, comme dans la méthode bordelaise, on n'a pas besoin de changer les barriques de place.

Ce système de soutirage a l'inconvénient, pour le rang de sole, d'éventer le vin, qui est soutiré broc par broc. Le même inconvénient se reproduit, bien qu'à un degré moindre, pour les rangs supérieurs : les tubes ne font pas corps avec la cannelle et ne peuvent se placer que verticalement, tandis que les cuirs à la bordelaise se mettent dans des positions obliques, qui permettent, au besoin, de soutirer depuis le bout des rangs, sans mettre les barriques dans les couloirs.

Pour ce qui est de la célérité d'exécution, des ouvriers, familiarisés avec l'une ou l'autre des deux méthodes et prenant les mêmes soins, feront, à peu de chose près, la même somme de travail.

Transvasage ; divers systèmes de pompes, de siphons, etc., pour soutirages. — Il existe plusieurs genres de pompes et de siphons spécialement affectés aux manipulations des liquides, mais aucun de ces instruments ne remplit complétement le but que l'on veut atteindre : extraire toute la partie limpide sans la troubler en y faisant remonter les lies, en évitant le contact de l'air et sans remuer les fûts pleins, ni y laisser *trop de lie*, qu'ils soient en sole ou en carrasse.

Cannelle. — Pour transvaser les fûts à la cannelle (ou robinet à soutirage), il est nécessaire de les encarrasser, de les monter sur un plan incliné, ou de les poser sur des chantiers, afin de pouvoir placer dessous soit les barriques vides, soit les vases, brocs, bassines, cannes, etc., servant au transvasage.

Pompe aspirante. — Les pompes ordinaires, en fer-blanc ou en cuivre, ne peuvent servir à soutirer, car elles feraient remonter les lies, à moins d'y adapter une cré-maillère au bout inférieur qui réglerait ainsi la prise du liquide, et permettrait de laisser les lies en aspirant bien au-dessus de leur niveau; mais elles peuvent être d'une grande utilité pour dégarnir des fûts sur bonde, dans des passages étroits où on ne peut placer de siphons; ou bien encore pour manipuler des liquides visqueux ou à saveur désagréable, tels que l'huile, le vinaigre, l'alcool, etc.

Pompe aspirante et foulante. — Cette pompe, faite dans le genre des pompes à incendie ou à arrosage, ne peut ser-vir aux soutirages à moins d'installer une crémaillère au tuyau plongeur; on se sert depuis quelques années de pompes rotatives centrifuges, munies de tubes et tuyaux avec robinets et accessoires qui permettent de les utiliser aux diverses manipulations des vins; nous en donnerons la description. Elles sont employées, surtout dans le midi de la France, au transvasage des vins en foudre. Nous aurons occasion d'en reparler en décrivant les outils nou-veaux. Elles peuvent parfaitement s'employer aux simples transvasages de fûts.

Pompe foulante à air. — Cette pompe, à air comprimé, que l'inventeur appelle à tort « *appareil pneumatique,* » est employée avec avantage au transvasage des liquides, sans contact avec l'air ; elle est propre, après une modification qui consiste à remplacer la tige intérieure par un simple bouchon, à remplacer le soufflet de soutirage, et le soufflet de soutirage peut la remplacer en y adaptant les tubes. Sa construction repose sur ce fait de physique, que l'air comprimé dans un vase clos peut refouler, par la pression, les liquides qui s'y trouvent, lorsqu'un tuyau communique du sein de ces liquides avec l'air ambiant. Son action est analogue à celle du soufflet appliqué au soutirage des vins en sole.

On emploie avec avantage ce genre de pompe pour transvaser les vins et surtout les alcools, vinaigres, etc., en fûts ou en foudres ; les fûts pleins doivent être en bon état ; s'ils avaient des fuites, l'air comprimé en augmenterait le coulage ou passerait en grande partie. Quelques personnes s'en servent, néanmoins, pour soutirer les vins communs et non collés.

Pour l'employer on fait descendre l'aiguillette qui est à l'extrémité du tube, de façon à laisser une dizaine de litres de liquide dans le fût. Il faut arrêter le jeu du piston dès que l'air commence à s'introduire dans le tube ; sans cette précaution, la lie serait aspirée. En tous cas, s'il fallait opérer un soutirage parfaitement limpide, on devrait laisser beaucoup de liquide dans les fûts, car *on agit à tâtons*.

Comme nous venons de le dire, cette pompe possède un tube mobile, pourvu, à son extrémité, d'une aiguille également mobile. Ce tube se place dans l'intérieur du fût, dont la bonde est hermétiquement fermée par une sorte de bourrelet percé de deux ouvertures ; l'une d'elles sert de tuyau de conduite au vin, à l'aide d'un autre tube en cuivre qui fait corps avec le tube mobile et dont l'extrémité est munie d'un robinet ; la seconde ouverture n'a pas de tube intérieur, et sert, à l'aide d'un tuyau flexible, à introduire dans le fût l'air foulé par la pompe.

Selon la quantité de lie présumée, on règle la longueur de l'aiguille adaptée au tube intérieur, et la pompe ne foule que jusqu'à la hauteur réglée ; il s'ensuit que l'on soutire tous les fûts au même niveau, quelle que soit la quantité de lie qu'ils renferment, de sorte qu'on s'expose ou à en laisser trop, ou à en entraîner une partie ; on soutire donc en aveugle. De plus, à part le mélange des lies avec le vin que peut occasionner l'introduction de la tige du tube, on n'est certain de soutirer limpide qu'à la condition de faire beaucoup plus de lie qu'il ne faut.

Il existe un autre système de pompe pneumatique, qui, faisant le vide dans le fût à remplir, aspire le liquide du fût plein, qui est refoulé par la pression atmosphérique. Ce système n'offre pas la commodité de la pompe foulante à air, ni celle d'un soufflet qui serait établi dans des conditions semblables.

Siphons, trompes. — On fabrique plusieurs genres de siphons, en fer-blanc, en verre, en cuivre. Les plus simples, et les plus usités dans le commerce, sont des tubes recourbés en demi-cercle ou en forme de trapèze. On en fait qui ont une tige double ; pour les mettre en usage, on bouche l'extrémité et on aspire lentement par l'embouchure de la tige double qui remonte le long de la grande branche. Ce système ne convient qu'aux personnes peu habituées aux manipulations, et qui ne peuvent aspirer directement par l'extrémité du siphon.

Certains siphons sont munis, à l'extrémité de leur grande branche, d'un petit robinet fait dans le genre des fermoirs à fumée que l'on adapte aux tuyaux de poêle. Avec ce genre de siphons, on peut éviter les aspirations réitérées.

On fait aussi des demi-siphons à tige courte, que l'on nomme *furets*. Ils sont très-commodes pour opérer des dégarnissages, pour faciliter les collages, etc.

Le genre de siphons qui accélère le plus le travail est celui des *trompes* en cuivre. Ce sont tout simplement des tubes recourbés en demi-cercle, sans aucun accessoire. On en fabrique de calibres divers, selon les diamètres des bondes. Il faut une certaine pratique pour se servir de ces trompes; mais lorsque l'on a l'habitude de leur emploi, elles offrent, ainsi que les furets, par la promptitude de mise en train, un grand avantage sur tous les systèmes cités plus haut.

Ni les siphons ni les trompes ne peuvent servir à soutirer les vins, parce qu'ils ont l'inconvénient d'entraîner par leur aspiration les parties les plus légères des lies, si on les enfonce trop profondément dans l'intérieur des fûts ; si, au contraire, on ne les enfonce pas assez, ils laissent beaucoup trop de lie. Mais ils sont d'un grand secours dans le transvasage des fûts.

Les transvasages à la trompe s'exécutent d'une manière rapide, sans exposer le vin au contact de l'air extérieur. Pour l'exécuter, on monte la barrique pleine sur un *chevalet* en bois.

Ce chevalet est un plan incliné mobile, de 3 mètres de long, 0^m 75^c de haut et 0^m 68^c de large. Il est fait en sapin, avec deux madriers larges de 0^m 08^c et hauts de 0^m 12^c, reliés entre eux par deux traverses à mortaise. Les supports ou montants sont placés à 0^m 32^c en dedans de l'extrémité, afin que l'on puisse facilement faire basculer les pièces en avant pour les égoutter; ils ont deux traverses et deux bras, également mortaisés, qui relient solidement une des traverses des madriers et celle des supports, qui se trouvent en dedans de leur portée. Les dimensions que nous venons de donner sont celles du chevalet à barriques. Celui dont on se sert pour les pipes a 3ᵐ 50ᶜ de long et 0ᵐ 80ᶜ de haut ; il est fait avec des madriers larges de 0ᵐ 10ᶜ et hauts de 0ᵐ 12ᶜ.

La barrique pleine, une fois montée, est maintenue par une traverse triangulaire nommée *paille,* et on amène devant le chevalet la barrique vide que l'on cale et débonde. On débonde ensuite une barrique pleine, et on y introduit une des extrémités de la trompe ; on aspire par l'autre extrémité que l'on fait lestement pénétrer par la bonde dans la barrique vide. Le vin s'écoule alors rapidement d'une barrique dans l'autre, et on facilite encore son écoulement en inclinant peu à peu la barrique pleine sur la barrique vide, jusqu'à ce que tout le contenu de l'une se soit écoulé dans l'autre ; on finit de vider la barrique soutirée à l'aide d'une canne et d'un entonnoir.

On transvase quelquefois les fûts pleins, surtout les fortes pièces, sans qu'il soit besoin de les monter sur le chevalet, mais toujours à l'aide de la trompe. Pour cela, on place un fût vide et un plein côte à côte, et, après les avoir débondés, on place la trompe que l'on *allume,* et dont on introduit vivement l'extrémité dans le trou de bonde du fût vide. Le vin s'écoule alors d'un fût dans l'autre, jusqu'à ce qu'il soit arrivé au même niveau dans les deux, et on achève de vider le fût soutiré en le montant sur le chevalet. Cette méthode est employée avec avantage dans les *opérations* à moitié (égalisation de deux parties égales).

Par le moyen des siphons, on peut aussi transvaser en recevant le vin dans des cannes ou brocs, et en le versant ensuite dans les fûts vides ; mais cette méthode est moins expéditive, et offre l'inconvénient d'éventer les vins, surtout les vins délicats.

En résumé, les meilleures méthodes de soutirage sont celles qui préservent le mieux les vins du contact de l'air ; telle est la méthode dite *bordelaise,* que l'on emploie aussi dans quelques crûs de la Bourgogne.

Il en est de même des meilleurs modes de transvasage, et c'est pour ces motifs que l'on devra préférer ceux opérés à la pompe, ou au furet pour les dégarnissages, ou plutôt encore ceux opérés à l'aide de la pompe foulante à air, ou à la pompe rotative pour les fûts de grandes dimensions et en mauvais état, appareil qui les exécute mieux et plus rapidement.

Acide sulfureux, sa nature, ses propriétés, son emploi dans le traitement des vins. Mèches soufrées, fabrication, etc. — L'acide sulfureux est le produit de la combustion du soufre : c'est la fumée même qui s'exhale de cette combustion. Il est composé d'une partie de soufre et de deux parties d'oxygène. Le poids spécifique de cet acide est plus considérable que celui de l'air ; d'après le docteur Ure, la pesanteur spécifique de l'air étant 1,000, celle de l'acide sulfureux serait 2,222.

A l'état gazeux, l'acide sulfureux est miscible avec l'eau, qui peut en absorber plusieurs fois son volume. Il neutralise l'oxygène de l'air ; il possède aussi la propriété d'altérer ou de détruire un grand nombre de couleurs végétales.

On peut aussi employer cet acide à la conservation des substances alimentaires, végétales et animales, en les enfermant fraîches dans des vases hermétiquement clos, à l'intérieur desquels on fait brûler du soufre. On proportionne la quantité de soufre à la grandeur du vase, de telle façon que la combustion s'arrête d'elle-même, faute d'oxygène. Celui-ci est alors complétement absorbé par la production de l'acide.

On utilise depuis un temps immémorial les diverses propriétés de l'acide sulfureux dans la vinification, la conservation des fûts et la tonnellerie. Pour les divers usages que l'on en fait, le soufre *doit être pur de tout mélange :* les poudres d'*iris*, de *girofle*, etc., qui sont parfois mélangées au soufre, nuisent à sa combustion, l'altèrent et neutralisent son action. On s'en sert pour obtenir les résultats suivants :

1° Pour empêcher le moût de fermenter ; on fait dans ce cas ce que l'on nomme des *vins muets*, et cette opération s'appelle *mutisme*, ou manière de *muter les moûts ;*

2° Pour arrêter la fermentation tumultueuse lorsqu'elle est déjà commencée, ou pour prévenir et arrêter les fermentations alcooliques secondaires ;

3° Pour empêcher le vin de s'acidifier, de fleurir ou de s'éventer par le contact de l'air, lorsqu'il est logé dans des fûts en vidange ;

4° Pour conserver en bon état les fûts vides, prévenir la moisissure ou l'acidité susceptibles de se développer dans l'intérieur de ces fûts ;

5° Enfin, pour faire roussir et rendre plus souple l'osier ou vime employé à lier les cercles.

Dans les diverses opérations que nous allons décrire, on se sert de mèches soufrées. Ces mèches sont des bandes de toile que l'on a trempées à plusieurs reprises dans du soufre fondu, selon l'épaisseur que l'on désire donner à la couche dont on les enduit. On les trouve ordinairement dans le commerce en paquets d'un demi-kilogramme, qui renferment six, neuf ou douze mèches. Il vaut mieux employer les mèches dont la couche de soufre est *épaisse* que celles où elle n'est que superficielle, surtout dans le traitement des vins, parce que la combustion et la carbonisation de la toile peuvent leur communiquer un goût désagréable.

Lorsque l'on se trouve trop éloigné des grands centres, on peut se fabriquer les mèches soufrées : il s'agit tout simplement de faire fondre des cristaux de soufre à un feu doux sur un fourneau chargé au charbon de bois, de découper des bandelettes de toile mince de $0^m 30^c$ de long sur $0^m 2$ à 3^c de large, et de les y tremper dedans à plusieurs reprises, selon l'épaisseur que l'on voudra donner aux mèches.

On trouve aujourd'hui, chez tous les droguistes des contrées vinicoles, de la fleur de soufre (c'est du soufre purifié, en poudre impalpable) : on obtiendra par son emploi des mèches supérieures à celles qui seront faites avec les cristaux impurs. Pour conserver aux mèches une belle couleur jaune, on doit faire fondre le soufre sur un feu très-modéré, en augmentant la température progressivement ; il fond à 109° centigrades. Pour cette opération une casserole large et plate, une sorte de lèchefrite de $0^m 40^c$ de long sur $0^m 20^c$ de large et $0^m 04^c$ de hauteur, est plus commode qu'un vase profond. Une cloison percée de trous ou ouverte par le bas est soudée au milieu, dans le sens longitudinal, ce qui forme deux compartiments. On place la fleur de soufre dans l'un, et le soufre fondu s'écoule dans l'autre.

Dès que le soufre est en fusion, on y trempe une à une les bandelettes, que l'on tourne et retourne en tenant une des extrémités à l'aide de tenailles. On laisse égoutter la mèche quelques instants en la tenant verticalement au-dessus de la casserole, puis on la pose horizontalement sur une large planche placée à côté du fourneau. Les mèches se refroidissent très-brusquement, on garnit ainsi la planche, ensuite on reprend la première mèche pour lui donner une seconde trempe, et ainsi de suite, en suivant le même ordre, jusqu'à ce qu'on ait obtenu l'épaisseur de soufre que l'on désire. Il est à observer que plus le feu sera modéré et plus les couches seront épaisses et le soufre de couleur moins foncée.

Pour faire brûler facilement ces mèches dans les barriques, on les suspend à un *brûle-soufre* ou *méchoir*. Le méchoir est formé d'un fil de fer dont l'une des extrémités est recourbée en forme de crochet, et l'autre emboîtée dans un manche en bois de forme cylindro-conique, qui ferme hermétiquement le trou de bonde.

Manière pratique de muter les moûts. — Cette opération se pratique le plus ordinairement sur les moûts de raisins blancs et peu après la sortie du pressoir.

Les raisins sont vendangés avec soin, dérâpés et foulés comme à l'ordinaire. On sépare les moûts de leurs grosses lies en les laissant débourber. Pour ce faire, on verse le moût du pressoir dans une cuve, une pipe, etc. Ce moût se clarifie par le repos ; mais il faut le soutirer dès que la fermentation va commencer, ce qui est facile de reconnaître aux nombreuses bulles d'acide carbonique qui s'élèvent à la surface. Il faut attendre huit ou douze heures, quelquefois même veiller le moût pendant la nuit, si l'on tient à avoir [du vin bien débourbé, car au moindre retard. le moût devient louche, dès que la fermentation commence.

Les vins muets servent à communiquer de la douceur aux vins nouveaux qui en manquent, ou à faire des sirops de raisin lorsqu'on ne peut les concentrer de suite ou que ces moûts sont destinés à la préparation de certains vins de liqueur.

Le mutisme se pratique pour pouvoir conserver les moûts, sans qu'ils fermentent, jusqu'à ce que l'on soit à même de les concentrer par l'ébullition à la chaudière.

Les moûts doivent être débarrassés des débris de pellicules, de pepins, etc., qu'ils renferment. A cet effet, on place à l'ouverture du pressoir, et au-dessus du douil destiné à les recevoir, un panier spécial en osier, à mailles très-serrées, à travers lesquelles on fait couler le moût, qui y abandonne une partie des impuretés qu'il entraînait. On arrive au même but à l'aide d'un panier ordinaire, dont on recouvre le fond et les parois de plusieurs couches de paille entrelacées.

Les fûts vides, destinés à recevoir les vins muets, sont *échaudés*, c'est-à-dire rincés à l'eau bouillante, puis rincés de nouveau à l'eau froide, et soigneusement égouttés.

On peut muter les moûts de deux manières. Voici en quoi consiste la première :

On fait brûler dans une barrique vide deux mèches soufrées, ou plus ou moins, selon l'épaisseur de leur couche de soufre, mais toujours jusqu'à ce qu'elles s'éteignent d'elles-mêmes faute d'oxygène, celui-ci étant complétement absorbé par la production de l'acide sulfureux. On verse alors rapidement du moût dans la barrique, jusqu'à moitié de sa contenance ; on la bonde le plus solidement possible, et on la roule et agite dans tous les sens, afin que le gaz acide sulfureux soit bien absorbé par le moût. On transvase ensuite ce moût, en le garantissant du contact de l'air, dans une autre barrique soufrée aussi de la même manière, et que l'on bonde, roule et agite comme la première. Pendant ce temps, on fait brûler d'autre soufre dans la barrique que l'on vient de vider, jusqu'à ce que la mèche s'éteigne d'elle-même ; on y remet encore le moût, on agite et on le transvase de nouveau dans un autre fût soufré, que l'on bonde et agite à son tour. Ce moût se trouve ainsi *muté quatre fois*. On achève de remplir la barrique avec d'autres moûts traités de la même manière, et on bonde solidement.

Ces divers transvasages doivent se faire *à l'abri du contact de l'air*.

Pour muter les moûts par l'autre méthode, on procède de la manière suivante : on fait brûler dans un fût vide une mèche soufrée, représentant la valeur d'environ 50 grammes de soufre, puis on y verse 20 litres de moût, on bonde hermétiquement et on agite ; après quoi on débonde et on essaie de faire brûler dans le fût une seconde mèche ; mais si l'oxygène de l'air a été absorbé par la combustion de la première, les autres ne peuvent y brûler : alors on est forcé de renouveler l'air à l'intérieur du fût, en soufflant par la bonde, soit avec un soufflet à soutirage, soit, à son défaut, avec un soufflet de cuisine. La mèche une fois brûlée, on ajoute 20 autres litres de moût, on bonde et on agite de nouveau. On continue de la même façon jusqu'à ce que la barrique soit pleine à 20 litres près. Ces 20 derniers litres sont mutés à part, dans un autre fût, par les mêmes procédés ; on les met à leur tour dans la barrique pour achever de la remplir, et on bonde solidement.

Clarification des vins muets ; soins à leur donner. — Les vins muets doivent être logés dans des barriques fortes, solidement cerclées en fer et fortement bondées, toujours sur bonde, dans des caves closes et à température constante ; on doit les tenir bien pleines en les ouillant tous les cinq jours, et toujours avec du vin muté ; il faut aussi les soutirer souvent, afin de les débarrasser des dépôts et des ferments qu'ils contiennent. Les soutirages doivent s'opérer, sans contact avec l'air, dans des fûts fortement soufrés. On obtient une clarification complète en introduisant dans les moûts, *avant de les muter*, environ 20 grammes de tannin par barrique (on emploie de préférence le tannin traité par l'alcool [voir *Analyse chimique des vins*]), et en versant dans les fûts, avant d'achever de les remplir, cinquante centilitres d'eau dans laquelle on a fait dissoudre deux tablettes de gélatine, et qui est tout à fait **refroidie**.

Le mutisme décolore en partie les moûts, mais leur donne quelquefois une saveur hydro-sulfurique plus ou moins prononcée, qui paraît due à la combinaison du soufre avec les sels de potasse et de chaux que les moûts renferment en plus ou moins grande quantité, et qui forment alors des sulfates.

Quelques chimistes ont proposé, pour muter les moûts, de remplacer l'acide sulfureux par le sulfite de chaux, l'acide sulfurique, le sous-carbonate de fer, la farine de moutarde, l'ail pilé, le vide, la suppression du calorique, etc., etc. ; mais ces divers procédés sont généralement plus coûteux que l'emploi du soufre, ou offrent l'inconvénient d'introduire dans les moûts des goûts et des principes étrangers.

Jusqu'à présent, on n'a pas trouvé de moyen facile, économique et ne communiquant aucun goût aux vins, qui puisse remplacer avec avantage l'acide sulfureux. On peut conserver les moûts sans fermentation, mais en les vinant au-dessus de 15°.

Manière d'arrêter la fermentation tumultueuse. — Pour arrêter la fermentation tumultueuse des vins blancs, on les transvase ; on les soutire, lorsqu'ils sont en place, dans des fûts plus ou moins soufrés, selon la force de la fermentation : si elle est légère, deux ou trois carrés de mèche suffisent ; si elle offre trop d'intensité, on devra muter une seule fois, en employant le premier des deux procédés que nous avons indiqués.

Pour les vins rouges, on doit être très-réservé dans l'emploi du soufre, soit qu'on veuille prévenir les fermentations secondaires, soit qu'on veuille empêcher le contact de l'air dans les soutirages ; en effet, l'acide sulfureux *rend insoluble et précipite une partie de la matière colorante,* surtout dans les vins communs, faibles et peu chargés de tannin. Ce n'est que dans le cas de fermentation violente qu'il est nécessaire de soufrer fortement les fûts vides destinés à les soutirer ; dans les circonstances ordinaires, il suffit d'y faire brûler un carré de mèche si les vins sont dans leur première année, et un demi-carré s'ils sont vieux.

Vins en vidange. — Pour empêcher les vins de s'aigrir et de fleurir lorsqu'ils sont en vidange, il suffit de faire brûler par la bonde un carré de mèche soufrée et de bonder hermétiquement ; on renouvelle cette opération chaque fois que l'on débonde le fût, et au moins tous les quinze jours s'il doit rester bondé plus longtemps.

Toutefois, on évite autant que possible de laisser des fûts en vidange, parce que l'acide sulfureux finit par communiquer aux vins un goût désagréable, qui ne disparaît qu'à la longue.

On peut soufrer un fût en vidange sans être obligé de le débonder ; il suffit pour cela de percer un trou de foret sur la partie supérieure du fond, et de présenter à l'orifice une mèche soufrée chaque fois que l'on soutire du vin par le robinet : l'air, en s'introduisant par ce trou de foret, y entraîne avec force la fumée du soufre ; on bouche ensuite le trou avec un fausset.

Conservation des fûts vides. — Pour conserver les fûts vides en bon état, à l'intérieur, il est nécessaire de les rincer à grande eau, s'ils sont sales, de les mécher et de les mettre à égoutter pendant plusieurs heures ; il faut qu'ils soient bien cerclés et solidement bondés.

En y faisant brûler, par la bonde (après un premier méchage et un égouttage complet), un triple carré de mèche soufrée et en les bondant ensuite solidement, on évite la moisissure. l'acidité, etc., et on assure leur conservation lorsque l'air ne peut s'y introduire par des défauts de bois.

On peut faire brûler le soufre sans se servir du méchoir, en coupant en biais et en dépouillant de son soufre une des extrémités de la mèche, que l'on suspend par la bonde en bondant la barrique, après en avoir allumé l'autre extrémité. (Voir *Soins des fûts vides.*)

Assouplissement du vime. — Pour faire roussir et assouplir le vime, il suffit, après l'avoir mouillé et laissé égoutter, de l'exposer à la vapeur sulfureuse dans une barrique défoncée ou une *baille*, que l'on recouvre avec soin pour éviter que les vapeurs ne s'échappent.

CHAPITRE II.

CLARIFICATION DES VINS.

Clarification des vins; observations préliminaires. — Utilité et inconvénients des collages.— Substances qui doivent être préférées.— Clarifiants divers.— Manière pratique d'effectuer les collages.— Clarifiants à action mécanique. — Papier gris délayé. — Sable fin et siliceux.— Filtration à la chausse. — Clarifiants alcalins. — Cailloux calcinés en poudre, écailles d'huîtres calcinées et en poudre, poudre de marbre, craie, albâtre gypseux et calcaire, cendre de bois. — Clarifiants albumineux entièrement coagulés.— Blancs d'œufs frais (albumine), composition chimique. — Propriétés de l'albumine. — Mode d'emploi de l'albumine selon les vins. — Clarifiants albumineux non entièrement coagulés. — Sang d'animaux frais ou desséché; composition et mode d'action. — Lait; composition chimique et mode d'action. — Clarifiants gélatineux entièrement précipités; composition chimique de la gélatine.— Propriétés de la gélatine. — Action de la gélatine sur les vins. — Préparation de la gélatine destinée aux collages. — Colle de poisson (ichthyocolle); préparation et mode d'action.— Clarifiants divers; mode d'action de ces matières. — Décoction de tendons d'animaux. — Colle forte. — Gomme arabique, sucre candi en poudre, amidon, décoction de riz. — Conclusion; des meilleurs clarifiants.

Clarification des vins.— *Observations préliminaires:* Les vins se troublent, perdent leur limpidité, pour plusieurs causes. Les principales sont : la fermentation secondaire ou *travail*, qui altère leur transparence en tenant en suspension les matières insolubles qui, par suite de la défécation naturelle, produisent la lie, matières qui se composent de divers sels, de ferments, de mucilages, et de la substance colorante insoluble; la dilatation, occasionnée par l'élévation de la température; les commotions éprouvées par les vins en cours de transport; le mélange de plusieurs vins, qui rend insoluble et précipite une partie de la matière colorante, et forme souvent des sels également insolubles ; enfin le manque de l'albumine végétale et du tannin nécessaires pour précipiter dans les lies les matières qui deviennent insolubles.

La clarification des vins peut s'opérer de plusieurs manières, soit naturellement par le repos, soit artificiellement par les divers modes de clarification et de collage, dont nous allons indiquer les détails de manipulation.

Les vins se clarifient naturellement par le repos et les soutirages faits en temps opportun, lorsqu'ils proviennent d'une année favorable à la maturité des raisins, que la vinification s'est accomplie dans de bonnes conditions, qu'ils ont été bien soignés aux premiers soutirages, et enfin lorsqu'ils sont conservés dans des locaux convenables. Dans ce cas, la clarification parfaite s'obtient ordinairement sans le secours de moyens artificiels ; mais, pour cela, il faut que les vins soient conservés *en nature,* et que l'on ait soin de prévenir les fermentations secondaires.

Avant de passer en revue les divers modes de clarification artificielle, nous ferons remarquer que, s'il est très-important de clarifier les vins troubles, à cause des matières colorantes, des ferments, des sels, etc., qu'ils tiennent en suspension et qui leur donnent un goût commun et les rendent très-susceptibles de fermenter, il est d'un aussi grand intérêt de ne pas *abuser* du collage. Par cette opération, en effet, tout en précipitant dans les lies les matières insolubles en suspension, on y entraîne aussi divers principes conservateurs du vin, qui ne deviendraient insolubles qu'à la longue ; tels sont le tannin et surtout les mucilages et la pectine, qui donnent au vin le moelleux, le goût de fruit, l'onctuosité. Les collages réitérés usent donc ces qualités et finissent par les détruire; ils rendent les vins secs, et leur enlèvent ainsi ce qui, surtout pour les grands crûs, en fait la principale valeur.

A l'appui de notre assertion, nous avons constamment remarqué que les vins bien faits et bien soignés, parfaitement clarifiés par le repos, les soutirages en temps opportun, et sans collage, sont supérieurs en tous points, ont plus de fruit, d'onctuosité, de couleur, que ceux qui ont été collés à diverses reprises.

On ne doit donc recourir au collage, surtout pour les grands vins, que lorsque la limpidité parfaite ne peut être obtenue par les moyens naturels. Il ne faut jamais employer le collage mal à propos, et il est nécessaire de rechercher, pour son application, *des substances propres à amener la limpidité parfaite, qui attaquent le moins possible la couleur et la constitution des vins fins et délicats, qui ne laissent dans le liquide aucun résidu soluble, et qui exercent leur action en rendant insolubles le moins de matières possible.*

Nous allons entrer dans quelques détails sur les matières employées à la clarification des vins; nous allons décrire leur nature, leur composition, leur mode d'action, et examiner si elles remplissent complétement les conditions que nous venons d'indiquer.

On peut diviser en six classes les matières employées à clarifier les vins, selon qu'elles exercent sur eux une action purement mécanique ou qu'elles donnent lieu à quelque réaction chimique, soit par leur coagulation par l'alcool ou le tannin, soit par la neutralisation des acides tartrique, acétique, etc., soit par les résidus solubles qu'elles abandonnent.

1° Clarifiants qui n'exercent qu'une simple action mécanique, sans laisser dans le vin de résidus solubles : *papier gris délayé, sable fin et siliceux; filtration à la chausse.*

4

2º Clarifiants alcalins qui exercent une action mécanique et chimique en neutralisant une partie des acides contenus dans le vin, et donnent lieu à la formation de sels solubles : *cailloux calcinés en poudre, écailles d'huîtres calcinées, marbre en poudre, craie pulvérisée, magnésie calcinée, etc.*

3º Clarifiants albumineux qui exercent une action chimique et mécanique, et sont principalement coagulés par l'alcool et secondairement par le tannin, sans laisser dans le vin de résidus solubles : *albumine pure (blanc d'œuf frais).*

4º Clarifiants albumineux non entièrement coagulés par l'alcool, et dont une partie reste en dissolution dans le vin : *sang d'animaux frais ou desséché, lait.*

5º Clarifiants gélatineux, qui exercent une action chimique et mécanique, sont précipités principalement par le tannin contenu dans le vin et ne laissent point de résidus solubles : *gélatine, colle de poisson.*

6º Clarifiants divers, gélatineux, glutineux, gommeux, etc., non entièrement coagulés et précipités par le tannin et l'alcool, et dont une partie reste en dissolution dans le vin : *décoction de tendons d'animaux, gomme arabique, amidon, sucre candi, décoction de riz, colle forte, etc.*

Manière pratique d'opérer les collages. — Quelle que soit la matière employée à coller les vins, après l'avoir préalablement préparée selon sa nature spéciale (nous indiquons plus bas les diverses préparations de chaque genre de collage), on débonde les fûts et on en tire environ 10 litres, à l'aide d'un *siphon*, ou d'un *furet* et d'un *bidon*, ou de tout autre ustensile; on verse la colle dans le vin, par la bonde, et on agite fortement, soit à l'aide d'un fouet spécial, soit, à défaut, à l'aide d'une *dodine* ou d'un bâton fendu en quatre à l'une de ses extrémités.

Pompe Rotative.

49

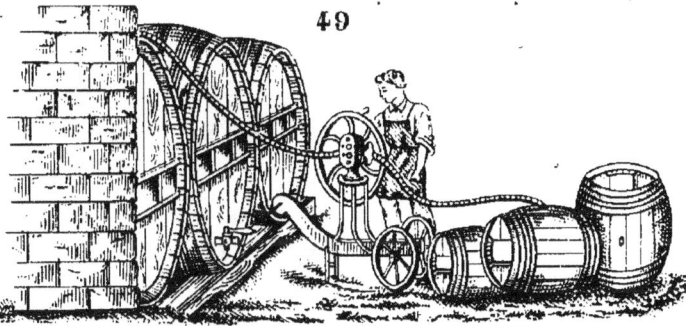

Outils de Fouettage et Soutirage.

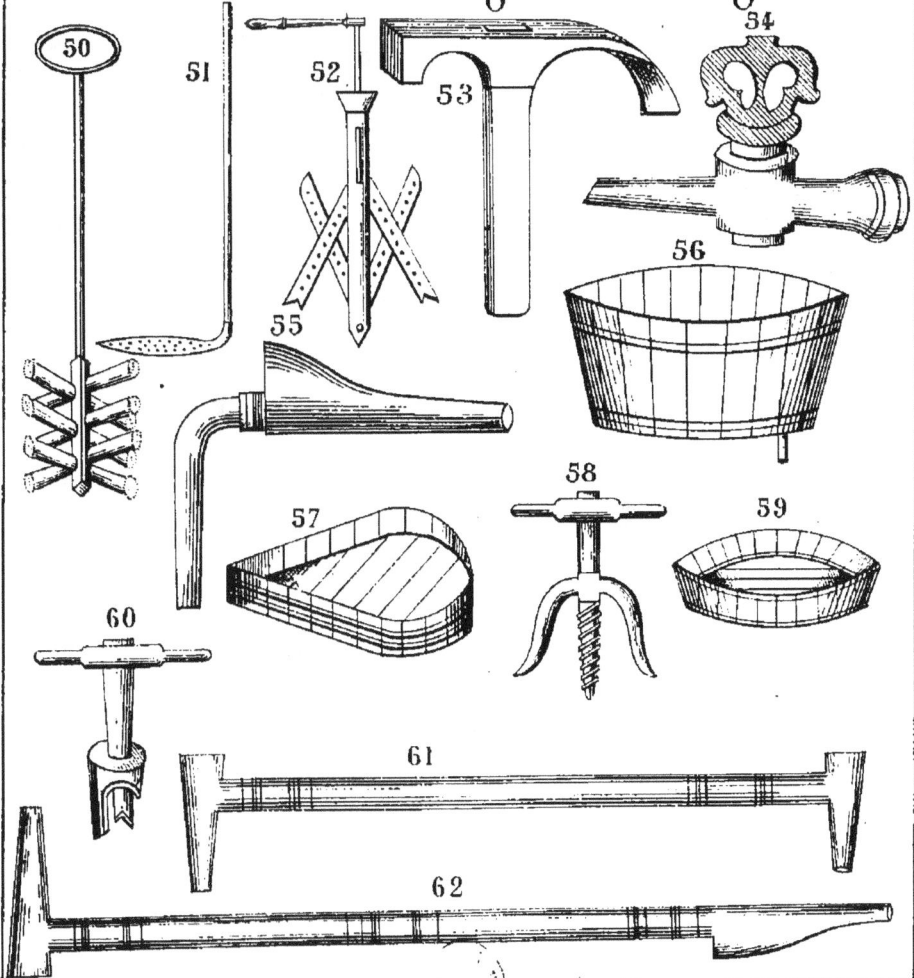

50
51
52
53
54
55
56
57
58
59
60
61
62

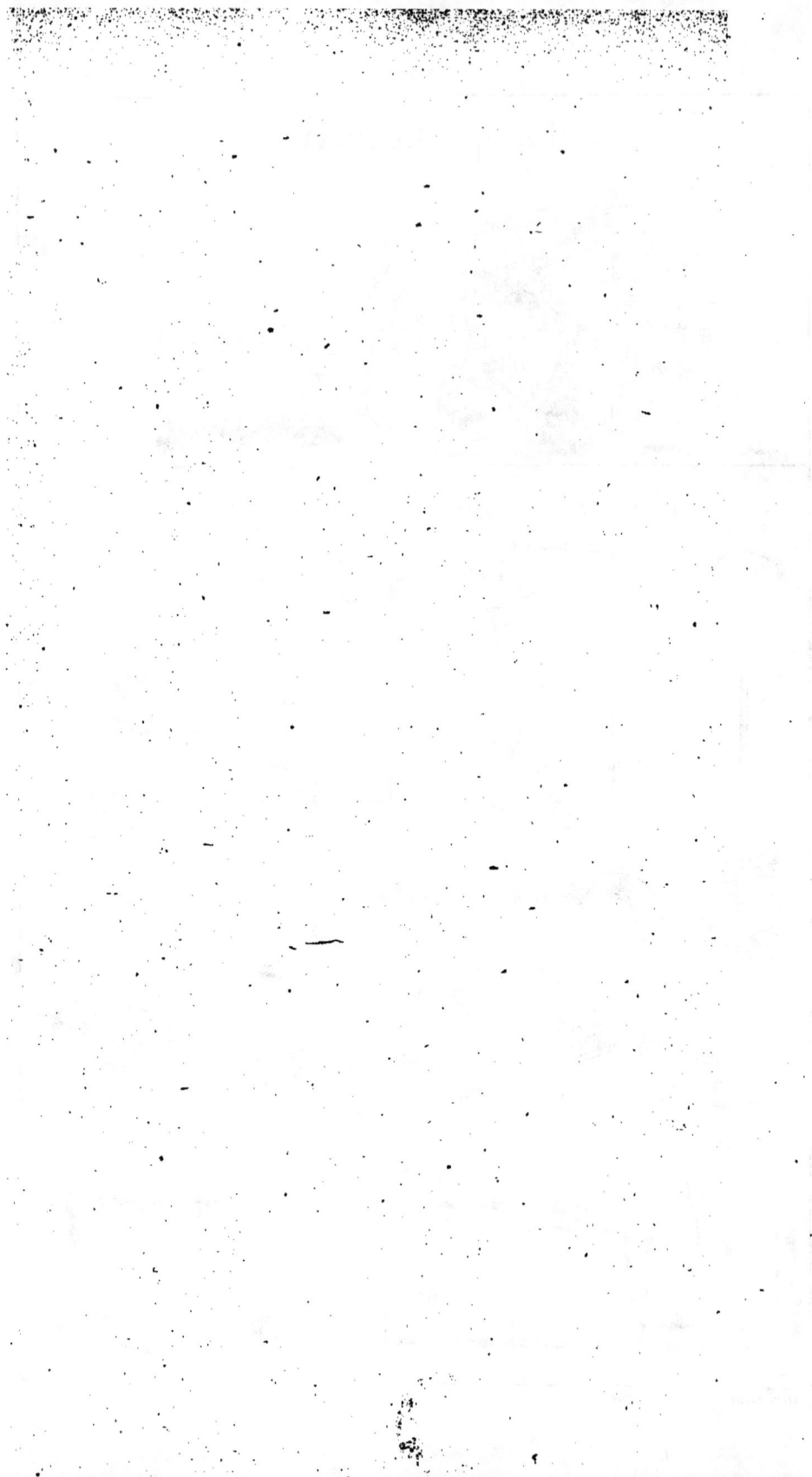

Lorsque, par suite de cette agitation, la colle est bien mélangée avec le liquide, on remet dans la barrique le vin
que l'on en a extrait pour faciliter l'opération, on ouille,
on bonde, et on met immédiatement la barrique au repos.

Le laps de temps nécessaire pour obtenir la clarification ne peut se préciser : cela dépend de l'énergie des
matières employées, de la dose introduite, du genre de
vin traité, de la température uniforme ou variable des
locaux, etc.

Le plus souvent, et lorsqu'on peut les garantir de l'influence des variations atmosphériques, on laisse les vins
reposer une quinzaine de jours ou un mois, avant de les
tirer au clair. *Cet espace de temps est le plus favorable
à leur clarification.* En effet, en les laissant plus longtemps
sur colle, on est exposé à les obtenir *moins limpides et
moins francs de goût,* surtout si les lies remontent par
suite du travail ou de la dilatation. D'ailleurs, le séjour
prolongé des lies dans le vin clair peut lui donner à la
longue un goût désagréable, par leur simple contact, parfois sans que la limpidité soit troublée, ainsi qu'on peut le
remarquer dans les vins qui restent sur colle pendant six
mois (d'un tirage à l'autre). En général, ils offrent un goût
commun qui ne se rencontre pas dans les vins de même
provenance qui, ayant subi le même collage, ont été soutirés dès que la limpidité a été parfaite.

Quand on est pressé d'expédier les vins, on surveille
jour par jour la clarification, afin de les soutirer dès qu'ils
sont bien brillants.

Lorsque les vins sur colle sont logés dans des locaux à
température variable, et surtout à l'époque des grandes
chaleurs, on doit prendre les mêmes précautions, et employer, pour abaisser la température, les divers moyens
que nous avons indiqués plus haut. (Voir *Locaux convena-*

bles.) Il faut aussi soutirer ces vins dès qu'ils deviennent limpides, de crainte que les lies ne remontent et ne restent en suspension, par suite de la dilatation et d'un mouvement de fermentation causée par la chaleur.

Clarifiants à action mécanique ; filtration.

— Ces clarifiants *(papier gris, sable fin et siliceux)* ne se dissolvant pas, et n'étant ni attaqués ni coagulés par aucun des principes constitutifs du vin, effectuent sa clarification par une sorte de filtration : en traversant la liqueur, ils entraînent avec eux une partie des matières insolubles qu'ils rencontrent ; mais rarement on obtient par leur emploi une limpidité parfaite. Il ne faudra donc en user qu'à défaut des autres.

Quant à la *filtration à la chausse,* elle permet d'obtenir une clarification parfaite ; mais, dans cette méthode, par suite de leur contact prolongé avec l'air, les vins s'éventent, perdent une partie de leur bouquet, de leur séve, de leur titre alcoolique et surtout de leur goût de fruit et de leur onctuosité. Outre ces détériorations, la filtration exige, pour être accomplie d'une façon satisfaisante, une plus grande dépense de main-d'œuvre que tout autre genre de clarification ; on ne l'emploie que dans des cas exceptionnels, et lorsqu'il est impossible de coller. A bord des navires, par exemple, où le tangage et le roulis rendent le collage impossible, elle peut rendre de grands services. Il en est de même lorsque l'on est très-pressé d'expédier des vins en bouteilles ; dans ce dernier cas, on doit éviter surtout le contact de l'air et opérer rapidement.

Papier gris délayé; préparation (1). — On prend de cinq

---

(1) Les quantités de chaque matière sont dosées pour coller une barrique de 225 litres.

à dix feuilles de papier, on les déchire et on les fait tremper dans 2 litres de vin. Pour les délayer et les réduire en pâte, on les étreint fortement dans les mains, puis on les broie avec un pilon ou un morceau de bois en ajoutant du vin peu à peu, et brassant fortement *à main morte* après un broiement complet, jusqu'à ce que le tout soit bien divisé, et l'on verse alors cette pâte dans la barrique.

Sable fin et siliceux. — On choisit le sable blanc le plus fin possible, on le lave et on le débarrasse des matières étrangères qu'il renferme. Il s'emploie à la dose de 1 à 2 litres par barrique.

Filtration à la chausse. — On se sert pour filtrer de *chausses* ou *manches* faites de diverses matières, soit laine, soit feutre, soit coton écru, soit finette, etc.; les chausses de laine doivent être préférées lorsque l'on a de grandes quantités à traiter; leur forme est conique et semblable à celle d'un pain de sucre. On les place à poste fixe, à l'aide de cordes, soit sous le robinet, soit ailleurs, mais toujours de manière à ce que l'on puisse mettre facilement sous la manche les vases destinés à recevoir le liquide filtré; on les maintient ouvertes en assujettissant un cercle à leur orifice, à l'aide de cordons. Lorsque le tissu de la manche est facilement perméable, on est forcé, pour filtrer convenablement, d'employer du papier *Joseph* gris ou blanc préparé de la manière suivante : on en prend deux feuilles entières, que l'on pile dans un mortier, en ajoutant de l'eau peu à peu. Lorsque le papier est bien pilé, on le délaie dans un broc ou un décalitre de vin, en brassant fortement. On commence par verser rapidement du vin louche dans la manche, et ce n'est que lorsqu'elle est pleine de liquide que l'on y introduit le papier délayé. Le premier liquide qui passe à travers la manche est toujours trouble; on le filtre de nouveau jusqu'à ce que sa limpidité soit parfaite. On a soin de tenir la manche pleine au même niveau, afin que le papier, qui est collé contre ses parois, ne se déplace pas; au moyen d'un filtre spécial en bois, ou en cuivre étamé, l'opération se fait plus à l'abri de l'air et plus promptement. En ce cas, la forme des manches n'est plus la même; elles forment un ovale allongé dont une extrémité est nouée au-dessous d'une tubulure, et le produit de la filtration tombe dans un récipient à l'abri de l'air, l'opération devient, à l'aide de l'entonnoir qui se trouve au-dessus de la tubulure, beaucoup plus facile, se fait mieux, et est plus prompte; ces filtres, dont le plan figure sur la planche (voir au chapitre de la *Description des outils*), se font selon leur diamètre à une, à trois, et jusqu'à douze tubulures. Pour s'en servir, on les garnit de manches nouées sous les tubulures, que l'on bouche avec des bouchons de liége dans le dedans de l'entonnoir; le papier étant préparé à l'avance et délayé dans un décalitre du liquide destiné à filtrer, on remplit l'entonnoir, puis on ouvre une tubulure. Le liquide louche remplit et gonfle une manche; on ouvre le gros robinet de décharge, afin de le reverser dans l'entonnoir, puis on vide rapidement le décalitre contenant le papier délayé qui ne tarde pas à tapisser l'intérieur de la manche; on reverse constamment dans l'entonnoir le liquide qui doit s'écouler sans que le robinet se ferme, jusqu'à ce que la limpidité soit parfaite; il suffit alors d'alimenter la manche, et lorsqu'elle est encrassée, on ouvre une autre tubulure, et on établit une seconde manche de la même manière, et sans avoir besoin de déplacer ni déranger rien.

Clarifiants alcalins. — *Cailloux calcinés en poudre, écailles d'huîtres calcinées, poudre de marbre, craie, albâtre gypseux et calcaire, cendres de bois.* — Ces diverses

matières, en vertu de leur nature alcaline qui les rend
susceptibles de neutraliser les acides et de former avec eux
divers sels, donnent lieu, lorsqu'on les introduit dans le
vin, à une effervescence spontanée, accompagnée de dégagement de gaz.

Ces alcalis, en se combinant avec les acides acétique,
tartrique, etc., que renferment les vins, les neutralisent et
forment des sels (acétates et tartrates à base de potasse ou
de chaux), dont une partie reste en suspension dans le liquide, trouble sa transparence et le rend moins salubre.
Les parties de ces matières alcalines non attaquées par les
acides exercent une clarification mécanique analogue à
celle que produit le sable, en tombant par leur propre poids
au fond des barriques et en entraînant avec elles une partie
des impuretés contenues dans le vin. La dose de ces matières est de 1 litre par barrique.

On les a quelquefois employées mélangées à la gélatine,
pour clarifier les vins dépourvus de tannin ; on ne met alors
que le tiers des doses ordinaires. On doit leur préférer une
addition pure et simple de tannin.

A cause des inconvénients que nous citons plus haut, on
doit éviter d'employer ce genre de clarifiants. Nous aurons
du reste, à l'article *Vins vicieux*, occasion de parler du
mode d'action des matières alcalines employées au traitement des moûts et des vins.

Clarifiants albumineux. — *Blanc d'œuf frais.* —
L'albumine est une matière animale qui se trouve dans le
blanc d'œuf, dans le sang des animaux, dans le lait. C'est
(d'après l'analyse de plusieurs chimistes) un composé de :
carbone, 53,33 ; oxygène, 23,70 ; hydrogène, 7,47 ; azote,
15,50, qui ne différerait de la gélatine que par les proportions des éléments constitutifs.

Cette matière, qui est fluide, est soluble dans l'eau froide; elle se coagule à une température au-dessus de 50°.

Elle est également *coagulée à froid* par l'alcool et le tannin.

On utilise ces deux propriétés dans la clarification des *vins*, des *liqueurs* et des *sirops*. Pour clarifier les liquides qui supportent aisément la chaleur, comme les sirops, par exemple, l'albumine est dissoute à froid dans le liquide, puis on fait chauffer le tout graduellement : la chaleur, coagulant et réunissant les molécules d'albumine éparses dans le liquide, les dilate et leur donne un poids spécifique moindre; elles s'élèvent alors à la surface du liquide, en entraînant les impuretés qu'elles rencontrent.

Dissoute et mélangée, également à froid, dans les liquides alcooliques, elle est coagulée par l'alcool et le tannin qu'ils renferment; elle forme ainsi une sorte de réseau spécifiquement plus lourd que le liquide, et qui se précipite par son propre poids vers le fond du tonneau en entraînant tous les corps en suspension. Tel est son mode d'action dans la clarification des vins.

L'albumine pure se trouve dans le blanc d'œuf. Suivant M. Payen, le blanc d'œuf est formé, dans les proportions de 12,50 à 13 pour 100, d'albumine dissoute et enfermée dans des cellules à très-minces parois ; cette sorte de tissu lui donne la consistance gélatiniforme, qu'on fait disparaître à l'aide de l'eau et d'un battage qui déchire les cellules. Les parties insolubles agissent mécaniquement.

Le jaune d'œuf se compose de matières grasses en émulsion dans la matière azotée *(vitelline* ou *extrait de viande)*, tenues en dissolution avec les matières salines dans l'eau, qui forme 51,20 pour 100 du poids total. Le blanc d'œuf est entièrement coagulé par l'alcool et le tannin contenus dans les vins, sans laisser de résidus solubles.

Pour opérer le collage, on emploie en moyenne de six

à huit blancs d'œufs frais, que l'on bat avec un quart de litre du vin destiné à être collé, et que l'on verse ensuite dans la barrique.

On se rend compte de la fraîcheur des œufs en les mirant à la chandelle avant de les casser. Cette précaution est très-importante; car un œuf pourri, introduit par négligence, est plus que suffisant pour donner un goût détestable à une barrique de vin.

Si l'on opère sur des vins ordinaires nouveaux, troubles et difficiles à clarifier, au lieu de battre les blancs d'œufs dans le vin, on les bat dans un quart de litre d'eau, dans laquelle on a préalablement fait dissoudre une poignée de sel gris.

Cette addition de sel a pour but de donner plus de poids à l'albumine, d'augmenter sa densité et de la précipiter plus promptement au fond de la barrique.

Toutefois, nous ne conseillons l'emploi de l'eau salée que pour des vins communs et très-louches; on ne devra jamais employer ce moyen sur les vins fins, et surtout sur des vins vieux et délicats.

Si les vins étaient d'un titre alcoolique très-faible, on faciliterait la coagulation de l'albumine en mettant dans chaque barrique un ou deux litres d'eau-de-vie.

Clarifiants albumineux non entièrement coagulés. — *Sang d'animaux frais ou désséché.* — D'après Riffault, le sang renferme d'ordinaire environ trois parties de *sérum* et une de *cruor*. Le sérum ne contient pas de gélatine, mais beaucoup d'albumine; le cruor renferme de la *fibrine* insoluble et une matière colorante soluble.

Le sang peut donc, à cause de la quantité d'albumine qu'il renferme, servir à remplacer celle-ci dans la clarification des liquides; mais le sang des animaux de boucherie, de bœuf, de vache ou de mouton, a une odeur et un goût désagréables. Le sang de cochon est celui qui réunit les meilleures conditions. Outre cela, le sang n'est qu'en partie coagulé par l'alcool contenu dans les vins (traité à chaud dans la clarification des sirops, il se coagule plus complétement) ; de sorte que sa partie aqueuse reste en suspension dans le liquide et peut lui communiquer un goût fade, et une odeur désagréable qui ne disparaît qu'à la longue.

C'est pour ces motifs qu'on doit éviter d'employer le sang pour le collage des vins fins et surtout des vins vieux.

Le sang frais vaut mieux que le sang désséché. On peut le conserver une quinzaine de jours, en le mettant dans des fûts fortement soufrés et bien clos.

On s'en sert à la dose de 1 litre par barrique, délayé et bien battu dans 1 litre de vin ou d'eau salée.

Lait. — Le lait de vache renferme, suivant M. Payen, pour 100 parties : eau, 86,50 ; substances azotées (caséine, albumine, matière soluble dans l'alcool) 4,30 ; lactose (sucre de lait ou lactine), 5,20 ; beurre (ou matières grasses), 3,70 ; sels insolubles, 0,20 ; sels solubles, 0,10.

On voit, d'après sa composition, que le lait ne peut être complétement coagulé par l'alcool contenu dans le vin.

Le *petit-lait*, ou partie aqueuse, y reste en solution, et la partie sucrée peut y faire naître un mouvement de fermentation intempestif. On évitera donc d'employer le lait au collage des vins fins. Il exerce une action décolorante et peut être employé à blanchir les vins blancs roux.

La dose en est de 1 litre par barrique, et on le verse dans le fût sans le mélanger avec du vin ni avec de l'eau. On choisit le lait le plus frais possible, car le lait de la veille peut facilement, surtout l'été, contracter, au contact de l'air, une acidité qu'il communiquerait au vin.

A l'état frais, le lait, étant alcalin, peut rendre de grands

services lorsqu'il s'agit de diminuer l'acidité des vins altérés, tout en les clarifiant. (Voir *Acidité*.)

Clarifiants gélatineux. — *Gélatine*. — La gélatine est
une gelée animale, qui réside principalement dans les tendons, la peau des animaux, les os, et dans certaines parties
du corps des poissons ; on l'extrait de ces diverses matières
par leur coction prolongée dans l'eau. Voici sa composition chimique, suivant MM. Gay-Lussac et Thénard : carbone, 47,881 ; oxygène, 27,207 ; hydrogène, 7,914, et
azote, 16,99.

La gélatine est susceptible de prendre, par le refroidissement, une consistance élastique, et de *se liquéfier de
nouveau* par suite de l'élévation de la température ; c'est
ce qui la distingue de l'albumine, qui, au contraire,
liquide à l'état froid, se coagule par la chaleur, sans avoir
la propriété de se liquéfier de nouveau par le refroidissement.

La gélatine est soluble dans l'eau ; elle est précipitée par
le tannin, et réciproquement le tannin en dissolution dans
un liquide est précipité par la gélatine ; de telle sorte que
ces deux matières forment une combinaison insoluble, une
sorte de réseau qui tombe au fond du liquide, entraînant
avec lui les matières en suspension qu'il rencontre.

C'est sur ces propriétés qu'est basé l'emploi de la gélatine dans la clarification des vins.

Les vins renferment du tannin en plus ou moins grande
abondance, tandis que les eaux-de-vie dissolvent celui qui
est contenu dans les fûts de chêne où elles se trouvent
logées. La solution de gélatine introduite et mélangée dans
le vin se combine avec le tannin qu'il renferme, et forme
avec lui un composé insoluble qui se précipite, en entraînant les impuretés qu'il rencontre.

Le vin est ainsi débarrassé en même temps de la gélatine introduite et d'une partie du tannin qu'il contenait.

Lorsque cette dernière substance se trouve en faible proportion dans le vin, la gélatine n'est pas toute précipitée ; parfois même elle reste en suspension, surtout lorsque le vin manque complétement de tannin et qu'il est faible en alcool. En effet, plus les vins sont alcooliques, et plus ils sont légers, à moins qu'ils ne soient chargés de matières sucrées ou salines. Or, la solution de gélatine à l'eau étant plus lourde que les vins ordinaires, sa précipitation mécanique est d'autant plus prompte que ces vins sont plus légers.

Il est nécessaire, dans plusieurs cas, d'introduire du tannin dans les vins qui en manquent, afin d'aider à la précipitation de la gélatine et de lui donner plus d'activité. (Voir chap. de la *Composition des Vins*, à l'art. *Tannin*.)

On peut cependant précipiter la gélatine sans le secours du tannin, en y ajoutant, au moment de la verser, des matières alcalines, telles que la cendre, la soude, la chaux, la craie, etc.; mais ces matières, qui donnent plus de densité à la colle, sont nuisibles, et nous avons déjà parlé de leur action sur le vin comme clarifiants.

La gélatine est, de tous les clarifiants chimiques, celui qui agit avec le plus d'énergie, lorsque le vin contient assez de tannin pour la précipiter complétement.

Mais la perte du tannin est préjudiciable à la conservation des vins (voir *Composition des Vins*), et la gélatine, employée sur des vins rouges, *précipite, en même temps que le tannin, une partie considérable de la matière colorante avec laquelle le tannin est intimement combiné*.

C'est pourquoi l'on ne doit employer la gélatine, pour clarifier les vins rouges, que si l'on veut *diminuer leur âpreté, détruire l'excès de tannin qu'ils renferment et leur enlever une partie de leur couleur;* en un mot, *les dépouiller, les user, les vieillir.*

Son utilité est incontestable dans le collage des vins blancs ordinaires. *Si ces derniers sont difficiles à clarifier,* on ajoute à la gélatine, pour chaque barrique, 10 à 20 grammes de tannin ou un décalitre de *vin blanc tannifié,* afin de rendre sa précipitation plus complète. Toutefois, nous conseillons de coller les grands vins blancs moelleux à l'albumine pure, afin d'éviter un excès de précipitation qui pourrait entraîner dans les lies les matières sucrées que les vins renferment.

Préparation : On trouve, dans le commerce la gélatine en tablettes. On emploie une tablette par barrique, et même deux, si l'on veut obtenir le dépouillement aussi complet que possible.

On met la gélatine dans un vase pouvant aller au feu, avec 25 centilitres d'eau par tablette, et on chauffe graduellement, sans cesser de remuer, pour 'que les tablettes ne restent pas collées au fond ; on retire le vase du feu dès que la gélatine est fondue, ce qui arrive sans qu'il soit nécessaire de faire bouillir l'eau ; on doit même éviter avec soin l'ébullition.

La gélatine se fond plus facilement, lorsqu'elle a préalablement trempé dans l'eau pendant quelques heures.

Si on opère sur des vins troubles et communs, afin de donner plus de densité à la gélatine, on y ajoute par tablette 25 centilitres d'eau, soit pure, soit salée, et on bat énergiquement le mélange avant de le verser froid dans le fût.

Colle de poisson. — Cette colle est extraite de la vessie natatoire des esturgeons, préparée et séchée ; on la nomme aussi *ichthyocolle.* Elle est en grande partie composée de gélatine, et, comme elle, précipitée par le tannin ; elle peut cependant être précipitée sans que les liquides soient fortement tannifiés. Elle renferme des membranes excessivement ténues, qui agissent d'une manière mécanique et sont précipitées par leur propre poids. Pour la préparer, on en bat les feuilles sur un billot ; on les divise en morceaux aussi petits que possible, en les coupant avec des outils (hachoirs, planes, etc.) ; on en met, dans un vase de faïence, 5 gr. avec 25 centil. de vin blanc par barrique à coller (à simple dose), et on laisse infuser à froid pendant un jour ou une nuit. La colle étant alors détrempée, on la presse entre les doigts à plusieurs reprises et on y ajoute (pour chaque barrique) 15 centilitres de vin blanc, ou en hiver d'eau chauffée à 50° ; on bat ensuite fortement le mélange avec un petit balai, et on pétrit dans les mains les morceaux de colle non entièrement fondus, jusqu'à ce qu'ils soient dissous, puis on passe le tout sur un tamis. Pour s'en servir, on délaie encore dans 50 centilitres de vin blanc par barrique, et on colle.

Clarifiants divers. — *Décoction de tendons d'animaux.* — En faisant bouillir vingt-quatre heures dans de l'eau des pieds de veau ou de mouton, des têtes, etc., on obtient un liquide qui, en se refroidissant, donne 'une gelée contenant une grande quantité de gélatine et pouvant servir aux mêmes usages, si on la fait *sécher* dans un four avant de la soumettre à une seconde dissolution. On en règle la dose selon la concentration de la gelée.

On aura soin d'employer des matières animales fraîches, sans quoi on s'exposerait à donner un très-mauvais goût au vin.

Colle forte. — Cette colle, faite avec les débris et issues de boucherie, laisse souvent un goût désagréable au vin, et ne doit s'employer qu'à défaut d'autre. La dose, pour chaque barrique, est de 25 grammes, que l'on fait dissoudre à chaud dans 50 centilitres d'eau, et que l'on verse ensuite à froid dans le fût, après avoir délayé le tout dans un litre de vin. Cette colle est, comme la gélatine, précipitée par le tannin.

Gomme arabique, sucre candi en poudre, amidon, décoction de riz. — La gomme arabique en poudre, pas plus que le sucre candi, n'est précipitée d'une façon rapide et complète, et la partie qui reste en dissolution dans le vin le prédispose à la fermentation. C'est un mauvais procédé. La dose en est de 200 grammes par barrique.

L'amidon dissous dans l'eau chaude, la décoction de riz et de farines de céréales, ont quelquefois, faute d'autres clarifiants, été employés au collage des vins. Leur usage est basé sur ce que l'amidon et le gluten sont précipités par le tannin; mais la précipitation n'est pas complète, et ces matières introduisent dans les vins des ferments nuisibles. On les emploie à la dose d'un litre de décoction par barrique, on délaye dans un litre de vin, et on verse à froid.

Conclusion. — *Des meilleurs clarifiants.* — Les meilleurs sont ceux qui exercent leur action sans laisser de résidus solubles, sans donner de mauvais goût au vin, et en n'attaquant aucun de ses principes constitutifs.

Sous ces divers rapports, *l'albumine pure, ou blanc d'œuf frais, est le clarifiant par excellence,* celui dont l'action est la plus douce, car il est principalement coagulé par l'alcool. Aussi c'est-il avec raison que l'on s'en sert de préférence pour clarifier les vins fins délicats.

La gélatine pure et la colle de poisson ne laissent pas de résidus solubles, mais elles ont le tort *de précipiter le tannin et une partie de la couleur.* On ne doit donc les employer, pour clarifier les vins rouges, que dans les cas que nous avons cités en traitant de leur emploi, pour les vins communs et dans un but d'économie, leur prix étant inférieur à celui des œufs frais. Elles sont les meilleurs clarifiants des petits vins blancs communs et faibles en alcool : à l'aide du tannin, que l'on y mélange avec discernement, elles leur donnent une limpidité parfaite. Mais les grands vins blancs, qui ont un titre alcoolique élevé, se clarifient parfaitement au moyen de l'albumine, qui ne les fatigue pas autant.

On voit combien il est important de se rendre compte du mode d'action et de la nature des clarifiants que l'on emploie. Nous ne pouvons, par conséquent, sans porter préjudice aux vendeurs, parler de la composition des divers produits que l'on trouve dans le commerce sous différents noms, *et sans indication des matières qui entrent dans leur fabrication*. Ces matières sont d'ailleurs, pour la plupart, comprises dans celles que nous avons indiquées plus haut.

Disons seulement que, lorsqu'il s'agit de clarifier *des vins délicats et de grande valeur,* il importe au maître de chai qui a la responsabilité de son travail, ou au propriétaire, de connaître et de choisir la matière qu'il doit employer, selon la nature du vin à clarifier; car il ne doit, en aucun cas, user de substances dont il ne connaîtrait pas parfaitement la composition et le mode d'action.

CHAPITRE III.

TRAITEMENT SPÉCIAL DES DIVERS GENRES DE VINS.

Traitement des vins rouges nouveaux. — Ouillage ; défécation naturelle. — Soutirages nécessaires aux vins nouveaux. — Résumé des soins qu'ils exigent dans leur première année. — Traitement des vins rouges vieux. — Différence des soins selon les locaux. — Temps nécessaire pour opérer la défécation.— Résumé des soins qu'exigent les vins rouges vieux.— Traitement des vins blancs.— Vins blancs nouveaux. — Traitement selon leur emploi.— Expédition des vins blancs en fermentation. — Soutirages. — Résumé des soins que réclament les vins blancs. — Observations sur leur fermentation secondaire.

TRAITEMENT DES VINS ROUGES NOUVEAUX.

Nous avons parlé, en traitant du décuvage, des inconvénients qu'il y a à décuver trop tôt, comme aussi à laisser cuver le vin trop longtemps.

Supposons donc que le vin est écoulé de la cuve et mis en barriques, opération qui se fait de deux manières : on met directement les barriques sous le jau de la cuve, ou bien on fait écouler le vin dans une gargouille, et, à l'aide de cannes, on le transporte au chai et on le verse dans les entonnoirs, en ayant soin d'en *mettre une égale quantité* dans chacune des barriques attinées et prêtes à recevoir le contenu d'une ou de plusieurs cuves, afin de ne former qu'un seul vin.

5

Avant d'entrer en matière, nous tenons à relever une erreur assez généralement répandue, en ce qui concerne les soins à donner aux vins. Ainsi, beaucoup de propriétaires et de tonneliers croient avoir bien soigné les vins dont ils ont charge, lorsqu'ils les ont ouillés et soutirés aux époques fixées d'avance par la tradition ; or quiconque a l'expérience du métier, sait qu'on ne peut préciser d'une façon rigoureuse les époques auxquelles les soutirages sont nécessaires ; il faut des soins appropriés, des soutirages fréquents et opportuns, pour garantir les vins des altérations que plusieurs causes peuvent déterminer. Donc, tout en les soutirant aux époques indiquées, on peut les mal soigner, si on néglige les précautions que réclament leur nature, leur constitution, les locaux où ils se trouvent, les altérations qu'ils peuvent éprouver.

Les vins, au sortir de la cuve, n'ont pas ordinairement achevé leur fermentation, et, bien qu'ils ne contiennent plus de matière sucrée en quantité appréciable au goût ni à l'aréomètre, ils fermentent encore un peu en barrique. Il se forme alors une petite quantité d'alcool, par la transformation du peu de glucose (sucre de fruit) qui reste dans le vin ; mais ce travail du liquide que l'on nomme *fermentation insensible,* n'est pas toujours alcoolique, surtout si la fermentation en cuve a été bien conduite. Quelquefois, le goût piquant et la *moustille* que les vins gardent encore quelques jours après avoir été décuvés, proviennent en grande partie de l'acide carbonique qu'ils contenaient au sortir de la cuve, et qui se dégage peu à peu. On doit surveiller soigneusement les vins, en ce moment-là, afin de bonder hermétiquement les fûts aussitôt que la fermentation insensible paraît terminée, c'est-à-dire quand les vins ont perdu ce goût piquant qui résulte de la présence de l'acide carbonique, et qu'il ne s'échappe plus de gaz par la bonde.

Dès que les vins sont en barriques, on les place à demeure et bonde dessus, sur les chantiers ou les tins ; on les débonde ensuite et on ouille, pour achever de remplir les fûts. Puis on couvre le trou de bonde avec un morceau de bois plat, ou même avec des bondes neuves placées à plat sur leur grand diamètre, avec des feuilles de vigne chargées de sable, etc. ; on ferme ainsi provisoirement les barriques, afin que le gaz acide carbonique puisse se dégager librement. On visite et on remplit complétement les fûts tous les deux jours, avec des vins provenant de la même récolte.

On se sert aussi pour bonder les vins nouveaux qui fermentent encore de divers systèmes de bondes qui, par un trou ménagé dans leur orifice, donnent passage au gaz qui se dégage des vins en fermentation ; par contre ces bondes mettent le vin en contact avec l'air ambiant, de sorte que les vins se fleurissent rapidement dès que le dégagement d'acide carbonique a cessé. Il est préférable de bonder à demeure dès que le travail est terminé. Nous nous sommes servis en Grèce, en 1865, d'un système de bondes en terre cuite vernie qui, tout en laissant dégager le gaz, empêchait tout contact avec l'air extérieur. Ces bondes sont employées en Allemagne dans la fabrication de certaines bières : ce sont des tubes légèrement coniques, creux à l'intérieur, dont l'orifice supérieur, auquel on a ménagé un petit trou, est entouré d'une capsule ; on recouvre l'orifice d'un godet renversé, on verse un peu d'eau dans la capsule, *l'air se trouve ainsi intercepté,* et l'acide carbonique surabondant se dégage en soulevant la couche d'eau de la capsule.

On doit goûter le vin à chaque ouillage, et dès que l'on reconnaît au goût que la fermentation insensible et le dégagement de l'acide carbonique ont cessé, on bonde solidement les fûts avec des bondes ordinaires, de préférence avec des bondes coniques en bois de chêne et tournées, en continuant à les maintenir constamment pleins, au moyen d'ouillages fréquents faits au moins tous les huit jours.

Les vins nouveaux sont quelquefois troubles en sortant de la cuve, surtout si le décuvage n'a pas été fait en temps opportun.

Le remplissage des barriques en sole est très-simple : il se fait avec un bidon. Il n'en est pas de même lorsque les vins sur bonde sont encarrassés sur plusieurs rangs : on est obligé de les remplir alors à l'aide de l'ouillette à zède ; cet ustensile occasionne beaucoup de pertes de vin, surtout avec des ouvriers peu exercés, par la difficulté de voir lorsque la barrique est pleine. On peut éviter ces pertes en employant l'ouilleur *à carrusse* dont nous donnons le dessin au chapitre de la *Description des outils*.

Lorsque les vins provenant de raisins parfaitement sains et mûrs sont écoulés de la cuve et que la fermentation tumultueuse est terminée, si le décuvage a eu lieu en temps opportun, ils sont à peu près limpides, de troubles qu'ils étaient pendant le dégagement tumultueux de l'acide carbonique. Cette première défécation est produite par les combinaisons insolubles que forment l'albumine végétale, le tannin, la pectine, etc., qui sont coagulés ou précipités par l'alcool; mais elle a principalement pour cause la cessation du mouvement ascensionnel qu'entretenaient les bulles d'acide carbonique, qui, se dégageant du moût et s'élevant à la surface, entraînent avec elles et laissent en suspension dans le liquide une foule de corps étrangers, tels que débris de pellicules, pepins, matière charnue des grains, matières colorantes, sels végétaux, beaucoup de tartre surtout. Lorsque le dégagement tumultueux de l'acide carbonique cesse, ces matières retombent en partie, par leur propre poids, au fond du liquide, et il s'opère ainsi une sorte de clarification mécanique et chimique résultant de la réaction que produisent les uns sur les autres les divers combinés dont nous venons de parler.

Tant que la fermentation sensible dure, qu'il y a dégagement de gaz acide carbonique, les lies formées de matières insolubles ne se déposent pas au fond des barriques, elles restent en suspension ; c'est ce qui fait que les vins louchissent et que souvent ils sont moins limpides plusieurs jours après leur sortie de la cuve qu'au moment du décuvage ; mais dès que la fermentation a cessé, il s'opère une défécation plus ou moins complète des premières lies, nommées *bourres*. Ces lies contiennent beaucoup de ferments, des tartrates, des matières colorantes insolubles en forte proportion, des sels divers, etc. (Voir *Composition des lies*.) Le dépôt des vins nouveaux, c'est-à-dire leur clarification naturelle, a lieu par suite d'une action chimique et mécanique commencée dans la cuve même, et dont l'effet est analogue à celu' des collages artificiels : effectivement, le tannin contenu dans les vins, augmenté de celui que renferme le bois de chêne des barriques neuves où le liquide est logé, se combine avec l'albumine végétale et la pectine ; ces matières, dès que la fermentation cesse, sont précipitées par l'alcool et forment des combinaisons insolubles qui, en descendant au fond des fûts, entraînent avec elles les corps en suspension.

Dès que la fermentation insensible a cessé et que les vins sont devenus limpides, il convient de les soutirer au plus tôt de leur bourre, afin de les soustraire à l'influence des ferments que cette dernière renferme. L'époque de ce premier soutirage ne peut être toujours la même. Cela dépend de la nature des vins, de la température atmosphérique, etc. En général, quand les vins sont bien faits, le mouvement de fermentation cesse dans le courant du mois de novembre; ils deviennent alors limpides, et peuvent se *débourrer* pendant le mois de décembre.

Nous avons constamment remarqué que les vins qui ont été débourrés avec soin, dès que la fermentation a cessé et que les premières lies sont déposées, sont moins sujets à travailler, par la suite, que ceux que l'on a laissés séjourner sur leur bourre jusqu'au printemps, et qu'ils se clarifient plus facilement. Ce fait s'explique aisément : à la fin de novembre et en décembre, la température, s'abaissant progressivement, facilite la clarification, ainsi que la précipitation des matières insolubles, en exerçant sur les liquides un mouvement de contraction; au contraire, si on ne les débourre qu'en mars, époque généralement adoptée pour le premier soutirage, les vins éprouvent le plus souvent un léger mouvement de fermentation avant cette opération, mouvement occasionné par le contact des ferments contenus dans les lies. A cette époque de l'année, en effet, l'élévation graduelle de la température dilate les vins et déplace les lies, dont les parties les plus légères se mêlent au vin et le louchissent. Les vins sont ainsi soutirés louches et contenant encore en suspension une partie de leurs ferments; ils deviennent alors *difficiles à clarifier et à conserver sans fermentations secondaires;* quelquefois même ils prennent un goût de lie désagréable. On évite ces accidents en les débourrant en décembre, et en opérant le soutirage de printemps avant que la température s'élève sensiblement, dans le courant de mars par exemple.

Les vins nouveaux doivent rester sur bonde jusqu'à l'équinoxe d'automne qui suit la récolte, c'est-à-dire jusqu'en septembre. On doit tenir les barriques hermétiquement bondées et constamment pleines; on aura soin de les ouiller tous les huit jours dans les chais clos, et jusqu'à deux fois par semaine dans les chais où l'air se renouvelle fréquemment et où la consommation est grande. Dans tous les cas, on doit s'assurer si les vins ne fleurissent pas, parce qu'alors il faudrait ouiller plus souvent. On prévient cette altération en bondant solidement les fûts avec des bondes pleines.

Lorsque les barriques sont toutes placées en sole, on ouille à l'aide d'un bidon; mais lorsqu'elles sont encarrassées, on a le soin de laisser les bondes longues, pour qu'elles soient plus faciles à sortir, et on opère le remplissage à l'aide de pots en fer-blanc et d'un entonnoir recourbé en forme de Z. Cet entonnoir, que l'on nomme *ouillette à zède*, est disposé de façon à recevoir, à son extrémité, un bout de chandelle destiné à éclairer l'orifice des bondes. (Voir à la *Description des outils et ustensiles* l'ouilleur du nouveau système.)

Le linge qui sert à envelopper les bondes doit être tenu propre; on doit le renouveler lorsqu'il est sale ou qu'il contracte une odeur acide.

En passant à l'orifice des bondes une *bondonnière à râpe,* et en employant de longues bondes faites au tour, on peut bonder solidement à la main, sans avoir besoin de les entourer de linge.

Après les deux premiers soutirages de décembre et de mars, on en fait un troisième avant la floraison, dans le mois de juin, et enfin un quatrième, qui est aussi le dernier de l'année, à l'équinoxe d'automne. Les fûts sont alors bondés à demeure et placés bonde de côté. A partir de ce moment, les vins doivent être traités comme *vins vieux.*

Ces prescriptions s'appliquent aux vins conservés dans des locaux clos et n'éprouvant pas de travail; en effet, pendant leur première année, malgré les soutirages faits aux époques que nous indiquons, les vins sont sujets à entrer en travail après que la fermentation insensible est terminée. Cet accident arrive surtout aux vins que l'on a déplacés, remués, *fait voyager sur bourre lorsque les lies étaient déjà déposées,* et encore à ceux qui sont logés dans des locaux à température variable. On doit, dans le premier cas, prévenir la fermentation par des soutirages exécutés en temps opportun ; on se rend compte de l'état des vins en les goûtant fréquemment et en s'assurant ainsi s'ils n'éprouvent aucun travail.

Pour nous résumer, les soins à donner aux vins nouvaux consistent :

1° A placer les fûts sur bonde *et bien bondés, dans des locaux clos,* en les tenant constamment pleins par des ouillages réguliers et fréquents faits avec des vins de même nature;

2° A les soutirer sur bourre dès que la fermentation insensible est terminée et qu'ils sont devenus limpides, c'est-à-dire vers le mois de décembre, et à les soutirer encore avant l'équinoxe de printemps, vers le solstice d'été et à l'équinoxe d'automne. Ces quatre soutirages doivent, autant que possible, s'effectuer *au déclin de la lune* et par des vents *d'est ou de nord;*

3° A prévenir les fermentations secondaires par des soutirages exécutés toutes les fois qu'en dégustant les vins, on reconnaît qu'ils contractent un goût de travail.

On doit, s'ils sont limpides, éviter de les coller, afin de ne pas amoindrir leur goût de fruit; mais lorsqu'ils se maintiennent louches après le deuxième soutirage, on les colle au blanc d'œuf après le troisième et on les laisse le moins possible sur colle.

On obtiendra, en les traitant de la sorte, les vins limpides et sans travail, qui, si ce sont de grands vins, conserveront leur goût de fruit, tandis que si on laisse les vins nouveaux travailler après que leur fermentation insensible est terminée, ils perdent leur goût de fruit, leur moelleux, et deviennent secs. C'est afin d'éviter cette sécheresse produite par le travail, vice qui amoindrit considérablement la valeur des vins, des grands vins surtout, qu'on ne doit pas, à notre avis, mettre, comme quelques propriétaires le pratiquent, les vins des années chaudes bonde de côté après le soutirage fait en juin, car, à cette époque, la dilatation causée par l'élévation de la température peut mettre les vins en fermentation.

Pour les mêmes motifs, lorsque l'on aura à expédier des vins avant l'époque de leur premier soutirage, et lorsqu'ils seront déjà devenus limpides par le repos, ils devront être débourrés, car si l'on mélange de nouveau les lies dans le vin, on le prédispose aux fermentations secondaires qui lui font perdre son moelleux, et on le rend très-difficile à clarifier.

Pendant leur première année, les vins perdent en consommation le double que lorsqu'ils sont vieux, et la main-d'œuvre qu'ils exigent est trois fois plus considérable. Même lorsqu'ils sont logés dans des chais bien clos, les pertes occasionnées par la consommation, les ouillages et le déchet des lies, atteignent l'allocation de 8 pour 100 accordée par la loi.

En ouillant les vins encarrassés, à l'aide de l'*ouillette à zède*, il arrive fréquemment que quelques gouttes de vin coulent en dehors de la bonde, soit en remplissant les barriques, soit en bondant les fûts trop pleins. Ces petites pertes, se renouvelant à chaque ouillage, finissent, au bout de l'an, par augmenter considérablement la consommation.

On pourrait amoindrir ces pertes, surtout pour les vins de grande valeur, et aussi faciliter les ouillages, en plaçant

tous les fûts en sole, ou bien, si on était forcé de les encarrasser, en se servant d'un entonnoir à zède muni d'une
douille flexible en caoutchouc, de forme cylindro-conique,
qui fermerait hermétiquement la bonde. Cette ouillette posséderait deux tubes, l'un pour le passage du vin, l'autre,
recourbé et placé sur la longueur extérieure de l'entonnoir, servirait à laisser sortir l'air à mesure que le liquide
pénétrerait dans le fût. On pourrait, en outre, établir un
robinet à la partie inférieure de cet entonnoir, ce qui permettrait de le transporter plein sans perdre de vin. Par ce
moyen, on diminuerait la déperdition qui résulte de l'emploi
de l'ouillette à zède ordinaire. (Voir le dessin de l'ouillette
nouvelle.)

Dans les entrepôts du nord de la France, comme à Paris,
on ne maintient pas les fûts de vin nouveau pleins. A leur
arrivée, on les gerbe (encarrasse), tout comme les vins
vieux, soit sur bonde sans les débonder, soit bonde de
côté; et de crainte que le travail ne fasse défoncer les barriques, on leur donne de l'air par un trou de foret percé
sur la partie supérieure du bouge et que l'on laisse entr'ouvert. Cette méthode est déplorable, car ce contact de l'air
altère les vins, les fait éventer et les prédispose au travail.

TRAITEMENT DES VINS ROUGES VIEUX.

Les vins d'un an que l'on vient de soutirer sur bonde, à
l'équinoxe d'automne, se traitent désormais comme les vins
vieux.

Lorsqu'ils sont francs de goût, limpides et sans travail,
on ouille et remplit complétement les barriques, que l'on
bonde à demeure et que l'on place *bonde de côté* dans des
caves ou chais clos. (Voir *Locaux convenables*.)

Lorsqu'ils sont vicieux, louches ou qu'ils travaillent, il convient, avant de les placer bonde de côté, de traiter par des soins appropriés les vices dont ils sont atteints, d'arrêter le travail et de les clarifier complétement. (Voir *Vins vicieux* et *Clarification*.) Mais lorsque les vins ont été bien soignés étant nouveaux, ces accidents sont rares, à moins que les locaux où ils se trouvent ne soient susceptibles de leur faire éprouver des changements brusques de température.

Dans les caves ou chais parfaitement clos, les vins rouges vieux, francs de goût, limpides et sans travail, logés en barriques bien solides, fortes et soigneusement ferrées (voir *Fabrication des barriques*), n'exigent que deux soutirages par an : l'un en mars, avant l'équinoxe de printemps, et l'autre en septembre, à l'équinoxe d'automne, à moins que, par une cause quelconque, ils ne perdent leur limpidité en entrant de nouveau en travail, ce dont on s'assure en les goûtant de temps à autre. En ce cas, il faudrait les soutirer de suite, sans tenir compte de la date du soutirage précédent, et les clarifier ensuite.

Il faut éviter de mettre des barriques de vin vieux en vidange, soit en prenant fréquemment des échantillons, soit même en dégustant trop souvent. Ainsi, dès que par ces causes ou par suite de quelque fuite, une barrique a du creux, ne serait-il que de deux ou trois litres, il convient de la soutirer au plus tôt, sans attendre l'époque fixée, afin d'éviter l'influence funeste du contact prolongé de l'air sur la surface du vin. On peut ouiller les vins bonde de côté, en introduisant dans un trou de fausset percé sur le haut du maître fond une petite douille munie d'un robinet et adaptée à un entonnoir courbe, on y verse le vin après avoir percé le haut du bouge de la barrique d'un deuxième trou de foret, que l'on ferme avec un fausset dès que la barrique est pleine. (Voir la forme de cette ouillette au. chapitre de la *Description des outils*.)

Les soutirages doivent de même être plus fréquents dans les chais aérés où la consommation est plus grande, afin d'éviter que les vins ne s'éventent, ne s'acidifient ou n'entrent en travail.

Si l'on observe avec soin ces prescriptions, les vins se bonifient et développent toutes les qualités qu'ils sont susceptibles d'acquérir selon leur nature. La finesse plus ou moins grande que les vins acquièrent en vieillissant dans de bonnes conditions, provient de deux causes principales. La première est le dépôt de la matière colorante et des divers sels que les vins nouveaux contiennent en dissolution et qui deviennent insolubles ensuite par la formation de nouveaux composés, qui, à leur tour, sont séparés, à chaque soutirage, par l'extraction des lies : la seconde cause est la transformation du tannin, qui donne une certaine âpreté au vin, en acide gallique, et son extraction par suite des combinaisons insolubles qu'il forme avec les divers principes contenus dans le vin et avec les colles introduites. Il résulte de là que le vin vieux est dépouillé d'une partie de sa couleur, des sels solubles et d'une grande partie du tannin qu'il contenait auparavant ; son goût est plus délicat : la séve, qui était masquée par ces diverses matières, ressort mieux, et le bouquet, formé de principes éthérés, commence à se développer ; le moelleux est plus prononcé. Ces observations s'appliquent principalement aux grands vins, car dans beaucoup de vins ordinaires, le goût de fruit qu'ils ont étant nouveaux, se perd avant la fin de la première année ; cela tient à ce que les mucilages et la pectine, qui donnent le goût moelleux, sont ou précipités dans les lies, ou détruits par la fermentation insensible. En général, il manque à ces vins de la fermeté, du corps, du tannin, et beaucoup d'entre eux éprouvent en outre une grande tendance à perdre leur couleur.

Le temps nécessaire pour opérer la défécation des vins et leur dépouillement, c'est-à-dire pour leur faire atteindre tout le degré de perfectionnement qu'ils sont susceptibles d'acquérir en barriques, n'est pas le même pour tous; ainsi, certains vins fermes et corsés exigent beaucoup plus de temps que les vins tendres.

En moyenne, dans les vins du Médoc les plus légers et les plus maigres, la défécation est complète vers la fin de la deuxième année. Si on les garde plus longtemps en barriques, ils perdent leur moelleux.

Les vins des mêmes contrées, mais qui, au contraire, sont fermes, corsés et couverts, demandent à rester une année de plus en barriques, pour arriver à parfaite maturité. Certains vins très-chargés de tannin, tels que les premiers vins de Queyries provenant de pur *verdot,* ou les premiers crûs de Saint-Émilion, sont longs à se développer ; mais, par contre, ils durent beaucoup plus longtemps.

Lorsque les vins ont atteint leur entier développement, et que la défécation de leurs lies est complète, on doit les mettre en bouteilles, car ils perdraient leurs qualités si on les laissait encore en barriques. Dans les bouteilles, ils achèvent de se perfectionner, ils acquièrent du bouquet tout en conservant leur moelleux, tandis qu'en barriques ils finissent par perdre leur goût de fruit et leur velouté, et ils deviennent secs.

Il faut être gourmet et avoir une certaine pratique des vins que l'on soigne, pour pouvoir reconnaître l'époque qui convient le mieux à la mise en bouteilles. Nous traiterons ce sujet en détail, à l'article *Mise en bouteilles.*

En ce qui concerne les vins vieux, nous nous résumons ainsi :

1° Ils doivent se conserver dans des locaux parfaitement clos, et, avant de les placer bonde de côté, il faut s'assurer s'ils sont parfaitement limpides et exempts de vices ou de goût de travail ;

2° On en extrait, par des soutirages semestriels faits avec soin, les lies qui se déposent ; on tient les fûts constamment pleins, et on les préserve des fermentations secondaires qui peuvent se développer, en les surveillant et en les soutirant au besoin ;

3° Il faut réduire la consommation par évaporation, à l'aide de tous les moyens possibles, et tenir les vins logés dans des caves closes, dans des barriques fortes et ferrées, que l'on évite de mettre en vidange ;

4° On les tirera en bouteilles avant qu'ils aient perdu leur goût de fruit, et dès que la défécation des lies sera complète.

En suivant ces recommandations, on fera acquérir aux vins, avec l'aide du temps, toutes les qualités dont leur nature est susceptible.

Mais si les locaux qui renferment le vin sont aérés, si la consommation est grande, et si les fûts sont laissés en vidange en prenant trop souvent des échantillons ou en éloignant trop les soutirages, les vins éprouvent du travail, ils deviennent secs, perdent leur moelleux et prennent une légère altération due à la présence de l'acide acétique produit par le contact de l'air.

TRAITEMENT DES VINS BLANCS.

La fermentation des vins blancs s'opérant dans les barriques, leur traitement commence dès que le moût est dans les fûts, où on le verse sans aucune préparation, au sortir

du pressoir. Il s'établit dans chaque barrique une fermentation tumultueuse plus ou moins forte, selon que le moût
est plus ou moins riche en sucre de raisin, et selon que la
température du moût et celle de l'atmosphère sont plus
ou moins élevées, etc.

On sait qu'il y a trois espèces de vins blancs, espèces
bien distinctes, dont les différences sont produites par le
plus ou le moins de matière sucrée que contiennent les
moûts, par les divers modes de vinification, par les variétés
de cépages, etc. Ce sont : les vins blancs secs, les vins
blancs moelleux, et les vins blancs liquoreux. Nous avons
déjà dit, du reste, en traitant de la vinification des vins
blancs, que ces divers genres de vins résultent de la plus
ou moins grande densité des moûts.

Il y a encore les vins *mousseux,* qui se font avec des raisins rouges et blancs ; mais nous en parlerons dans un
article spécial.

Les soins à donner aux vins blancs, disons-nous, commencent dès qu'il sont sortis du pressoir et mis dans les
fûts.

On ne remplit les barriques que jusqu'à environ 0ᵐ 05ᶜ
de l'orifice de la bonde, afin de laisser l'intervalle nécessaire à la dilatation que produisent les bulles d'acide
carbonique qui se forment dès que la fermentation commence. Grâce à cette précaution, on évite toute déperdition
de moût.

La fermentation tumultueuse commence dans les vingt-
quatre heures. Dès qu'elle est bien établie, on fait déverser
hors de la barrique l'écume qui s'élève à la surface, en
maintenant les fûts pleins par des ouillages quotidiens faits
avec des moûts de même nature, et en laissant les bondes
ouvertes.

La méthode qui consiste à rejeter les écumes hors de la

barrique, au fur et à mesure qu'elles s'élèvent à la surface
du vin, — méthode contraire à celle de la fermentation en
cuves ou en fûts en vidange, où les écumes restent et
retombent dans le vin, — est employée dans les grands crûs
blancs de la Gironde, tels que Barsac, Sauternes, etc. Cette
pratique est fondée sur le motif que ces écumes, étant
formées d'éléments fermentescibles, parmi lesquels se trouvent même des ferments actifs provenant de la décomposition de débris ligneux, etc., opèrent par leur sortie une
sorte de défécation, en entraînant hors de la barrique une
certaine quantité de matières nuisibles.

Il résulte de là que les lies sont moins volumineuses ;
mais la fermentation est plus longue. Les vins faits de la
sorte conservent, à densité égale, plus de moelleux que
ceux que l'on fait fermenter en ne remplissant pas complétement les fûts. Cela tient à ce que les vins, quand on a
maintenu les fûts régulièrement pleins, conservent, après
leur fermentation tumultueuse, une petite partie de mucilage qui a échappé à l'action des ferments ; tandis que dans
les autres, la fermentation à densité égale étant plus active,
son action a transformé en alcool toute la matière sucrée,
ce qui leur donne de la sécheresse et les rend moins agréables au goût.

En conséquence, on devra opérer la fermentation tumultueuse des vins blancs en fûts complétement pleins, lorsque
l'on aura à faire des vins blancs destinés à être expédiés
en nature. Quant aux vins blancs destinés à la chaudière ou
bien à être employés dans les *opérations,* on devra, pour
leur vinification, préférer la fermentation en fûts, cuves,
ou foudres simplement couverts et incomplétement pleins,
en laissant les écumes et les ferments dans le vin jusqu'à
la fin de la fermentation pour activer cette dernière, et jusqu'à ce que tous les principes sucrés soient transformés en

alcool. La densité des moûts des vins blancs communs ne doit pas, pour ces sortes d'emplois, dépasser 13°.

Lorsque la fermentation des vins blancs devient moins active et qu'ils ne rejettent presque plus d'écumes, on recouvre les bondes d'un copeau, pour ménager une issue au gaz, et on ouille tous les deux jours. Enfin, lorsque l'on reconnaît que le dégagement de l'acide carbonique a cessé, on bonde hermétiquement et on maintient les fûts pleins par des ouillages répétés une ou deux fois par semaine, selon que les locaux consomment plus ou moins. On soutire les vins lorsque le dépôt des lies s'est effectué et qu'ils sont devenus limpides ; il ne peut y avoir à cet égard d'époque fixe, parce que la durée de la fermentation des vins blancs dépend essentiellement de la densité des moûts et de la température atmosphérique ; dans tous les cas, elle est beaucoup plus prolongée que celle des vins rouges. Il arrive souvent qu'elle ne se termine pas avant le mois de février, lorsque ce sont des vins très-riches en principes sucrés, tels que les têtes des Sauternes, et surtout si la fin de l'automne est froide ; tandis que des vins provenant du même vignoble, faits dans les mêmes conditions, mais moins riches en matières sucrées, auront terminé leur fermentation en décembre. On doit éviter de remuer les vins blancs en cours de fermentation, surtout lorsque les lies commencent à se déposer, parce que, en les mélangeant de nouveau dans les vins, on rend la fermentation plus active, on détruit ainsi les mucilages en les transformant en alcool, et on enlève le moelleux qui fait la valeur des vins blancs.

Tels sont les soins à leur donner pendant la fermentation, que l'on peut à volonté arrêter, suspendre ou empêcher, par l'opération du mutisme, selon que l'on a besoin de vins doux ou de vins secs. (Voir [*Fabrication des vins muets.*) Si les vins blancs doux ont un titre alcoolique au-dessous de 15°, ils fermentent.

On peut, en mutant les vins blancs, les conserver doux d'une récolte à l'autre, même lorsqu'ils ont été faits avec des moûts de faible densité; mais on ne peut obtenir ce résultat avec des moûts peu sucrés, qu'en les maintenant constamment sous l'influence de l'acide sulfureux et à l'abri du contact de l'air. Dans ce cas, les diverses opérations du mutisme, et les fréquents soutirages qu'on est forcé de leur faire subir, communiquent aux vins un goût et une odeur de soufre; en outre, dès qu'on néglige de les surveiller, ils entrent en fermentation.

Pour que les vins blancs, traités par les soins ordinaires, puissent, en vieillissant, conserver leur douceur, il faut, ou que les moûts soient très-riches en principes sucrés (16 à 20° de densité; les moûts des vins de têtes de Barsac et de Sauternes atteignent ces titres), ou qu'ils soient vinés de façon à représenter de 15 à 18° d'alcool pur après leur fermentation. Mais on n'emploie ce système de vinage que pour fabriquer les vins de liqueur. Nous en parlerons donc avec plus de détails à l'article *Vins de liqueur.*

Les vins blancs destinés à être consommés doux s'expédient soit à l'état de moût, au sortir du pressoir, soit en pleine fermentation. Lorsque le moût est expédié avant que la fermentation ait commencé, celle-ci s'établit en route et devient tumultueuse par suite des secousses du transport, surtout si la température est chaude, si le trajet dure plusieurs jours, et si le moût n'a pas été muté et clarifié. Les moûts que l'on a clarifiés, même sans les muter, fermentent moins que les moûts expédiés avec leurs grosses lies. (Voir *Clarification des vins muets.*)

Afin d'éviter que le dégagement de l'acide carbonique et la dilatation du liquide ne fassent éclater les fonds des fûts, on perce, à côté de la bonde, un trou de foret qui livre passage au gaz. Pour éviter que le vin ne se répande en roulant la barrique, on introduit dans le trou de foret un bouton en étain, retenu par une tige de même métal, que l'on recourbe à la main en dedans de la douve, en lui laissant assez de jeu, toutefois, pour que le bouton puisse se soulever et laisser librement passer le gaz. Au besoin, pour remplacer le bouton à tige métallique, on passe dans le trou de foret trois ou quatre brins de paille munis de leurs épis : les épis restent hors de la douve et tiennent lieu de bouton.

Malgré ces précautions, les vins expédiés ainsi prennent en route un creux énorme, surtout si les conducteurs de transports ne veillent pas à ce que la fermentation puisse s'exécuter librement dans chaque fût et que ceux-ci soient toujours placés sur bonde.

On doit se garder d'expédier les grands vins blancs, et en général tous les vins blancs liquoreux ou simplement moelleux qui conservent une partie de leur douceur en vieillissant, pendant qu'ils sont en fermentation ; et cela, pour deux motifs : d'abord, parce que la fermentation, surexcitée par les ferments et les grosses lies déjà déposées qui remontent dans le vin, pourrait (surtout si ces vins avaient moins de 15 pour 100 d'alcool) devenir trop active, détruire les mucilages des vins nouveaux en les transformant en alcool, et les rendre ainsi secs et très-difficiles à clarifier ; ensuite, à cause des pertes qui résultent de leur transport en cet état.

Soutirages. — Après que la fermentation tumultueuse des vins blancs est entièrement terminée et qu'ils sont devenus limpides, il faut les soutirer, surtout si la température s'élève. Il est à remarquer que moins les moûts sont riches en sucre de raisin, et plus tôt les vins deviennent limpides; car la fermentation des vins pauvres est plus rapide et plus complète que celle des vins moelleux.

L'époque la plus favorable au premier soutirage est le mois de février, avant que l'élévation de la température fasse dilater les vins et remonter les lies.

Il est rigoureusement nécessaire, en soutirant, d'éviter le contact de l'air et de recevoir les vins dans des fûts fortement soufrés.

Les soins à donner aux vins blancs, après leur premier soutirage, varient suivant leur qualité.

Si ce sont des vins communs secs, c'est-à-dire des vins dont la fermentation a détruit et changé en alcool toutes les parties sucrées, comme ceux destinés à la chaudière, ceux de l'Entre-deux-Mers ou d'autres analogues, il faut leur donner les mêmes soins qu'aux vins rouges nouveaux.

Mais les vins blancs moelleux, c'est-à-dire ceux à qui il reste encore de la douceur après que la fermentation tumultueuse est terminée, exigent (surtout lorsqu'ils n'atteignent pas 15 pour 100 d'alcool) des soins minutieux pour pouvoir conserver leur moelleux en vieillissant, car si on les abandonne à eux-mêmes, ils entrent de nouveau en fermentation et deviennent secs.

Tels sont les vins blancs de Bergerac, Monbazillac et autres de même nature (1).

Pour pouvoir vieillir sans perdre leur moelleux, ces vins

---

(1) Les grands vins blancs de *têtes* de Sauternes, Barsac, etc., dont le titre alcoolique atteint et même, pour les premières têtes, dépasse de quelques fractions de degré 15 pour 100, ne fermentent pas avec autant de facilité que les *queues*, dont le titre est plus faible et qui sont douceâtres ; on devra donc éviter d'*opérer* les *queues sèches* avec les *têtes douces*, parce que si le titre alcoolique est affaibli, le mélange entre en fermentation.

devront *être préservés de toute fermentation ultérieure* et parfaitement clarifiés et dégagés de leurs ferments, en employant le moins possible *les collages ou la filtration, qui diminuent le moelleux.*

Ils devront, pour arriver à ce but, remplir les conditions suivantes :

1º Être logés dans des locaux parfaitement clos et à l'abri des variations de la température, dans des barriques fortes et cerclées en fer ;

2º Être tenus, quel que soit leur âge, constamment sur bonde, bondés hermétiquement et maintenus constamment pleins au moyen d'ouillages fréquents et réguliers, faits avec des vins limpides, de même qualité, et ayant la même température ;

3º Être clarifiés, préservés des fermentations secondaires et dégagés des ferments qu'ils renferment encore, par des soutirages effectués la première année, au fur et à mesure que les lies se déposent. (On n'emploiera les collages que lorsqu'on ne pourra obtenir la clarification par des soutirages exécutés en temps opportun, rigoureusement à l'abri du contact de l'air, dans des barriques soufrées avec un double carré de mèche) ;

4º Lorsque les vins auront atteint, en barriques, leur troisième ou quatrième année, si on ne les met en bouteilles, on les soutirera et on les conservera dans des foudres, où on leur donnera les mêmes soins que s'ils étaient en barriques ; ces foudres devront être avinés d'avance, c'est-à-dire avoir contenu des vins blancs de même nature;

5º Il faudra constamment les surveiller, et s'assurer, au moyen de dégustations fréquentes, s'ils n'entrent pas en fermentation ; auquel cas on les soutirerait immédiatement. Lorsqu'ils restent calmes après que la fermentation sensible est terminée, on leur fait subir, chaque année, qu'ils soient nouveaux ou vieux, trois soutirages : le premier se fait à la pousse de la vigne, en mars, avant l'équinoxe de printemps ; le deuxième à la floraison de la vigne, en juin, avant le solstice d'été, et enfin le troisième à la maturité du raisin, en septembre, avant l'équinoxe d'automne.

Il est bon de noter que les vins blancs qui restent moelleux après leur fermentation tumultueuse sont d'autant plus susceptibles d'entrer de nouveau en fermentation, et de perdre ainsi leur moelleux, que leur titre alcoolique est plus faible.

Ainsi les grands vins blancs de Barsac, Sauternes, etc., qui atteignent 15° d'alcool pur après leur fermentation, et qui ont conservé du moelleux, le perdront plus difficilement que les vins de même provenance qui, tout en étant moelleux, ont un titre alcoolique plus faible.

Lorsque les vins blancs à traiter sont doux et d'un titre alcoolique inférieur à 15°, il convient de les clarifier complétement afin de les dégager de leurs ferments. Dans certains vins blancs ordinaires, tels que ceux de Clairac, Bergerac, etc., la clarification est difficile ; on ne peut l'obtenir que par l'emploi simultané des soutirages, du mutisme et des collages à la gélatine, faits après avoir au préalable tannifié les vins. (Voir *Composition des Vins, Tannin.*)

Cette tendance à fermenter est toute naturelle dans les vins peu riches en alcool ; en effet, les vins moelleux qui ont un titre alcoolique inférieur à 15°, n'ont pas terminé leur fermentation tumultueuse naturelle, qui a été arrêtée soit par l'emploi de l'acide sulfureux, soit par des soutirages réitérés, soit encore par l'extraction d'une grande partie des ferments ou l'abaissement de la température. Cette fermentation arrêtée reprend facilement son cours dès que le vin est abandonné à lui-même et que l'on cesse de la combattre par les soins nécessaires, ou qu'il subit une élévation de température et surtout les secousses des transports.

Au contraire, dans les vins qui arrivent au plus haut titre alcoolique que l'on puisse obtenir par la fermentation (entre 15 et 16° d'alcool pur), il ne se forme une nouvelle quantité d'alcool, au détriment de la matière sucrée, que lorsque celui qui est contenu dans le liquide s'évapore ou s'affaiblit. Ces vins sont, en conséquence, moins susceptibles de fermenter, à conditions égales d'ailleurs. Tels sont les grands vins blancs de têtes rôties.

Lorsqu'on aura à expédier au loin, ou même à conserver, des vins douceâtres, moelleux, mais communs et faibles en esprit, on devra, après les avoir parfaitement clarifiés, les viner légèrement avec de l'alcool à un titre très-élevé et aussi pur que possible. Ce vinage devra être fait de manière que les vins soient remontés entre 15 et 16° d'alcool pur. On pourra les conserver ainsi dans les conditions ordinaires et les transporter facilement ; cependant, on ne devra user de ce moyen extrême que pour des vins doux, *mais de séve commune*.

CHAPITRE IV.

VINS EN BOUTEILLES.

Vins en bouteilles. — Choix des vins à mettre en bouteilles. — Conditions qu'ils
doivent remplir. — Age qu'ils doivent avoir, selon les crûs et les années. — Préparations préliminaires en barriques. — Bouteilles (formes et contenances);
forme bordelaise, forme parisienne, cruchon, forme cylindrique. — Rendement par
barrique, selon la contenance des bouteilles. — Rinçage; installation. — Tirage en
bouteilles; manière de l'exécuter rapidement. — Bouchons de diverses formes.
— Qualité, choix, préparation des bouchons. — Bouchons imbibés à la vapeur.
— Bouchage; divers modes de bouchage; bouchage à la tapette. — Bouchage à
la mécanique; machine à boucher ancienne. — Bouchage à l'aiguille. — Nouvelle
machine à boucher à l'aiguille. — Avantages du bouchage à l'aiguille. — Goudronnage; préparation du goudron. — Coloration des goudrons selon les emplois.
— Arrimage des bouteilles; massifs provisoires; cases économiques. — Préparation préalable du sol. — Arrimage. — Casiers en fer à cadres. — Porte-bouteilles
en fer. — Casiers de construction mixte (fer et pierre). — Casiers en pierre et
bois. — Casiers en pierre et briques. — Casiers en bois. — Traitement des vins
en bouteilles. — Altérations qu'ils sont susceptibles d'éprouver. — Goût de travail; traitement. — Dépôts volumineux; perte de la transparence. — Amertume.
âcreté, graisse. — Dégénérescence, putridité. — Moyens d'éviter ces altérations;
conclusions et soins généraux. — Décantation; diverses manières de la pratiquer.
— Ustensiles auxiliaires; paniers et casiers mobiles. — Paniers à décanter. —
Construction de décantoirs.

Choix des vins à mettre en bouteilles. — On ne
doit réserver, pour les mettre en bouteilles et les laisser
vieillir en caveau, que des vins provenant d'années favorables à la maturité des raisins, ayant goût de fruit, et
susceptibles d'acquérir et de développer de la séve et du
bouquet en vieillissant.

Les vins provenant d'une année médiocre ou d'un crû

commun, et qui sont vicieux, maigres, verts, secs, etc., ne doivent pas être mis en bouteilles, en caveau, parce qu'ils ne sont pas susceptibles d'acquérir de la qualité en vieillissant, et que, par conséquent, ce serait laisser dormir en pure perte le capital nécessaire à l'achat du verre, aux fournitures et aux frais de manipulation.

Les vins destinés à être mis en bouteilles doivent remplir les conditions suivantes :

1° Être parfaitement limpides ;

2° Avoir terminé complétement leur défécation naturelle, c'est-à-dire être débarrassés de l'excès de couleur, des ferments et des sels qu'ils tiennent en suspension dans les premières années, et qui se déposent par le repos et les collages opportuns ;

3° Avoir aussi terminé complétement leur fermentation insensible.

Si les vins étaient mis en bouteilles sans remplir ces conditions, c'est-à-dire qu'ils fussent ou trop jeunes ou louches, il en résulterait deux graves inconvénients.

Les vins étant tirés trop jeunes, la fermentation insensible, la défécation et le dépôt des lies continueraient à s'effectuer dans les bouteilles, les vins contracteraient un goût de lie et une amertume désagréables, les bouteilles casseraient même, si la fermentation était trop forte, par suite de la dilatation et du dégagement de l'acide carbonique. En tous cas, il se formerait dans les bouteilles des dépôts volumineux, qui nécessiteraient la décantation des vins et leur remise en barriques, opérations longues et coûteuses et qui nuisent à la qualité des vins fins.

L'âge que doivent avoir les vins moelleux de toute provenance, pour être mis en bouteilles dans de bonnes conditions, ne saurait se préciser rigoureusement; on ne peut se baser à cet égard que sur des données générales.

Cela dépend autant des années plus ou moins favorables à la maturité du fruit que des genres de vin, des crûs, des variétés de cépages, des procédés de vinification employés, des soins donnés aux vins, etc. En général, les vins tendres, délicats, faibles en alcool et en couleur, ou provenant d'années peu favorables à la maturité, sont les plus précoces, tandis que les vins fermes, corsés, riches en couleur, provenant d'années chaudes, sont les plus longs à se dépouiller en barriques; il va sans dire qu'ils se conservent beaucoup plus longtemps en bouteilles, au lieu que les vins qui vieillissent vite en barriques sont souvent de peu de durée.

Les vins de la Gironde les plus précoces sont dépouillés vers la fin de leur deuxième année. Les vins du Médoc, en général, provenant d'années chaudes, ne sont bien dépouillés que dans la troisième; c'est donc dans le courant de cette année qu'il convient de les tirer en bouteilles, car si on les laissait plus longtemps en barriques, ils perdraient de leur goût moelleux; toutefois, par exception, certains vins très-étoffés exigent un an de plus.

Lorsque *à un titre alcoolique élevé les vins joignent une riche couleur et beaucoup de tannin,* ils sont beaucoup plus longs à vieillir et à se développer en barriques. Les premiers crûs de Saint-Émilion et surtout les premiers Queyries sont dans ce cas. Nous avons vu des Queyries de *petit verdot* pur, de l'année 1851, qui, après six ans de soins bien entendus en barriques, étaient à peine assez fondus pour être mis en bouteilles; mais ce n'est là qu'un fait exceptionnel qui tient au cépage, car, dans les mêmes contrées, les vins provenant de la *vidure,* du *malbec,* du *merlot,* etc., sont bien dépouillés dès leur troisième année, et même beaucoup vers la fin de la deuxième, mais ils ont moins de durée.

On reconnaît qu'un vin remplit les conditions nécessaires à sa mise en bouteilles, lorsqu'il est bien dépouillé de ses lies, qu'il n'y a presque plus de dépôt lors des soutirages semestriels, que sa couleur est vive et qu'il a perdu la rudesse, l'âpreté de ses premières années, tout en conservant son goût moelleux. On ne doit pas attendre que les vins fins développent leur bouquet en barrique. Autrefois, c'était cette dernière pratique que l'on suivait ; pour atteindre ce résultat, il fallait nécessairement les garder bien plus longtemps en fûts, et souvent ils étaient *sur leur déclin* quand on les tirait en bouteilles. Outre que cette méthode fait perdre aux vins une partie de leur velouté, de leur moelleux, en barriques, l'expérience a prouvé que, traités de la sorte, ils durent moins longtemps que ceux que l'on tire en bouteilles *avant le développement du bouquet et lorsqu'ils ont encore leur goût de fruit*. Seulement, on s'expose, si on ne prend pas les plus grandes précautions pour assurer leur limpidité, à avoir un dépôt plus précoce et plus volumineux.

Préparations préliminaires en barriques. — Même quand les vins destinés à être mis en bouteilles paraissent limpides, on doit les soutirer et les coller, par mesure de précaution, afin de précipiter complétement toutes les matières insolubles qu'ils peuvent tenir en suspension. On les collera de préférence à l'albumine (à la dose de six ou huit blancs d'œufs). On les soutire ensuite, en les méchant très-légèrement, dès qu'ils sont parfaitement clairs, c'est-à-dire dans le courant du mois qui suit le collage, pour les laisser reposer de nouveau au moins trois semaines avant de les mettre en bouteilles. On doit éviter de tirer en bouteilles des vins sur colle destinés à vieillir en caveau, car les lies volantes par suite des secousses imprimées à la barrique, remontent souvent jusqu'au robinet et troublent le liquide.

Toutefois si les vins destinés à être mis en bouteilles étaient d'une limpidité parfaite, irréprochable, et s'ils étaient très-tendres, délicats et moelleux, on pourrait se dispenser de les coller, afin de ne pas les maigrir en précipitant et en détruisant inutilement leur goût de fruit; dans ce cas, on les soutirerait et on les laisserait ensuite au repos.

Il ne faut pourtant pas perdre de vue que la limpidité est une condition essentielle; si on néglige de l'obtenir, pour peu que le vin soit louche ou ait une teinte plombée, il ne tarde pas à former dans la bouteille un dépôt volumineux.

L'époque la plus favorable à la mise en bouteilles est le déclin de la lune, avec des vents secs d'est ou nord-est, et surtout après l'équinoxe d'automne (septembre et octobre): à cette époque, la température extérieure, qui s'abaisse, aide à la clarification, en opérant une certaine contraction sur les liquides qui étaient dilatés par la chaleur de l'été; mais dans les caves dont la température est constamment uniforme, on peut en toute saison mettre les vins en bouteilles, pourvu que l'on évite le contact de l'air avec le plus grand soin.

Quand on est forcé de mettre en bouteilles des vins trop jeunes, il faut leur faire subir des collages réitérés, afin d'éviter qu'ils ne déposent trop tôt. Ces collages, tout en précipitant les matières insolubles, rendent les vins secs, dépourvus d'agrément, parce qu'ils précipitent aussi les matières qui donnent au vin l'onctuosité et le moelleux.

Bouteilles ; diverses formes et contenances.— Les bouteilles de forme bordelaise, dites *frontignans*, se fabriquent partie dans les verreries de la ville et des départements limitrophes, partie dans celles du Lyonnais ou du nord de la France. On emploie dans leur fabrication des verres de diverses nuances : les bouteilles destinées à contenir du vin blanc sont en verre clair, celles qui doivent loger du vin rouge sont en verre de couleur légèrement foncée, dit *verre mixte*. Du reste, le mode de fabrication, la nature des matières premières et la nuance du verre varient dans chaque verrerie et selon les commandes.

On distingue, dans la forme des bouteilles bordelaises, trois variations principales, qui cependant ne détruisent pas leur aspect général :

1º La forme dite *parisienne,* ou *brizarde,* dont le col est allongé ; cette variété s'emploie principalement pour les vins d'exportation, qui se tirent en petits frontignans ;

2º La bouteille haut montée, de forme *cruchon,* dont le ventre est d'un diamètre plus grand que celui du fond ; ces bouteilles, à première vue, semblent d'une plus grande contenance que les bouteilles parfaitement cylindriques et de capacité égale ;

3º La bouteille haut montée cylindrique, dont le diamètre est égal sur toute la hauteur ; cette forme est celle qui offre le plus de facilité pour l'emballage ; mais elle a moins d'apparence.

La moyenne de la hauteur des bouteilles bordelaises est de 0m 29c à 0m 30c; leur diamètre varie selon leur contenance et l'épaisseur du verre ; leur contenance extrême est de 60 à 85 centilitres.

Dans les verreries, on désigne ordinairement les contenances par des numéros ; ainsi, on dit les nos 1, 2 et 3 (ou *grands frontignans*), et les nos 4 et 5 (ou *petits frontignans*).

Les nos 1 et 2 (les plus grands) contiennent de 85 à 80

centilitres ; ces numéros sont peu employés, cependant ils servent aux tirages des grands vins destinés à vieillir en caveau. Le grand frontignan n° 3, d'une contenance moyenne de 75 centilitres, est le numéro le plus communément employé pour le tirage des grands vins. Le n° 4, frontignan ordinaire, contient en moyenne 70 centilitres ; enfin, le plus petit frontignan contient 66 centilitres. Ces contenances ne sont que des moyennes prises sur un grand nombre de bouteilles ; car souvent, dans le même numéro, on observe un écart qui varie entre 5 et 8 centilitres et même davantage, selon l'épaisseur du verre, la forme plus ou moins allongée, etc.

Ces numéros présentent d'habitude les contenances suivantes : n° 1, de 79 à 85 centilitres, moyenne 82 ; n° 2, de 78 à 82 centilitres, moyenne 80 ; n° 3, de 73 à 78 centilitres, moyenne 75 ; n° 4, de 66 à 74 centilitres, moyenne 70 ; n° 5, le plus petit, 66 centilitres. Les contenances au dessous ne sont employées que pour l'exportation.

En établissant à 220 litres le minimum de la contenance des barriques bordelaises fabriquées en bois fort, on compte qu'il y a, à peu près, un déchet de 8 litres par barrique dans la mise en bouteilles. Ce déchet se produit ainsi : creux sur bonde, 2 ; lies et égouttures, 3 ; jaillissage de l'aiguille, 1 ; casse au bouchage, 2.

On obtient un rendement de 258 bouteilles en tirant en grands frontignans n° 1 (de 82 centilitres), et 324 bouteilles si l'on tire en petits frontignans n° 5 (de 66 centilitres). L'écart est par conséquent de 63 bouteilles par barrique entre les numéros extrêmes.

Les qualités et nuances du verre, le genre de fabrication au moule ou à la main, la contenance des bouteilles, expliquent les différences qui existent dans les prix, qui varient de 6 à 8 fr. par 100 bouteilles. Quant à la qualité du verre et à la forme, l'émulation des fabricants verriers est éveillée par de trop nombreux concurrents pour qu'ils ne s'attachent pas à donner des produits aussi bons et à aussi bas prix que possible. La concurrence et leur intérêt même les obligent à éviter la casse. La première qualité de bouteilles provient des verreries du Nord ; ces bouteilles ont, à part leur forme et leur bonne qualité de verre, une apparence de contenance (à dépotage égal) beaucoup plus grande que les autres qualités. Il est d'usage d'accorder un boni de 2 pour 100 sur les quantités de bouteilles livrées.

Les acheteurs doivent choisir, surtout lorsque les vins sont destinés à être bouchés à la mécanique ou à l'aiguille, des bouteilles qui aient l'embouchure et le goulot réguliers, à bague bien faite et aussi forte que possible.

Rinçage. — Les bouteilles sont lavées et rincées aux verreries ou dans les dépôts, à moins qu'elles ne soient destinées à une expédition lointaine ou qu'il n'ait été fait une convention contraire. Les bouteilles sont ensuite placées dans des paniers à égoutter. Ces paniers ou *mannes* servent à leur transport ; les casiers servent aussi aux mêmes usages. Lorsque l'on a à tirer des vins de grands crûs, on doit opérer un triage et mettre de côté, comme rebut, les bouteilles ayant de fortes boursoufflures dans le verre et dont les bagues et les fonds ne sont pas réguliers, ainsi que les bouteilles faites avec les fonds de pot, et dont le verre renferme des crasses. On doit rejeter aussi celles dont la contenance n'est pas régulière ; on se sert pour cela d'un dépotoir spécial, dont nous donnons le plan. Après le triage, il faut les laver intérieurement à la brosse, les rincer de nouveau et les mettre à égoutter dans les paniers. Cette précaution est nécessaire, car les verreries font rincer de grandes quantités de bouteilles dans les mêmes bassins, et il résulte de là que l'eau de rinçage, n'étant pas renouvelée assez fréquemment, est souvent d'une propreté douteuse.

Pour rincer d'une manière facile, il faut avoir, soit deux bailles faites avec une barrique ou un demi-muid scié en deux, soit deux bassins en forme de losange, légèrement évasés, de 60 centimètres de large sur 40 centimètres de hauteur, recouverts intérieurement avec des plaques de fer-blanc ou de zinc soudées, ou construits en béton. En hiver, on chauffe l'eau d'une manière facile, au moyen d'un poêle recouvert d'une chaudière hermétiquement fermée et qui communique avec l'eau des bassins. Cette installation n'est utile que lorsque l'on rince tous les jours de grandes quantités de bouteilles. Dans un chai ordinaire, les deux bailles montées sur un chantier suffisent.

Il est nécessaire de laisser égoutter les bouteilles pendant une ou plusieurs heures dans les paniers, avant de les employer au tirage; mais on ne doit pas les y laisser séjourner plusieurs jours, surtout dans les caves humides, car l'humidité pourrait développer, à la surface interne des bouteilles, des moisissures qui communiqueraient au vin un mauvais goût; dans ce cas on devrait les rincer de nouveau avant de s'en servir.

Les bouteilles, rincées et égouttées, sont remplies sans autre préparation. Toutefois, lorsque les vins à tirer sont faibles en alcool, maigres, usés par l'excès de vieillesse, on aide à leur conservation en passant un peu d'eau-de-vie vieille d'Armagnac dans chaque bouteille, au fur et à mesure du tirage. On transvase rapidement cette eau-de-vie d'une bouteille dans l'autre, sans laisser égoutter longtemps, afin que les parois intérieures restent humides.

Ce serait une excellente méthode, que de rincer les bouteilles avec du vin semblable à celui destiné à être tiré en bouteilles, surtout pour les grands vins.

Tirage en Bouteilles.

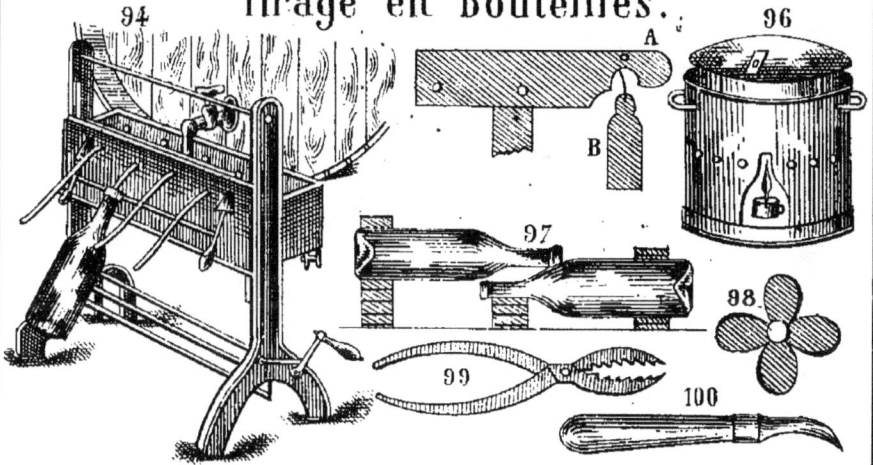

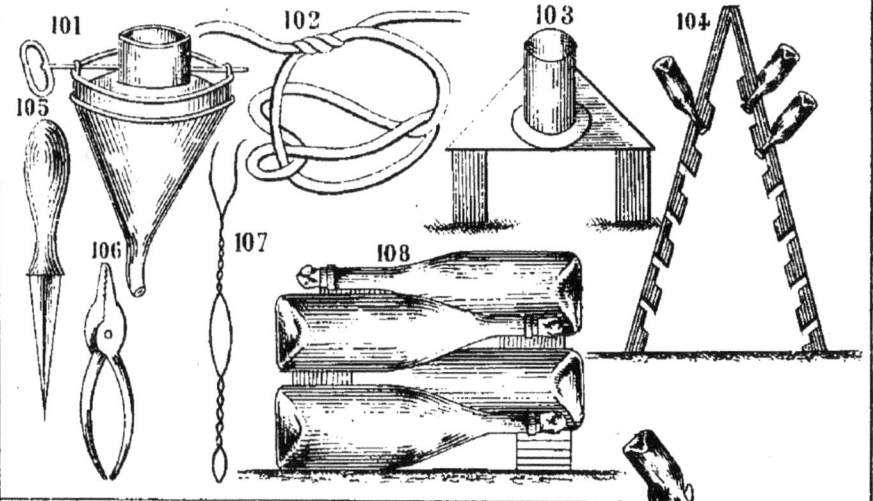

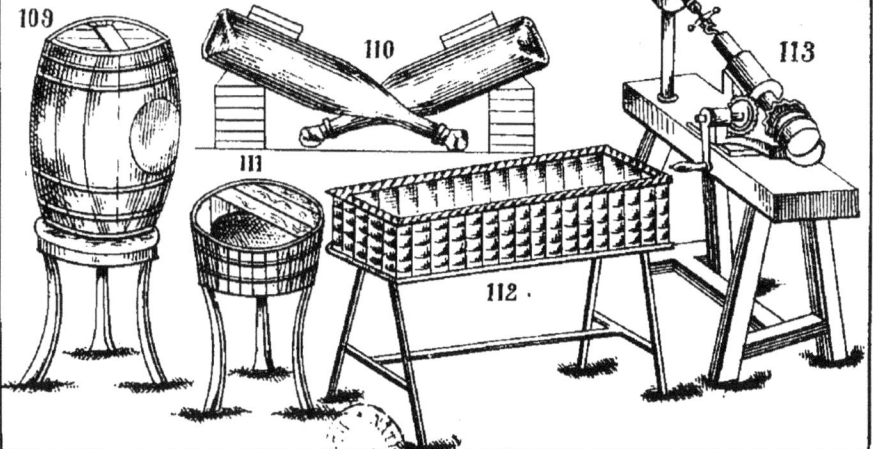

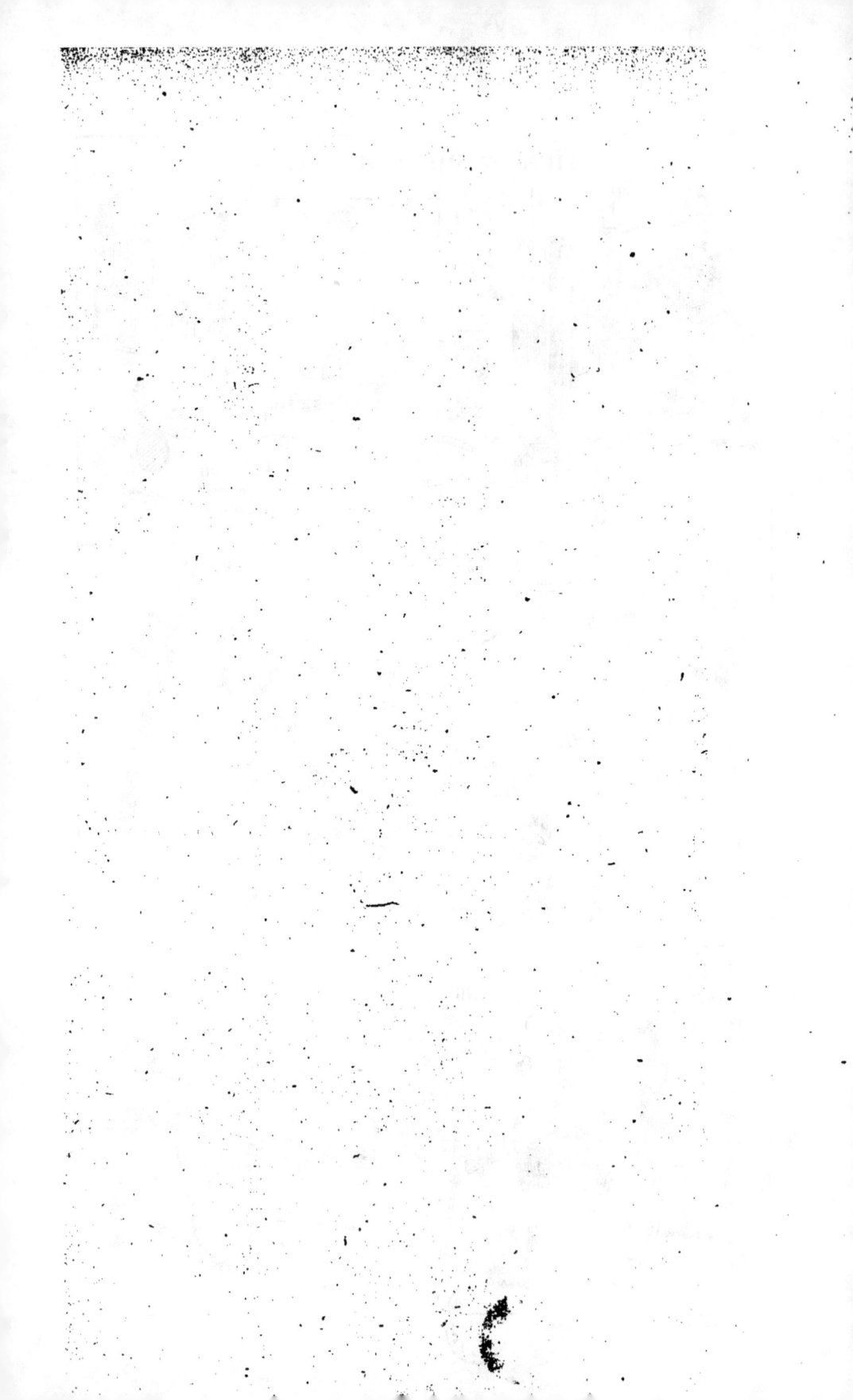

Cette pratique, très-bonne, n'offre que l'inconvénient d'exiger un ouvrier de plus, et les frais de deux bouteilles de vin qui se louchissent et s'affaiblissent en servant à rincer.

Tirage en bouteilles. — Les tirages en bouteilles s'effectuent ordinairement à l'aide d'une cannelle en cuivre de forme ordinaire.

On pourrait activer ce travail en employant un système de robinets spéciaux (à nez coniques avec tubes à air) qui permettrait de tirer plusieurs bouteilles à la fois sans perdre de vin et en réglant parfaitement la hauteur que le vin doit atteindre dans le goulot des bouteilles. On trouvera au chapitre de la *Description des outils* le plan de cet appareil.

Ce système serait très-avantageux, appliqué au tirage des vins et spiritueux, surtout à celui des liquides en foudre; mais dans des caves où l'espace est souvent très-restreint, il offre peu d'avantage sur le tirage à la cannelle ordinaire, *surtout avec un ouvrier exercé,* à cause du retard occasionné par le levage, qui ne pourrait s'effectuer d'une façon convenable à l'aide de cet appareil.

Les barriques de vin destinées à être mises en bouteilles sont placées dans des chais ou caves closes. On peut les encarrasser en second et même en quatrième rang, les barriques de sole doivent être placées sur des tins ou chantiers assez élevés pour que la bassine puisse se placer facilement au-dessous.

Pour tirer en sole, on place sous la barrique une bassine destinée à soutenir les bouteilles et à recevoir les égouttures. Cette bassine une fois posée d'aplomb sur des liteaux ou sur un triangle, on retire l'esquive et on place le robinet, dont au préalable on a entouré la douille d'une bande

7

de toile (1) et que l'on assujettit par de légers coups ; on a soin d'incliner le nez du robinet d'un côté, afin que le vin ne tombe pas d'aplomb dans la bouteille et qu'il fasse moins de mousse en glissant le long des parois du verre ; en tirant de cette manière le vin est moins fatigué par le contact et le choc de l'air.

Le tireur, après avoir débondé la barrique le plus doucement possible, avec le tire-esquive si la bonde est rasée (jamais avec la *balle* ou *martinet,* dont le choc violent pourrait troubler le vin en faisant remonter les lies), s'assoit sur une caisse ou un escabeau devant la bassine, ayant à portée de la main un panier de bouteilles vides, légèrement incliné du côté de la barrique en tirage ; il laisse écouler quelques centilitres de vin dans la première bouteille afin de débarrasser le robinet des impuretés qu'il peut contenir ; il met cette première bouteille à part et commence le tirage en plaçant séparément chaque bouteille sous le robinet qu'il entr'ouvre. Au fur et à mesure qu'elles sont pleines, il doit changer lestement de bouteille, *sans fermer le robinet,* tout en réglant le remplissage au même niveau, a environ 0ᵐ 03ᶜ de l'orifice du goulot si les vins se bouchent à l'aiguille, et 0ᵐ 05ᶜ à 0ᵐ 06ᶜ pour les bouchages ordinaires, selon la longueur des bouchons. Pour éviter de répandre du vin dans la bassine, en ne fermant pas le robinet à chaque bouteille, un tireur peu exercé devra n'entr'ouvrir que très-peu le robinet, et il arrivera progressivement, avec la pratique, à pouvoir le laisser de plus en plus ouvert. En fermant le robinet après chaque bouteille remplie, non-seulement le tirage est beaucoup plus

_____

(1) Les robinets à bouteille ont, à Bordeaux, le diamètre des douilles aussi grand que les robinets à soutirage, afin que l'on ne soit pas obligé de pratiquer inutilement des trous de broquillons aux fonds des barriques.

long, mais encore on imprime au vin un mouvement de va-et-vient qui peut faire remonter la lie volante.

Au fur et à mesure que les bouteilles se remplissent, le tireur les place debout, dans un casier en bois de la contenance de 50 bouteilles, qu'il tient à portée de sa main, ou sur le sol, que l'on a préalablement nivelé, et sur lequel on a répandu un ou deux centimètres de sciure de bois ou de sable fin.

Lorsque le robinet ne coule plus, le tireur fait lever la barrique par un autre ouvrier, à la main et sans la moindre secousse, ou bien il la lève lui-même, à l'aide d'une pince en fer et de coins en bois, ou d'un cric. (Voir au chapitre de la *Description des outils* le plan de cet appareil.) Il doit veiller avec un soin extrême à ce que le vin des bouteilles qui se remplissent au levage soit toujours parfaitement limpide ; s'il le trouve un peu louche, il met ces bouteilles à part pour les décanter lorsque le dépôt aura eu lieu.

Pour tirer les barriques encarrassées en second, on élève la bassine en la posant sur une canne, des barres à barriques ou des caisses vides, de manière à pouvoir placer facilement les bouteilles dans une position oblique. Pour tirer en troisième, on met une barrique vide sous le robinet, et à l'aide de caisses vides ou de barres, on place la bassine à hauteur convenable. On peut mettre en bouteilles des vins logés dans des barriques encarrassées en cinquième ; il suffit pour cela d'adapter à l'extrémité d'un grand *cuir* un tube recourbé en forme de *tête de chien,* sur l'extrémité duquel on place un robinet à bouteilles. (Voir *Ustensiles à soutirage.*)

Bouchons. — Autrefois on employait, pour le bouchage des vins de Bordeaux, des bouchons très-longs et légèrement coniques; le bouchage s'effectuait alors à la main, à l'aide du battoir. L'excessive longueur des bouchons était à peu près inutile, car, étant de forme conique, ils ne serraient parfaitement le goulot des bouteilles qu'à leur extrémité supérieure, vis-à-vis de la bague; leur extrémité inférieure, étant d'un diamètre moindre, n'était point pressée d'une manière uniforme par les parois du verre. Aujourd'hui que l'usage de boucher les vins à la mécanique est devenu général, on a dû modifier la forme, la longueur et la grosseur des bouchons; aussi on se sert, pour le bouchage des grands vins, de bouchons moins longs que ceux d'autrefois. (Ces bouchons, dits *demi-longs*, ont 0^{m}05^c, mais sont plus gros et de forme à peu près cylindrique.) Leur diamètre moyen pour les petits goulots est de 0^{m}02^c. Ces bouchons, qu'on introduit de force dans les bouteilles à l'aide du piston de la machine à boucher, exercent dans le goulot une pression uniforme sur toute leur longueur, pression beaucoup plus forte que celle des bouchons introduits au battoir.

Les bouchons de forme conique, longs ou courts, ne s'emploient plus que pour le bouchage au battoir et pour boucher les vins de consommation journalière.

Les diverses qualités de bouchons sont le produit de triages. En effet, on trouve dans la même planche de liége des parties plus ou moins dures ou poreuses. Les fabricants bouchonniers, après avoir repassé et retaillé les bouchons, choisissent les moins poreux et les plus souples. Ce premier choix est suivi de plusieurs autres. Les bouchons de premier choix sont les plus souples et les plus sains; ils forment la qualité dite *surfine*. Malgré ces triages réitérés, il est très-rare de trouver un bouchon parfait, c'est-à-dire exempt de pores visibles. On doit donc s'adresser aux fabricants qui apportent le plus de soin dans leur triage.

Les bouchons ordinaires non triés, et surtout les bou-

chons communs, qui sont le rebut des premiers choix, sont
durs et très-poreux ; ils cassent beaucoup plus de bouteilles
que les bouchons souples, et lorsqu'ils sont par trop poreux,
la poussière qu'ils contiennent dans leurs pores pénètre
jusque dans le vin, le louchit et peut lui communiquer un
goût désagréable ; en outre, les bouchons communs laissent
quelquefois suinter le liquide. On doit, pour ces motifs,
éviter de les employer au bouchage des vins fins ; car, en
définitive, leur emploi deviendrait plus coûteux que celui
des bouchons *extra-fins*, par suite des pertes en vin et en
verre que ferait éprouver la casse, et du mauvais goût
qu'il pourrait communiquer.

Préparation des bouchons. — Avant d'employer
les bouchons destinés à boucher les vins à la mécanique,
on doit avoir soin de les rendre plus souples, en les faisant
tremper pendant plusieurs heures, ou dès la veille, dans
de l'eau à la température ordinaire, ou mieux en les
laissant pendant deux ou trois heures dans une chaudière
remplie d'eau en ébullition ; on laisse ensuite égoutter les
bouchons, et avant de s'en servir, on les fait tremper de
nouveau, mais cette fois dans un baquet rempli du même
vin que celui que l'on va tirer.

Lorsque l'on veut donner aux bouchons neufs l'apparence, la teinte vineuse des bouchons qui ont servi à
boucher les vins vieux pendant plusieurs années, on les
met à tremper dans une chaudière remplie de vin en
ébullition et que l'on maintient à cette température pendant quatre ou cinq heures ; on les retire ensuite, on les
laisse égoutter, et avant de s'en servir on les imbibe de
nouveau avec le vin du tirage.

Quelle que soit leur préparation préalable, à l'eau froide
ou chaude, ou au vin, après les avoir laissé tremper dans le

vin du tirage, on facilite leur introduction dans le tube de
la machine en les imbibant d'eau-de-vie, ce qui les rend
plus glissants. On emploie de préférence le vieil armagnac ;
néanmoins, pour le tirage des grands vins, nous croyons
qu'il vaut mieux se contenter d'imbiber les bouchons avec
le vin même du tirage.

Bouchons imbibés à la vapeur. — La vapeur
libre ou comprimée pénètre beaucoup plus facilement que
l'eau chaude dans les pores des bouchons ou de toute autre
matière. On peut installer sans frais, et très-facilement, un
appareil à vapeur pour imbiber les bouchons.

Voici, pour imbiber à la vapeur une petite quantité de
bouchons, le moyen le plus simple et le plus commode :
On se munit d'une chaudière ordinaire, en cuivre ou en
tout autre métal, assez profonde, à laquelle on adapte un
couvercle en tôle ou en bois fermant exactement ; on verse
de l'eau ou du vin jusqu'à environ $0^m 10^c$ de hauteur, et
on place au-dessus de la surface du liquide un grillage
formé de lattes croisées, en bois ou en métal étamé ; ce
grillage, qui a des supports allant de la surface du liquide
au fond de la chaudière, est destiné à éviter l'immersion
des bouchons dans le liquide, tout en laissant le passage
libre à la vapeur ; on met les bouchons sur le grillage, on
couvre la chaudière et on chauffe légèrement. Sur un fourneau l'opération est plus régulière que sur un feu de che-
minée. Le liquide entrant en ébullition, la vapeur s'élève,
et, pénétrant dans les pores des bouchons, les ramollit
considérablement ; on les laisse ainsi pendant deux ou
même quatre heures, en modérant le feu et en s'assurant
que la chaudière contient toujours de l'eau, car il faudrait
en ajouter si l'évaporation était trop rapide.

Pour opérer d'une manière économique sur une grande

quantité de bouchons ou sur toute autre matière, on pourrait se servir d'une futaille solidement ferrée et à fonçaille
goujonnée. On la remplirait de bouchons et on la refonce-
rait ensuite ; la vapeur serait introduite par la bonde, à
l'aide d'un tube en caoutchouc se rattachant à la tubulure
d'un générateur ou chaudière close en forme de cucurbite
d'alambic, que l'on remplirait à moitié d'eau ou de vin ; on
établirait ensuite dans le fût une certaine pression de vapeur,
sans crainte d'explosion, en plaçant sur le fond supérieur
un petit siphon dont l'extrémité plongerait dans l'eau d'un
vase placé *ad hoc*. On pourrait à volonté rendre la pression
plus forte en augmentant la couche d'eau de l'orifice du
siphon.

La vapeur alcoolique du vin est préférable à celle de
l'eau ; car, étant plus légère, elle pénètre beaucoup plus
profondément dans les pores des bouchons, et de plus elle
les imbibe d'alcool et leur donne son arome.

En disposant un double fond élevé dans la cucurbite
d'un alambic ordinaire, on imbibe aisément les bouchons
de vapeur d'eau ou de vin sans perdre l'alcool du vin que
l'on emploie à cet usage.

En se servant d'une chaudière spéciale en tôle, garnie
d'une soupape de sûreté, et pourvue d'un manomètre, on
arriverait à établir une pression de plusieurs atmosphères,
et à rendre la vapeur plus pénétrante ; mais cet appareil
n'est réellement avantageux que lorsqu'il s'agit de faire
pénétrer la vapeur dans des matières très-dures, telles que
les bois destinés à être courbés pour divers emplois, etc.

Bouchage, Machines à boucher. — *Bouchage ordinaire à la main.* — Le bouchage ordinaire au *battoir* ou
tapette, sorte de spatule en bois, est des plus simples ; il
suffit de présenter le bouchon à l'orifice du goulot de la

bouteille que l'on tient d'une main, et de le faire pénétrer
dans le goulot en frappant dessus à l'aide du battoir.

Cette méthode primitive de bouchage n'est guère plus
employée que pour boucher le vin de ménage.

On reproche au bouchage au battoir de ne pas presser
assez fortement les parois des bouteilles, parce que cette
méthode exige l'emploi de bouchons légèrement coniques,
et dont l'extrémité inférieure puisse pénétrer librement
dans l'orifice du goulot ; de plus, les bouchons durs non
imbibés s'enfoncent plus facilement que les bouchons trop
mous. Lorsque les bouchons étaient trop gros pour pénétrer facilement dans le goulot, on en diminuait le diamètre
eu les serrant entre les dents, pratique assez malpropre, et
à laquelle on a suppléé dans quelques maisons par un
mâcheur mécanique, composé d'un tube conique divisé en
deux parties dans le sens longitudinal, bosselé à l'intérieur,
et s'ouvrant par des charnières. Le bouchon, placé sur la
moitié fixe du tube, est pressé par l'autre moitié mobile
qui se referme sur lui. Le mâcheur mécanique est devenu
tout à fait inutile depuis que l'on se sert de machines à
boucher.

Machines à boucher. — Les machines à boucher, dont
il existe plusieurs genres, reposent toutes sur le même
principe qui consiste à faire passer le bouchon, par la
pression d'un piston, dans un tube conique en laiton dont
l'extrémité inférieure est d'un diamètre moindre que celui
des plus petits goulots de bouteilles que l'on veut boucher.
On met les bouchons sur l'embouchure supérieure de ce
tube, et à leur sortie de ce dernier, ils s'introduisent librement dans le goulot, puisque, comme nous l'avons dit, le
diamètre de l'intérieur du goulot est plus grand que le
diamètre inférieur du tube conique par lequel le bouchon
est introduit ; la tige du piston descend jusqu'à l'extrémité

Machines à Boucher .

83

84

Tirage en Bouteilles .

85

B   86

C

D

87

A

A

B

88   89   90

91

92

93

inférieure du tube et chasse le bouchon tout entier dans le goulot.

On comprend que, par ce bouchage forcé, on peut faire entrer dans le goulot des bouteilles des bouchons plus gros que ceux introduits au battoir, et que ces bouchons, par leur forme à peu près cylindrique, pressent les parois internes du goulot d'une manière plus forte et plus régulière. Dans le bouchage à la mécanique, on n'emploie d'ailleurs que des bouchons de ce genre.

Les anciennes machines à boucher, dont nous donnons le plan sur la planche, ainsi que des machines nouvelles (1), se composent d'une crémaillère en fer, terminée par une tige ronde s'enfonçant perpendiculairement dans un tube conique. Cette crémaillère s'engrène sur une roue dentée, à laquelle est adaptée une manivelle. La crémaillère est soutenue par deux montants en bois fixés sur un large plateau, également en bois, qui sert de base à la machine. Au-dessus du plateau, se trouve une traverse en bois ayant vers son centre une rondelle de même matière, pivotant sur une tringle en fer qui la traverse; cette rondelle sert de point d'appui aux bouteilles à boucher; la traverse se fixe sur un côté des montants, à l'aide d'un boulon, à une hauteur convenable pour que le goulot des bouteilles à boucher atteigne l'extrémité du tube. Un des côtés de la traverse est mobile; on l'élève et on l'abaisse à l'aide d'un coulisseau de forme légèrement triangulaire qui se place dans le montant. Pour boucher, on place la bouteille sur le plateau, que l'on élève en poussant le coulisseau au niveau nécessaire: la bouteille touche alors l'extrémité inférieure du tube, dont le support est évasé dans sa base, pour faciliter le placement

---

(1) Les détails de fonctionnement sont expliqués au chapitre de la *Description des outils,* où on trouvera les numéros des dessins.

des goulots; on met ensuite un bouchon imbibé à l'embouchure supérieure du tube, et, saisissant la manivelle d'une main, on imprime à l'engrenage un mouvement rapide de rotation qui enfonce dans le tube la tige de fer adaptée à la crémaillère; le bouchon est ainsi refoulé jusqu'à l'extrémité du tube et rentre dans le goulot de la bouteille. On tire alors à soi le coulisseau, dit *sabre,* d'une main en soutenant la bouteille de l'autre : le niveau du plateau s'abaisse, et on enlève la bouteille bouchée.

Ces divers mouvements s'exécutent avec rapidité lorsqu'on en a la pratique.

On a essayé de simplifier cette machine et d'éviter autant que possible la perte de vin occasionnée par la casse; plusieurs modèles ont été proposés pour atteindre ce double but. Un des premiers à signaler est une machine entièrement construite en fer, à trois tubes permanents; les bouteilles se placent dans de petites auges en tôle destinées, en cas de casse, à recevoir le vin, qui sans cela serait perdu. Le mouvement des pistons s'obtient par une sorte de bascule que les pieds du boucheur font mouvoir. Les trois tubes sont assortis pour boucher depuis les plus petits flacons jusqu'aux bouteilles dont le goulot est le plus large; on se sert du tube approprié aux goulots des bouteilles que l'on a à boucher, et les deux autres tubes ne s'emploient pas simultanément. Cette machine a l'inconvénient d'être lourde et volumineuse. Les machines les plus simples sont celles dans lesquelles le mouvement du piston est donné par un levier simple, ou mieux articulé. La bouteille se place dans une cuvette évasée, en fer-blanc, placée sur une rondelle en bois; cette cuvette retient le vin provenant de la casse ou du trop plein; la bouteille est ramenée contre l'orifice inférieur du tube par un contre-poids fixé sous la cuvette. Le piston se maintient levé à l'aide d'un ressort qui le presse. La meilleure, la plus élégante des machines construites d'après ce système est celle pour laquelle M. Savineau, de Saint-André de Cubzac, a pris un brevet. Le perfectionnement apporté à cette machine consiste dans l'annexion à la tige du piston d'une aiguille mobile, de forme spéciale, qui suit le mouvement du piston. On peut, avec l'aide de cette machine, boucher les bouteilles pleines sans avoir l'embarras de placer et de retirer l'aiguille à chaque bouteille, travail que l'on est obligé de faire à la main avec les machines ordinaires, et qui, avec la machine Savineau, s'effectue mécaniquement.

Toutefois, outre le peu d'habitude des ouvriers, le prix assez considérable des aiguilles employées par cette machine (1 fr. pièce) met un obstacle à ce que son usage se propage; en effet, le frottement rapide et réitéré que reçoit l'aiguille en passant dans le tube, échauffe le fer de la tige, qui se casse, même avec un boucheur exercé, après avoir servi à boucher en moyenne de 1,000 à 1,200 bouteilles. Il peut arriver encore que le boucheur peu exercé la fausse et la torde en la faisant passer hors du goulot des bouteilles, ce qui en augmente naturellement la consommation. On pourrait obvier à cet inconvénient si l'inventeur modifiait la forme de l'aiguille, et en rendait la tige indépendante de la monture; de cette manière on n'aurait à changer que la tige, qui est la partie la plus exposée à se casser et à s'user. Ces tiges pourraient se renouveler à un très-bas prix (environ 0f 10e pièce). Moyennant l'économie de main-d'œuvre et d'aiguilles que cette modification apporterait, on verrait l'usage de cette machine se répandre, car c'est celle qui offre le mode de bouchage à l'aiguille le plus rapide. (Voir à la *Description des outils* les plans des nouvelles machines à boucher.)

Bouchage à l'aiguille. — Le bouchage à l'aiguille s'opère

en remplissant les bouteilles jusqu'à 0^m 03^c environ de l'orifice du goulot, de manière que le bouchon touche exactement le vin, sans laisser du vide entre lui et le liquide. De cette manière on chasse complétement l'air et le vin surabondant, qui s'opposent à l'introduction du bouchon. Afin que les bouteilles ne se cassent pas, on y introduit, avant de placer le bouchon, un ustensile auquel on a donné le nom d'*aiguille à boucher* : c'est une tige de fer d'environ 0^m 07^c de long sur 0^m 003^m de large, aiguë et demi-ronde, dont la partie plate, qui s'applique contre les parois intérieures du goulot, a une rainure creuse qui facilite la sortie du vin surabondant et de l'air lorsqu'on introduit le bouchon. La partie supérieure de cette tige est terminée par une poignée à charnière analogue à celle des tire-bouchons de poche ; on recourbe cette poignée le long du col de la bouteille pour la boucher, et elle sert, lorsque le bouchage est terminé, à retirer aisément la tige.

A défaut d'aiguilles à boucher, on peut obtenir le même résultat à l'aide de *simples fils métalliques* en fer ou en laiton, d'environ 0^m 003^m de diamètre, que l'on introduit dans le goulot avant de présenter le bouchon. On ménagera ainsi, entre le bouchon et les parois du verre, assez d'espace pour donner issue au vin excédant, à l'air, et pour éviter la casse. On peut rendre les fils plus commodes à sortir en les munissant d'une poignée.

Le bouchage à l'aiguille est beaucoup plus favorable à la conservation des vins que le bouchage ordinaire, qui fatigue et évente le liquide en le mettant en contact permanent avec une certaine couche d'air ; ainsi les vins que l'on a bouchés en laissant entre le liquide et le bouchon un espace de plusieurs centimètres, sont moins bons, après quelques jours de bouteille, qu'avant leur tirage : ils éprouvent une certaine action défavorable produite sur eux par la présence de l'air dans l'espace laissé libre, et ils ne se rétablissent qu'au bout de plusieurs mois. Dans les vins bouchés à l'aiguille, on remarque moins de fatigue. Des expériences faites sur des vins de retour (des Saint-Trélody 1851, embarqués comme provisions de chambre) nous permettent d'affirmer que des vins de même nature, bouchés partie à l'aiguille et partie par le système ordinaire, qui laisse un espace de 0^m 02^c à 0^m 04^c entre le vin et le bouchon, présentaient, après un voyage de long cours, des différences sensibles : ceux bouchés à l'aiguille étaient beaucoup plus limpides et avaient conservé plus de couleur et un peu plus d'alcool que les autres. Ce fait s'explique naturellement : le vin expédié en bouteilles pleines est moins exposé aux secousses continuelles du tangage et du roulis, et sa couleur en éprouve peu d'altération ; il n'en est pas de même si les bouteilles ont été bouchées sans être parfaitement pleines. En effet, l'agitation continuelle imprimée au vin (agitation d'autant plus forte que l'espace vide est plus grand) rend insoluble une partie de la matière colorante et certains sels qui, se précipitant ou restant en suspension, louchissent le vin beaucoup plus rapidement que s'il était bouché plein.

La perte d'une certaine quantité d'alcool, dans les bouteilles, a pour cause sa volatilité, qui s'accroît encore par l'agitation ; mais les émanations alcooliques, ne pouvant communiquer librement avec l'air extérieur, restent à l'état de vapeur ou se condensent dans la portion d'air contenu dans la bouteille, de sorte que, si le creux n'est pas grand, la perte est minime ; mais si le creux était considérable, le vin s'altérerait, par suite de l'oxydation d'une partie de l'alcool.

Au résumé, en expulsant complétement l'air des bouteilles, on débarrasse le vin d'un des agents les plus actifs

de sa destruction : l'*oxygène*. Par ce moyen, les vins vieillissent et dégénèrent beaucoup moins vite. Il serait à désirer
que tous les vins non mousseux fussent bouchés à l'aiguille;
mais comme ce genre de bouchage exige plus de soins et de
main-d'œuvre et qu'il entre en moyenne dans chaque bouteille 2 centilitres de vin de plus qu'avec le bouchage ordinaire, une économie mal entendue a longtemps fait écarter
cette méthode pour le bouchage des vins ordinaires d'exportation, qui offriraient pourtant ainsi de plus sérieuses
garanties de conservation et de limpidité.

Goudronnage. — Lorsque les vins en bouteilles sont
destinés à vieillir en caveau ou à être mis en *loges* dans
des locaux exempts d'humidité, s'ils ne doivent pas y rester
plus d'un ou deux ans, on peut se dispenser de goudronner
les bouteilles. On évite ainsi un surcroît de travail lors de
leur expédition, parce que, comme on les expédie d'habitude *capsulées*, on serait obligé d'enlever le goudron avant
de placer la capsule. Mais lorsque les caveaux sont très-
humides, et qu'il s'agit de vins de prix destinés à être
gardés plusieurs années, le goudronnage garantit les bouchons de l'influence de l'humidité qui les pourrirait rapidement, et les préserve aussi des piqûres d'insectes, qui
occasionnent parfois des pertes par infiltration.

Préparation du goudron. — Pour que le goudronnage
s'effectue dans de bonnes conditions, il faut que le goudron
ou mastic employé soit très-adhésif, gras et non cassant; la
plupart des mastics à bouteilles que l'on trouve dans le
commerce sont trop secs et trop cassants pour cet usage.
Le meilleur goudron se fait avec la *gemme brute* ou *galipot
en larmes* (résine qui découle naturellement des pins gem-
més). On le prépare en faisant fondre la gemme dans un
poêlon ou une casserole, sur un feu doux, plutôt sur un

fourneau, si c'est possible, qu'à un foyer, où elle courrait risque de s'enflammer ; il faut surveiller la gemme, car en chauffant elle écume, monte et se répandrait hors du poê- lon si on ne la retirait du feu en remuant sans cesse. Quand la gemme est bien fondue, on enlève les impuretés qu'elle contient, telles que débris d'écorces et de copeaux de bois de pin, et on y ajoute un peu de suif afin de la rendre plus grasse ; on met environ 20 grammes de suif pour 500 grammes de gemme. Ce goudron s'emploie sans addition de matières colorantes. Sa couleur naturelle est roussâtre. On doit le maintenir constamment chaud, sans toutefois qu'il soit bouillant, pendant l'opération, qui con- siste à tremper très-légèrement dans le goudron le col des bouteilles, dont les bouchons doivent être secs. Il est inutile de mastiquer une partie du goulot ; cette opération ne se faisant que pour protéger les bouchons, on ne doit pas dépasser la bague, afin d'avoir moins de travail pour dégou- dronner les bouteilles, lorsque l'on devra les capsuler pour les expédier.

A défaut de gemme, on emploiera la résine en pain ou les tablettes de mastic tout préparé que l'on trouve dans le commerce. On brise les pains ou tablettes avant de les mettre sur le feu, et on y ajoute environ 20 à 30 grammes de suif par demi-kilogramme.

Coloration des goudrons. — En remplaçant, dans la fabrication ou la fonte des goudrons, le suif par de la cire jaune, ou mieux par de la cire vierge, on obtient un mastic qui a plus de brillant, qui est plus fin que celui qui est graissé avec du suif ou de la stéarine.

On peut donner au goudron, selon les exigences des expéditeurs, diverses couleurs : rouge, jaune, noir, bleu, vert, etc., lorsqu'on le destine à mastiquer les esquives ou bondes des fûts, à cacheter des fonds de doubles fûts, des caisses, des bouteilles, etc.; mais depuis que l'emploi des capsules est devenu général, on se sert peu de goudron coloré pour cacheter les bouteilles à expédier.

La dose des couleurs employées est, en moyenne, de 32 grammes par kilogramme de goudron; la couleur se met dans le mastic chaud, mais toutefois non bouillant, et on la mélange peu à peu, en remuant le tout avec une cuiller en fer étamé ou une spatule en bois.

On colore les mastics en rouge, couleur la plus usitée dans le commerce, avec du *cinabre* (sulfure de mercure). On obtient le rouge foncé au moyen de l'*ocre rouge*; le jaune, avec l'*orpiment* (sulfure d'arsenic); le jaune foncé, avec de l'*ocre jaune*; le noir, avec le *noir animal* (noir d'ivoire); le bleu, avec le *bleu de Prusse* (hydro-ferro-cyanate de peroxyde de fer). Le vert est le produit du mélange en proportions égales de la couleur bleue avec la couleur jaune.

On peut remplacer les couleurs insalubres, comme le cinabre et l'orpiment, par leurs succédanés, les ocres, dont l'innocuité est parfaite; toutefois, la couleur n'en est jamais aussi vive.

Arrimage des bouteilles. Massifs provisoires. Cases économiques. — Avant de nous occuper de la description et des divers modes de construction de caveaux ou casiers à bouteilles en fer, en maçonnerie, etc., disons qu'on peut éviter de faire des frais de casiers pour arrimer les bouteilles. Pour établir un caveau à bouteilles, on doit choisir une cave ou un chai clos, et surtout peu sujet à l'influence de la température. On combat l'excès d'humidité par les moyens appropriés que nous avons détaillés en parlant des locaux convenables au logement des vins. On prépare le sol de la manière suivante : Dans les caves ou chais neufs, où le sol est mouvant, on devra le défoncer au moins à 0^m 15^c de profondeur, et remplacer la terre par des débris de pierres tendres *(peyruche)* recouverts de sable, que l'on nivelle parfaitement, après avoir préalablement tassé avec force. Si le sol est bien ferme, on peut éviter de le défoncer; seulement, on le nivellera avec soin, afin d'éviter des tassements inégaux. Si malgré ces précautions le sol était encore trop mou, on incrusterait dans la terre des barres carrées à barriques, fortes, droites, ayant toute leur longueur (2^m 33^c), dressées d'un côté à la colombe ou à la varlope, et posées de champ, de façon à s'élever d'environ 0^m 02^c au-dessus de la surface du sol, ou mieux encore des madriers refendus, en sapin ou en pin injecté, ou en bois d'essence dure, d'environ 0^m 06^c carrés. On laissera à ces bois la plus grande longueur possible, afin de régler plus facilement le nivelage. Lorsque le sol est ferme, on forme les soles avec des liteaux larges ou des planches ou barres de 0^m 10^c à 0^m 15^c posés à plat sur le sol. Il n'est pas nécessaire de couvrir toute la surface des soles de barres : trois barres ou petits madriers suffisent, un à chaque extrémité de la loge simple, et le troisième au milieu, afin de supporter les goulots. Les madriers refendus, liteaux ou planches formant sole, sont placés selon la largeur que l'on doit donner aux loges. Les bouteilles bordelaises ayant une hauteur moyenne de 0^m 29^c à 0^m 30^c, le croisement d'un casier simple doit être de 0^m 43^c à 0^m 47^c. Les doubles casiers ont une largeur de 0^m 86^c à 0^m 88^c; par conséquent, les soles doivent être établies d'après ces données. Les lattes sont faites avec des madriers refendus de 0^m 01^c d'épaisseur sur 0^m 03^c à 0^m 04^c de largeur ; on emploiera le bois de sapin du Nord dans les caveaux peu sujets à l'humidité; dans les caves très-humides, il est avantageux d'employer des lattes en bois de pin ou de sapin injecté au

8

sulfate de cuivre, ou en bois d'essence dure. On doit ménager entre les loges des couloirs assez larges pour que le service d'entrée ou de sortie des bouteilles se fasse d'une manière facile : leur largeur devra être d'un mètre ou au moins de 0^m 66^c, suivant les locaux. Les soles étant réglées et mises en place, si on a à arrimer des vins de même sorte et de même récolte, on se munit de lattes d'une longueur basée sur celle des locaux dont on dispose. On établit, si l'on a à séparer diverses qualités de vins, des loges économiques, au moyen de simples cloisons en bois, dont les bases reposent toutes sur les *soles*. Ces cloisons peuvent se faire avec des madriers refendus de 0^m 06^c carrés d'épaisseur, reliés entre eux par trois traverses de 0^m 04^c d'épaisseur, tenues par des mortaises ou entaillées à moitié bois. La hauteur des bouteilles arrimées ne devant pas dépasser une moyenne de 2 mètres, les traverses se placent : l'inférieure, à 0^m 10^c de la sole; la supérieure, à 2^m 33^c, et la troisième au milieu, à moins que les dimensions du local ne s'opposent à cet écartement entre les deux madriers extrêmes. On cloue à égale distance, sur les traverses, quatre lattes ordinaires, d'une épaisseur de 0^m 01^c, correspondant à l'épaisseur des madriers. La largeur des cloisons est égale à la largeur de la loge : 0^m 43^c à 0^m 47^c pour les loges simples, et 0^m 86^c à 0^m 88^c pour les loges ou massifs doubles. Les madriers formant les montants de ces cloisons sont cloués dans le bas sur les planches formant sole, et sont assujettis par le haut à la voûte du local ; à défaut de point d'appui, ils se rattachent à des traverses latérales qui sont placées dans le haut du caveau, et dans le sens des loges à l'intérieur. Les cloisons doivent être placées bien perpendiculairement, à l'aide du niveau ou du fil à plomb, et on doit, avant de les mettre en place, régler l'écartement selon la quantité de bouteilles que doit contenir chaque loge.

On peut d'ailleurs fabriquer plusieurs sortes de montants provisoires avec des barres ou des planches *ad hoc,* clouées sur celles qui forment sole ou incrustées dans le sol, et dont l'écartement est maintenu dans le haut, à défaut de points d'appui, par des fils de laiton ou des traverses en bois. Si la hauteur est de moins de 2 mètres, on peut atteindre le même but avec de simples lattes clouées sur des traverses.

Pour que l'arrimage se fasse dans de bonnes conditions, les bouteilles ne doivent être retenues que par deux points, le fond et le goulot. Le principal poids se portant sur le fond, le ventre des bouteilles ne doit jamais être appuyé ni soutenu : il ne doit pas non plus toucher aux couches inférieures. Les bouteilles doivent être placées horizontalement, sans être inclinées en avant ni surtout en arrière. L'arrimage se fait à l'aide de liteaux ou lattes de bois de pin, de sapin, ou d'essence dure, de $0^m 01^c$ d'épaisseur sur $0^m 03^c$ de largeur au minimum, et de $0^m 04^c$ pour les lattes formant sole.

Les soles étant nivelées, préparées comme il est dit plus haut, on place deux liteaux de $0^m 04^c$ de large sur le devant de la loge, et on soutient les cols des bouteilles, à environ $0^m 02^c$ en dedans de la bague, au moyen de plusieurs liteaux, jusqu'à ce que les bouteilles soient placées bien horizontalement ; on garnit alors la couche de bouteilles, en laissant entre elles assez d'espace pour pouvoir les redresser, de manière qu'elles n'inclinent ni dans l'un ni dans l'autre sens, et pour que la pression latérale qu'elles exerceraient les unes sur les autres ne les fasse pas casser au ventre. On doit s'assurer aussi si les ventres ne touchent pas au sol ou aux planches formant sole. On place ensuite sur le fond de la loge plusieurs liteaux, jusqu'à ce que les bouteilles qui doivent s'appuyer sur la première couche, entre les ventres des bouteilles du premier rang, soient bien horizontalement placées ; on garnit la couche de bouteilles, on les dresse et on soutient, au moyen de liteaux, les cols des bouteilles appuyés contre le montant ; on les calera au besoin, car la première couche, lorsqu'elle est bien établie, non-seulement garantit la solidité des couches supérieures, mais encore facilite l'arrimage. On continue ainsi, en plaçant une latte sur chaque couche, sur le fond des bouteilles, et on maintient la position horizontale à l'aide de liteaux dont l'épaisseur est proportionnée à la grosseur des ventres des bouteilles ; ces liteaux doivent être de moindre dimension lorsqu'on arrime des bouteilles de forme cylindrique ; dans tous les cas, on doit s'assurer si les ventres ne portent pas, et on soutient les cols des bouteilles de chaque côté, au moyen de liteaux. On monte jusqu'à la hauteur d'environ 2 mètres, hauteur qu'il est imprudent de dépasser, à cause du poids énorme qu'auraient à supporter les couches de sole. A l'aide d'une longue règle posée de champ, on régularise la face de la loge au fur et à mesure que l'on forme les couches de devant.

On peut éviter d'employer pour les soles un grand nombre de liteaux, en les plaçant d'avance à la hauteur voulue. La première sole de derrière doit être à environ $0^m 055^m$ plus haut que celle de devant, et celle du milieu, qui soutient les cols des bouteilles, à environ $0^m 024^m$ à $0^m 030^m$. Par ce moyen, on rend l'arrimage beaucoup plus facile, plus rapide et plus solide.

Casiers en fer. — Les casiers en fer se construisent et s'établissent de diverses manières. Les plus usités dans le commerce et chez les grands propriétaires de vignobles sont ceux qui forment des cadres contenant chacun une moyenne de 300 à 325 bouteilles, maximum de contenance de la barrique bordelaise.

Pour le service des caves particulières, on construit des porte-bouteilles à cases indépendantes, qui sont très-commodes pour l'arrimage des bouteilles irrégulières, et n'exigent pas l'emploi des lattes. Nous parlerons plus loin de leur construction.

Les casiers en fer se font avec des barres carrées de $0^m\,02^c$ à $0^m\,03^c$ d'épaisseur, selon la hauteur des locaux, placées verticalement ; des barres de même épaisseur, placées horizontalement, forment les casiers, qui présentent alors l'aspect de cadres réguliers. Chaque double couche du casier doit contenir 25 bouteilles, et chaque casier 13 couches, ce qui forme un total de 325 bouteilles. La largeur des cadres doit donc être réglée sur le diamètre de 13 bouteilles bordelaises de la plus grande des contenances.

Les soles de ces casiers sont formées par trois barres horizontales : celle du cadre extérieur supporte les fonds ; celle du milieu, qui supporte les cols des bouteilles, est placée à $0^m\,27^c$ (limite extrême) du cadre extérieur, et à environ $0^m\,025^m$ plus haut ; enfin, la barre du cadre intérieur est à $0^m\,055^m$ plus haut que celle de devant. La profondeur du casier est d'environ $0^m\,44^c$.

Les barres des deux cadres (intérieur et extérieur) sont boulonnées tout simplement à chaque croisement. Les barres du milieu, qui supportent les cols, sont à leur tour supportées par des barres transversales boulonnées sur les deux cadres, et sur lesquelles croise un troisième montant ; de cette manière le casier est formé de trois cadres simples. Les montants verticaux reposent et sont scellés sur des tasseaux en pierre dure ; on les assujettit par le haut au moyen de pattes ou de coins.

Lorsque les barres formant cadre extérieur sont enchâssées, rivées ou entaillées l'une dans l'autre sans former de

saillie, la main-d'œuvre est plus coûteuse que par le système de construction économique que nous indiquons ;
d'ailleurs, au moyen des boulons, la pose ou le transfert
en est bien plus facile. L'arrimage des bouteilles dans les
casiers est très-simple, surtout lorsque les soles sont
réglées et placées aux hauteurs que nous indiquons ; au
reste, selon le diamètre des bouteilles, on doit, à l'aide de
liteaux, les établir de manière qu'elles soient bien d'aplomb ;
il suffit ensuite de placer un liteau sur chaque couche. Si
les cols de la première rangée de bouteilles de côté ne se
maintenaient pas bien d'aplomb, on les soutiendrait à
l'aide de liteaux placés verticalement contre le montant du
milieu.

Porte-bouteilles en fer. — Les porte-bouteilles sont
des casiers divisés, dans lesquels les bouteilles, indépendantes les unes des autres, ne supportent aucun poids, et
peuvent, par conséquent, se mettre en case et se sortir à
volonté sans déranger l'arrimage. On en construit en fer
rond et en fer plat et feuillard. Le genre le plus commode
pour l'arrimage, le plus simple et le plus solide, est le
porte-bouteilles en fer rond, à barres horizontales ondulées.
Ces casiers sont surtout commodes, et s'emploient plus
particulièrement dans les caves des consommateurs, pour
l'arrimage des bouteilles de ménage, de formes irrégulières.
Ils ont l'avantage de supprimer l'emploi des lattes et de permettre le placement de différentes sortes de vins dans la
même case ; leur prix de revient n'est pas assez considérable
pour que l'on ne puisse les employer dans le commerce : ils
reviennent, mis en place, au prix moyen d'environ 80 fr.
pour le logement de 1,000 bouteilles ; mais ils font perdre
plus de temps pour arrimer que les casiers à cadres, et ils
tiennent plus d'espace.

Casiers de construction mixte. — *Casiers en pierre et en fer.* — Les dimensions intérieures dès casiers destinés à contenir une barrique de vin en bouteilles doivent être naturellement les mêmes, quelle que soit la nature des matériaux employés à leur construction. On devra donc prendre note des dimensions que nous indiquons pour la construction des casiers en fer. Les montants verticaux des casiers en pierre et en fer sont construits en pierre de taille d'environ 0^m 15^c d'épaisseur *(demi-parpaing)* ou en briques ; le plan horizontal est formé, de la même manière que dans les casiers en fer, par trois barres de fer scellées dans les cloisons, ou les traversant d'un bout à l'autre ; la barre extérieure est maintenue en place par une patte recourbée, scellée dans le montant au-dessus de la barre.

Casiers en pierre et bois. — Les montants verticaux sont construits en pierre. On a le soin de tailler une pierre plus épaisse, qui est placée à hauteur convenable, de manière à former saillie ; cette saillie sert à supporter de fortes planches de 0^m 03^c à 0^m 04^c d'épaisseur, en bois de sapin, ou mieux, dans les locaux humides, en bois d'essence dure, destinées à former les soles.

Casiers en pierre ou en briques. — On peut faire des casiers en n'employant pour tous matériaux de construction que la pierre ou la brique ; dans ce cas, chaque cadre est recouvert d'une petite voûte. Ce genre de construction, qui est très-élégant, revient fort cher et exige un espace comparativement plus grand que tous les autres systèmes, à cause de la place prise par l'épaisseur des voûtes et des cloisons.

Casiers en bois. — La construction des casiers en bois peut s'effectuer de plusieurs manières ; mais on doit éviter de les établir dans des locaux humides, car le bois se pourrirait très-rapidement. Dans de telles conditions, ces constructions n'offriraient pas de sécurité. On doit en outre, pour ces motifs, laisser aux montants et aux traverses une épaisseur suffisante, qui varie, selon les essences de bois employées, de 0ᵐ 06ᶜ à 0ᵐ 10ᶜ carrés. On peut faire les montants des cadres à mortaises, ou entailler les montants pour leur faire supporter les traverses. On peut encore faire les montants en bois debout supportant les traverses, etc. Dans tous les cas, il est plus convenable, pour ce genre de construction, de foncer complétement les soles que de les laisser sur trois traverses comme dans les casiers en fer.

Traitement des vins en bouteilles. — Les vins en bouteilles sont sujets à diverses altérations ou maladies. Ces altérations sont : 1º le goût de travail ; 2º les dépôts volumineux et la perte de la transparence ; 3º l'amertume, l'âcreté ; 4º la graisse ; 5º la dégénérescence et la putridité. La plupart de ces vices proviennent de ce que l'on a mis les vins en bouteilles dans de mauvaises conditions, c'est-à-dire trop jeunes, avant que la fermentation insensible et la défécation naturelle fussent terminées, et sans qu'ils fussent d'une limpidité parfaite ; elles sont aussi causées par les variations extrêmes de température qu'ils subissent, ou enfin par leur trop grande vieillesse.

Goût de travail. — Le goût de travail tient à la présence de l'acide carbonique dans le vin ; cet acide est produit par un mouvement intempestif de fermentation qui s'empare des vins contenant encore des mucilages, des ferments, des matières sucrées, et dont, par conséquent, la vinification, la fermentation insensible et la défécation, n'étant pas entièrement terminées, s'accomplissent dans la bouteille. Les mêmes causes qui développent la fermentation des vins en fûts, le contact de l'air, l'élévation de la tempéra-ture, etc., agissent sur les vins en bouteilles.

On prévient ces altérations en évitant de mettre les vins en bouteilles trop jeunes ou imparfaitement clarifiés, en les préservant complétement du contact de l'air, en les bouchant hermétiquement, à l'aide de l'aiguille à boucher, et en les conservant dans des locaux clos, à température régulière.

Les vins de liqueur ou les vins simplement moelleux renfermant des matières sucrées, de quelque nature qu'ils soient, sont sujets à fermenter dans la bouteille, surtout s'ils subissent l'influence d'une haute température, lorsque leur titre alcoolique ne dépasse pas 15° d'alcool pur pour 100.

Les vins non mousseux qui fermentent dans les bouteilles doivent être transvasés en barriques, et être soignés ensuite d'une manière spéciale. (V. *Traitement des vins vicieux.*) On diminue la fermentation en plaçant les bouteilles debout, dans un local frais, et en les y laissant séjourner deux jours au moins ; on les débouche ensuite, et on les laisse ainsi une heure ou deux, afin de donner une issue au gaz acide carbonique ; mais ce procédé n'est qu'un palliatif qui ne détruit pas la cause de l'altération ; dans la majorité des cas, ces vins sont louches ; il est préférable de les remettre en barriques. Les vins bouchés à l'aiguille, n'ayant pas à souffrir du contact de l'air, sont moins sujets à travailler que ceux qui sont bouchés par l'ancien système.

Dépôts volumineux, perte de la transparence. — Les vins, après avoir séjourné un certain temps dans le verre, forment un dépôt plus ou moins considérable, selon leur qualité, l'âge, la limpidité qu'ils avaient au moment de leur mise en bouteilles. La nature des dépôts et leur consistance varient aussi selon le genre et l'âge du vin. Ces dépôts ou lies sont formés presque en totalité de matière colorante et de sels végétaux et minéraux, qui, devenus insolubles, se sont précipités par leur propre poids au fond

du liquide; parfois, le dépôt adhère aux parois des bouteilles; dans certains vins, il se présente sous forme bour-
beuse, et n'est pas adhérent au verre; d'autres fois, il a
l'apparence de graviers, surtout lorsque les vins renferment
beaucoup de tartre (bitartrate de potasse).

Plusieurs causes accélèrent ou développent la formation
des dépôts. Dans les vins mis trop jeunes en bouteilles, ou
dans ceux qui sont formés par le mélange de vins de différente nature, les dépôts acquièrent un volume considérable après quelques années de séjour dans le verre.
Dans les vins provenant de bonnes années et conservés en
nature, d'un bon crû, bien soignés et mis en bouteilles
dans des conditions normales, le dépôt, après une ou deux
années de verre, est à peine formé; toutefois, le déplacement fréquent des bouteilles, les secousses imprimées dans
les longs voyages, surtout si ces bouteilles ne sont pas
bouchées à l'aiguille, les variations de température, la
dégénérescence dans les vins trop vieux, sont autant de
causes qui, en précipitant une partie de la couleur et des
sels que renferment les vins, augmentent les dépôts.

Lorsque le dépôt est considérable, il est rare qu'à la
longue il ne communique pas au vin un goût amer et âcre
ou un goût de lie. Il est donc très-important de le séparer
du liquide, surtout dans les vins délicats; c'est ce que l'on
obtient par la décantation. Nous indiquerons plus loin la
manière pratique de décanter.

Lorsqu'il existe peu de dépôt, et qu'il s'agit de grands
vins en bouteilles n'ayant contracté aucun mauvais goût,
on doit éviter de les décanter, car cette opération leur fait
perdre une partie de leur bouquet, surtout si elle est faite
sans précautions.

Ces observations s'appliquent aux vins en bouteilles qui
ont déposé, mais qui conservent néanmoins la limpidité, la

vivacité de couleur, la transparence. Quant aux vins qui deviennent et demeurent louches dans le verre, il est indispensable de les coller ; et, comme il serait trop long de le faire en bouteilles, on est forcé, pour accomplir cette opération, de les remettre en barriques.

Amertume, âcreté. — La cause la plus ordinaire de ces vices, lorsqu'ils ne sont pas occasionnés par le dépôt, n'est autre, dans les vins en bouteilles, que la perte de leur goût de fruit, de leur moelleux ; ils commencent alors à décliner. Il est rare qu'en pareil cas ce défaut n'augmente pas en vieillissant. Le seul remède que l'on puisse y apporter, lorsqu'il s'agit de vins fins qui ont conservé leur bouquet, c'est de les mélanger avec des vins plus jeunes, moelleux et parfaitement limpides. On doit faire cette opération à l'abri du contact de l'air et tout en les décantant ; mais lorsque ces vices sont très-prononcés, on est obligé de transvaser le vin en fûts et de faire cette opération en barriques ; on les colle ensuite avant de les remettre en bouteilles.

Graisse. — La graisse est une altération qui se développe dans les vins qui n'ont que très-peu de tannin, principalement dans les vins blancs qui ont été tirés en bouteilles sans être d'une limpidité parfaite et renfermant encore des matières azotées en suspension. On détruit la graisse des vins en bouteilles par les mêmes procédés que nous indiquons pour les vins en fûts. (Voir *Traitement des vins vicieux.*)

Il est nécessaire, dans la plupart des cas, surtout lorsque les vins sont usés, de les remettre en barriques et de les remonter par un mélange avec des vins de même nature, mais plus jeunes.

Dégénérescence, putridité. — Les vins se conservent et s'améliorent en bouteilles, lorsqu'ils sont bien traités, tant que leurs principes constitutifs restent unis et solubles; mais après un laps de temps qui varie selon leur espèce, leur nature, ils commencent à perdre de leur qualité. Cette dégénérescence s'annonce longtemps à l'avance, dans les grands vins, par la perte de leur onctuosité, de leur goût de fruit, par une saveur amère, parfois âcre; si on les garde encore plusieurs années, on remarque que le bouquet perd sa suavité, et qu'ils contractent un goût de *rancio* qui masque leur séve naturelle; ils se dépouillent rapidement de leur couleur, et forment un dépôt bien plus considérable que dans leurs premières années de séjour en bouteilles; enfin, lorsque la dégénérescence est avancée, ils prennent une odeur légèrement putride.

En moyenne, les grands vins de la Gironde provenant d'une bonne année, mis en bouteilles à l'âge de deux à trois ans, gagnent en qualité pendant les deux premières années de séjour dans le verre; les vins maigres et délicats commencent à décliner même avant ce temps; les vins étoffés, qui sont naturellement plus longs à se développer, se maintiennent encore pendant plusieurs années; on en a vu conserver leurs qualités après dix ans de bouteilles; mais en général, après trois ans de séjour en fûts et autant en bouteilles (six ans d'âge), ils ont atteint le maximum de qualité qu'ils peuvent acquérir.

Dès que l'on s'aperçoit à la dégustation que des vins de haut prix ont atteint leur entier développement en bouteilles, afin d'éviter qu'ils ne déclinent, on doit les décanter avec précaution dans des bouteilles rincées *avec le même vin,* et les boucher *à l'émeri* avec des bouchons en verre.

Certains vins, tels que les premiers vins de petit verdot des Queyries, les premiers Saint-Émilion, les premières têtes liquoreuses de Barsac et Sauternes, ont une durée beaucoup plus longue.

Le dépouillement de la couleur, joint à l'abondance du dépôt, qui est un signe constant de dégénérescence dans les vins de la Gironde, ne doit pas être interprété dans le même sens pour tous les genres de vins. Ainsi, les vins rouges d'Espagne ou les vins liquoreux du Roussillon, qui ont une teinte très-foncée dans leur jeunesse, se dépouillent presque entièrement de leur couleur après trois ou quatre ans de bouteille; ils deviennent d'un jaune d'or, sans pour cela dégénérer; bien au contraire, leur qualité s'améliore, mais on observe dans ces vins, dont le titre alcoolique dépasse 15 pour 100, que le dépôt n'est pas aussi considérable, relativement à la quantité de couleur précipitée, que dans les nôtres, et que la matière colorante reste collée en tous sens contre les parois des bouteilles, au lieu de tomber au fond.

L'alcool et le tannin sont les principes conservateurs des vins; il s'ensuit que les vins durent d'autant plus qu'ils en sont plus abondamment pourvus.

La cause de la dégénérescence des vins réside dans la désunion de leurs principes constitutifs, qui deviennent ainsi insolubles et se précipitent. La perte du tannin, qui se transforme, avec le temps, en acide gallique, ôte aux vins faibles leur meilleur agent conservateur, et détermine la précipitation de la matière colorante. A l'appui de nos assertions, nous dirons qu'on a remarqué dans la pratique que les vins qui renferment du tannin en grande quantité ont sur d'autres vins présentant le même titre alcoolique, mais pauvres en tannin, l'avantage de durer beaucoup plus longtemps.

Nous avons donc de bonnes raisons pour penser que la transformation, la perte du tannin, est une des causes principales de la dégénérescence des vins.

Ce que la science n'a pas encore expliqué jusqu'à ce

jour, c'est la cause de la putridité, qui est la dernière période de la dégénérescence des vins en bouteilles trop vieux ou faibles en spiritueux, la cause de la dissolution et de la transformation de leur alcool, sans qu'il y ait contact avec l'air ambiant. On sait, il est vrai, que la putridité ne s'établit que dans les vins d'une grande faiblesse alcoolique (au-dessous de 8 pour 100), après un long séjour en bouteilles, et lorsque les matières colorantes et les sels contenus dans le vin ont déjà commencé à se précipiter; mais ce qu'on n'a pu encore expliquer, c'est, comme nous le disions, la cause de la décomposition de l'alcool. On sait aussi que l'alcool étant composé de carbone et d'éléments gazeux (hydrogène, oxygène), peut subir, sous certaines influences, diverses modifications; mais il reste à apprendre si cette dissolution tient à l'action des ferments putrides formés dans les matières insolubles qui se déposent ou restent en suspension, ou si elle est due à toute autre cause.

Conclusion. — *Soins généraux.* — Pour prévenir les vices que peuvent contracter les vins en bouteilles, il faut :

1° Ne mettre en bouteilles que des vins dont la fermentation insensible, la défécation et la clarification soient complétement terminées;

2° Lorsqu'ils sont en bouteilles, éviter de les changer de place, les préserver du contact de l'air en les bouchant à l'aiguille, et les garantir de l'influence des variations de température en les conservant dans des locaux spéciaux;

3° Les débarrasser de leurs dépôts, en temps utile, par la décantation, mais ne recourir à ce moyen que lorsque le dépôt est considérable ou a communiqué au vin un mauvais goût, afin de ne pas faire perdre inutilement au liquide, par cette opération, une partie de son bouquet et de sa force.

Décantation. — La décantation est une opération qui a pour but de séparer la partie claire des vins en bouteilles de leurs dépôts. Pour bien décanter, on doit user de certaines précautions et surtout éviter le contact de l'air ; car l'expérience a constaté que les vins décantés à l'air libre (nous parlons des grands vins) ont moins de bouquet et sont plus faibles en alcool que les vins de même nature qui n'ont pas subi cette opération.

On doit sortir les bouteilles de leurs loges sans changer leur position ni les agiter, afin de ne pas déplacer le dépôt. Pour faire cette opération facilement, on les couche dans une position légèrement oblique, de manière à pouvoir les déboucher sans perdre de vin, dans des paniers spéciaux dits *paniers à décanter,* contenant cinq à six bouteilles. Ces paniers ne sont pas foncés entièrement, afin que, les ayant placés sur des cadres ou tréteaux, on puisse, à la lueur d'une chandelle placée au dessous, suivre de l'œil le mouvement du dépôt. Nous parlerons plus loin de la manière de construire et d'établir ces paniers. A leur défaut, on porte les bouteilles, couchées comme elles l'étaient, sur un *décantoir.* Après les avoir laissé reposer plus ou moins longtemps, selon le plus ou moins de fixité du dépôt, on les débouche sans secousse, à l'aide d'un tire-bouchon *à l'anglaise* et on les décante lentement dans des bouteilles propres et rincées avec du vin décanté. On peut se servir de nouveau des bouteilles que l'on vide, après les avoir lavées à grande eau, égouttées et rincées avec du vin semblable à celui que l'on décante ; si c'est un vin qui décline, on rince les bouteilles avec de vieille eau-de-vie d'Armagnac.

La décantation peut se faire à la main, de la manière suivante : on place sur la bouteille vide un petit entonnoir muni d'un treillage, afin d'éviter l'introduction des matières

impures; on incline légèrement et peu à peu la bouteille,
après avoir brossé le pourtour de l'orifice du goulot, et, à
la flamme d'une chandelle placée au dessous, on suit le
mouvement du dépôt. Quand toute la partie claire du vin
est écoulée, on achève de remplir la bouteille avec du vin
déjà décanté et on la bouche immédiatement. La décantation doit se faire dans le caveau même, et jamais dans des
ateliers où l'air circule librement.

En décantant à la main, l'air qui s'introduit dans la
bouteille en vidange produit un *glou-glou*, imprime des
secousses au vin, et déplace quelquefois le dépôt lorsqu'il
est léger; de plus, le vin s'évente en tombant librement
dans l'entonnoir. On évite le *glou-glou* à l'aide d'un siphon
en argent introduit dans la bouteille. On a essayé de décanter à l'aide de petits siphons; mais on risque d'entraîner
avec le vin clair une partie du dépôt. On peut éviter ces
inconvénients en décantant sans entonnoir, au moyen d'un
petit appareil simple, facile à établir, et qui préserve parfaitement du contact de l'air. Il se compose de deux bouchons coniques traversés par deux petits tubes en métal
étamé; ces bouchons sont reliés entre eux par un autre
tube en caoutchouc. Le bouchon qui s'introduit dans la
bouteille pleine est muni de deux tubes : le supérieur, qui
est recourbé au dessus du bouchon et qui pénètre à l'intérieur de la bouteille, contre le ventre, est destiné à laisser
entrer l'air; l'autre tube sert au soutirage et communique,
par le tuyau en caoutchouc, avec l'autre bouchon conique,
qui est également percé de deux trous, l'un pour l'introduction du liquide, l'autre pour la sortie de l'air, et qui
s'adapte au goulot de la bouteille vide. (Voir le plan de ces
bouchons.) En opérant comme nous venons de le dire, le
vin ne s'évente pas, mais on devra s'assurer si le tube en
caoutchouc ne donne pas de mauvais goût. Généralement

pour les grands vins, on décante avec précaution à la main ou avec un siphon en argent.

Ustensiles auxiliaires. — *Paniers et casiers mobiles.* — Nous avons décrit les ustensiles qui servent habituellement au soutirage et au bouchage des vins en bouteilles. Pour faciliter le transport des bouteilles à l'intérieur des chais, des caves ou des caveaux, et pour débarrasser les tireurs et les boucheurs, on se sert de paniers ou de casiers mobiles. Ces ustensiles peuvent se construire en bois ou en osier. On se sert généralement, pour le service des caves, de casiers en bois. Lorsqu'ils sont en osier, ils se pourrissent plus rapidement dans les locaux humides ; mais ils sont moins lourds et plus souples que ceux en bois. Les petits paniers de transport à la main se font d'une contenance de huit à douze bouteilles ; ils doivent avoir une poignée ou anse au-dessus, fixée au milieu. Les cases des bouteilles ont en carré, à l'intérieur, $0^m\ 09^c$; on laisse les cadres de $0^m\ 005^m$ plus large lorsqu'on a à transporter des bouteilles bourguignonnes ou des litres ; leur profondeur doit être de $0^m\ 20^c$, afin d'éviter que les bouteilles ne s'entrechoquent en les transportant. L'épaisseur des parois intérieures doit être en moyenne de $0^m\ 013^m$. Les casiers mobiles, construits sur les mêmes données, se font de la contenance de cinquante bouteilles, sur dix rangs de cinq bouteilles chacun. Ces casiers servent à dégager les tireurs et les boucheurs. Lorsqu'ils doivent servir aux transports provisoires, on les fait d'une hauteur de $0^m\ 32^c$ (de la hauteur d'une bouteille) ; mais ils sont alors moins commodes pour le service. Ils sont moins gênants lorsque, pour cet usage, on y adapte un couvercle en bois donnant la même hauteur, fermant à clef ou à l'aide de boulons.

Paniers à décanter. — Les paniers à décanter n'ont pas

de fond ; les bouteilles, placées dans une position oblique, reposent leur fond sur une traverse entaillée en demi-rond, à une distance égale à la largeur de chaque bouteille posée de champ, à 0^m 05^c d'un des côtés latéraux. Les bouteilles sont retenues par la cloison de côté ; les cols reposent sur l'autre paroi, qui est également entaillée à la distance qui correspond à la place des cols ; ce côté doit être en contre-haut de 0^m 08^c sur la traverse portant les fonds. Ces casiers servent de décantoirs ; on les place sur deux traverses reposant sur des tréteaux élevés de 1^m 20^c environ.

Décantoirs. — Les décantoirs sont établis sur le même principe. On fait les montants, en forme d'X, au moyen de barres ayant, en carré, de 0^m 04^c à 0^m 05^c d'épaisseur environ, clouées à leur axe, ou mieux entaillées à moitié bois et clouées ensemble. Pour la commodité du service, l'axe de l'X doit avoir une moyenne de 0^m 60^c de hauteur. On cloue intérieurement sur un des montants supérieurs un liteau d'environ 0^m 05^c de hauteur sur 0^m 02^c d'épaisseur, et entaillé légèrement en demi-rond à distance égale à la largeur de chaque bouteille ; ce liteau sert à supporter les fonds. Un second liteau, cloué contre le même montant, à l'extérieur, sert à retenir les bouteilles. Sur le montant opposé, en contre-haut d'environ 0^m 08^c, on cloue un seul liteau entaillé à la place correspondant à chaque col de bouteille, c'est-à-dire que les entailles doivent être à environ 0^m 26^c l'une de l'autre. Il faut bien arrêter toutes les dimensions avant de clouer à demeure les trois traverses. Les décantoirs se font d'une largeur indéterminée, et peuvent contenir de dix à cinquante bouteilles. On trouvera au chapitre de la *Description des outils* le plan d'un décantoir de caveau.

CHAPITRE V.

TRAITEMENT RATIONNEL DES VINS VICIEUX.

Vins vicieux; causes des divers genres d'altérations. — Exclusion des moyens
empiriques; observations générales sur les vices et la manière de traiter les vins
altérés. — Vices ou défauts naturels. — Terroir, goût d'herbage, etc.; causes. —
Moyens propres à prévenir le goût de terroir. — Moyens à employer pour le
détruire ou le diminuer. — Verdeur; nature et cause de la verdeur. — Moyens
à employer pour prévenir la verdeur. — Moyens à employer pour la détruire ou
la diminuer. — Apreté; nature et cause. — Moyens de prévenir l'excès d'âpreté.
Moyens de détruire l'âpreté.— Amertume et goût de râpe; causes et traitement.
— Aigreur, goût d'échauffé; causes. — Manière de prévenir l'aigreur pendant la
fermentation. — Traitement des vins piqués en cuve. — Faiblesse alcoolique;
cause et traitement.— Manque de couleur; cause et traitement.— Couleur terne,
plombée, bleuâtre, etc.; traitement. — Décomposition putride; cause.— Manière
de prévenir et de traiter ce vice. — Vins réunissant plusieurs vices. — Vices
acquis ou maladies des vins. — Vins éventés, fleuris; nature des fleurs du vin,
leur cause.— Manière de prévenir le goût d'évent. — Traitement des vins
éventés. — Acidité, vins piqués, aigreur; causes. — Moyens de prévenir l'acidité. — Traitement des vins piqués. — Manière d'opérer. — Goût de fût; cause
et traitement. — Goût de moisi; mauvais goût produit par des matières étrangères; causes et traitement.— Graisse; cause et traitement.— Amertume; cause
et traitement. — Acreté; cause et traitement. — Goût de travail, goût de lie;
cause et traitement. — Dégénérescence, fermentation putride; cause et traitement.

Vins vicieux. — On désigne sous le nom de *Vins vicieux* ceux qui ont quelque défaut, quelque imperfection
naturelle ou acquise, quelque maladie ou altération.

Au point de vue commercial, on entend par *vice* les
altérations survenues aux vins après leur fermentation, et
qui, pour la plupart, sont causées, soit par la négligence
des soins nécessaires à leur conservation, soit par le mauvais état des fûts où ils sont logés.

Les défauts naturels ne sont pas, dans le commerce, considérés comme vices.

Nous divisons les divers genres de défauts, maladies ou vices, en deux classes :

1° Les vices dus à la nature du sol, aux engrais employés, au manque de maturité des raisins, aux mauvais procédés de vinification, à l'abondance des *cépages* communs. Il est évident que les vices qui forment cette première classe doivent exister dans les vins dès leur sortie de la cuve ; ces vices sont les suivants : goût de terroir, verdeur, âpreté, amertume, goût de râpe, aigreur, goût d'échauffé, faiblesse alcoolique, manque de couleur, couleur terne, plombée, bleuâtre, goût de lie, tendance à la décomposition putride.

2° Les vices survenus aux vins après leur fermentation, et dont la plupart sont dus au défaut de soins ou au mauvais état des fûts, sont ceux-ci : goût d'évent, fleurs, acidité (vin piqué), goût de fût, moisissure, mauvais goût donné par l'introduction accidentelle de matières étrangères solubles, graisse, amertume, âcreté, goût de travail, dégénérescence, fermentation putride.

Considérations générales. — Avant d'indiquer les moyens que l'on doit mettre en pratique pour combattre, détruire ou atténuer les vices des vins, disons qu'un vin vicieux, quelle que soit la nature de l'altération dont il est attaqué, surtout si le mauvais goût est bien prononcé, ne vaudra jamais, même après que l'on aura entièrement fait disparaître le vice, un vin de même nature qui aura toujours été droit de goût.

Il est donc plus prudent et plus sage de chercher à prévenir les maladies des vins, que d'attendre qu'ils soient malades pour les guérir.

Il est de l'intérêt même du propriétaire d'employer tous les moyens qui sont en son pouvoir pour remédier aux défauts naturels des vins qu'il récolte.

Quant au commerçant ou au consommateur, il doit rejeter les vins vicieux, surtout s'il les achète sans en avoir l'emploi immédiat, non-seulement parce que ces vins, malgré leur bas prix d'achat, sont néanmoins presque toujours payés plus cher qu'ils ne valent réellement, mais encore parce qu'ils perdent en qualité en vieillissant au lieu de s'améliorer ; de sorte qu'en les gardant dans le chai, on s'expose à perdre et l'intérêt et une partie du capital employé à leur achat.

D'ailleurs, lorsqu'un vin a une altération trop prononcée, on ne peut que rarement l'employer seul, soit qu'il se trouve trop faible en spiritueux ou en couleur, soit que le vice ne puisse être entièrement détruit. On se tromperait si l'on croyait, en répartissant le vin vicié sur une grande quantité de barriques de vin sans altération, rendre le mauvais goût inappréciable ; le plus souvent on ne ferait ainsi que l'étendre, en altérant plus ou moins toutes les barriques. Il faut préalablement détruire ou diminuer ce vice, en soignant isolément la barrique attaquée, par le traitement approprié au genre d'altération dont elle est atteinte, et ne la mélanger qu'avec les vins les plus communs que l'on possède.

En traitant de chaque vice en particulier, nous indiquerons sa nature, la cause qui l'a produit, les moyens à employer pour le prévenir, l'atténuer ou le détruire.

On peut se rendre un compte exact de l'action des moyens que nous indiquons, en opérant en petit, sur un litre ou une fraction de litre de vin vicieux ; on laisserait reposer ensuite l'échantillon dans un lieu frais, en le tenant bouché, pendant deux jours au moins dans les cas ordinaires, et pendant une huitaine si les vins devaient subir l'opération du collage.

Les doses que nous indiquons sont fixées pour une barrique de 225 litres. En les divisant par 225, on aura la dose d'un litre. Les doses à employer pour des portions de litre, étant très-minimes, ne peuvent s'apprécier rigoureusement qu'à l'aide d'une petite balance de laboratoire.

VICES OU DÉFAUTS NATURELS.

Terroir. — Le vice ou défaut naturel que l'on désigne sous le nom de *terroir* est un mauvais goût dont la pulpe et les pellicules des raisins sont affectées avant de fermenter ; il se rencontre dans les vins qui proviennent de vignes plantées dans des terrains bas, humides, marécageux, qui ont été fumés trop fortement ou avec des engrais susceptibles de communiquer un mauvais goût à la séve. Il ne faut pas confondre ce goût de terroir avec la séve et le bouquet des vins. Contrairement à l'opinion des œnologues qui attribuent exclusivement cette saveur défectueuse à la présence d'essences (huiles essentielles), nous croyons qu'il existe une différence sensible entre la séve et le goût de terroir. En effet, la séve et le bouquet de vins faits avec les mêmes cépages, mais récoltés dans différents vignobles, présentent des dissemblances considérables, qui sont dues aux différentes natures de sol, à la diversité des procédés de vinification, au climat, aux expositions, à l'âge de la vigne, etc. D'un autre côté, le goût et l'odeur produits par la séve et le bouquet ne se développent entièrement que lorsque le vin a vieilli, que la défécation des lies est complète ; tandis qu'au contraire le mauvais goût transmis par le terroir avec la séve de la vigne, au lieu d'augmenter en vieillissant, diminue et finit même souvent par disparaître. La cause en est que ce goût, étant communiqué principalement par les matières colorantes des pellicules, diminue par suite du dépôt d'une partie de ces matières dans les lies, au fur et à mesure que la défécation s'accomplit. Il résulte de là que certains vins peuvent avoir une bonne séve et même acquérir du bouquet en vieillissant, après avoir eu dans leur jeunesse un goût désagréable de terroir.

Nous avons eu à traiter plusieurs récoltes de vins de Pessac (bas Brion), ayant une belle couleur, du moelleux et un titre alcoolique de 10°, et qui, dans leurs premières années, avaient un goût de terroir tellement prononcé qu'on aurait pu le prendre pour un goût de moisi. Ce goût diminuait peu à peu, à l'aide de soins particuliers, et il finissait par disparaître entièrement vers la troisième année ; la séve naturelle se développait alors, et ces vins acquéraient dans les bouteilles un bouquet très-agréable.

Moyens propres à prévenir le goût de terroir. — Les raisins des vignes jeunes plantées dans des terrains humides, ont un goût de terroir plus prononcé que ceux des vieilles vignes plantées sur un sol de même nature, et ce goût est généralement plus développé dans les cépages abondants et communs, que dans les cépages fins.

On parvient quelquefois à détruire ou à diminuer ce défaut en asséchant le sol par des drainages ou des fossés d'écoulement, en aérant les vignes, en élevant le sol par des transports de terre, en évitant de faire des plantations d'arbres. Si on reconnaît que ce goût provient de fumages trops abondants, on emploie moins d'engrais et on laisse moins de bois à la vigne.

Enfin, la décuvaison des vins à terroir doit être rigoureusement surveillée et doit s'effectuer dès que la fermentation est terminée, car le long séjour en cuve, sur les râpes et les pellicules, augmente le mauvais goût.

Moyens à employer pour détruire ou diminuer le ter-

roir.. — Le traitement des vins à terroir diffère selon leur origine, leur nature et l'avenir qu'ils peuvent offrir ; mais la condition nécessaire pour tous, est d'en obtenir la défécation d'une manière prompte, et de ne jamais les laisser séjourner sur leurs lies. En conséquence, ces vins devront être décuvés dès qu'ils seront devenus limpides, et on les soutirera fréquemment pour éviter la formation de dépôts volumineux.

Les vins rouges qui, malgré ce vice, ont de l'avenir, et qui, comme les vins de bas Brion, que nous citions plus haut, peuvent acquérir de la qualité en vieillissant, devront être débourrés au commencement de l'hiver, soutirés de nouveau dans les premiers jours de mars, et collés, après ce deuxième soutirage, avec 270 grammes d'albumine par barrique (huit blancs d'œufs environ) ; on les soutirera de nouveau, après les avoir laissés sur colle une quinzaine de jours.

Si ce sont des vins rouges communs, sans avenir, ternes et faibles en couleur et en esprit, on les traitera de la même manière ; mais avant de les coller, on ajoutera par barrique un litre d'alcool de 60 à 90°, afin de faciliter la coagulation de l'albumine.

Lorsqu'on aura à traiter des vins de palus, durs, fermes, corsés et chargés de couleur, après avoir effectué les deux soutirages que nous indiquons, on obtiendra un excellent résultat par un collage énergique fait avec 50 grammes (deux tablettes environ) de gélatine par barrique.

Les vins blancs à terroir devront, avant d'être soutirés, avoir terminé entièrement leur fermentation alcoolique, et avoir reçu par barrique une addition de 20 grammes de tannin traité par l'alcool, ou l'équivalent en vin blanc tannifié. Le premier soutirage exécuté, on les collera avec 50 grammes de gélatine.

Ces soutirages et collages précipitant les matières insolubles et une partie de la matière colorante qui est fortement imprégnée de goût de terroir, il en résulte qu'ils font diminuer ce goût d'une manière très-sensible. Lorsque ce goût n'est pas bien prononcé, il s'efface ensuite peu à peu à chaque soutirage. Si ce goût était excessivement accentué, il serait dû à une séve anormale, et on devrait, après le premier soutirage, fouetter les vins avec un demi-litre d'huile d'olive. Après avoir agité fortement, on remplit la barrique et on extrait l'huile, qui, par son contact avec le vin, s'est assimilé une partie de l'huile essentielle, cause du mauvais goût; on colle ensuite comme il est dit plus haut.

Les goûts de *sauvage*, d'*herbage,* etc., étant dus à la même cause, se traitent de la même manière.

Verdeur. — *Nature et cause de la verdeur.* — La verdeur des vins est due à la présence de l'acide tartrique qu'ils renferment en excès. Cet acide donne aux vins un goût aigrelet, austère. Les vins atteints de ce vice renferment aussi, mais en moins grande quantité, un autre acide végétal, l'acide malique. Lorsqu'on les déguste, ils produisent sur les papilles du palais une sensation désagréable, et comme les fruits non mûrs, ils agacent les dents et font contracter les houppes nerveuses de la bouche.

La cause de la verdeur réside dans le défaut de maturité des raisins. On sait que l'acide tartrique abonde dans la plupart des fruits verts, et que ce n'est qu'à l'époque de leur maturité, que, sous l'influence de la chaleur solaire, il disparaît en grande partie et se transforme en glucose (sucre de fruit).

Donc, le vin vert est un vin imparfait, qui, à part ce vice, manque généralement de spirituosité, de corps, de moelleux, de séve, de bouquet et de couleur, parce que le raisin

incomplétement mûr renferme beaucoup d'acide tartrique
et malique, peu de sucre de fruit et autres mucilages, et
que les matières destinées à colorer la pellicule, de même
que les principes aromatiques, sont incomplétement éla-
borés.

Moyens à employer pour prévenir la verdeur. — Nous
renvoyons le lecteur à l'article *Vendanges des années froides
et pluvieuses,* où nous avons indiqué les divers moyens à
employer pour remédier autant que possible aux intempé-
ries des saisons et éviter de faire des vins verts, *sans employer des matières sucrées ou autres substances étrangères
aux raisins, et sans se servir de matières alcalines pour
neutraliser l'acide tartrique contenu dans le moût.*

Les moyens artificiels d'amélioration des moûts sont
indiqués à l'article *Vins artificiels,* où nous avons fait connaître leurs divers emplois et leurs inconvénients. (Voir,
au premier volume de cet ouvrage, la *Vinification.*)

*Moyens à employer pour détruire ou atténuer la verdeur
des vins.* — Le traitement des vins verts varie selon la
quantité d'acide tartrique dont ils sont surchargés.

Lorsque la verdeur n'est pas insupportable, on améliore
les vins en y ajoutant un ou deux litres d'eau-de-vie vieille
par barrique.

Le vin, au sortir de la cuve, contient une plus grande
quantité d'acide tartrique libre que lorsque la fermentation
insensible est terminée en barrique, parce qu'une partie
de cet acide se combine alors avec le tartrate de potasse
que renferme le vin, et forme avec lui un nouveau sel, le
bitartrate de potasse (crème de tartre), qui se dépose dans
les lies ou reste adhérent aux parois des fûts. Il en résulte
que le vin est moins vert après la fermentation insensible,
au premier soutirage, que lorsqu'il était nouveau; mais
lorsque la verdeur des vins atteint un haut degré, il reste

en eux, après la fermentation insensible, beaucoup d'acide tartrique libre. On peut neutraliser cet acide en excès en ajoutant aux vins très-verts une dose convenable de tartrate de potasse : ce sel se combine avec une partie de l'acide tartrique pour former du tartre (bitartrate de potasse); de sorte qu'après quelques jours de repos le vin est moins vert, car l'acide tartrique, devenu tartre, se dépose dans les lies ou demeure adhérent aux parois internes des fûts. La dose est de 200 à 450 grammes par barrique. Pour l'employer, on tire de la barrique une dizaine de litres de vin, et on y jette ensuite le tartrate de potasse par poignées, en agitant, comme dans les collages ordinaires, avec un fouet.

Ce procédé n'est pas nouveau; il était indiqué dès 1826 par M. A. Jullien, qui l'avait vu employer pour détruire ou diminuer la verdeur des vins rouges récoltés aux environs de Paris.

Dans les années froides, pluvieuses, comme l'ont été 1845, 1853, 1860, 1871, certains vins sont tellement verts qu'on ne peut parvenir, même en les mélangeant avec des vins bien mûrs, à détruire leur acidité; car lorsqu'un vin est trop vert, et que, dans le but de l'améliorer, on le mélange avec des vins bien mûrs, l'acide semble détruit en partie aussitôt l'opération faite, mais au bout de quelques jours, lorsque le liquide est reposé, la surabondance d'acide tartrique finit par attaquer les bons vins, qui ont été ainsi sacrifiés en pure perte à l'amélioration des mauvais. Il vaut donc mieux neutraliser l'acide par l'emploi du tartrate de potasse; mais, dans la pratique, l'emploi de ce sel ne donne pas d'aussi bons résultats que la théorie semble l'indiquer, car dans les essais nombreux que nous avons faits sur des vins très-verts (vins blanc d'*enrageat,* Benauge, 1863; vins rouges palus, 1860), le tartrate de potasse, employé à la dose de 2 à 3 grammes par litre, n'a fait que diminuer d'une manière peu sensible la verdeur extrême de ces vins ; aussi insistons-nous pour que le propriétaire réunisse tous ses efforts pour prévenir ce vice. Quant au négociant, il doit éviter d'acheter des vins trop verts, qui n'ont pas d'avenir, et qu'il faut toujours améliorer et remonter avec des vins corsés.

On pourrait aussi neutraliser l'acide tartrique par des matières alcalines, telles que les sous-carbonates de chaux, de soude ou de potasse. Par cette méthode, on détruirait plus sûrement l'excès d'acide que de toute autre manière ; mais il se forme, par la neutralisation de l'acide, des sels solubles qui restent dans le vin et qui peuvent nuire à sa salubrité ; aussi ne parlerons-nous pas de ce genre de traitement.

Apreté. — *Nature, cause.* — Le goût âpre est dû à la nature astringente du tannin, qui donne cette saveur au vin lorsqu'il y est contenu en excès.

Le tannin est utile à la conservation et à la clarification des vins ; les vins qui en contiennent beaucoup se conservent, à titre alcoolique égal, plus longtemps sans dégénérer, et supportent mieux le transport que ceux qui en sont dépourvus, et, de l'avis de la science, ils sont plus hygiéniques que ces derniers, car le tannin raffermit et tonifie l'appareil digestif. Les parties du raisin qui renferment le plus de tannin sont les pepins, les pellicules et les râpes.

L'âpreté n'est pas un défaut ; ce serait plutôt un excès de qualité, surtout lorsque les vins âpres n'ont aucun arrière-goût de râpe, d'amertume, de terroir ou d'âcreté, et qu'ils possèdent un titre alcoolique élevé, un bon goût de fruit et une bonne couleur ; tels sont les premiers vins de Palus, de Queyries, Bassens, etc., faits avec des raisins de pur verdot. Ces sortes de vins, très-chargés du principe conservateur qui les rend âpres (le tannin), sont précieux pour aider à *vieillir,* pour conserver et remonter les vins de la Gironde trop maigres et trop faibles pour se conserver longtemps sans dégénérer. Lorsqu'on les garde en nature ils font long feu et finissent bien.

Les vins qui renferment beaucoup de tannin peuvent se conserver longtemps; mais, en revanche, ils sont très-longs à se développer. Ainsi, les premiers vins de Queyries, de petit verdot pur, dont nous avons parlé plus haut, sont, à part quelques rares exceptions, les vins de la Gironde qui renferment le plus de tannin et ont besoin d'être gardés en barrique plus longtemps avant d'avoir atteint leur maturité.

L'âpreté s'efface avec le temps, parce qu'à la longue le tannin se transforme en acide gallique. Les secousses imprimées par les voyages de long cours activent cette transformation. Outre cela, le tannin est précipité par plusieurs principes contenus dans les vins et par les colles introduites pour les clarifier; de sorte que, tout en se séparant du vin, il aide à en opérer la défécation et la clarification.

Moyens de prévenir l'excès d'âpreté. — On ne doit jamais chercher à détruire l'âpreté dans les vins mous, faibles, peu alcooliques, parce qu'alors, non-seulement ils se conserveraient moins longtemps, mais encore ils seraient beaucoup plus longs à se clarifier naturellement, et ils conserveraient moins de couleur; celle-ci pourrait être aussi belle au sortir de la cuve, mais elle se précipiterait, se dépouillerait, en un mot deviendrait insoluble beaucoup plus rapidement.

On prévient l'excès d'âpreté dans les vins corsés, fermes et colorés, en dérâpant la vendange tout entière et en décuvant en temps opportun : les cuvages trop prolongés augmentent l'âpreté.

Moyens de détruire l'âpreté. — Dès que les vins sont mis en barriques, leur âpreté s'augmente du tannin contenu dans le bois de chêne des barriques neuves dans lesquelles ils sont logés ; mais après que la fermentation insensible est terminée et que les bourres ou grosses lies sont déposées, ils deviennent moins âpres, parce qu'une partie du tannin a été précipitée par l'albumine végétale et divers autres principes que renferment les vins nouveaux.

Lorsque la quantité de tannin est grande, l'âpreté se maintient pendant plusieurs années.

Lorsque les vins sont corsés et possèdent une belle couleur, on peut, après leur deuxième soutirage, détruire leur excès d'âpreté *en précipitant une partie du tannin ;* il suffit pour cela de les coller avec une forte dose de gélatine (50 grammes, ou environ deux tablettes).

Il est à remarquer que ce collage, tout en précipitant le tannin, avec lequel il se combine, détruit aussi une partie de la couleur ; on devra donc éviter de l'employer sur des vins déjà peu colorés, et réserver ce genre de clarification pour vieillir des vins colorés et âpres qui feraient attendre trop longtemps le développement de leurs qualités.

Amertume et goût de râpe. — L'amertume est un goût désagréable qui provient, dans les vins nouveaux qui en sont atteints, de la dissolution d'un principe amer contenu surtout dans les grappes, principe d'une nature étrangère au tannin ; quelquefois ce goût est communiqué par la partie corticale des grains de certains raisins.

Ce goût diminue dans les vins au fur et à mesure que la défécation des lies s'accomplit.

On prévient l'amertume en laissant les raisins arriver à

une maturité complète, et surtout en les dérâpant entièrement et en ne les laissant pas trop cuver. On combat
l'amertume en faisant subir aux vins le même traitement
que lorsqu'il s'agit de faire disparaître le goût de terroir,
et en versant ensuite dans chaque barrique un litre de
vieil armagnac.

Il n'est question ici que de l'amertume des vins nouveaux. L'amertume contractée par les vins vieux a une tout
autre cause et exige des soins différents. Nous en parlerons
plus loin.

Le *gout de râpe,* qui accompagne souvent l'amertume,
est dû à l'immersion prolongée des grappes dans la vendange. On présume que ce défaut, qui donne aux vins un
goût sauvage et commun, provient d'un principe aromatique contenu dans la grappe. On le prévient en dérâpant,
et, comme l'amertume naturelle, il diminue avec le temps.
Du reste, il se traite de la même manière.

La cuvation prolongée outre mesure est une des causes
principales du goût de râpe et de l'amertume.

Aigreur, goût d'échauffé. — Ce vice est dû à la
présence, dans le vin, de l'acide acétique. Tous les vins,
même les plus moelleux, les mieux faits et les mieux soignés, renferment de l'acide acétique, mais en si petite
quantité que cet acide n'est pas appréciable au goût.

L'acide acétique se produit dans les vins à la suite d'une
vinification faite en cuves découvertes et pendant que la
fermentation s'effectue ; il doit sa formation au contact de
l'air avec le chapeau de la vendange : en effet, le chapeau
étant formé par l'ascension d'une partie des pellicules et
grappes que les bulles d'acide carbonique entraînent à la
surface du moût, il en résulte que ce chapeau, se trouvant
en contact direct avec l'air, la fermentation alcoolique de

ses parties liquides se termine très-rapidement, et, sous l'influence de l'air et des ferments, l'alcool se transforme en acide acétique. Cette transformation est tellement rapide, que lorsque la cuvaison est trop prolongée et que la température est chaude, la croûte extérieure du chapeau passe de l'état acide à la putridité.

Tant que la fermentation tumultueuse s'opère, il y a dégagement d'acide carbonique, dont les bulles maintiennent (par leur poids spécifique, plus léger que le liquide) le chapeau au-dessus de la surface du moût ; mais dès que le mouvement tumultueux a cessé et que la fermentation est terminée, *le chapeau s'affaisse* dans le vin et l'imprègne de l'acidité qu'il a contractée par son contact avec l'air ambiant.

Le vin de la cuve acquiert ainsi, par son simple contact avec le chapeau, une odeur et un goût acides, produits par l'acide acétique qu'abandonnent dans le vin les parties aigries du chapeau.

Dans les vins en cuves qui se piquent par le contact du chapeau, il n'y a d'autre alcool perdu que celui du chapeau, qui se transforme en acide. Il y a aussi la perte occasionnée par les fermentations libres en cuves découvertes, perte due aux vapeurs alcooliques que l'acide carbonique entraîne au dehors en se dégageant de la cuve.

Lorsque le vin se pique de lui-même, après sa fermentation, par suite du contact de l'air, il se produit un autre phénomène, dû à la formation de l'acide par l'oxydation de l'alcool ; il en résulte une grande faiblesse alcoolique. (Nous en parlerons plus longuement quand nous traiterons des *vins piqués*.)

Manières de prévenir l'aigreur pendant la fermentation. — On prévient la formation de l'acidité de plusieurs manières :

1° En faisant fermenter les vins en cuves mi-closes,

en évitant l'accès de l'air atmosphérique, en comprimant l'acide carbonique et en évitant la formation du chapeau au moyen d'un treillage. (Voir *Cuvage des grands vins,* premier volume, *Vinification.*)

2º Dans les fermentations libres en cuves découvertes, on ne remplira les cuves qu'aux trois quarts, afin que la couche de gaz acide carbonique qui restera sur le chapeau et qui est plus lourd que l'air le garantisse de tout contact avec ce dernier; on recouvre aussi le chapeau d'une couche de paille, aussitôt qu'il se forme.

3º En surveillant l'état des cuves et en décuvant dès que la fermentation a cessé.

Traitement des vins piqués en cuves. — Il ne faut pas espérer que ces sortes de vins acquièrent des qualités en vieillissant. On peut les rendre potables, mais leur avenir est perdu; c'est pourquoi l'intérêt même du producteur l'oblige à prévenir ce vice par tous les moyens possibles.

Il faut séparer au plus vite ces vins de leurs premières lies; en conséquence, on les débourrera dès que le dégagement de l'acide carbonique aura cessé. S'ils sont encore louches, on accélère leur clarification par un collage énergique, et on ne les laisse sur colle que le temps strictement nécessaire à leur clarification. On les soutire ensuite. Ce traitement préparatoire a pour but de les dégager d'une partie des ferments acides qu'ils renferment.

Quand les vins ne sont qu'échauffés, l'odeur acide a sensiblement diminué par suite de cette défécation; mais si les vins sont fortement piqués, il faut chercher à neutraliser l'acide dès leur sortie de la cuve, en leur faisant subir le traitement que nous indiquons pour les vins piqués.

Faiblesse alcoolique. — La faiblesse alcoolique consiste dans le manque de spiritueux. Ce défaut est dû à la surabondance d'eau de végétation qui existe dans les raisins et au peu de matière sucrée qu'ils renferment. On observe ce défaut surtout dans les vins qui proviennent de vignes jeunes, plantées dans des terrains très-fertiles, ou formées de cépages communs taillés à longs bois et produisant beaucoup de raisins aqueux à gros grains. Lorsque les vins faibles en alcool ne renferment que peu de tannin et de couleur, ils dégénèrent promptement; souvent même ils déclinent dès leur première année, avant que la défécation des lies soit complète.

On prévient la faiblesse alcoolique, dans les vins de la Gironde, en ne plantant dans les terrains gras et fertiles que des cépages contenant beaucoup de matière sucrée et de tannin, tels que les deux variétés de verdot et les deux vidures, qui produisent des vins corsés, fermes, susceptibles de se conserver longtemps et de s'améliorer en vieillissant.

Le traitement des vins faibles consiste à les dégager au plus tôt des ferments qu'ils renferment, afin d'éviter les dégénérescences acide et putride auxquelles ils sont très-sujets. On obtiendra ce résultat en faisant les premiers soutirages aussitôt que les lies seront déposées. S'ils se maintenaient louches après leur deuxième soutirage, on les collerait légèrement à six blancs d'œufs par barrique. On faciliterait la coagulation de l'albumine en versant, avant le collage, de 50 centilitres à 3 litres d'alcool à 90° par barrique, et on ajouterait aux œufs une poignée de sel gris dans un verre d'eau. Mais, comme ces vins n'ont par eux-mêmes que peu d'avenir, on est forcé, pour prolonger leur durée, de les remonter avec des vins fermes et riches en corps et couleur. La pratique du vinage est mauvaise à cet égard : l'esprit introduit augmente, il est vrai, le titre alcoolique des vins, mais ils restent secs et sans goût de fruit, tandis que, relevés avec des vins autant que possible de séve analogue et ayant goût de fruit, corsés, fermes et non vinés, ils acquièrent de l'alcool et du moelleux.

Manque de couleur. — La couleur des raisins réside dans leurs pellicules. Cette couleur a deux variétés distinctes : jaune et bleue dans les raisins rouges, elle est simplement jaune dans les raisins blancs.

La couleur naturelle des pellicules des raisins rouges est donc un mélange de jaune et de bleu : les acides ont la propriété de faire *virer* au rouge les couleurs bleues végétales, on peut en faire l'expérience avec le tournesol, l'orseille, etc. La couleur bleue des raisins subit naturellement cette action chimique, par le contact des acides végétaux résidant dans la pulpe, et dissous dans le moût pendant la fermentation (acides tartrique, malique et acétique).

La pulpe du raisin rouge est incolore ; si on presse des raisins rouges sans les fouler et si l'on fait fermenter le moût sans pellicules, on fait du vin blanc. C'est la meilleure preuve que la couleur réside dans la pellicule.

Les matières colorantes ne se forment dans les raisins que lorsqu'ils sont parfaitement mûrs, ce qui explique le peu de couleur des vins verts, provenant d'années où le raisin n'a pas atteint sa maturité complète.

L'excès de maturité a l'inconvénient de pourrir la pellicule et de diminuer ainsi la couleur.

Le mode de fermentation employé influe aussi plus ou moins sur la richesse de la couleur. Ainsi les vins dont la fermentation s'est opérée dans les cuves où le chapeau, retenu par un treillage, reste constamment immergé dans le moût, dissolvent plus de matières colorantes que les vins de même nature fermentés en cuves libres, et dont le chapeau, formé en grande partie de pellicules, reste élevé au-dessus de la surface du moût.

Il s'ensuit que le défaut de couleur provient : 1° du peu ou du manque de maturité des raisins, ou de l'excès contraire, qui amène la pourriture des pellicules ; 2° du peu de pellicules, lorsque celles-ci ne sont pas en proportion de l'abondance de la pulpe et de l'eau de végétation (cet effet se produit dans des raisins aqueux à gros grains) ; 3° du défaut d'immersion des pellicules dans le moût.

On augmente la couleur dans les vins trop pauvres en matière colorante : 1° en cueillant, s'il est possible, les raisins à leur point de parfaite maturité ; 2° en plantant des cépages à petits grains, afin d'avoir une plus grande quantité de pellicules ; 4° en tenant, pendant la fermentation, le chapeau immergé dans le moût et en foulant complétement.

Le traitement des vins faibles en couleur consiste, à part les soins ordinaires, à éviter toutes les pratiques qui peuvent faciliter la précipitation de leur matière colorante. On devra, pour ce motif, *les coller le moins possible,* et surtout ne pas employer sur eux les agents gélatineux ; ils devront être clarifiés avec l'albumine, et dans des proportions semblables à celles que nous indiquons pour la clarification des vins faibles en alcool.

Il est tout naturel que le mélange de vins très-riches en couleur avec des vins qui en manquent, augmente la couleur de ces derniers ; mais pour ne pas dénaturer la séve, il convient que le mélange soit fait avec des vins de même nature et de même provenance.

Les colorations artificielles, à l'aide de matières colorantes végétales, de sucs de fruits, etc., doivent être rejetées ; plusieurs de ces matières sont d'ailleurs *insalubres.* Nous donnerons, au chapitre des *Falsifications,* des détails sur ces préparations et les réactifs employés pour les reconnaître.

Couleur terne, plombée, bleuâtre, gout de lie.

— Certains vins restent troubles et conservent une teinte terne, plombée, même après leur fermentation insensible. Cet état peut avoir plusieurs causes qu'il convient de rechercher et d'étudier avant de commencer le traitement. Quelquefois, souvent même, les vins nouveaux restent louches, parce que, faute de soutirages opportuns, de locaux convenables, ils ont éprouvé un mouvement de fermentation secondaire qui a remis en suspension les lies déjà déposées au fond de la barrique. Cet accident arrive aussi lorsqu'on déplace les vins nouveaux avant de les avoir soutirés.

Dans ces cas, on doit placer les vins dans une cave ou dans un chai à température invariable, où on les laisse reposer une quinzaine de jours ; après quoi on voit si la défécation naturelle a eu lieu. Si les vins sont restés ternes, on les clarifie, en suivant la méthode la mieux appropriée à leur nature.

Si les vins sont louches par suite d'un mouvement intempestif de fermentation, la première chose à faire c'est d'arrêter ce mouvement par les soins usités en pareil cas.

Lorsque, malgré tous les soins apportés à leur conservation, ces vins se maintiennent ternes et difficiles à clarifier, bien qu'il ne se produise en eux aucun travail, on doit le plus souvent rechercher la cause de cette altération de la couleur dans le manque d'alcool ou de tannin. (On sait, en effet, que dans les vins privés de ces deux principes, les matières colorantes se précipitent ou restent en suspension.)

Si c'est l'alcool qui leur manque, le traitement consiste à les remonter, soit avec un ou deux litres d'alcool de 70 à 90° par barrique, soit avec un cinquième ou un dixième de vin de même séve et ferme de corps, et à leur faire subir un léger collage aux œufs, que l'on effectue de la manière indiquée pour la clarification des vins faibles.

Si les vins qui se maintiennent ternes ont un titre assez élevé, que leur couleur soit assez prononcée, on versera dans chaque barrique environ 20 grammes de tannin préparé à l'alcool, ou l'équivalent en vin tannifié, et on les collera ensuite avec 25 ou 50 grammes de gélatine.

La couleur bleuâtre, violacée et le goût de lie ne se rencontrent que rarement dans les vins de la Gironde. Ce défaut se remarque plutôt dans certains vins du Midi, et provient de la surabondance de matière colorante et de l'absence de l'acide tartrique dans les vins. Lorsque les vins violacés ont beaucoup de couleur et un titre alcoolique au-dessus de 9 pour 100, on peut facilement faire *virer* cette couleur au rouge, en les mélangeant avec un sixième à un quart de vin vert, qui contient, comme on sait, un excès d'acide tartrique ; on les *tannifie* ensuite avec 20 grammes de tannin ou l'équivalent en vin tannifié, afin que leur couleur se maintienne et que leur clarification puisse s'opérer plus tard d'une manière convenable. A défaut de vin vert on pourrait employer l'acide tartrique cristallisé. Cet acide a la propriété d'être très-soluble dans les vins. Avant de l'employer en grand, on expérimente sur un échantillon la quantité d'acide nécessaire pour faire *virer* la couleur, car on ne doit pas oublier que cet acide rend les vins moins salubres en leur faisant contracter de la verdeur.

Lorsque les vins sont faibles en alcool, qu'ils ont peu de couleur, et que cette couleur est bleue et terne, ils ont une grande tendance à la putridité. Dans ce cas, la couleur bleue n'est, en effet, qu'un commencement de décomposition ; elle est due à une réaction intérieure qui transforme une partie du tartrate de potasse en carbonate de potasse. Ces vins ont une saveur légèrement alcaline, et, livrés à eux-mêmes, en contact avec l'air, ils se corrompent rapi-

dement sans s'acidifier complétement. Ces sortes de vins
sont de la plus mauvaise qualité ; on peut toutefois prévenir cette altération, qui est très-rare, même dans les vins
communs, en employant de bons procédés de vinification,
et en rendant les vins plus corsés, plus fermes, par le choix
de bons cépages.

Quant au traitement de ces vins, plusieurs œnologues
ont proposé d'employer l'acide tartrique pour les rétablir.
Cet acide fait *virer* leur couleur au rouge, mais ne remédie
pas à la décomposition putride qui les menace. Nous préférons employer à cet usage un sixième environ de vin vert,
qui renferme, comme on sait, beaucoup d'acide tartrique
libre, et fortifier ensuite ces vins en les mélangeant, dans
des proportions convenables, avec des vins fermes et alcooliques.

Décomposition putride. — *Causes.* — Les vins se
décomposent, se putréfient, par suite de leur grande faiblesse alcoolique et de leur manque de tannin. Cette faiblesse elle-même est due à la pauvreté de la matière sucrée,
à l'excès d'eau de végétation contenue dans les raisins. On
reconnaît donc qu'un vin est prédisposé à la putridité lorsqu'il est privé de ces deux principes conservateurs : l'alcool
et le tannin. Ces vins se dépouillent promptement de leur
couleur ; et ils ne deviennent jamais brillants et limpides ;
ils restent louches après leur défécation, qui, du reste,
n'est jamais complète et s'opère d'une manière continue.
La tendance à la décomposition s'annonce par le changement de la couleur, qui prend une nuance tuilée, terne,
et qui donne à ces vins, quoique nouveaux, l'apparence de
vins vieux, usés, troubles ; leur couleur rouge se précipite
en grande partie, et ils ne conservent que la couleur jaune.
Si on ne remédie promptement à cet état en les fortifiant,

ils prennent un goût nauséabond de pourri, d'eau crou-
pissante; ils continuent ensuite à louchir et se décomposent sans passer franchement à la fermentation acéteuse.

Manière de prévenir la décomposition. — On évite la
tendance à la putridité, vice qui est très-rare, en employant
tous les moyens propres à augmenter naturellement la
matière sucrée dans les moûts, et, par suite, en élevant le
titre alcoolique des vins par un bon choix des cépages; on
préférera surtout ceux qui donnent des raisins sucrés et en
même temps chargés de tannin, tels que les verdots, ou
autres cépages donnant des vins fermes, que l'on placera
dans des conditions de terrain et d'exposition favorables à
leur maturité, et pour la vinification desquels on emploiera
les meilleurs procédés.

Traitement des vins prédisposés à la putridité. — On
peut retarder la décomposition de plusieurs manières :
1° en fortifiant le titre alcoolique des vins, en leur donnant
du tannin, et en y ajoutant une quantité proportionnée de
vin ferme, âpre et alcoolique; 2° à défaut de vin ferme et
corsé, on pourra relever leur séve par une addition d'eau-
de-vie ou d'alcool, ou mieux encore de liqueur de tannin
alcoolisée, dont nous indiquerons la composition en traitant
des principes constitutifs des vins, de manière à leur donner
un titre alcoolique d'environ 10 pour 100; 3° on évitera
autant que possible de les coller, surtout au moyen de clarifiants qui précipitent la matière colorante, comme la
gélatine; on emploiera de préférence l'albumine, appliquée
de la manière que nous indiquons pour combattre la faiblesse alcoolique; 4° enfin on évitera de faire subir à ces
vins, avant leur traitement, les secousses des longs voyages
et les transvasements à l'aide de pompes aspirantes et foulantes, qui augmenteraient la précipitation de la matière
colorante.

Ces divers procédés retardent la décomposition, mais ne l'arrêtent pas, et ces vins ne peuvent jamais supporter les fatigues d'un long voyage, à moins d'être fortement vinés au départ.

Vins réunissant plusieurs vices. — Il arrive fréquemment que certains vins communs ont à la fois plusieurs défauts naturels. Dans ce cas, on traitera celui qui est le plus sensible.

VICES ACQUIS OU MALADIES DES VINS.

Vins éventés, fleuris. — *Nature des fleurs du vin, leur cause.* — Les fleurs du vin ne sont autre chose que des moisissures en forme de croûte ou de pellicules blanchâtres, des champignons microscopiques que les botanistes micrographes nomment *mycoderma vini* et *mycoderma aceti,* qui se développent sur la surface des vins soumis au contact de l'air et laissés en repos. Ces moisissures communiquent au vin une odeur et un goût désagréables, ainsi qu'une légère acidité, que l'on désigne sous le nom d'*évent, d'odeur* ou de *goût d'éventé.*

La formation de ces parasites a pour principales causes le contact direct de l'air, qui favorise leur végétation ; l'évaporation d'une partie de l'alcool existant à la surface du vin qui se trouve en contact avec l'air, et un commencement d'oxydation de celui qui reste dans le liquide.

Il en résulte que la surface du vin devient d'une grande faiblesse alcoolique, et qu'ayant perdu son principe conservateur, elle se moisit. La moisissure consiste, comme on sait, dans le développement d'une grande quantité de petits champignons. Ces moisissures ont mauvais goût et sont imprégnées d'une acidité qui provient de l'action de l'oxygène de l'air sur l'alcool, qui est transformé en acide acétique.

Cette altération se développe plus ou moins rapidement, selon le titre alcoolique des vins et la température des locaux où ils sont emmagasinés. Les vins faibles et communs, qui ont de 7 à 8 1/2 pour 100 d'alcool, sont les premiers atteints; les fleurs s'y développent au bout de trois ou quatre jours. Les vins plus alcooliques, qui ont de 10 à 11° par exemple, résistent deux fois plus longtemps que les vins faibles. A titre alcoolique égal, les vins fins résistent mieux que les vins communs. Enfin, les vins qui dépassent 15° d'alcool ne fleurissent pas. Pendant l'été, l'altération est beaucoup plus rapide.

Manière de prévenir le goût d'évent. — On prévient le goût d'évent en tenant les vins à l'abri du contact de l'air ambiant; pour cela, il faut qu'ils soient logés en fûts constamment pleins ou en bouteilles hermétiquement bouchées et maintenues couchées horizontalement. (Voir *Traitement des vins en général.*)

Lorsque l'on est forcé de mettre des fûts en vidange, on neutralise l'oxygène de l'air qui reste dans la partie du fût qui est vide, en y faisant brûler un morceau de mèche soufrée, et en bondant ensuite hermétiquement. (Voir *Acide sulfureux, son emploi*, etc.)

On a proposé, comme moyen efficace d'empêcher le contact de l'air dans les fûts en vidange, de tenir les bondes fermées hermétiquement, et de ne laisser entrer dans le fût, à chaque soutirage partiel, que l'air strictement nécessaire à l'écoulement du vin, soit en n'entr'ouvrant qu'un fausset, soit en se servant du fausset hydraulique construit par M. Belicard. On retarde ainsi le développement de l'altération, mais *on n'empêche pas le mal de se produire*, puisqu'il y a toujours dans le fût une certaine quantité d'air qui augmente à chaque soutirage. On ne peut prévenir entièrement l'altération qu'en employant l'acide sulfureux, et, comme on est forcé de renouveler souvent le soufrage, les vins finissent par contracter un goût de soufre désagréable ; pour ces motifs, on ne doit laisser des fûts en vidange que lorsqu'il y a impossibilité de faire autrement.

Traitement des vins éventés. — Lorsque les vins sont *fleuris* accidentellement, sans qu'ils aient encore le goût d'évent, comme les vins nouveaux conservés bonde dessus que l'on a négligés, et que l'on a laissés plus d'une huitaine de jours sans ouiller, il n'y a que la surface du vin qui soit altérée : en ouillant, on peut faire remonter par la bonde les fleurs déjà formées ; on bondera ensuite fortement. Enfin on aura le soin de renouveler l'ouillage plus souvent, parce que de nouvelles formations de fleurs, outre le goût d'éventé qu'elles communiqueraient au vin, le rendraient louche, y introduiraient des ferments acides, et finiraient par le faire piquer. (Voir *Traitement des vins nouveaux.*)

Le vin fortement fleuri et qui a contracté un goût prononcé d'éventé, sans toutefois être franchement acide, doit être ouillé ; on laisse passer les fleurs par dessus la bonde, puis soutiré dans un fût soufré assez fortement et que l'on remplit complétement ; on a rejetté les fleurs qui sont à la surface et on empêche ainsi qu'elles ne pénètrent de nouveau dans le vin. Après le soutirage, on ajoutera au vin éventé un ou deux litres d'eau-de-vie vieille par barrique, ou quelques litres d'un vin ferme, corsé et, autant que possible, de séve analogue. On le collera ensuite assez fortement, en employant de préférence les blancs d'œufs (huit blancs d'œufs et une poignée de sel dissous dans un verre d'eau), et on le soutirera de nouveau dès qu'il sera devenu limpide.

Ce traitement a pour but d'extraire du vin, par le soutirage, les moisissures qui occasionnent le mauvais goût; de
relever ensuite son titre alcoolique pour remplacer l'esprit
qui a été perdu par l'évaporation ; enfin, au moyen du
collage, de précipiter dans les lies les ferments acides
produits par les fleurs. Néanmoins, les vins que l'on a
laissés fortement éventer par négligence ne se rétablissent
jamais complétement, et lorsque ce sont des vins fins et
délicats, ils perdent une grande partie de leur valeur.
Aussi insistons-nous pour que le sommelier veille avec
soin à prévenir ce vice, qui finit par produire l'acidité, car
souvent les vins négligés sont tout à la fois *éventés et
piqués*.

Acidité, vins piqués, aigreur. — L'acidité est un
goût aigre qui provient de ce que l'alcool contenu dans les
vins a été en partie transformé en acide acétique, par suite
de l'influence de l'oxygène de l'air. (Voir, pour l'étude de
ce phénomène, le chapitre *Traitement général des vins, influence du contact de l'air.*)

L'aigreur est due au contact prolongé de l'air ambiant,
et c'est l'oxygène de l'air qui opère cette transformation,
laquelle est d'autant plus rapide que la température est
plus élevée et que le vin renferme plus de ferments.

Tous les vins qui ont été faits et qui ont fermenté dans les
conditions ordinaires, c'est-à-dire qui n'ont pas subi d'addition alcoolique ou qui ne renferment plus de matières
sucrées, sont sujets à cette altération *lorsqu'on les laisse
exposés au contact de l'air.*

Lorsqu'ils ont été vinés au-dessus de 18 pour 100 d'alcool, qu'ils soient liquoreux ou non, ils ne s'altèrent
qu'après que l'alcool a été affaibli par l'évaporation.

S'ils renferment des principes sucrés sans qu'il y ait eu

de vinage, il s'opère en eux une nouvelle fermentation alcoolique, et ils ne s'acidifient que lorsque cette matière sucrée est en grande partie transformée en alcool.

L'acidité se formant aux dépens de l'alcool, il s'ensuit que plus elle est prononcée et moins le vin renferme d'alcool.

Moyens de prévenir l'acidité. — On prévient l'acidité en soignant les vins selon leur nature et dans des locaux spéciaux (voir *Traitement des vins*), et en usant des pré-cautions que nous indiquons en traitant des vins éventés et fleuris, c'est-à-dire en évitant tout contact prolongé de l'air. Les fleurs sont, disions-nous tout à l'heure, les avant-cou-reurs de l'acidité ; toutefois, les vins ne fleurissent pas toujours avant de se piquer, surtout si la température est élevée et si leur titre alcoolique est considérable. En géné-ral, les vins se piquent sans fleurir lorsqu'ils se trouvent exposés au contact de l'air, à une température de 25 à 40° centigrades ; l'acidité se produit, dans ces conditions, d'une manière très-rapide ; c'est pourquoi on doit redoubler de précautions pendant les chaleurs, et se rappeler que ce vice provient, ou *de la négligence du sommelier à éviter le contact de l'air*, ou *du mauvais état des fûts et de la dispo-sition imparfaite des locaux.*

Traitement des vins piqués. — L'acide acétique contenu dans les vins aigres peut se neutraliser en grande partie par la réaction de plusieurs matières alcalines ; mais, dans ce cas, il reste en solution dans le vin des sels (acétates et tartrates) formés par la combinaison des acides acétique et tartrique et d'une partie des bases alcalines introduites. Les matières alcalines neutralisent par cette combinaison, non-seulement l'acide acétique, mais tous les acides végé-taux que renferment les vins. Ces sels neutres ont l'incon-vénient de ne pas être parfaitement salubres : ils sont en partie laxatifs. A part cela, on ne peut neutraliser complétement l'acide acétique contenu dans les vins en employant les alcalis caustiques (potasse, soude, chaux vive), car, par leur introduction dans le vin, ces bases le décomposeraient, amèneraient la dissolution et la précipitation des matières colorantes et le rendraient impotable par l'amertume qu'elles lui communiqueraient. Il faut donc choisir, pour le traitement des vins piqués, les matières alcalines qui sont le plus susceptibles de neutraliser l'excès d'acide acétique sans altérer la constitution des vins, sans précipiter leur couleur, et qui produisent, par leurs combinaisons, les sels les moins solubles et les moins insalubres.

Les matières alcalines qu'on emploiera de préférence sont : le carbonate de magnésie, le tartrate de potasse, l'eau de chaux (hydrate de chaux).

On n'emploiera les matières suivantes que lorsqu'il sera impossible de se procurer celles que nous venons d'énumérer, à cause des sels, qui, restant en solution dans les vins, pourraient occasionner l'affaiblissement de leur couleur et même leur décomposition, si on les employait à haute dose : les cendres de bois (de préférence de vigne ou sarments, qui renferment beaucoup de sel de potasse); la craie ou le marbre en poudre (ces deux matières sont composées de sous-carbonate de chaux, mais la poudre de marbre est plus pure que la craie); les solutions de sous-carbonate de potasse et de sous-carbonate de soude; le plâtre.

Manière d'opérer. — Il est prudent, pour se rendre compte du mode d'action des substances que l'on veut employer, d'opérer, à titre d'essai, sur un litre d'échantillon, en ayant soin de n'employer que des doses proportionnées au degré de l'altération. Ainsi, dans un litre de vin piqué, on ajoutera, en plusieurs fois et en agitant la bouteille, un ou deux grammes de carbonate de magnésie; d'autre part, mais seulement lorsque le vin sera très-fortement piqué, on éteindra, dans de l'eau, de la chaux vive en quantité convenable; on agitera et on laissera déposer cette eau jusqu'à ce que la surface devienne limpide par le repos. On ajoutera alors au vin, qui a déjà reçu le carbonate, 2 centilitres de cette eau de chaux, et on continuera d'agiter le mélange; on versera encore dans le vin 1 centilitre d'eau-de-vie ou de trois-six, et enfin on le collera, au moyen d'un clarifiant albumineux, de préférence le lait frais à la dose d'un demi-centilitre à un centilitre; on bouchera ensuite la bouteille, on agitera et on laissera le vin au repos. Au bout de trois ou quatre jours, on pourra juger, en comparant la partie piquée avec l'échantillon traité, de l'amélioration produite par le traitement.

Ce traitement varie selon le genre de vin dans lequel on a à combattre le goût acide. Si le vin est vert ou piqué, on ajoute à la magnésie un gramme de tartrate de potasse; si le vin est de couleur terne, après avoir ajouté le lait, on y versera 22 centigrammes environ de gélatine dissoute dans un demi-centilitre d'eau; enfin si les vins sont louches et difficiles à clarifier, on ajoute, avant d'y mettre le lait et la gélatine, 8 centigrammes de tannin en poudre.

Il est inutile de rappeler que l'on doit avoir soin de baser la quantité de substance employée sur la contenance de l'échantillon, afin de pouvoir conserver les mêmes proportions lorsque l'on opérera en grand.

Si on ne pouvait se procurer du *carbonate de magnésie*, matière alcaline préférable à toute autre, on doublerait la dose d'eau de chaux, et enfin, à défaut de chaux, on pourrait employer, avec la plus grande prudence, le marbre ou la craie en poudre, les cendres de sarment, mais en plus petite quantité, ou encore les solutions de sous-carbonate de potasse ou de soude. Ces dernières substances exigent une réserve extrême dans leur dosage et leur emploi ; aussi doit-on éviter d'y avoir recours sur les vins légèrement atteints.

Pour nous, nous préférons le carbonate de magnésie à tout autre alcali, parce qu'il ne fatigue pas autant la couleur et ne donne pas aux vins altérés l'amertume, l'insalubrité que lui communiquent les sels formés par les alcalis à base de potasse, de chaux ou de soude. (On sait que le carbonate de magnésie est employé en médecine pour combattre les aigreurs d'estomac.) Pour le même motif, l'eau de chaux décantée doit être préférée au sous-carbonate de chaux, employé sous la forme de marbre ou de craie en poudre ; cependant, employée à haute dose, l'eau de chaux donne de l'amertume aux vins et les affaiblit.

On ajoute à ces vins de l'eau-de-vie, afin de remplacer l'alcool détruit par la production de l'acide. Quant à la clarification, la préférence accordée au lait dans cette circonstance repose sur le fait que le lait est alcalin : il aide ainsi à enlever aux vins leur goût acide tout en les clarifiant ; mais le lait n'est alcalin que lorsqu'il est frais : le lait écrémé et de la veille est acide ; on ne doit pas l'employer. Enfin le tartrate et le carbonate de potasse employés pour traiter les vins verts ou piqués, la gélatine ou le tannin, ont pour but de neutraliser l'acide tartrique et de faciliter la clarification et la précipitation des ferments acides.

Les vins dont on a enlevé l'acide doivent être clarifiés et soutirés dès que leur limpidité est devenue parfaite. On obtiendra ce résultat en suivant la méthode que nous indiquons.

Plus les vins sont acides et moins ils sont riches en alcool, puisque l'acide a été formé aux dépens de ce dernier ; de là la nécessité de les remonter, soit en y ajoutant de l'alcool, soit, lorsque l'altération n'est pas trop profonde, en les mélangeant avec des vins corsés, mais ordinaires, car il ne faut jamais garder ces vins, qui, renfermant toujours des principes acides, deviennent secs et se piquent de nouveau au moindre contact de l'air. Si leur altération était très-prononcée, et par suite leur titre d'alcool trop affaibli, il serait plus avantageux de les convertir en vinaigre. (Voir *Vinaigre, sa fabrication*, etc.)

Goût de fût. — Il ne faut pas confondre le *goût de fût* avec le *goût de bois,* saveur communiquée par le bois de chêne, que les vins contractent habituellement quand on les loge dans des fûts neufs, et qui provient des principes aromatiques que renferme le chêne. Le goût de futaille est un mauvais goût qui paraît provenir d'une essence à odeur et saveur désagréables, qui se développe par suite d'une altération spéciale du bois d'une ou de plusieurs douves ou des fonds qui composent la futaille. Ce vice est assez rare. Il est impossible au tonnelier fabricant de le prévenir et de rejéter les douves qui donnent le mauvais goût, parce que rien ne les fait reconnaître. Souvent, en travaillant, en *parant* les douves, il s'exhale de certains bois des odeurs désagréables ; on rencontre des parties de douves qui ne sont pas saines, qui ont des veines rougeâtres tachetées de blanc : ces bois sont mis à part, et les futailles que l'on fait avec ces rebuts ne communiquent ordinairement pas de mauvais goût, tandis que parmi les fûts dans la fabrication desquels on n'a employé que des bois choisis, il s'en rencontre parfois qui donnent au vin un goût détestable. Même lorsque l'on est assuré, par le mauvais goût transmis, qu'une futaille a des douves infectées, il est impossible, à l'inspection, de reconnaître les douves mauvaises ; on serait obligé, si l'on voulait atteindre ce but, de

11

râper de chaque douve une petite quantité de bois, que l'on ferait macérer dans une quantité donnée d'un même vin : la pièce infectée donnerait alors au liquide un mauvais goût très-prononcé ; mais ce moyen n'est pas pratique. Il est plus sage de transvaser le vin de la barrique, et de ne plus employer au même usage le fût infecté.

Le traitement des vins qui ont contracté un mauvais goût de fût consiste à les transvaser au plus tôt dans des barriques *bonnes de lie* et méchées, enfin de les séparer du contact du bois qui leur a transmis cette altération. On diminuera le mauvais goût en agitant ensuite dans le vin, pendant cinq minutes (après avoir préalablement dégarni le fût d'une dizaine de litres) un litre d'huile d'olive, que l'on enlèvera ensuite à l'aide d'une sonde, en ouillant le fût ; après quoi on collera fortement, soit au blanc d'œuf, soit à la gélatine, selon la nature du vin, pour le soutirer au bout de huit à quinze jours.

Ce traitement a pour but de s'emparer, au moyen de l'huile fixe, de l'huile essentielle volatile qui paraît être la cause du mauvais goût. L'huile d'olive employée à cet usage contracte un goût de fût prononcé.

On peut, en traitant le vin comme nous l'indiquons, atténuer le goût de fût ; mais il est rare que l'on parvienne à le faire disparaître entièrement.

Goût de moisi ; mauvais goût produit par des matières étrangères. — Le vin contracte un goût de moisi par son séjour dans des fûts dont les douves sont moisies à leur surface interne, par suite du manque de soins et de la négligence, qui ont fait laisser les fûts vides sans les mécher et les bonder hermétiquement. (Voir *Soins à donner aux fûts vides*.) La moisissure des fûts vides est une mousse blanchâtre, formée d'une espèce de cham--

pignons microscopiques qui se développent sous l'influence de l'humidité et de l'obscurité; leur mauvais goût paraît être dû à la présence d'une huile essentielle à odeur et à saveur désagréables.

On prévient ce vice en surveillant attentivement les fûts avant de les remplir, et en évitant de se servir de ceux dont l'odeur est imprégnée de moisi. Cette altération dans les vins doit se traiter absolument comme le goût de fût.

Les vins qui ont accidentellement contracté des goûts étrangers, soit par leur logement dans des fûts ayant contenu des liqueurs à odeur et à saveur très-prononcées, telles que l'anisette, l'absinthe, le rhum, etc., soit par leur contact avec des matières odoriférantes à aromes agréables ou désagréables, doivent ce goût à la dissolution dans le vin d'une partie de l'huile essentielle que renferment ces matières, et doivent être traités de la même manière que ceux affectés du goût de fût. L'essentiel est de les soustraire au plus tôt à l'infection en les changeant de fût; car si on laisse s'accentuer l'odeur et la saveur étrangères, on ne peut plus les détruire complétement, on ne parvient qu'avec peine à les rendre potables en les *opérant* avec des vins sains.

Graisse. — On désigne sous le nom de *graisse* une qualité et une altération : une qualité lorsque l'on entend parler de moelleux, d'onctueux, dans les vins pourvus de goût de fruit; une altération lorsqu'on l'applique à une sorte de fermentation visqueuse qui rend les vins filants comme l'huile. Cette altération, qui n'est qu'une variété de fermentation, se produit surtout dans les vins blancs qui tiennent en suspension des matières azotées et qui renferment peu de tannin.

Ce n'est pas un vice sérieux ; il est très-facile d'y remédier. Il suffit de tannifier ces vins, en y ajoutant une dizaine de litres de vin *tannifié,* que l'on agite dant la barrique à l'aide d'un fouet, comme si on opérait un collage ordinaire, ou une vingtaine de grammes de tannin traité par l'alcool. (Voir *Tannin.*)

Le tannin mélangé dans le vin précipite la matière visqueuse en se combinant avec elle, de sorte que, tout en détruisant la *graisse* et en rendant au vin sa limpidité ordinaire, on opère un véritable collage par l'action chimique du tannin, qui entraîne la matière visqueuse dans les lies. On doit soutirer ces vins au bout d'une quinzaine de jours de repos.

Amertume. — L'amertume, qui est souvent un défaut naturel (nous en avons déjà parlé), devient un défaut accidentel lorsqu'elle se développe dans des vins vieux qui précédemment étaient droits de goût : c'est alors presque toujours un commencement de dégénérescence. Ce goût amer provient principalement de combinaisons qui se forment par la dissolution de la couleur et par la précipitation des matières mucilagineuses, des pectines, qui donnent au vin l'onctuosité, le goût de fruit. En effet, il est à remarquer que généralement les vins ne contractent de l'amertume qu'à mesure qu'ils perdent leur goût de fruit. Le moyen de diminuer cette amertume est de fortifier, de régénérer les vins amers qui déclinent, en les mélangeant avec des vins de même nature, mais jeunes, fermes, corsés et qui n'ont pas atteint leur entière maturité. Le mélange doit être collé à l'albumine et soutiré après quinze jours de repos. On réussit ainsi à les améliorer ; mais, au bout de quelques mois, l'amertume reparaît. On doit donc employer ces vins le plus tôt possible.

Acreté. — Le goût âcre dont s'affectent certains vins en vieillissant est un signe de dégénérescence. Nous avons quelque raison de croire que ce vice tient à la présence de l'acide acétique, joint à la précipitation des mucilages qui donnent au vin le goût moelleux ; aussi le remarque-t-on le plus souvent dans les vins vieux, secs, mal soignés et par conséquent dépourvus de goût de fruit.

Le traitement propre à diminuer l'âcreté consiste à détruire l'acide acétique par l'emploi d'un gramme ou deux par litre de carbonate de magnésie (voir *Vins piqués*), ou bien, lorsque l'âcreté n'est pas trop forte, à remonter les vins, à les rajeunir avec des vins de même genre, mais plus jeunes, fermes et francs de goût : on les colle ensuite pour que le mélange soit plus complet. Pour le collage, on emploie de préférence le blanc d'œuf.

Gout de travail, de lie, etc. — Le goût de travail provient de la présence du gaz acide carbonique qui se dégage dans les vins lorsqu'une fermentation alcoolique secondaire y est occasionnée, soit par quelque matière sucrée qu'ils renferment encore après leur fermentation insensible, soit par des mucilages qui leur donnent le goût moelleux. Les causes principales du travail résident dans la présence de matières sucrées, de mucilages, jointe à celle de ferments. Il se déclare sous l'influence d'une température élevée.

Le goût de lie provient du mélange dans les vins des lies ou dépôts déjà précipités, et remis en suspension par le mouvement de fermentation.

On prévient les goûts de travail et de lie en opérant la vinification dans de bonnes conditions, en conservant aux vins une température invariable, et en les séparant des lies déposées par des soutirages opportuns. Nous avons détaillé ces soins en traitant en particulier de chaque espèce de vins.

On arrête le travail en soutirant et en transvasant les vins, à l'abri du contact de l'air, dans des fûts plus ou moins méchés, selon le genre de vins, et en les mettant ensuite au repos dans des locaux à température basse et régulière. S'ils étaient louches, on les collerait, en choisissant les clarifiants les mieux appropriés à leur nature, et on ne les laisserait sur colle que le temps strictement nécessaire à leur clarification. Tous ces soins ont été détaillés en parlant de l'emploi de l'acide sulfureux, des clarifiants et des soins particuliers à chaque genre de vin.

Dégénérescence, fermentation putride. — La dégénérescence s'annonce, dans les vins, longtemps à l'avance, de diverses manières : par la perte de leur goût de fruit, par l'amertume, l'âcreté, etc.; mais les vrais symptômes de la décomposition sont, dans les vins vieux, la précipitation plus abondante de leur matière colorante bleue, leur aspect louche et tuilé, joints à un goût légèrement putride. Les principales causes de cette altération sont les mêmes que celles que nous citions en parlant de la tendance des vins nouveaux à la décomposition putride, c'est-à-dire la faiblesse du titre alcoolique jointe au manque de tannin.

On sait qu'avec le temps le tannin se transforme en acide gallique, l'alcool diminue aussi par l'évaporation lente, et il s'ensuit que les vins trop vieux ont perdu une partie de leurs principes conservateurs : l'alcool et le tannin.

La durée des vins est très-inégale, et, comme les êtres animés, ils offrent entre eux de grandes diversités de constitution : il y a des vins, les plus faibles, qui sont en voie de dégénérescence dès leur première année, tandis que d'autres, fermes, corsés, gagnent en qualité pendant quatre, six, dix ans et même davantage.

Dès que l'on s'aperçoit, à son aspect et à la dégustation, que le vin commence à dégénérer, il est important d'arrêter au plus tôt ce commencement de décomposition. On retarde la dégénérescence par l'emploi de l'alcool tannifié (voir *Tendance à la décomposition putride*, à l'article *Défauts naturels*); mais il est préférable, dans la plupart des cas, de remonter ces vins en les mélangeant avec des vins jeunes de même espèce, fermes, corsés, en voie d'amélioration et, par conséquent, possédant en excès les qualités dont manquent les vins qui dégénèrent. (Voir *Maladies des vins en bouteilles*.)

CHAPITRE VI.

DES LIES DE VIN.

Composition des lies. — Vins de lie. — Épuration. — Manière d'éviter le mauvais goût et de presser économiquement les lies *masses*. — Presses. — Filtres-presses. Emploi des lies sèches. — Cendre gravelée. — Tartre.

Les lies ne doivent pas être négligées, car, faute des soins appropriés, les vins qui proviennent de leur épuration contractent un goût fort désagréable, qui est dû à leur trop long séjour sur le dépôt, et qu'ils n'auraient pas si on les avait soutirés à temps.

Pour prévenir cette altération, qui ferait perdre toute valeur au liquide extrait des lies, celles-ci doivent être traitées avec une attention toute particulière et dans des locaux parfaitement à l'abri des variations atmosphériques.

Les lies, avant leur épuration, contiennent du vin dans des proportions qui varient entre 30 et 90 pour 100, selon leur consistance.

Les lies de vin sur colle, ou *lies de fouet,* donnent une moyenne de 70 pour 100 de vin clair, par épuration simple, sans préjudice de celui que l'on peut encore extraire par la pression.

Les parties sèches des lies renferment une grande quantité de matières insolubles, du tartre, plusieurs autres sels minéraux et végétaux, divers combinés, des ferments, des mucilages, des résidus des matières animales ou végétales, albumineuses ou gélatineuses, qui ont servi à opérer les collages, etc.

M. Braconnot, chimiste distingué, qui a analysé les lies desséchées, y a constaté la présence des substances suivantes : bitartrate de potasse, tartrate de chaux, tartrate de magnésie, phosphate de chaux, sulfate et phosphate de potasse, substance animale azotée, matières grasses, matière colorante, gomme, tannin.

Cette composition des lies desséchées varie du reste selon l'âge, la nature, le genre du vin dont elles proviennent; mais, dans toutes, le sel qui se rencontre en plus grande abondance est le *bitartrate de potasse* (tartre). La lie des vins moelleux renferme des mucilages, et on trouve, dans la lie des vins de liqueur, de grandes quantités de matières sucrées que l'on peut utiliser. Nous parlerons plus loin des emplois divers des lies desséchées.

Les lies non épurées se clarifient naturellement par le repos ; mais les vins qu'on laisse séjourner longtemps sur les grosses lies *(vins de lies)* contractent un goût désagréable, qui a pour cause le contact des matières insolubles formant le dépôt et celui des ferments qui se trouvent dans les lies avec les résidus des substances qui ont servi aux collages. Les vins qui sont à la surface sont souvent en fermentation et restent louches, tout en contractant une amertume désagréable, si on ne s'empresse de les soustraire à l'influence des ferments.

Ce sont ces altérations qui font le peu de valeur des vins extraits des lies qui, avant leur première épuration, ont séjourné longtemps sur les dépôts.

A l'aide de soins intelligents, non-seulement on peut extraire toute la partie liquide de dessus les lies, mais encore ce vin qu'on extrait n'a aucun mauvais goût, aucun vice et, en un mot, participe des mêmes qualités que les vins qui ont formé les lies brutes.

Traitement pratique des lies. — Les fûts vides destinés à contenir des lies doivent être lavés et rincés, tout comme s'ils étaient destinés à contenir des vins limpides. On doit faire brûler dans ces fûts un morceau de mèche soufrée double de celui que l'on brûle pour les soutirages des vins rouges nouveaux. Au fur et à mesure que l'on opère les soutirages des vins, les lies sont vidées dans une baille et *immédiatement versées* dans la barrique destinée à les recevoir (on doit faire attention, en vidant les lies dans la baille, de ne pas y introduire de terre, de moisissures, etc.; si le pourtour des bondes est sale, on le balaie avant de débonder). Dès que la barrique est pleine de lies, on doit la placer immédiatement, bonde dessus, sur des chantiers ou tins, dans un local clos, ou l'encarrasser et la caler à demeure ; on l'ouille ensuite et on la rebonde, et on note la date de sa mise en place, ainsi que le crû et l'âge des vins dont la lie a été extraite.

Lorsque les barriques ne se remplissent pas le même jour et que l'on est forcé de les laisser en vidange, on doit les bonder hermétiquement, après y avoir fait brûler un nouveau carré de mèche. Cette opération de méchage doit se renouveler toutes les fois que l'on y verse de nouveau de la lie après les avoir laissées en vidange plusieurs jours ; elle a pour but non-seulement d'éviter l'accès de l'air, qui acidifierait le vin, mais d'empêcher, au moyen de l'acide sulfureux, que les ferments contenus dans les lies ne les remettent en fermentation. En un mot, les fûts renfermant des lies sans en être remplis doivent toujours être bien bondés et méchés, et préservés de l'influence des variations de température.

Les barriques de lies étant placées à demeure dans un local à température régulière, on les ouillera régulièrement chaque semaine avec des vins limpides, on les rebondera ensuite, et après une quinzaine de jours de repos on leur fera subir une *première extirpation ;* cette opération se renouvellera ensuite tous les mois ; on en extraira par soutirage toute la partie claire en prenant les précautions que nous indiquerons plus loin. En les épurant aussi fréquemment, on évite la fermentation à laquelle elles sont très-sujettes, surtout en été ; on prévient aussi les goûts désagréables de lie, d'âcreté, d'amertume, que prennent les vins qui séjournent longtemps sur les dépôts, et de plus on retire beaucoup plus de liquide clair.

Les vins viciés par n'importe quelle cause, ainsi que ceux provenant de casse, de fuites survenues inopinément aux fûts, ou qui ont été ramassés par terre, ne doivent jamais être versés dans les bonnes lies, car ils les altéreraient. On doit les verser dans des fûts *à part* et les traiter chacun selon le vice qu'il a contracté.

Épuration au moyen de siphons en verre, etc. — Les lies non épurées, conservées dans les conditions que nous indiquons ci-dessus, se déchargent naturellement par le repos d'une grande partie des substances étrangères qu'elles renferment, car celles-ci sont insolubles et spécifiquement plus lourdes que le vin, et se déposent d'elles-mêmes. On ne doit procéder à la clarification des vins extraits des lies qu'après les avoir retirés par épuration de dessus les gros dépôts.

L'épuration des lies peut se pratiquer de deux manières, soit à l'aide d'un siphon en verre, soit au moyen d'un robinet. On se sert plus particulièrement du siphon transparent en verre pour les premières épurations. Pour ne pas percer trop haut des trous d'esquive sur les maîtres-

fonds des barriques, lorsque l'on veut épurer à l'aide du
siphon transparent, on l'introduit par la bonde à environ
0ᵐ 20ᶜ dans l'intérieur de la barrique pleine ; on place
deux bailles vides et bien rincées et égouttées, ou deux
bassines profondes, sous la tige, et on aspire en soutenant
le siphon afin qu'il ne s'enfonce pas trop ; à l'aide d'une
chandelle placée au-dessous du siphon, on s'assure si le
vin coule à peu près limpide ; tant qu'il est clair, on enfonce
progressivement le siphon, et on s'arrête au niveau du vin
trouble ; on soutient à la main, s'il est nécessaire, le siphon
au-dessus de ce niveau. Lorsque la première baille est
pleine, on doit faire passer lestement la seconde sous la
tige du siphon, sans arrêter l'écoulement du liquide. Pour
pouvoir facilement épurer par cette méthode, il faut (à
moins d'avoir une grande pratique) être deux, dont l'un
surveille, *allume* et soutient le siphon, et l'autre verse au
fur et à mesure le vin clair dans un fût rincé et soufré.
Lorsque le liquide commence à se troubler, on arrête
l'écoulement, et on répète la même opération sur les barriques suivantes. On opère ainsi pour *extirper* les lies placées
sur la sole ; lorsque les lies sont encarrassées en second,
troisième ou quatrième, l'opération est plus facile : on place
la tige inférieure du siphon sur un entonnoir placé sur
une barrique vide ; ensuite on allume le siphon, et on
enfonce peu à peu sa tige jusqu'à ce que l'on arrive au
niveau de la lie ; le vin clair s'écoule ainsi complétement
dans l'entonnoir par la seule pression de l'air.

Lorsque toutes les barriques sont épurées, on réunit les
lies masses, ou grosses lies, dans ceux des fûts soutirés qui
en renferment le plus, afin d'avoir moins de liquide à transvaser. Avant de remplir ces fûts, il faut avoir soin d'y
faire brûler un carré double de mèche soufrée, dans le but
de prévenir les fermentations ultérieures. Pour réunir les

grosses lies d'une manière facile, on les vide dans de grandes bailles, lorsqu'il n'en est pas resté plus d'une quarantaine de litres dans chaque fût; mais lorsqu'il y en a en quantité plus considérable, on monte les fûts, soit sur un chevalet, soit sur d'autres fûts, et on les transvase au robinet, si elles ne sont pas trop épaisses, par la bonde lorsqu'elles sont trop chargées. Dans ce dernier cas, on les transvase par le trou de bonde dans lequel on a soin de passer de temps en temps une baguette pour le débarrasser des impuretés qui gênent l'écoulement.

L'épuration au robinet est préférée à l'épuration au siphon, lorsque les lies sont grosses et que les fûts qui les renferment sont placés en sole et ne servent qu'à cet emploi; en épurant à l'aide du robinet on peut, pour la première épuration, éviter de repercer plusieurs trous dans les maîtres-fonds des fûts. (C'est la détérioration des fonds occasionnée par ces trous qui fait souvent préférer le siphon au robinet.) En perçant sur les aisselières ou les chanteaux, on ne détériore pas le fond et on a l'avantage d'extraire des lies masses une plus grande quantité de vin avec le robinet qu'avec le siphon ; mais ce vin est généralement moins limpide que celui que l'on retire avec précaution à l'aide de la trompe en verre. Ce système permet à l'ouvrier qui le pratique de se passer d'aide.

Avant de commencer l'épuration au robinet, on s'assure, à l'aide de quelques trous de foret, ou avec une longue sonde, du niveau où est descendu le vin clair, et on perce le trou d'esquive destiné à recevoir le robinet juste au-dessus de la surface des grosses lies. Si, comme nous le disions plus haut, les fûts n'ont pas encore servi aux lies, et si l'on épure celles-ci pour la première fois, au lieu de percer le trou du robinet sur le maître-fond, on le perce au même niveau de hauteur, mais sur un des chanteaux, à deux travers de doigt du jable. De cette façon on ne détériore pas les fonds. Si le robinet était placé plus bas que le niveau du vin clair, en l'entr'ouvrant légèrement il s'écoulerait d'abord de la grosse lie (qui serait mise à part); mais le vin clair se ferait ensuite un passage, si l'on maintenait le robinet constamment entr'ouvert; toutefois, il est préférable de percer juste au-dessus du niveau des grosses lies.

Les vins de lies épurées au robinet peuvent se soutirer (après que l'on s'est assuré de leur transparence) à l'aide des cuirs ordinaires s'il y a beaucoup de vin clair à extraire, ou à l'aide de cannes, bailles, ou bassines, selon les positions. Dans tous les cas, on ne doit pas les laisser séjourner à l'air; il faut les verser immédiatement dans des fûts rincés et méchés.

Les lies masses seront réunies, comme nous l'indiquions plus haut pour l'épuration au siphon; on aura soin seulement, dans la réunion des grosses lies déjà épurées plusieurs fois et dont on a extrait peu de vin clair, de ne remplir les fûts *qu'après les avoir fortement méchés et de ne pas les remuer,* parce que tout mouvement déplacerait les gros dépôts que le repos a fait tasser, pourrait donner aux vins extraits des lies un mauvait goût, et même occasionner un mouvement de fermentation putride, surtout dans les vieilles lies de fouet, qui renferment de grandes quantités de matières animales introduites par les collages. Il est inutile de dire que les fûts de grosses lies que l'on vient de vider, doivent être immédiatement *rincés à la chaîne,* à plusieurs eaux, et mis à égoutter pour les mécher ensuite, car la lie s'attacherait à leurs parois intérieures si on les laissait sécher sans avoir la précaution de les nettoyer immédiatement.

Clarification des vins extraits des lies. — Les vins extraits des lies par épuration laissent souvent à désirer sous le rapport de la limpidité; ils sont généralement plus difficiles à clarifier d'une manière complète par les méthodes ordinaires que les vins de même nature qui les ont produits; on remarquera que ces vins ont sensiblement moins de couleur et sont un peu plus faibles en alcool que les vins ordinaires de même provenance.

La difficulté que l'on éprouve à obtenir leur clarification complète vient de la grande quantité de matières insolubles qu'ils tiennent encore en suspension et de leur faiblesse relative en alcool et en tannin.

L'affaiblissement de la couleur provient de l'action mécanique des matières insolubles que renferment les lies; ces matières, en se précipitant, ont entraîné une partie des matières colorantes qui étaient restées en dissolution dans le liquide. Il s'ensuit que la couleur des vins de lies est d'autant plus faible que ces vins proviennent de lies plus vieilles et ayant subi plus d'épurations.

Si les vins extraits des lies sont des vins rouges, pour les clarifier complétement, on devra les coller avec de l'albumine à forte dose (dix blancs d'œufs par barrique), préalablement bien battue dans un quart de litre d'eau salée avec 10 grammes de sel marin, afin de lui donner plus de densité. Si le titre alcoolique de ces vins était au-dessous de 9 pour 100 d'esprit, on devrait, avant de les coller, les remonter par un ou deux litres d'eau-de-vie ou d'alcool ajoutés dans chaque barrique. Il ne faut pas coller les vins de lies rouges à la gélatine, parce que cette substance affaiblirait trop leur couleur.

Les vins blancs de lies peuvent se coller à l'albumine, lorsqu'ils ont un titre alcoolique élevé; les vins blancs faibles devront être collés avec la gélatine à haute dose (deux tablettes); mais avant de les coller, il est nécessaire de les tannifier, soit avec une dizaine de litres de vin tannifié, soit avec 20 grammes de tannin à l'alcool par barrique. (Voir *Tannin*.)

Les vins de lies ne devront rester sur colle que le temps strictement nécessaire à la précipitation des colles introduites (une dizaine de jours) ; après quoi ils seront soutirés avec soin. Lorsque l'on aura obtenu leur clarification complète, ces vins seront soignés, selon leur nature, comme ceux dont ils auront été extraits.

Presse des grosses lies. — Après avoir fait subir aux lies *trois ou quatre épurations semi-mensuelles,* on peut, par la pression, en extraire tout le vin qu'elles renferment encore et qui, en moyenne, n'est pas en proportion inférieure à 50 pour 100. Il serait possible d'en extraire encore du vin clair par des épurations ultérieures ; mais à la longue ces vins prendraient, par leur séjour sur les gros dépôts chargés (dans les lies des vins collés) de matières végétales et animales d'une nature très-fermentescible, un goût désagréable que l'on évite en partie en les pressant après les trois ou quatre premières épurations. On obtient un excellent résultat en pressant les lies après leur première extirpation, à l'aide des *filtres-presses* dont nous indiquerons plus loin l'emploi et le fonctionnement ; les vins extraits sont sans dégoût.

Installation économique d'une presse à lies. — La presse des lies s'opère dans de petits sacs d'environ 0m 45c de long. Ces sacs doivent être faits en *toile de coton,* parce que les sacs en toile de chanvre donnent (même après avoir servi plusieurs fois) aux vins qui ont passé par leurs tissus une saveur désagréable ; ce goût de sac nuit beaucoup à leur qualité. Le coton, ne donnant aucun mauvais goût, doit être préféré.

On peut presser les lies d'un domaine ou d'un chai sans
faire d'autres frais que l'achat de sacs en quantité suffisante
pour presser une barrique de lie. La toile des sacs doit être
fine, à mailles serrées et régulières.

Pour installer économiquement une presse à lies, on
prend une barrique vide, on la défonce d'un bout et on
assemble la fonçaille au moyen de deux traverses clouées
sur le fond ; cela fait, on enlève $0^m 01^c$ de bois tout le tour
de la fonçaille, afin qu'elle puisse passer librement dans la
barrique et servir ainsi de couvercle. Ensuite on perce dans
une des douves de la barrique défoncée (que l'on place
debout) un trou d'esquive à environ $0^m 01^c$ au-dessus du
fond qui reste, de manière que ce trou vienne juste, à l'intérieur de la barrique, raser le fond. Enfin, on y adapte un
robinet à soutirage. Cette barrique, qui doit servir à contenir les sacs, est ensuite placée le long d'un mur, sur deux
fûts couchés qui servent de chantiers ; on la cale et on l'élève
à l'aide de barres, de manière à pouvoir placer sous le robinet une barrique vide destinée à recevoir le vin pressé.
Pour vider les lies dans les sacs d'une manière prompte et
facile, on monte les barriques pleines sur un chevalet, on
vide les lies directement dans les sacs en les assujettissant,
près de l'ouverture de l'esquive, contre la peigne de la
barrique, à l'aide de deux pitons à vis ou de simples pointes
et en les maintenant ouverts au moyen d'un morceau de
bois tors placé à leur orifice. On place une large bassine
sous le sac mis en position, et on entr'ouvre l'esquive ; dès
que le sac est plein, on l'attache solidement par un nœud
à ganse facile à défaire et on le pose couché dans la barrique défoncée, après avoir mis quelque menu bois ou
un tuileau contre le robinet, afin que le vin puisse y pénétrer facilement. On continue ainsi à remplir les sacs et à
les placer dans la barrique jusqu'à ce qu'elle soit pleine.

Pendant cette opération, le robinet reste constamment ouvert, et le vin s'écoule, au fur et à mesure qu'il est filtré, dans la barrique vide, rincée et soufrée, qui est placée dessous et qui communique avec l'autre par un cuir de deuxième ou *tête de chien*.

Lorsque la barrique est pleine de sacs, on y place la couverture et on laisse égoutter les sacs pendant plusieurs heures, en chargeant légèrement et progressivement le couvercle. Ensuite on installe un levier ayant son point d'appui dans le mur. (Si on ne pouvait l'appuyer au mur, on pourrait prendre l'appui sur le sol, à l'aide de pieux enfoncés dans la terre et ayant un chevron cloué en travers ou arc-bouté entre le sol et le plancher). Ce levier est fait avec un bout de tin ou toute autre pièce de bois; il presse la couverture de la barrique au moyen de cales faites avec des bouts de tins équarris; à son autre extrémité, opposée au mur, on assujettit une corde à laquelle est suspendu un mannequin ou une comporte, que l'on charge progressivement de pierres; lorsque le levier touche la peigne de la barrique, on le soulève au moyen de cales placées sur la couverture.

Pour que la pression des lies soit convenablement faite, il faut qu'elle soit progressive; ainsi on ne place le levier qu'après avoir laissé égoutter naturellement les sacs *pendant plusieurs heures*, et on ne le charge que plusieurs heures après l'avoir placé, ou mieux le lendemain.

Lorsqu'il n'y a plus de liquide à extraire des sacs, ce que l'on reconnaît quand, le levier étant très-chargé, il ne s'écoule plus de vin par le robinet, on enlève l'appareil et on retire les sacs de la barrique, mais seulement vingt-quatre heures après avoir chargé le levier.

Lorsque les lies ne sont pas très-grosses, il reste peu de masse au fond des sacs; dans ce cas, on peut les remplir de nouveau sans enlever ce qu'ils contiennent déjà, et leur faire faire une seconde opération, après laquelle il faut les laver à grande eau. On ne doit jamais les passer à la lessive.

Lorsque l'on a beaucoup de lies à traiter, on établit un matériel complet de pression, composé de trois petites cuves foncées sur leur grand diamètre, contenant environ 450 à 600 litres et cerclées en fer; ces cuves sont plus commodes à remplir que les barriques et se placent sur des chantiers, dont les montants servent de point d'appui pour placer les leviers. On peut ainsi presser, avec un appareil composé de trois à six cuves accompagnées de bailles de diverses grandeurs, de grandes quantités de lies; mais l'installation que nous avons décrite, qui ne coûte que l'achat des sacs, est suffisante pour le petit propriétaire qui veut utiliser les lies de ses vins sans faire des frais inutiles.

Filtres. — On a essayé de filtrer les lies à l'aide de manches ou de chausses de plusieurs formes et modèles; quelques fabricants de filtres annoncent dans leurs prospectus qu'ils *en retirent tout le vin clair sans laisser de résidus,* ce qui est une absurdité. Tous les praticiens savent par expérience que si on filtre une liqueur trop chargée de dépôt, on *encrasse* d'autant plus les filtres que la liqueur est plus trouble et chargée; il en résulte que si les filtres peuvent s'employer à clarifier des lies de vins vieux ou de vins débourrés et non collés, c'est que ces lies ne sont en réalité que des *vins louches;* mais les grosses lies, les bourres de vins nouveaux et les lies de fouet se clarifient parfaitement et bien plus économiquement par les procédés que nous avons décrits plus haut, et les lies *mères* qui restent dans les fûts après avoir extirpé les lies brutes, sont en outre trop épaisses pour que le vin qu'elles

renferment encore puisse passer complétement par une filtration libre ; il reste sur les filtres une sorte de boue qui
contient encore une moyenne de 40 pour 100 de vin qu'il
eût été possible d'extraire par la pression. Ce résidu qui,
par ce procédé, se trouve entièrement perdu, a une certaine valeur : les *masses* de lies vierges pressées extraites
des bourres de vins nouveaux de la Gironde valent,
selon les années et les crûs, de 12 à 20 fr. les 100 kilog.
Nous allons décrire un procédé que nous pratiquons depuis
1869 et qui, pendant cette période de sept années, a été
appliqué aux lies de grands vins blancs et rouges ; nous
obtenons par son emploi la totalité du vin par une pression
progressive, continue, dont le maximum dépasse plusieurs
milliers de kilos, et la filtration peut s'opérer, soit librement
(lorsque les lies ne sont pas épaisses), soit à l'aide d'une
pression directe, et enfin par une presse à levier qui termine
l'extraction complète du liquide. Nous donnons le plan de
quatre genres de filtres dont le fonctionnement est détaillé
au chapitre de la *Description des outils*. On y trouvera
également la disposition des deux appareils qui suivent.

Filtres-Presses. — Pour obtenir des vins parfaitement limpides, on doit se servir de *poches* ou *sacs* en coton
écru, ayant un tissu fin, serré, et dont la trame et la
chaîne soient d'égale grosseur. La grosse lie est vidée
directement dans une baille plate contenant un peu plus
d'une barrique ; puis, à l'aide d'une mesure en fer-blanc,
on puise la grosse lie dans la baille, et on l'introduit dans
la poche ouverte placée sur l'*ensachoir* (voir le plan de cet
ustensile) ; la poche étant pleine, on la noue en ayant soin
de ne pas trop la remplir, afin de ne pas en salir l'extérieur ; ensuite on place ces poches à plat, couchées tout à
l'entour d'un filtre-égouttoir, dont on a eu soin de fermer le

Filtration & Presse de Lie.

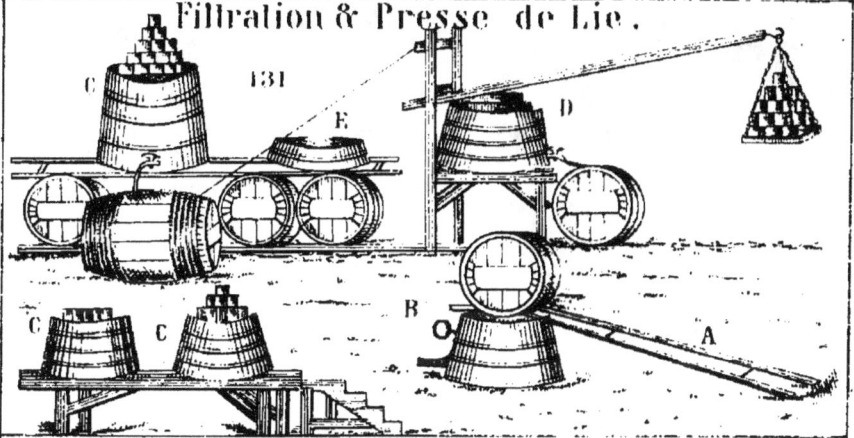

131

Filtre automatique

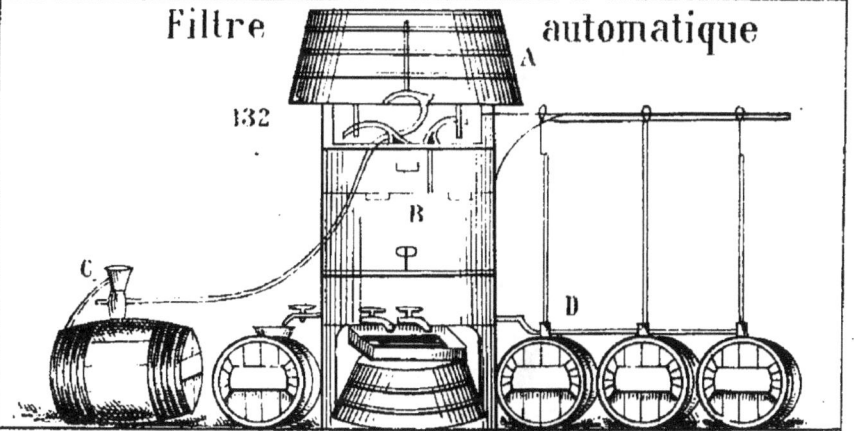

132

Filtres.

133

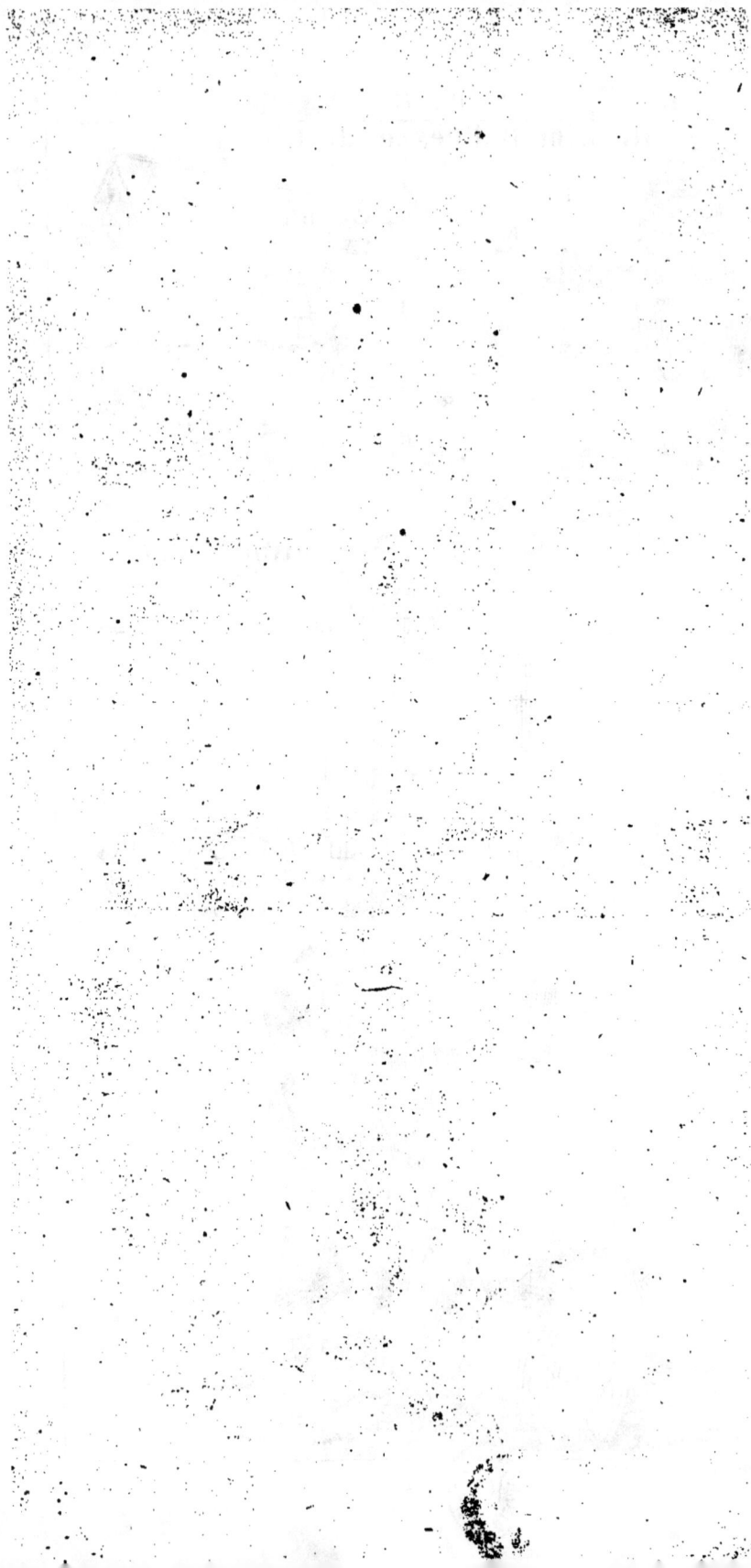

robinet, et de placer un griffon, en bois ou en osier, à l'orifice intérieur, afin que le trou n'en soit pas obstrué. On garnit le centre de sacs arrangés avec la même symétrie, et on continue à garnir les couches supérieures de sacs intercalés, c'est-à-dire disposés de manière à ce qu'un sac repose sur les deux moitiés des sacs de la couche inférieure. La dernière couche étant garnie, on place le couvercle ; ensuite, *selon la fluidité des lies ensachées,* on met plus ou moins de poids sur le couvercle ; ce n'est que lorsqu'on a réglé la pression préliminaire que l'on ouvre le robinet. Le premier vin qui s'écoule est trouble (il en est ainsi au début de toutes les filtrations de liquides chargés de résidus) ; on le met à part, mais bientôt il s'affine et devient brillant. On place alors, sous le robinet qui est muni d'un tube en caoutchouc, un fût propre et méché, qui reçoit le vin clair qui s'écoule de l'appareil ; mais pour conserver cette limpidité, il faut laisser la filtration s'accomplir *sans augmenter le poids du couvercle,* parce qu'à chaque changement de pression il s'écoulerait du vin louche. Après vingt-quatre heures d'écoulement, on enlève le couvercle et on réunit les sacs dans la *cuve-presse,* où, à l'aide d'un levier, on leur fait subir une pression progressive. On remarquera que le même phénomène se reproduit comme à la première pression préparatoire, c'est-à-dire que chaque fois que l'on augmentera la charge, le vin louchira en commençant, et se clarifiera ensuite en restant clair tant que la pression ne sera pas modifiée, quel qu'en soit le poids, fût-il de plusieurs mille kilos. Les vins louches mis à part, qui ne forment pas en moyenne plus d'un cinquième du produit obtenu, sont filtrés, si on doit les employer immédiatement, ou mis au repos. Nous avons observé que les vins recueillis clairs sans recourir à une filtration étaient moins fatigués que ces derniers.

Lies sèches. — Les lies sèches ne sont pas sans quelque valeur : après les avoir extraites des sacs, on peut les vendre aux fabricants de tartre lorsqu'elles proviennent de *lies vierges ;* ou bien on les fait sécher complétement, en les mettant dans des greniers aérés ou au soleil, et on peut les vendre alors aux fabriques de cendres gravelées. Mais, comme il est rare que la qualité des lies de fouet puisse convenir pour cet emploi, si les fabriques n'étaient pas à proximité, leur vente ne pourrait pas couvrir les frais de transport. Autrefois la lie sèche était employée pour la chapellerie.

Les cendres gravelées ne sont autre chose que les cendres produites par la combustion des lies desséchées, que l'on fait brûler dans des fours spéciaux. Les bonnes lies désséchées complétement donnent environ un trentième de leur poids de cet alcali, qui est d'une couleur gris-verdâtre.

On pourrait au besoin fabriquer en petit les cendres gravelées sans avoir de fours spéciaux, à l'aide d'un poêle ayant un vaste foyer ; mais il est urgent, dans ce cas, d'installer le foyer de manière que la combustion des lies sèches, qui est difficile à établir dans les conditions ordinaires, puisse s'effectuer promptement ; on y parvient en ménageant la circulation de l'air ou *tirant* à l'aide d'un tiroir, et en activant la combustion par des matières très-inflammables.

Enfin, quand on n'a pas le débouché de ces cendres ou des lies, on laisse sécher ces dernières, et on peut les employer comme combustible en les mélangeant au charbon. Séchées au soleil et pulvérisées ensuite, les lies de fouet constituent un engrais puissant, excellent pour les cultures annuelles et les prairies.

Les lies sèches qui renferment des matières gélatineuses introduites pour coller les vins, ne peuvent entrer que très-difficilement en combustion dans les conditions ordinaires, parce que la gélatine ayant la propriété de se liquéfier à la chaleur, dès que ces lies sont chauffées, la gélatine se liquéfie et *éteint le feu*. Les lies de fouet des vins collés à l'albumine n'offrent pas cet inconvénient, car l'albumine se solidifie par la chaleur. Toutefois, les lies sèches de fouet étant composées en partie *des colles introduites dans les vins,* sont moins riches en cendres gravelées et en tartre que les lies des vins non collés ; les lies de fouet ont, pour ces motifs, très-peu de valeur.

Les lies pressées et surtout les premières bourres des vins liquoreux renferment des quantités notables de matières sucrées qu'il est possible d'utiliser en les faisant fermenter et en retirant ensuite l'alcool par distillation. Cette opération ne peut être avantageuse que lorsque leur valeur comme tartre brut est nulle, parce que ce lavage en dissoudrait une partie. Nous avons observé que les lies de presse provenant des bourres des grands vins blancs de Sauternes renfermaient une grande quantité de tartre, et que ce procédé en amoindrissait la valeur ; mais qu'en certains cas, ce procédé pouvait s'appliquer aux lies de vins rouges liquoreux de Collioure, de Malaga, etc., qui renferment encore beaucoup de principes sucrés après l'extraction des parties liquides.

Tartre. — On peut retirer des lies sèches des bourres du premier soutirage le tartre qu'elles renferment. Il faut, pour cela, délayer les lies masses avec de l'eau. Les procédés d'extraction exigent des mélanges et des manipulations dont le détail nous entraînerait hors de notre sujet ; disons seulement que le tartre est beaucoup plus soluble dans l'eau bouillante que dans l'eau froide ; on profite de cette propriété de l'eau bouillante pour extraire le tartre des lies et pour *raffiner* le tartre brut renfermé dans les lies pressées, qui devient ainsi *crème de tartre;* mais les procédés d'extraction et de raffinage exigent un matériel spécial qui demande de grands frais d'installation, de sorte que généralement les propriétaires vendent les tartres bruts des lies aux raffineurs, qui en retirent la *crème de tartre*.

Lorsque les lies sont complétement délayées, on chauffe l'eau jusqu'à ce que le tartre soit dissous ; souvent, lorsque les lies sont demeurées légèrement humides, elles renferment encore un peu d'alcool, que l'on pourrait recueillir, en faisant passer, à l'aide d'un serpentin, les premières vapeurs qui s'élèvent de la chaudière dans un réfrigérant rempli d'eau froide. Lorsque le tartre est dissous, on débarrasse le liquide des impuretés qu'il renferme, et on le laisse refroidir dans les chaudières ; ou bien on le verse bouillant dans des cuves où, par le refroidissement, le tartre se cristallise. Autrefois on accélérait le dépôt et la cristallisation en plaçant dans les cuves des fagots sur lesquels le tartre se déposait ; on le recueillait ensuite en faisant sécher les fagots et en les battant au fléau.

Afin d'accélérer le travail, on reprend, pour délayer les lies, l'eau qui a déjà donné un premier précipité.

On peut aussi, d'après le conseil de Batilliat, qui le premier a cherché à utiliser les sels que renferment les vinasses, s'emparer de l'acide tartrique contenu dans le bitartrate de potasse *(tartre)* en le transformant en tartrate de chaux. Il suffit pour cela de saturer à la chaux les liquides (lies délayées ou vinasses) qui contiennent de ce sel ; il se forme ainsi un précipité composé de tartrate de chaux.

En résumé, on peut extraire des lies de vin, selon leur nature et consistance : 1° du vin limpide, par l'épuration et la décantation ; 2° des vins de presse ; 3° de l'alcool, par la distillation des lies non pressées ; 4° des cendres gravelées ; 5° du tartre ; 6° de l'engrais ; 7° des combustibles.

CHAPITRE VII.

DES OPÉRATIONS.

Considérations générales sur les opérations et mélanges de divers vins. — Séve et bouquet naturels. — Bouquet artificiel. — Nature et composition des bouquets.

Considérations générales sur les opérations et les mélanges. — Les opérations se font dans divers buts, qui sont :

1º De donner une saveur égale à des vins de même nature, des mêmes contrées et quelquefois du même vignoble, mais de cuvées différentes ;

2º D'améliorer les vins en mélangeant entre eux ceux qui possèdent des qualités et des défauts contraires, c'est-à-dire de donner à un vin la qualité qui lui manque en le mélangeant avec un autre qui la possède à l'excès ;

3º De composer des vins de bon goût avec des produits qui, goûtés isolément, présentent quelque imperfection naturelle.

Quant aux opérations faites uniquement en vue de la *question de prix*, et sans avoir égard aux qualités respectives des vins mélangés, il est inutile d'en parler, car le plus souvent elles sont préjudiciables à l'avenir des vins que l'on fait entrer dans leur composition.

Il est difficile de préciser les opérations que réclame une

sorte de vin, si au préalable on ne l'a dégusté, et si l'on n'est pas certain de l'enploi que l'on veut en faire. Le mélange est une opération essentiellement pratique et délicate, qui ne doit pas être faite au hasard. Il présente, pour le maître de chai, des règles générales auxquelles il ne doit pas déroger s'il tient à bien faire les choses. En s'y conformant, il améliorera les vins dont il a la charge ; sinon, il courra risque de perdre leur avenir par des opérations mal combinées.

Opération des vins fins. — On porte le plus grand tort à un vin fin qui a de l'avenir et qui provient d'une bonne année, en le coupant avec d'autres vins de nature différente, surtout s'il n'a pas encore atteint sa maturité complète, et si son bouquet et sa séve ne sont pas bien développés. L'expérience a prouvé qu'en opérant un vin semblable dans le cours de ses premières années, même avec des vins vieux de bonne qualité, il n'acquiert jamais le degré de finesse qu'il eût atteint si on l'avait conservé sans mélange ; qu'il perd plus rapidement son goût de fruit, enfin qu'il est plus sujet à déposer en bouteilles. Aussi, pour ces sortes de vins, l'opération est-elle préjudiciable sous tous les rapports.

Il est néanmoins des cas où elle devient nécessaire : c'est lorsque les vins, laissés trop longtemps en barriques, déclinent, ont perdu leur goût de fruit et sont devenus âcres et secs ; lorsqu'ils proviennent d'une année médiocre, froide ; lorsqu'ils sont trop maigres, verts, ou trop faibles pour se conserver longtemps sans dégénérer.

Lorsque les vins seront usés et trop vieux, on devra les remonter avec des vins de même genre, provenant, si faire se peut, des mêmes vignobles, ayant de un à deux ans au moins et trois ans au plus, et possédant beaucoup de moelleux. Quant à la quantité à employer, elle doit varier selon le degré de dégénérescence des vins usés et le temps qu'ils doivent être gardés.

Lorsque l'on a à traiter des vins maigres et faibles dont la conservation est douteuse, on doit les remonter avec des vins jeunes, d'une année favorable à la maturité, fermes, corsés, et, autant que possible, de séve analogue. Les vins les plus convenables pour remonter les vins fins de la Gironde sont, ou plutôt étaient, les premiers Queyries de pur *verdot;* mais il est difficile de s'en procurer, car le nombre des propriétés plantées exclusivement de cet excellent cépage est de plus en plus restreint. A son défaut, on emploie les premiers crûs des palus de Bassens.

On ne doit jamais employer, pour fortifier les vins fins de la Gironde, des vins de séves différentes, car on détruirait, en la neutralisant, leur séve naturelle.

Ce que nous venons de dire s'applique à des vins faibles, délicats, qui ont de la séve, du bouquet, mais qui *n'ont pas de verdeur trop prononcée.* Pour ce qui est des vins *faibles et verts,* il ne faut pas sacrifier, pour les fortifier, des vins d'avenir ; car l'excès d'acide tartrique que renferment les vins verts rongerait en pure perte le moelleux des vins qui auraient servi à les remonter. On pourrait, pour ces sortes de vins, employer soit des premières marques du Roussillon, soit des côtes du Rhône, parmi lesquels on choisirait les plus francs de goût et les plus mûrs.

Avant d'opérer les vins trop verts, il serait bon de neutraliser leur excès d'acide tartrique, comme il est dit au chapitre du *Traitement des vices.*

On devra éviter, autant qu'il sera possible, dans les opérations des vins fins :

1° De les transvaser ou de les soutirer au contact prolongé de l'air ;

2° De mélanger avec d'autres vins des vins en travail, ou douceâtres, ou possédant quelques vices ou altérations ;

3° De les remettre en place sans les avoir collés, si leur transparence n'est pas parfaite ;

4° De coller à haute dose des vins faibles ou usés.

Après avoir été remontés, ces vins doivent être fouettés, afin que le mélange soit parfait ; mais le collage, que l'on fera toujours à l'albumine, doit être très-léger : cinq à six blancs d'œufs au plus.

Opération des vins ordinaires. — Nous avons dit que les opérations doivent avoir surtout pour but d'améliorer les vins. On doit donc, par ce moyen, chercher à donner, autant qu'il est possible, aux vins ordinaires, les qualités que l'on recherche dans les vins fins. On sait que ces derniers se distinguent des vins ordinaires par la suavité de leur bouquet et de leur séve, leur moelleux, et le goût de fruit qu'ils conservent en vieillissant. Les vins ordinaires (nous ne parlons pas ici des vins communs ou vicieux par nature, mais bien des petites côtes dans grand nombre de contrées vinicoles, *neutres* et sans altération) qui ont assez de spirituosité pour se conserver, mais qui n'ont pas de bouquet, et dont la séve est peu prononcée, ces vins ont rarement goût de fruit ; ils peuvent quelquefois avoir eu du moelleux étant nouveaux, mais ils le perdent rapidement et deviennent secs dès leur deuxième année.

Il convient donc de leur donner naturellement, par le seul emploi de vins convenables du même âge, du bouquet, de la séve et du moelleux, ou du moins de leur ôter la sécheresse, chose très-difficile. On y parvient en partie, cependant, en les opérant avec des vins des mêmes vignobles, mais dont le bouquet et la séve sont très-expansibles, et en y joignant des vins moelleux neutres. Ces sortes d'opérations, très-délicates, ne sauraient se détailler d'une façon précise, parce qu'elles varient selon les genres de vins que l'on a à traiter, selon les années, etc.

Bouquets artificiels. — Les bouquets artificiels sont le produit de substances aromatiques, d'huiles essentielles dont on a extrait ou dissous l'arome à l'aide de l'alcool. L'extraction du principe aromatique peut se faire, soit par de simples teintures alcooliques, soit par digestion ou distillation, soit par dissolution des essences, soit au moyen d'huiles fixes dissoutes ensuite par l'alcool, etc., etc. Au reste, ces procédés varient selon la nature spéciale des substances aromatiques mises en usage.

Les aromates les plus employés pour *bouqueter* artificiellement les vins non liquoreux sont, en commençant par ceux qui forment les bases et dont l'odeur est la plus dominante : l'iris, la framboise, le girofle, la fleur de vigne, le réséda, la noix muscade, l'amande amère, les noyaux, le sassafras, etc. Ces dernières substances sont rarement employées seules ; elles ne remplissent qu'un rôle secondaire et se mélangent aux premières, à l'iris ou à la framboise, dont les aromes sont bien distincts.

Iris. — Il y a deux variétés d'iris. On n'en emploie que les racines, qui ont une couleur blanche, un diamètre moyen de 0^m 02^c; elles sont de formes très-irrégulières, genouilleuses, tordues, aplaties; on les livre au commerce en morceaux coupés d'une longueur d'environ 0^m 05^c, et mondées de leurs radicules. On les emploie surtout dans la parfumerie.

La racine de l'iris dit *de Florence,* qui croît en Italie et dans le midi de la France, a une odeur prononcée de *violette.* Souvent on vend sous le même nom la racine de l'iris *germanique,* variété qui croît dans le nord de la France, en Allemagne, etc. La forme des racines est à peu près la même ; mais si l'on a la vue et l'odorat un peu exercés, ou la distingue sans peine de l'iris de Florence, qui, généralement, a une texture moins lisse et moins grasse, un plus grand nombre de radicules et surtout une odeur bien plus pénétrante.

Le parfum de l'iris ne s'extrait que très-difficilement et d'une manière iucomplète par la distillation ; on l'obtient en en faisant infuser les racines dans l'alcool, après les avoir réduites en poudre au moyen d'une râpe. Cette opération est très-longue, mais elle est indispensable. On trouve dans le commerce de l'iris en poudre ; mais, lorsque les racines sont râpées depuis longtemps, elles ont perdu une partie de leur parfum et sont éventées ; parfois aussi le poudre d'iris est mélangée de substances étrangères.

La teinture d'iris se prépare dans les proportions qui suivent : alcool rassis de vin, à 85°, 10 litres ; *iris de Florence, 1 kilogramme en poudre.*

On bouche le vase qui la renferme, on l'agite quelques minutes et on le place dans un endroit où la température s'élève à 20° au moins, mais ne dépasse jamais 35°. On agite de temps à autre pendant une quinzaine de jours ; puis on passe le marc, on le presse et on filtre.

Cette teinture a une odeur prononcée de violette et un arrière-goût âcre et amer.

Pour *bouqueter* le vin, la teinture d'iris peut s'employer seule, à dose très-faible ; rarement on dépasse 5 centilitres par hectolitre. Mais le plus souvent les faiseurs de bouquet y mélangent quelques gouttes d'huile essentielle de girofle ou quelque autre aromate.

Framboise.— La préparation de l'alcool framboisé est fort simple. On choisit des framboises bien mûres, on les trie, on les monde, on les introduit dans un baril ayant une large bonde. On met 10 kilogrammes de fruit pour 12 litres d'alcool de vin rassis à 85° ; on laisse macérer pendant vingt jours ; on soutire ensuite et on filtre. La liqueur obtenue possède un arome très-suave et une couleur rose. On écrase alors les fruits, on ajoute une nouvelle quantité d'eau-de-vie à 50° et on laisse macérer un mois ; après quoi on presse le marc. Cette deuxième teinture a une odeur et un goût moins fins que la première, et elle est plus chargée en couleur ; on la filtre ou mieux on la distille au bain-marie, et on obtient de *l'esprit de framboise.* L'emploi de l'alcool framboisé provenant d'une infusion *vierge* est préférable. Cet arome s'emploie généralement seul ; on en use beaucoup dans la fabrication des vins mousseux. Quelquefois on ajoute à la framboise quelques aromes secondaires, tout en la laissant dominer.

Les doses d'alcool framboisé employé pour *bouqueter* varient, selon la suavité de l'infusion, de 2 à 10 centilitres par hectolitre.

Girofle. — On peut extraire l'arome ou huile essentielle de girofle par la pression, la macération ou la distillation ; on trouve dans le commerce l'huile essentielle ou *essence de girofle.* Pour le bouquet, on se sert de cette essence ou de l'esprit concentré, qui est le produit de la distillation du girofle concassé avec de l'alcool à 85°. Les proportions sont de 300 grammes de girofle par 5 litres d'alcool. A défaut d'alambic, on peut extraire l'arome par infusion, en faisant macérer (comme pour l'iris) 100 grammes de girofle concassé par litre d'alcool à 85°. On remue le mélange et on filtre au bout de huit jours.

On emploie rarement le girofle seul : en ajoutant une quantité très-minime de cet arome à l'iris, on produit un bon effet et le parfum se mélange mieux au vin, parce que l'essence de girofle est *plus lourde que l'eau,* mais il ne doit jamais dominer.

Fleurs de vigne. — On recueille ce parfum lors de la floraison, et lorsque la vigne va passer fleurs. On met les pétales à infuser dans de l'alcool à 85°, à raison de 100 grammes de fleurs par 5 litres d'alcool. Après une infusion de huit jours, on filtre ou on distille au bain-marie. Cet arome, très-fugace, s'emploie à la dose de 5 centilitres par hectolitre.

Réséda. — On obtient difficilement le parfum du réséda : il faut monder les fleurs et les mettre sur du coton ou des pièces de laine imprégnées d'huile non rance (on emploie de préférence l'huile de ben) ; on renouvelle les fleurs au bout de quatre jours, jusqu'à ce que le coton ou le drap soit bien odorant. On le presse ensuite et on met l'huile extraite en contact avec de l'alcool à 85°. L'huile essentielle se dissout dans de l'alcool, qui est séparé de l'huile fixe et filtré. On obtient ainsi un extrait de réséda qui s'emploie à la quantité de 1 à 5 centilitres par hectolitre, mais le plus souvent on le mélange avec d'autres parfums.

Noix muscade. — On emploie la noix muscade, soit sous forme d'esprit distillé à feu nu, à la dose de 500 grammes par 10 litres, ou en teinture alcoolique faite dans les mêmes proportions, soit à l'état d'essence mélangée en très-faible partie aux autres aromates; cette préparation (surtout en teinture, ou en esprit distillé) fait bon effet; elle facilite le mélange, car elle est *plus lourde que l'eau.*

Amandes amères, noyaux. — On en retire l'arome, qui est dû a un poison des plus violents (l'acide hydrocyanique), par divers procédés. On en trouve l'essence dans le commerce. On ne doit l'employer qu'à des doses infiniment faibles.

Sassafras. — Le bois et les écorces de sassafras, râpés ou en copeaux, proviennent du laurier des Iroquois, qui croît en Amérique; ils ont une odeur suave et renferment une huile essentielle que l'on extrait par distillation et qui se rencontre dans le commerce. Cette huile ou essence est plus lourde que le vin et fixe les aromes plus légers ; on ne l'emploie que d'une manière secondaire, et à très-faibles doses.

On a essayé d'employer d'autres aromes ; mais on ne peut s'en servir que comme auxiliaires des trois premiers : l'iris, la framboise et le girofle, parce que leurs senteurs diffèrent essentiellement du bouquet naturel des vins moelleux.

Ces préparations donnent aux vins un bouquet et un arome qui participent des substances employées, *mais elles ne peuvent leur donner de la séve,* car la saveur aromatique qui caractérise nos vins fins est inimitable, et on ne réussit qu'à flatter l'odorat. Ces aromes sont très-volatils, et, pour peu que l'on soit gourmet, on reconnaît que ce parfum n'est pas de la nature du vin : certaines personnes nerveuses en sont même incommodées, surtout si l'arome est trop prononcé.

Lorsqu'un vin a été *bouqueté* artificiellement, il conserve son goût, son terroir particulier ; il a seulement changé d'odeur : mais, *goûtez-le sans le sentir,* et vous reconnaîtrez sa séve particulière. Les aromes artificiels ne se conservent pas comme les bouquets et la séve naturels, et s'affaiblissent peu à peu ; en vieillissant ils se volatilisent, contrairement aux annonces intéressées des faiseurs.

Le commerce, le commerce extérieur surtout, est inondé de réclames de prétendus œnologues, chimistes, etc., faiseurs de bouquets décorés des noms pompeux de : *Séve du Médoc, Bouquet de bordeaux, de pomard, Extrait de bordeaux,* etc. Tous ces produits du charlatanisme sont annoncés comme donnant aux vins les plus ordinaires la vraie séve du Médoc, comme améliorant et fortifiant les vins, etc. ; de sorte que pour donner à de mauvaises piquettes les brillantes qualités des vins d'élite, les consommateurs bénévoles de l'extérieur trouvent qu'en donnant 1 fr. 50 ou 2 fr. ils ne paient pas trop cher un flacon de 5 à 10 centilitres de teinture d'iris et de girofle, qui vaut environ 30 c., mais qui est bien capsulé. qui est orné d'une belle étiquette et accompagné d'une instruction rédigée et signée par l'*inventeur,* qui ne manque pas d'avertir le consommateur de se méfier des nombreuses contrefaçons, faites par *d'autres charlatans* qui signent aussi leur produit et font le même avertissement.

On rencontre rarement en France, dans le commerce de gros ou chez les propriétaires, des vins *irisés.* Quelques débitants ou faiseurs se servent de ce moyen pour donner *du nez* à des vins communs, qui restent communs malgré leur *faux nez,* parce qu'ils n'ont pas de séve, et que, malgré la réclame, la *séve du Médoc* ne leur en a pas donné le goût ; ce qui est bien heureux pour les propriétaires du Médoc, car ils n'auraient plus qu'à arracher leurs vignes, si l'on pouvait donner la séve du Médoc aux vins de chaudière !

Au résumé, l'emploi des bouquets artificiels est un procédé d'amélioration qui ne vaut pas l'emploi des vins à séve et à bouquet expansibles.

Parmi les aromes artificiels, l'alcool framboisé est celui qui modifie le mieux le goût des vins dans leurs premières années.

Des bouquets composés de teinture d'iris, avec quelques atomes de girofle, modifient l'odeur des vins vieux neutres et sans vices ; ils doivent être introduits en soutirant les vins sur colle ; mais ces bouquets sont, pour me servir d'une expression pittoresque d'un Médoquin, *des attrape-pecs.* Un bon opérateur a toujours plus d'avantage à rechercher, pour donner du bouquet aux vins ordinaires, des vins à séve expansible, parmi lesquels certains vins blancs vieux tiennent le premier rang.

CHAPITRE VIII.

FALSIFICATIONS.

Observations générales sur les diverses falsifications des vins. — Moyens de se
rendre compte des fraudes. — Colorations artificielles.

Que n'a-t-on pas écrit sur les fraudes que le commerce
faisait, disait-on, subir aux vins? On a accusé celui des
grands centres de consommation intérieure, celui de Paris
surtout, de se livrer aux fraudes les plus coupables, de
fabriquer des vins *sans raisins*, en faisant fermenter des
matières sucrées étendues d'eau et tartarisées, qui étaient
ensuite colorées par le campêche et d'autres teintures ; et
l'âcreté que ces matières colorantes donnaient au mélange
était adoucie par la *litharge* (oxyde de plomb).

Ces accusations paraissent fausses et exagérées. Les
écrivains qui en parlent, un peu trop à la légère, auraient
dû, avant d'écrire, consulter les dégustateurs officiels, les
chimistes chargés d'analyser les vins saisis, et les arrêts des
tribunaux. Ils auraient pu se convaincre qu'un semblable
mélange n'a pas *le goût du vin* et qu'il ne peut former
qu'un breuvage détestable et un poison violent. Il serait du
reste très-facile de reconnaître cette fraude, car il suffirait
de verser quelques gouttes d'acide sulfhydrique dans le
vin contenant de la litharge pour déterminer la formation
d'un précipité noir, ou faire prendre au liquide une couleur brunâtre.

Certes, il se consomme à Paris des vins de bien mauvaise nature, et chaque semaine les tribunaux ont à enregistrer la condamnation de nombreux marchands de vins coupables le plus souvent d'avoir mis en vente des vins plus ou moins *mélangés d'eau*. Rarement l'analyse chimique des vins saisis y fait découvrir des matières insalubres. On a vu cependant quelques cas de saisies faites chez des débitants ignorants et n'ayant aucune notion de la composition ni du traitement des vins, qui avaient employé, pour colorer leur marchandise, des teintures contenant *de l'alun* ou d'autres substances ; mais, à vrai dire, ils n'en connaissaient pas les propriétés.

En général, les personnes chargées des opérations des vins ordinaires, que plusieurs grandes maisons débitent dans Paris, savent qu'*aucune substance insalubre ne peut améliorer les vins, ni même masquer leurs vices*. Plus des trois quarts des condamnations sont motivées par la mise en vente de vins additionnés d'eau.

La litharge et le campêche ne peuvent être employés dans le vin.

Julien écrivait, en 1826, que « depuis 1870, les savants qui ont été chargés par le Gouvernement d'analyser les vins saisis à Paris, comme suspects de sophistication, n'ont trouvé de la litharge dans aucun ; il est donc constant que le commerce de Paris n'en fait pas usage... »

Plus loin, il donne le résultat d'expériences qu'il a faites sur les vins piqués et verts, et il conclut : 1° que la litharge n'enlève pas au vin son acidité ; 2° qu'elle le décompose lorsqu'on en met une forte dose ; 3° que, même si on l'emploie à faible dose (1 gramme 1/2 par litre), il en reste toujours assez dans le vin pour que sa présence soit facile à reconnaître. »

Quant au bois de campêche, il ne peut servir à colorer

les vins, non plus que tout autre liquide renfermant des acides végétaux, parce que sa matière colorante, l'*héma- tine*, qui se dissout dans l'alcool et donne une belle couleur rose ou rouge, *vire au jaune* lorsqu'elle se trouve en con- tact avec l'acide tartrique, même en faible proportion. Il est donc impossible de l'employer dans le vin. Les matières colorantes des bois de Brésil et de Fernambouc sont sou- mises à la même influence.

Dans les centres vinicoles de la Gironde et des vignobles limitrophes, nous pouvons affirmer que les propriétaires, et même les commerçants, ont trop d'intérêt à rechercher tous les moyens possibles de produire des vins de bonne qualité, pour vouloir les gâter par l'introduction de subs- tances insalubres, avec lesquelles on ne parvient même pas à masquer leurs défauts.

Toutefois, dans certaines contrées que nous avons citées en parlant des achats, on trouve des vins d'une grande faiblesse alcoolique, qui paraissent au goût *trop coulants*. Ces sortes de vins ont souvent été *allongés* par leur mélange avec les demi-vins ou piquettes, quelquefois avec de l'eau ; mais on ne rencontre ce genre d'altération que parmi les vins les plus communs, destinés à la consommation inté- rieure. Les producteurs des bons crûs savent par expérience que cette manœuvre, bien loin de leur procurer un bénéfice, leur fermerait le débouché de leurs produits ainsi détériorés. Ce motif fait qu'il est rare de rencontrer sur les marchés de nos contrées et sur ceux du Midi des vins sophistiqués ou simplement étendus d'eau ; toutefois, nous allons indiquer les moyens les plus pratiques de se rendre compte des fraudes. Tous ces moyens sont à peu près inutiles aux hommes du métier, car en dégustant avec attention, en dis- tillant avec l'aide des petits alambics d'essai et surtout en comparant les échantillons avec des types irréprochables, s'ils ne peuvent préciser rigoureusement les quantités de matières introduites, ils devinent du moins les fraudes, et cela suffit pour empêcher l'achat.

Les vins fraudés que l'on voit le plus fréquemment, et que l'on trouve surtout dans les pays de consommation où les vins sont rares et tenus à un prix élevé, par suite de droits de douane excessifs ou de toute autre cause, sont : 1° des vins allongés d'eau, ou vins *mouillés ;* 2° des vins mélangés et colorés artificiellement ; 3° des opérations de vins naturels mélangés avec des boissons fermentées, faites avec des sucres, des sirops de glucose et de fécules, de petites eaux-de-vie, des cidres, etc.

Il faut une grande pratique de la dégustation pour pouvoir préciser exactement les mélanges. Il est surtout difficile de le faire lorsqu'ils n'entrent qu'en faible proportion dans les opérations, ou lorsque le mélange est fait depuis longtemps et qu'il a été collé, parce qu'alors la combinaison est plus intime et qu'une partie des matières insolubles a été précipitée.

Vins mouillés. — On reconnaît qu'un vin a été étendu d'eau par la dégustation, lorsqu'on a le palais exercé. Ces sortes de vins sont plus *coulants,* parce qu'ils renferment d'autant moins de bitartrate de potasse et d'autres sels végétaux qu'ils sont plus étendus, et les sels calcaires (carbonate de chaux, sulfate, etc.) que renferment les eaux potables augmentent leur densité.

A Paris, les dégustateurs chargés par la préfecture de police de la surveillance des boissons, et dont le pouvoir est en quelque sorte discrétionnaire quant à la saisie provisoire des vins, ont le droit d'arrêter tous ceux qu'ils reconnaissent *étendus d'eau,* quel que soit leur titre alcoolique. Bien des débitants auraient cru pouvoir réduire des

vins trop alcooliques, ayant de 12 à 14° d'alcool, par
exemple, à un titre moyen de 9 à 9°5, et se seraient crus à
l'abri des condamnations en agissant ainsi, sous prétexte
que la plupart des vins du Centre sont beaucoup plus faibles ; mais l'administration, et nous lui en savons gré,
punit la fraude toutes les fois qu'elle constate le *mouillage,*
même lorsque les vins ont une moyenne alcoolique plus
élevée que celle des vins ordinaires. Avis aux fraudeurs.

On se rend exactement compte de la quantité d'eau
introduite dans un vin, en en faisant évaporer une partie
jusqu'à siccité : on trouve dans les résidus, avec les sels
végétaux que renferme le vin, selon sa nature, les sels
calcaires que renfermait l'eau introduite ; la composition
chimique de l'eau employée étant connue, il est facile,
d'après le poids des sels calcaires, d'évaluer la quantité
d'eau introduite. Ce premier calcul est corroboré par l'évaluation de la quantité de sels végétaux que renferme le vin
analysé. Lorsque le mélange est récent, l'analyse donne des
résultats positifs : mais lorsque le mouillage est fait depuis
longtemps et qu'une partie des sels a été précipitée, l'opération est moins certaine. Dans tous les cas, c'est une
opération délicate, qui ne peut être faite que par un chimiste
exercé. Lorsque l'eau ajoutée ne renferme pas de sels calcaires et qu'on a introduit avec elle, dans le liquide, une
quantité proportionnelle des principaux sels végétaux que
renferme le vin, la dégustation et l'analyse chimique ne
peuvent donner que des résultats incertains.

Il y a certaines contrées, éloignées des pays de production, où l'on trouve dans la consommation beaucoup de
vins mouillés. Pendant notre séjour en Illyrie, en 1865,
un distillateur allemand, établi à Trieste, nous fit goûter
du vin en bouteilles étiqueté *Saint-Julien Médoc.* Ce vin
était limpide et avait 10 pour 100 d'alcool; sa séve était

celle des vins du Languedoc, mais il avait un bouquet artificiel dans lequel l'iris dominait. En le dégustant avec
attention, on reconnaissait que c'était un vin du midi de la
France, vieux, *bouqueté* et *opéré,* mais il ne paraissait pas
mouillé. Après avoir remis l'échantillon au distillateur en
lui disant que, selon nous, ce vin était une opération de
vin du midi de la Franc, *bouqueté* artificiellement et
réduit, nous lui présentâmes un échantillon naturel d'un
de nos troisièmes crûs classés de l'année 1858, afin qu'il
pût comparer. Cet habile faiseur, qui avait parcouru les
vignobles français, nous avoua alors que l'échantillon qu'il
nous avait fait goûter ne venait pas de Bordeaux, comme il
l'avait annoncé. Une maison de Cette lui expédiait des vins
de Saint-Gilles de premier choix, autant que possible vieux
ou au moins de l'année précédente, et ayant environ
12 pour 100 d'alcool sans être vinés. Après plusieurs essais,
qu'il avait faits dans le but de chercher à imiter les vins de
Bordeaux, il s'était arrêté à l'opération qu'il nous avait présentée et qui était composée de 10 douzièmes de vin et de
2 douzièmes d'eau distillée, dans laquelle il avait fait
dissoudre 1 gramme d'acide tartrique par litre. Le mélange
avait été collé, soutiré, *bouqueté* et mis encore au repos
avant d'être tiré en bouteilles. Il avait abandonné l'emploi
de l'eau ordinaire, à cause des dépôts qu'elle forme.

On trouve dans les colonies beaucoup de vins du Midi
mouillés et *bouquetés,* qui se vendent sous le nom de *petits
bordeaux.* Lorsque le mouillage est fait dans les conditions
que nous venons de citer, il est malheureusement très-difficile à constater.

Colorations artificielles. — Dans les vignobles du
midi de la France, on ne se servait d'aucune matière
étrangère pour colorer les vins, parce que les vins *noirs,*

c'est-à-dire très-colorés, abondaient. Il y a des vins qui, naturellement, font deux couleurs. Certains Cahors font jusqu'à quatre couleurs et plus, car les moûts bouillis (que l'on appelle *rogommes*), qui ont été répandus sur la cuve, sont excessivement chargés de matières colorantes et ne renferment aucune substance insalubre.

Dans certaines contrées du centre de la France et de l'étranger, on se sert de *teintes*. Ces *teintes* sont faites avec le suc des *baies du sureau* ou de l'*hièble*, etc., dont la matière colorante est dissoute à l'aide de l'eau et, dans certains cas, de l'alcool. Les fabricants, pour raviver et maintenir la couleur, qui se précipiterait promptement, ajoutent à la *teinte* une forte dose d'alun. Ces *teintes,* connues sous le nom de *teintes de Fismes,* deviennent, par cette addition d'alun, très-insalubres, et, bien qu'elles aient été autorisées dans le siècle dernier, ceux qui s'en servent pour colorer les vins n'en tombent pas moins sous le coup de la loi, et la loi a raison. D'ailleurs, en colorant des vins blancs on n'en fait pas des vins rouges ; ce ne sont jamais que des vins blancs colorés, et, par conséquent, en les donnant pour rouges, il y a tromperie sur la qualité de la marchandise vendue.

Outre les sucs de fruits, on s'est servi de matières colorantes extraites des betteraves, du tournesol, de la cochenille ; de *teinture d'orseille en pâte ;* de *cudbear* (matière colorante extraite de l'orseille), des feuilles d'althæa rouge et d'un grand nombre de couleurs végétales bleues rougissant par les acides tartriques ; de la cochenille ammoniacale, de robs ou caramels spéciaux dits *colorine d'aniline,* etc., etc.

Ces diverses couleurs végétales ou minérales ne peuvent, pour la plupart, se maintenir rouges aussi longtemps que la couleur naturelle due aux pellicules. Dans les vins,

elles sont rapidement précipitées avec les lies et nuisent
toujours à la franchise du goût. Beaucoup d'entre elles ont
besoin d'être, comme les teintes de Fismes, ravivées par
l'alun ; il en résulte qu'elles sont insalubres. On rencontre
quelquefois des vins étrangers et des imitations de vins de
liqueur colorés au moyen du caramel ordinaire de sucre.
Cette substance a l'inconvénient de donner aux vins un
goût peu agréable et de les mettre en fermentation s'ils ne
sont pas assez vinés, mais elle n'est pas insalubre.

Au résumé, comme nous l'avons déjà dit, des vins blancs
teints ne peuvent devenir des vins rouges s'ils manquent
de tannin ; ils n'en ont ni le goût ni la composition, et un œil
et un palais exercés reconnaissent aisément ou l'artifice de
leur couleur, ou bien leur trouve un goût de *vin blanc* trop
prononcé. Certaines teintes insalubres, dans lesquelles rentre
une préparation arsenicale par la *fuschine,* ne diffèrent
pas de nuance avec le vin nouveau et ne donnent pas de
mauvais goût au palais ; mais, outre leur précipitation
rapide, leur emploi est très-dangereux.

M. Fauré, l'habile chimiste qui a analysé les vins des
principaux crûs de la Gironde, indique un moyen simple et
facile de s'assurer des colorations factices ; il suffirait
d'ajouter un peu de tannin au vin suspect et de le coller à
haute dose avec la gélatine : si la couleur est naturelle,
ce traitement l'affaiblit, tandis que, selon la remarque de
l'honorable chimiste, la gélatine reste sans action sur les
couleurs végétales factices. Malheureusement, dans la
majorité des cas, les fraudeurs ne se servent des *teintes*
qu'à titre auxiliaire, pour fortifier la couleur des mélanges
de vins divers ; l'adjonction d'une faible quantité de *teintes*
à la matière colorante naturelle est alors très-difficile à
constater.

L'écart considérable qui existe entre la valeur des vins

blancs communs de chaudière et des vins rouges de belle couleur, dont le prix est souvent double, a engagé une foule d'industriels à rechercher des couleurs factices propres à teindre les premiers ; et on peut dire que c'est là la fraude que l'on rencontre le plus communément, surtout lorsque les vins sont tenus à un prix élevé et que l'année manque de maturité, par conséquent lorsque les vins étoffés sont recherchés. Le commerce doit se tenir en garde et non-seulement refuser les vins à couleur suspecte, mais essayer les échantillons douteux. Nous avons donné plus haut un moyen de vérification ; M. Schrader a indiqué également, dans une conférence faite à Bordeaux en février 1874, un procédé remarquable par sa simplicité pour reconnaître les couleurs factices ; il est basé sur ce principe que la plupart des couleurs artificielles, au lieu de se combiner avec le vin, ne font que s'y mélanger plus ou moins exactement, et restent pour ainsi dire en suspension dans le liquide, de sorte que si l'on vient insensiblement à changer la nature ou la densité de ce liquide, elles se séparent du vin.

Voici comment l'expérience se pratique : on remplit de vin suspect un petit flacon, on le suspend par le goulot à l'aide d'un fil qui le maintient bien droit, puis on le fait descendre doucement dans un grand verre à fond plat au trois quarts plein d'eau. On doit éviter d'agiter l'eau, et sa hauteur doit dépasser le goulot ouvert du flacon. En vertu de sa légèreté spécifique, le vin vient lentement à la surface, où il forme une couche constamment distincte. Si le vin rouge est pur, le fond du verre reste incolore ; s'il est coloré artificiellement, la couleur au contraire se diffuse dans tout le liquide, et l'eau du fond du verre est colorée.

Pour que l'expérience réussisse parfaitement, il faut tenir compte de la densité du vin ; le poids spécifique doit

être moindre que celui de l'eau, ainsi que cela existe pour
la généralité des vins ordinaires ; mais avec les vins doux
plus lourds que l'eau, elle ne pourrait s'effectuer ; il faudrait en ce cas présenter le flacon le goulot tourné vers le
fond du verre ; le vin s'assemblerait au fond, et si la couleur était factice la diffusion du colorant se ferait de bas
en haut.

Certains vins très-colorés et récemment décuvés, qui
sont encore pâteux, donnent, *quoique purs*, des résultats
douteux : cela tient à leur densité, qui diffère peu, et parfois égale celle de l'eau. On arrivera à un résultat plus sûr
en collant et vinant au préalable les échantillons trop
chargés. En un mot, les gros vins nouveaux que l'on aura
à examiner peu après l'écoulage seront rendus ainsi d'un
poids spécifique plus léger, et partant l'expérience sera plus
concluante.

Les diverses matières colorantes introduites dans les vins,
offrent plusieurs nuances et se reconnaissent par des
réactifs différents ; nous allons indiquer les caractères particuliers des principales colorations factices employées
aujourd'hui.

Caramel rouge ou colorine. — Ce produit a la consistance d'un rob ou sirop épais ; la diffusion de la couleur se
fait, soit à l'eau, soit avec le vin blanc, soit avec de l'alcool,
instantanément et sans variation de nuance, que le liquide
soit neutre, comme l'eau potable, ou fortement acide comme
les vins blancs verts. La richesse colorante de cette matière
est très-grande, car un litre et demi suffit pour colorer
fortement une barrique de 225 litres ; la nuance obtenue
n'offre *à l'œil le plus exercé* aucune différence avec la couleur naturelle d'un beau vin nouveau d'un rouge vineux
et franc, car la nuance violacée ne prédomine pas ; on ne
trouve pas au palais le goût du caramel ordinaire, ni au-

cune saveur sensible. Les échantillons que nous avons eus
à examiner provenaient d'une usine établie dans la Seine-
Inférieure.

Les vins blancs colorés par cette matière offrent une
singulière propriété : en nature et récemment colorés, ils
sont assez limpides, mais si on les mélange avec des vins
rouges de couleur naturelle et claire, l'opération louchit, et
par le collage, une grande partie de la couleur se précipite;
on la reconnaît aisément dans les lies, qui ont un aspect
visqueux et gluant. Mais le tour est joué, car presque toujours ces vins sont vendus à *bon compte* au comptant.

L'analyse chimique de cette matière a été faite officiellement lors d'un procès récent qui a été jugé par le tribunal
de Libourne, et qui avait été motivé par les circonstances
suivantes : Plusieurs militaires en garnison à Libourne
éprouvèrent des indispositions dont les chirurgiens s'ému-
rent; ils s'enquirent de la cause de ces dérangements et
présumèrent qu'ils provenaient d'excès de boissons insalubres. On prit des échantillons des vins des cabarets fré-
quentés par les soldats, et on trouva qu'ils étaient colorés
artificiellement. A l'analyse, on reconnut la présence de
la *fuschine,* et la préparation était *arsenicale.* Le débitant
avait acheté ces vins à une maison de commerce du pays
qui avait employé cette préparation, la croyant inoffensive
sur la foi des annonces, et vu les nombreuses *médailles* que
les vendeurs avaient obtenues aux expositions et qui figu-
raient sur leurs factures. Il y eut condamnation.

Depuis, cette matière a été observée par divers chimistes,
entre autres par M. Carles, pharmacien à Bordeaux, qui a
constaté les caractères suivants :

Par la calcination, ce colorant fournit peu de cendres
neutres au tournesol, et presque exclusivement formées
d'oxyde de fer et de sulfate de chaux. Il jaunit par les

alcalis (potasse, ammoniaque), ainsi que par les acides minéraux (sulfurique, chlorhydrique) ; il n'est pas altéré par le perchlorure de fer. Traité par l'alcali, l'éther et l'acide acétique, on trouve qu'il est formé de caramel, de glycose, et d'un sel de rosaniline.

Or, la rosaniline du commerce est souvent *arsenicale ;* il y a donc *danger* à se servir de cette substance.

On reconnaît la coloration artificielle due à cette matière en faisant la première expérience citée, due à M. Fauré, et consistant à décolorer le vin par un collage énergique à la gélatine. M. Carles a obtenu les mêmes résultats en employant l'albumine ; il se sert de la moitié d'un blanc d'œuf bien battu avec son volume d'eau pour 100 grammes de vin à traiter ; on prend une partie de vin douteux que l'on mélange en agitant avec une solution de gélatine de même volume, on filtre ensuite : le vin pur se décolore presque entièrement, et il *verdit* franchement par l'alcali volatil. Le vin coloré par le *caramel spécial* ne verdit pas par l'alcali, mais, selon M. Carles, il reprend sa couleur en y ajoutant un excès d'acide acétique (vinaigre blanc.)

Althœa rosea, passe-rose, mauve, rose trémière. — Les fleurs de ces plantes ont été employées autrefois à colorer des vins blancs, ou dans les années de disette les petits vins gris. Aujourd'hui le prix de ces fleurs a tellement augmenté que cette coloration est peu avantageuse, et par suite s'emploie rarement ; la couleur s'obtient à froid par la seule immersion des fleurs, dont la couleur se dissout rapidement en quelques heures dans le vin blanc vert, par l'action de l'acide tartrique, qui favorise la dissolution. Cette couleur reproduit la nuance franche du vin nouveau. Les pétales ne paraissent pas insalubres ; elles appartiennent à la famille des plantes pectorales, mais elles introduisent, en même temps que la couleur, des mucilages qui lui donnent un certain goût de *tisane* qui peut se reconnaître à la dégustation. Ces mucilages, qui restent en suspension, donnent au vin un goût *fade* qui, au bout d'un à deux mois à peine, s'accentue davantage, et prédisposent les vins aux fermentations secondaires ; de plus, par le repos et les collages, cette couleur finit par se précipiter.

M. Falières, pharmacien à Libourne, a indiqué, pour découvrir cette falsification, un réactif bien sensible : l'acétate d'alumine liquide, qui fait passer immédiatement cette couleur au violet pur. (Toutefois certains gros vins présentent au sortir de la cuve, quoique purs, une nuance violâtre qui, en ce cas, pourrait induire en erreur.) En traitant le liquide devenu violet par l'acétate d'alumine puis par l'extrait de saturne, M. Carles a obtenu des vins colorés par les roses trémières, un précipité vert-bleuâtre.

Baies de phytolacca decandra ou baies de Portugal. — Cette plante croît spontanément en Portugal, où elle sert à colorer des vins ; on la rencontre dans les Pyrénées, elle croît en abondance aux environs d'Arcachon, et dans le sud des Landes. Ces baies sont très-purgatives, et les vins colorés par leur emploi deviennent laxatifs. Certains vins sont colorés par une simple infusion à froid de ces baies, ou par un extrait obtenu par coction de ces baies et réduit à la consistance d'un rob ou sirop épais. (Cet extrait a la consistance du caramel spécial ou *colorine,* mais sa nuance est plus violacée.)

Comme la *colorine* dont nous avons parlé, cette couleur se dissout complétement à l'eau, à l'alcool, et les acides tartrique et acétique contenus dans les vins ne font pas virer sensiblement sa nuance. M. Carles a observé que le vin coloré avec cette substance, dont l'échantillon a été collé à haute dose et filtré, comme nous l'avons indiqué déjà, et traité ensuite par l'alcali volatil, ne verdit pas comme le vin pur ; il prend au contraire une couleur jaune franche, et ne se recolore pas comme le fait le vin coloré par le caramel spécial lorsqu'on y verse de l'acide acétique.

Cette couleur a une nuance violette de *gros bleu,* qui à l'œil rend la coloration douteuse, et comme la *colorine,* elle se maintient au début tant qu'elle n'est pas mélangée avec les vins rouges naturels ; mais dans les opérations elle est rapidement précipitée dans les lies.

Baies de sureau. — On fabrique, depuis le siècle dernier, des teintes avec ces baies ; elles ont servi surtout à colorer les vins de Champagne rosés. Les fabricants ajoutent à leurs teintes de l'alun afin de maintenir la couleur, ce qui la rend insalubre ; mais il ne s'en fabrique pas en assez grande quantité pour que ce produit soit répandu dans les vignobles à vins blancs communs. M. Carles se sert, pour reconnaître les colorations naturelles ou artificielles, d'un pot de porcelaine à fond blanc ou d'une grande tasse à café, etc., pouvant contenir 250 grammes d'eau ; il y verse 2 à 5 grammes de vin suspect, et il remue le mélange avec une cuiller : le vin de sureau verdit au bout de quelques instants (tandis que le mélange de vin pur et d'eau conserve sa couleur ainsi que le vin coloré par la *colorine,* la *phytolaque,* la *rosaniline* et la *cochenille*). Les vins colorés au sureau verdissent franchement par l'alcali volatil, forment, avec l'extrait de saturne, un précipité *rosé,* et bleuissent par l'acétate d'alumine. Lorsque le sureau n'est pas *aluné,* il n'est pas insalubre ; mais l'extrait donne aux vins un goût étrange, quelque peu sauvage, et la nuance n'est pas parfaitement franche ; elle est trop violacée et peu solide.

Baies de myrtille. — Leur couleur n'est pas franche ; c'est un rouge qui se distingue parfaitement à l'œil, qui est peu intense et n'a pas de tenue. Cette couleur *verdit* par l'acétate d'alumine ; on en reconnaît l'artifice en faisant l'expérience dont nous avons parlé au début de cet article.

Cochenille ammoniacale. — La couleur obtenue par ce produit n'est pas franche ; elle *vire* sous l'influence des acides tartrique et acétique, etc., du violet à un rouge brique ; l'*orseille*, le *cubcar*, l'*hématine*, le *campêche*, produisent les mêmes phénomènes. Ces couleurs se dissolvent dans l'alcool et lui donnent une nuance violette qui *vire* en rouge franc par l'adjonction d'un peu de caramel de sucre ; mais dans les vins, la présence des acides végétaux transforme la nuance en rouge brique avec les trois premiers colorants, en jaune avec les deux derniers. M. Carles verse dix à vingt gouttes de vin coloré ainsi dans un pot de porcelaine contenant 250 grammes d'eau : au bout d'un quart d'heure, le vin a *viré* au violet par l'influence du bicarbonate de chaux que renferme l'eau ; mais, nous le répétons, ces nuances ne sont pas marchandes.

Rouge d'aniline. — Cette couleur a quelque analogie avec le caramel, dont nous avons parlé, et sa préparation est toujours plus ou moins arsénicale ; de sorte qu'il est insalubre. Ce rouge donne une couleur très-vive, et, mélangé avec du caramel de mélasse de canne, il constitue le colorant le plus puissant que l'on connaisse.

M. Falières, de Libourne, a donné un moyen extrêmement sensible pour la déceler : on introduit 5 à 6 grammes de vin suspect dans un flacon de 30 centimètres cubes ; on ajoute un léger excès d'alcali volatil, et on achève de remplir avec de l'éther pur ; on agite et on laisse reposer. La base incolore, *rosaniline*, entre en dissolution dans l'éther surnageant. On décante dans un autre flacon une portion de cet éther, et on ajoute quelques gouttes d'acide acétique (vinaigre blanc). Si le vin contient de la *rosaniline*, l'éther se colorera en rose. La réaction sera beaucoup plus nette

si on agite cet éther avec quelques gouttes d'eau qui récol-
teront toute sa couleur. Cette couleur se comporte comme
le caramel spécial dont nous avons déjà parlé, et se précipite de même.

Comme on peut le voir, *aucune de ces couleurs ne se
maintient*, et un grand nombre sont insalubres ; mais,
comme nous disions, les vins ainsi colorés ne sont le plus
souvent que les plus mauvais vins blancs de chaudière destinés à s'écouler à la cannelle dans les cabarets. Au palais,
ils sont faciles à reconnaître ; malheureusement les couleurs
les plus riches n'ont pu être extraites jusqu'ici qu'à l'aide
de matières qui les rendent insalubres ou le sont elles-mêmes.
Cette considération, plus encore que leur peu de maintien,
doit les faire rejeter de la consommation ; c'est le motif
qui nous a engagé à indiquer leur caractère spécial et les
divers moyens employés pour les reconnaître.

Mélange de boissons fermentées. — On a constaté quelquefois, dans certains vins, la présence de *cidre,* de boissons fermentées dont les sirops de fécules formaient la
base, d'eaux-de-vie faibles, etc. Ces divers mélanges se
reconnaissent à la dégustation, pour peu qu'ils entrent en
proportion notable dans les opérations ; la différence de
composition des résidus ou des extraits indique à l'analyse
chimique quelles sont les matières introduites.

Toutes ces manœuvres frauduleuses, en France, sont
punies par la loi comme falsifications de substances alimentaires.

A part les falsifications, les fausses dénominations et
indications d'origine constituent une contravention que la
loi a également prévue et qu'elle punit, parce que, quelle
que soit d'ailleurs la qualité de la marchandise, elle y
trouve une *tromperie sur la qualité* de la chose vendue.

L'habitude qu'a le public de désigner certaines marchandises par le nom du pays qui produit la meilleure qualité, semblerait excuser jusqu'à un certain point ces dénominations ; mais les négociants qui se respectent rougiraient de désigner des opérations de vins ordinaires par les noms des grands crûs, comme de délivrer des factures désignant sous le nom de *cognac* des *dédoublés* communs. Ils savent qu'en trompant leurs clients, ils s'exposent à les perdre, et que de plus ils se prépareraient ainsi une mauvaise réputation.

CHAPITRE IX.

ANALYSES COMMERCIALES.

Appréciation des vins sous le rapport de leurs qualités physiques et de leur valeur commerciale. — Composition générale des vins. — Chimistes qui se sont occupés de leur analyse. — Insuffisance de l'analyse à cause de la mobilité de leur constitution. — Changements continuels qui s'opèrent en eux. — Caractères particuliers de leurs principes pris isolément. — Influence de ces principes constitutifs sur la durée et la qualité des vins. — Alcool, tannin, acides libres ou combinés. éthers, sels végétaux et minéraux, arome, bouquet, onctuosité. — Vins ordinaires; leur composition, leur couleur, etc.; manière de reconnaître leur titre alcoolique. — Vins de liqueur; constatation de la quantité d'alcool et de matières sucrées qu'ils renferment. — Analyse des liqueurs sucrées.

Qualités physiques et valeur commerciale des vins. — L'analyse physique des vins est l'appréciation du gourmet corroborée par les indications que fournissent les instruments dont la science dispose.

Avec un bon palais, de la pratique, des types irréprochables et naturels sous les yeux, on peut reconnaître et juger à l'œil, à l'odorat et au goût, les nuances si diverses et si délicates, les qualités, la couleur, la séve, le bouquet, le moelleux, ou les goûts défectueux et les vices qui distinguent les vins.

L'appréciation des vins fins, des grands vins, ne peut se faire que par le gourmet. Les qualités recherchées par le consommateur émérite et dont l'ensemble constitue des vins parfaits, ne sont pas du domaine de la chimie; elles résident dans une combinaison intime des éléments qui composent le vin, dans la finesse du bouquet réunie à une séve prononcée et suave, à un moelleux, un velouté soyeux, et à une robe vive. L'analyse chimique ne peut donner de ces qualités qu'une idée peu exacte sans le secours de la dégustation. C'est tellement vrai, qu'entre l'analyse que peut faire le chimiste le plus habile d'un de nos grands vins rouges *nouveaux* dont il ignorerait l'origine, et celle d'un vin ordinaire du Midi, bien vinifié et de même titre, il n'existera que des différences sans importance apparente, tandis qu'en réalité la valeur de l'un sera vingt fois plus grande que celle de l'autre.

Les observations qui suivent sur l'appréciation de la valeur commerciale, concernent principalement les vins ordinaires, les vins de liqueur et les liqueurs, dans lesquels il importe de connaître d'une manière exacte le titre alcoolique, l'intensité de la couleur, la présence du tannin et la densité des matières sucrées.

Composition générale des vins, leur analyse chimique, etc. — L'analyse chimique complète d'une substance consiste, comme on sait, à isoler les principes ou éléments qui la constituent, en un mot, à la décomposer. Un grand nombre de chimistes se sont occupés de l'analyse plus ou moins complète des vins de tous genres et de toutes provenances, entre autres : Berzélius, Thénard, Neumann, Beck, Brande, Gay-Lussac, Julia-Fontenelle, Bouis père *(vins du Roussillon et de l'Aude)*; Payen, Maillard, Bouchardat, Jacob *(vins de Tonnerre)*; Bouillon, Fauré *(vins de la Gironde,* des années 1841 et 1842); Christison, Clary *(Cahors,* années 1790 à 1842); Maumené *(Marne,* années 1839 à 1849); Filhol *(Haute-Garonne,* 1842 à 1844); Vergnette-Lamothe *(Bourgogne,* de 1822 à 1847); Hitschoot *(Asie-Mineure, Palestine, Corfou).* Les vins du *Rhin,* du *Pala-*

tinat, du *Necker,* de la *Saxe,* de la *Hongrie,* de *Tokai,* des années 1811 à 1853, etc., ont été étudiés par les chimistes allemands Diez, Frésénius, Fischern, Geiger, Ludersdoff, Zierl, Kersting, Métis et Mayer. Delarue a analysé les vins de Bourgogne des années 1825 à 1842, et Boussingault les vins rouges de Lampertsloch, des années 1846, etc.

Parmi ces travaux, les plus considérables sont ceux de M. Fauré *(Analyse chimique et comparée des vins de la Gironde)* dont le mémoire, présenté à l'Académie des sciences de Bordeaux, a été reproduit dans le *Traité des vins du Médoc,* de Franck. Il faut citer aussi les résultats obtenus par M. Filhol sur les vins de la Haute-Garonne, consignés dans le *Journal de Chimie médicale,* 3me série, II, 259. On trouve une partie de ces analyses dans l'ouvrage de M. Maumené, chimiste, professeur à la chaire de Reims, et intitulé : *Indications théoriques et pratiques sur le travail des vins, et en particulier des vins mousseux.*

Tous les chimistes et les observateurs s'accordent à reconnaître dans les vins les mêmes principes généraux. L'analyse sommaire d'un vin ordinaire bien vinifié peut se résumer ainsi, pour un litre : alcool pur (en moyenne), 10 pour 100 ; eau de végétation, 90 pour 100 ; extrait, 20 grammes environ. Dans cet extrait, se trouvent les matières colorantes, les sels végétaux, dont le principal est le tartre (bitartrate de potasse), qui, à lui seul, représente un poids de 5 à 6 grammes ; des sels minéraux, des acides (tannique, acétique, carbonique, tartrique, etc.); des traces d'alcool et d'éther composés, d'aldéhyde, d'huiles essentielles ; des mucilages, de la pectine et des ferments.

Parmi les chimistes dont nous avons cité plus haut les noms, il en est qui ont reconnu dans les vins l'existence d'un grand nombre de sels végétaux, outre le bitartrate de potasse : le tartrate neutre de chaux et d'ammoniaque, le tartrate acide d'albumine (simple ou avec potasse), le tartrate acide de fer (simple ou avec potasse), des racémates, des acétates, des propionates, des butyrates, des lactates, etc.; parmi les sels minéraux, des sulfates, des azotates, des phosphates, des silicates, des chlorures, des bromures, des iodures, des fluorures, à bases de potasse, de chaux, de soude, de magnésie, d'alumine, d'oxyde de fer ou d'ammoniaque. Ils ont aussi constaté la présence dans le vin d'un grand nombre d'acides libres, qui sont les acides carbonique, tartrique, racémique, malique, citrique, tannique, métapectique, acétique, lactique, butyrique; des matières azotées composant les ferments : albumine, gliadine, etc., des matières grasses et des matières colorantes; des mucilages : pectine, gomme, dextrine, mannite; des matières sucrées, des huiles essentielles ; plusieurs alcools, qui diffèrent de celui de vin : alcools butyrique, amylique, et d'autres ; de l'aldéhyde, des éthers composés ou simples : éthers acétique, butyrique, œnanthique, etc.

Ces matières si nombreuses et variées se rencontrent naturellement dans des vins de diverses natures; toutefois, malgré les recherches actives des plus habiles chimistes, la connaissance exacte des combinaisons qui se forment dans les vins et qui leur donnent, avec le temps, des saveurs et des bouquets d'une nature si différente , est encore bien imparfaite, et, si l'on peut ou croit pouvoir analyser d'une manière plus ou moins complète leurs éléments, *la synthèse du moins a, jusqu'à ce jour, été impossible.*

D'ailleurs, l'analyse chimique des vins ne peut se faire ni s'établir d'une façon fixe, comme celle des matières inorganiques. Tous ceux qui s'occupent d'œnologie savent que depuis que le moût a été versé dans la cuve, ou dans les fûts, depuis que la fermentation l'a transformé en vin, jusqu'à ce que le vin, trop vieux, finisse par se décomposer, par subir en bouteilles une désorganisation complète, il *s'opère en lui des changements continuels, dans le goût, la couleur, la séve, le bouquet, et même la composition.*

Lorsqu'on déguste un vin bien fait et bien soigné, et qui a déjà plusieurs années, on reconnaît que certaines matières qu'il renfermait étant nouveau, n'y existent plus ; mais, en revanche, des combinés qui n'existaient pas se sont formés, soit naturellement, soit par l'influence du logement ou de toute autre cause : ils lui donnent une saveur et un arome bien différents de ceux qu'il avait en sortant de la cuve. Une partie des sels végétaux et minéraux, les ferments, l'albumine végétale, les matières colorantes et mucilagineuses, les acides divers, le tannin, etc., ont été éliminés par la défécation naturelle, les collages, l'extraction des lies, ou les soutirages. Ces changements lents, mais progressifs et, pour ainsi dire, quotidiens, rendent une analyse fixe impossible, parce que la plupart des éléments qui composent le vin sont sujets à être précipités, à former avec d'autres des combinés, à devenir insolubles ; l'alcool s'unit aux acides et forme avec eux des éthers qui produisent des bouquets qui n'existaient pas ; ce sont aussi ces changements qui nous font considérer le vin comme une matière organique susceptible d'éprouver, par l'influence du temps et d'une foule de circonstances, des variations considérables dans sa constitution. C'est cette mobilité qui empêche de préciser la composition d'un vin, et, même dans les analyses qui paraissent les plus complètes, il y a bien des principes qui ne peuvent s'apprécier, qui échappent à l'observateur le plus minutieux.

On sait aussi que cette composition, serait-ce dans les mêmes crûs, peut varier à chaque récolte, selon le degré de maturité, les cépages, l'âge des vignes, la durée et les procédés de vinification, les traitements, etc., etc.

Principes constitutifs des vins pris isolément.
— Dans la vinification on doit, au point de vue commercial, chercher à obtenir des vins qui renferment assez de principes conservateurs pour pouvoir vieillir et se conserver longtemps.

Les principaux éléments conservateurs du vin sont l'alcool et le tannin,

Alcool. — L'alcool pur a été analysé par un grand nombre de chimistes, qui s'accordent à reconnaître qu'il est composé de trois éléments, dont les proportions, pour 100 parties, sont : carbone, 52,17 ; hydrogène, 13,05 ; oxygène, 34,78. Total, 100 parties.

On a pu reconstituer l'alcool, en faire la synthèse ; et, si l'on parvient à le produire artificiellement de toutes pièces à peu de frais, on rendra un service immense au commerce, à l'agriculture et à l'industrie, car les matières premières qui servent actuellement à le produire, pourraient être employées à l'alimentation, à la fabrication des sucres, etc.

On connaît les caractères généraux de l'alcool ; on sait qu'il donne aux vins de la force, de la chaleur, qu'il produit l'ivresse, etc.

Nous donnons, en parlant des vignobles et des vins d'exportation, des indications sur la moyenne alcoolique des principaux crûs de la Gironde et du midi de la France.

Nous avons remarqué bien des erreurs dans les évaluations d'alcool données par divers auteurs qui probablement n'avaient pas de types nature sous la main, ou qui opéraient sur des vins vinés.

Le maximum d'alcool que le vin peut atteindre par la fermentation des moûts les plus riches, est entre 15 et 16°. Si les vins ont un titre plus élevé, c'est qu'*on y a ajouté artificiellement de l'alcool,* on les a vinés.

Les titres les plus élevés des vins rouges que nous ayons

vus, ont été observés par nous sur des vins de Collioure (Pyrénées-Orientales) de l'année 1851, non vinés, qui, à la fin de 1852, nous ont donné 15° 4 d'alcool pur ; le vin était doux, et les vinasses marquaient 4° de densité au pèse-sirop de Baumé. Nous avons examiné de nouveau ce vin un an après, et il ne s'était pas formé d'alcool, ou, du moins, s'il s'en est produit, l'évaporation a été plus forte que la production, car le liquide, qui était toujours doux, ne nous a donné que 14° 8 d'alcool. Il y avait donc eu une perte de 0° 6.

Des Roussillon de la plaine (Rivesaltes, Teyssier, etc., des années 1851 à 1864), non vinés, bien vinifiés, sans douceur, nous ont donné une moyenne de 14° 6. Les plus riches ont donné 15° 3.

Les vins blancs les plus riches en alcool que nous ayons observés sont des vins du château du Haut-Vigneau (Bommes-Sauternes), de la récolte de 1862, provenant des *têtes de la deuxième trie ;* ils ont été expérimentés en février 1864 et ont donné 15° 6 d'alcool pur. Ces vins étaient doux, et les vinasses avaient encore 8° 5 de densité au pèse-sirop de Baumé. Les moûts, provenant de raisins rôtis naturellement par le soleil, avaient eu une richesse de 20° de densité au début. (Voir *Vinification des grands vins blancs.*)

C'est là le maximum obtenu. Quant à la moyenne, elle varie selon les vignobles (nous les indiquerons en parlant des achats). Le minimum s'observe pendant les mauvaises années.

En 1860, nous venions de faire une tournée, avant les vendanges, dans les vignobles de la Gironde et les vignobles limitrophes, et nous avions vu que la vendange était dans de très-mauvaises conditions de maturité. Une affaire nous appela à Paris, et là nous apprîmes que les vignerons d'Argenteuil avaient vendangé depuis plus de huit jours.

Curieux de voir ce qu'ils avaient pu faire avec des raisins qui commençaient à peine à changer de couleur, nous allâmes aux carrières Saint-Denis et aux environs d'Argenteuil : la plupart des propriétaires avaient écoulé. Ce vin, ou plutôt cette piquette, avait une couleur terne et à peine rosée, et possédait une acidité extraordinaire, due à l'excès de l'acide tartrique, car les raisins avaient été coupés à l'état de vrai verjus. Nous regardions avec stupéfaction les vignerons du pays avaler sans faire la grimace cette affreuse boisson acide, capable d'occasionner de terribles coliques.

Nous prîmes deux échantillons, qui donnèrent un titre alcoolique moyen de 3° 5 ; c'est le minimum de nos observations. De pareils vins ne sont pas marchands.

L'alcool, au fur et à mesure que les vins vieillissent, s'évapore en partie, son titre s'affaiblit, si les vins ne sont pas isolés du contact de l'air ; de plus, ils s'oxydent, pour former de l'acide acétique. (Voir *Altération*.)

Mais lorsque le vin est trop vieux, qu'il dégénère, l'alcool subit, sans qu'il y ait contact avec l'air (puisque cette altération se remarque surtout dans les vins en bouteilles), une décomposition totale. Nous avons observé plusieurs fois des vins trop vieux, en bouteilles, conservés en caveaux, devenus entièrement putrides, et qui n'offraient pas de traces d'acidité lorsque le bouchage était solide ; d'autres bouteilles dont les bouchons avaient donné issue à l'air et au vin, avaient subi les altérations ordinaires et commencé par s'acidifier avant de se putréfier.

De grands vins de Saint-Estèphe, après dix-sept ans de bouteille, ont présenté une très-légère odeur putride, à peine sensible, car leur suave bouquet la masquait. Ils avaient commencé par se dépouiller de leur couleur, qui se précipitait avec abondance ; ils conservaient encore 8° 3 d'alcool, mais peu à peu leur odeur putride a augmenté, et

quelques bouteilles, qui ont été laissées de côté sans être
remontées par des vins jeunes et fermes, ont fini par se
décomposer entièrement : leur couleur était précipitée, et
dix-huit mois après, ces vins, dont la plupart étaient
naguère si suaves, avaient une odeur nauséabonde ; sans
être acides, ils n'offraient pas de traces d'alcool. Nous
avons remarqué que l'alcool a été décomposé lorsque les
vins *avaient déjà un goût putride, qui annonçait leur décomposition prochaine.*

Tannin. — Le tannin, ou acide tannique, est, après l'alcool, l'élément le plus utile à la conservation des vins, à
l'union de leurs principes, au maintien de la solubilité des
matières colorantes. Il élimine les ferments en faisant avec
eux des combinés insolubles ; il aide à la clarification des
vins, en se combinant avec les colles introduites dans le
vin, pour se précipiter en même temps qu'elles, et surtout
avec la gélatine pure. (Voir *Clarification.*)

Le tannin est un principe astringent, âpre, qui se rencontre dans plusieurs végétaux et qui offre plusieurs variétés, selon son origine ; il se trouve en grande quantité dans
les pepins, les grappes et les pellicules des raisins, dans
l'écorce de chêne (appelée *tan*), dans les noix de galle,
dans le bois de ratanhia, dans la racine de tormentille,
dans les quinquina, dans le cachou, etc.

Cette substance est d'un emploi fréquent dans la médecine et les arts. La médecine emploie le plus souvent le
tannin extrait des noix de galle, dont la composition est,
pour 100 parties : carbone, 50,94 ; hydrogène, 3,77 ; oxygène, 45,29. Total, 100.

On trouve dans le commerce deux sortes de tannin, dont
les différences sont produites par le mode d'extraction ; le
tannin de galle, extrait par l'éther, qui est le plus pur,
mais qui conserve souvent une odeur et un goût éthérés,

et le tannin traité par l'alcool, qui est inodore et doit être préféré pour traiter les vins.

Comme il est assez difficile de se procurer cette substance lorsqu'on est éloigné des grands centres, on peut tannifier fortement des vins blancs ordinaires avec le tannin que renferme le raisin, en faisant dissoudre ce tannin dans de l'eau bouillante. On se procure pour cela des pepins de raisins qui n'aient pas subi de fermentation (des marcs de raisins blancs) ; on les concasse grossièrement, et si l'on veut extraire le tannin à l'eau, on les place dans un chaudron où on les soumet à une ébullition de plusieurs heures. On décante ensuite cette eau et on y verse, si l'on n'a pas besoin du tannin immédiatement, un cinquième d'alcool de vin à 85°. Cette liqueur de tannin marque ainsi 17 pour 100 ; on la filtre, et elle se conserve très-bien.

Lorsqu'on veut tannifier des vins blancs ordinaires, on verse dans une barrique de vin limpide, dépouillé, ayant au moins un an, une vingtaine de kilogrammes de pepins concassés qu'on y laisse macérer à froid ; on décante ce vin au bout de deux mois. Cette préparation doit être ensuite soignée comme le vin blanc ordinaire.

A défaut de pepins on pourrait employer l'écorce de chêne *(tan)*, soit macérée à froid dans le vin blanc, soit infusée à chaud dans de l'eau ; mais le chêne laisse un goût assez prononcé de bois. Il est préférable d'employer, si on le peut, les pepins, qui donnent le principe astringent naturel du raisin.

On peut augmenter naturellement la quantité de tannin des vins mous, sans employer les moyens artificiels, et cela vaut mieux sous tous les rapports.

Parmi les cépages cultivés dans la Gironde, il en est un surtout qui renferme dans ses pellicules et dans ses pepins une quantité considérable de tannin : c'est le *verdot* (surtout le petit). Les propriétaires qui font ordinairement des vins mous, difficiles à conserver et à exporter, les améliorent considérablement en introduisant dans leur vignoble une certaine quantité de cet excellent cépage, surtout s'ils possèdent des expositions favorables à la maturité, car ce cépage a l'inconvénient d'être tardif.

Le logement des vins influe beaucoup aussi sur la quantité de tannin qu'ils renferment. Pour ceux qui sont pauvres en cette substance, on devra choisir des barriques neuves en *bois de Bosnie* et les rincer tout simplement à l'eau froide. On n'emploiera jamais de barriques en bois d'Amérique ou ayant déjà servi.

La fermentation des vins mous ne devra pas être conduite de la même façon que celle des vins fermes ; la vendange sera foulée complétement, *on ne dérâpera pas*, et on maintiendra le chapeau immergé dans le moût pendant tout le temps de la fermentation, qu'il faudra surveiller attentivement, pour écouler dès qu'elle sera terminée.

On reconnaît qu'un vin ne possède pas assez de tannin lorsque la gélatine reste en suspension dans le liquide sans se précipiter.

Ce sont les vins blancs qui ont fermenté dans de vieux fûts qui, généralement, en sont le plus dépourvus. Dans les vins rouges, le séjour des pepins et des pellicules dans la cuve, et *leur logement dans des fûts neufs en chêne,* leur donnent généralement assez de tannin.

Dans les grands vins destinés à être mis en bouteilles, la surabondance de tannin donnerait trop d'âpreté ; on évite cet inconvénient par le dérâpage complet, la fermentation des raisins en graines, non foulés, et par une décuvaison faite à point.

Lorsque le tannin se trouve en trop grande quantité dans les vins, il les rend *âpres et durs,* pendant leurs premières années; mais, à la longue, cette substance est précipitée, soit en formant, comme nous l'avons dit, des combinés insolubles, soit en se transformant, à ce que l'on croit, en acide gallique. Il est facile de précipiter une grande partie du tannin des vins trop âpres et dont on a l'emploi immédiate (voir *Altération, âpreté*); mais on ne doit jamais le faire pour les vins destinés à voyager par mer, à être conservés longtemps en fûts, ou qui sont de couleur légère, parce que, si ce procédé les vieillit, il a aussi le désagrément de les user et de les décolorer.

En 1860, nous avions à soigner des vins de l'année 1858, provenant des crûs choisis de Bassens et des Valentons (palus de Saint-Loubès). Ces vins, produits de vignobles plantés en *verdot,* en *vidure* et en *malbec*, étaient francs de goût et avaient une couleur très-riche; ils étaient moelleux, mais en même temps ils étaient âpres et durs. Ils étaient destinés à être consommés à Paris. Une barrique de ces vins fut collée à l'albumine, soutirée et expédiée. Leur propriétaire les trouva naturellement encore un peu jeunes pour l'emploi qu'il voulait en faire, car il les croyait bons à être mis en bouteilles, et me pria d'essayer de lui rendre ses vins plus coulants. C'était très-facile : ces vins étaient d'une année exceptionnelle, ils péchaient plutôt par excès que par défaut de qualité. Nous prîmes un échantillon auquel nous essayâmes d'enlever une grande partie du tannin surabondant, en le précipitant à l'aide de deux collages par la gélatine pure, à haute dose. Après cette opération, le vin était méconnaissable : il avait perdu son âpreté; sa couleur était devenue légèrement tuilée; il paraissait plus fin en goût; en un mot, il était vieilli de plusieurs années.

Voici comment nous opérâmes : Le vin fut soutiré, collé avec deux tablettes de gélatine de première qualité, remis en place, soutiré de nouveau après quinze jours de repos, collé, remis en place de nouveau, et soutiré une dernière fois pour l'expédition. Ce procédé vieillit ; mais on ne doit l'employer que lorsqu'il y a urgence. Quatre ans plus tard, en 1864, les vins qui n'avaient pas subi cette double purgation, et qui avaient été mis en bouteilles en 1862, après un simple collage à l'albumine, étaient moelleux, avaient une couleur encore vive, une séve bien caractéristique, tandis que le vin artificiellement vieilli, mis en bouteilles à la même époque, était sec et n'avait plus de moelleux. Ce fait était tout naturel ; mais il y a des gens qui préfèrent manger, hors de saison, les fruits verts et sans saveur venus dans les serres, qu'attendre que le soleil vienne naturellement les mûrir et les parfumer.

Acides libres ou combinés. — Le goût, l'arome, la séve ou le bouquet des vins peuvent être modifiés par les acides libres, les huiles essentielles, les éthers et les combinés divers qu'ils renferment ou qui se forment en eux.

Les acides libres qui influent le plus sur le goût sont les acides tartrique et malique, et plusieurs autres composés acides qui se développent avant la maturité, ainsi que les acides acétique et carbonique.

Les deux premiers se trouvent surtout en grande abondance dans les raisins imparfaitement mûrs, et ils donnent aux vins un goût de verdeur austère. (Voir *Altération, verdeur*.)

L'acide acétique se développe principalement dans les vins mal vinifiés et mal soignés. (Voir *Altération, acidité*.)

L'acide carbonique se rencontre dans les vins nouveaux encore en fermentation insensible, et dans les vins qui subissent une fermentation secondaire. Cet acide, qui donne aux vins mousseux la propriété de produire la mousse, doit être extrait des vins moelleux que l'on veut faire vieillir dans de bonnes conditions. Il est vrai que lorsque les vins fermentent et qu'ils sont saturés de cet acide, ils ne sont pas aussi susceptibles de s'altérer. Ainsi, en 1856, nous fûmes appelé à déguster sur place un chai de vins blancs de côtes, dont le propriétaire avait depuis sept ans entassé les récoltes, sans les soigner d'aucune manière. Ces vins avaient été soutirés une seule fois et logés dans des barriques en bois de pays. Ces barriques avaient été encarrassées et bondées à demeure bonde dessus, et depuis on ne les avait pas touchées, parce que, disait le propriétaire, il ne voulait pas faire de frais pour leur entretien ; il était résulté de cette fausse économie que, sur cent vingt-trois barriques que renfermait le chai, il y avait un manquant de 15 à 18 barriques, et que ces vins étaient altérés au point de ne pouvoir servir qu'à la fabrication des vinaigres. Cependant, dans le nombre, il se trouvait une douzaine de barriques qui avaient goût de travail et qui renfermaient de l'acide carbonique. Celles-là ne s'étaient pas piquées. Plusieurs autres tournées à la graisse n'avaient pas subi d'altération ; et cependant tous ces fûts étaient en vidange, les bondes avaient séché et l'air communiquait librement avec le vin.

Toutefois, lorsque la fermentation tumultueuse est terminée, de crainte que les vins ne deviennent âcres et secs on ne doit pas laisser se développer cet acide, à moins que ce ne soient des vins mousseux. (Voir *Fermentation secondaire*.)

Séves et bouquets. — La séve diffère essentiellement du bouquet. La séve est une saveur aromatique agréable ou désagréable, qui s'apprécie au palais. Le bouquet ou arome est une *odeur* et ne frappe que l'odorat.

On ressent la séve, qui est le goût caractéristique de chaque genre de vin, lorsque le liquide est introduit dans la bouche, absolument comme si on goûtait un mets quelconque. Il est des substances non odorantes qui concourent à la formation de la séve ; c'est pourquoi un vin peut être séveux, c'est-à-dire avoir un goût particulier prononcé, et n'avoir pas de bouquet développé.

La séve est donnée par le goût particulier des cépages joint aux modifications que peuvent lui faire subir la nature du sol, les expositions, les soins de vinification et de conservation. C'est une saveur très-variable et qui se confond souvent avec le goût de terroir.

La formation du bouquet n'est pas bien connue. Certains œnologues croient qu'il est dû aux huiles essentielles qui résident surtout dans les pellicules du raisin et qui seraient dissoutes par la fermentation. Nous ne partageons pas entièrement cette opinion. Nous ne disons pas que la pellicule ne contribue pas à modifier le goût et l'arome, et par conséquent à modifier la séve et le bouquet ; mais nous n'admettons pas que dans la pellicule seule réside le bouquet, comme les huiles essentielles dans les écorces de certains fruits. S'il en était ainsi, le vin posséderait du bouquet en sortant de la cuve, et on sait qu'il n'en acquiert qu'après plusieurs années de soins.

Les vins rosés (dits *vins de goutte*), faits avec les moûts sortis du pressoir sans être versés dans la cuve, et qui fermentent en fûts, sans contact avec les pellicules, devraient être, d'après cette théorie, privés d'arome, et l'expérience prouve que ces vins acquièrent une séve et un bouquet plus ou moins développés, selon les crûs. Ainsi, on ne peut pas dire que les vins de Sauternes, les Yquem, les Lafaurie, les Vigneau, les Climens, etc., en soient dépourvus, car il est impossible de leur opposer des vins qui, de ce côté-là, soient aussi riches qu'eux.

Comment se formeraient donc la séve et le bouquet dans ces vins qui fermentent sans contact avec la pellicule et dont cette dernière à été détruite par l'excès de maturité ?

Nous croyons que le bouquet, qui ne se développe d'ailleurs qu'après plusieurs années de soins, est d'une nature très-complexe, et qu'il est formé par des éléments qui existent principalement dans les moûts, mais qui ne développent leur arome que par suite des combinaisons qui se produisent à la longue entre les matières alcooliques et les acides, et qui forment des éthers, des huiles essentielles dissoutes, etc., qui deviennent plus saisissables à l'odorat lorsque le vin est dépouillé. A notre avis, les pellicules contribuent surtout à modifier la séve, plutôt que le bouquet.

On peut modifier et améliorer la séve et le bouquet des vins en choisissant avec intelligence les cépages qui donnent les raisins les plus fins, les plus aromatiques; en plantant les vignes à de bonnes expositions, et en n'employant qu'avec circonspection des engrais qui, par leur odeur putride, pourraient augmenter les goûts de terroir.

Quant aux moyens artificiels de *bouqueter* avec divers aromates, nous renvoyons le lecteur au chapitre *Opérations ;* mais, nous l'avons déjà dit, on ne peut obtenir ainsi que de pauvres résultats.

Sels végétaux et minéraux. — Les sels végétaux et minéraux que renferment les vins sont nombreux ; mais, à part le tartre (bitartrate de potasse), ils influent peu sur leur goût. Le tartre est celui qui se rencontre en plus grande abondance dans tous les vins; on sait que ceux-ci s'en dépouillent peu à peu et que ce sel se précipite dans les lies et contre les parois des fûts, mélangé avec les matières colorantes. Les vins nouveaux en renferment une moyenne de 5 grammes par litre ; mais cette quantité diminue au fur et à mesure qu'ils vieillissent. Le tartre est ainsi composé, selon Vauquelin, pour 100 parties : tartrate de

potasse, 34; acide tartrique, 47; tartrate de chaux, 7;
eau, 8; perte, 4. Il donne aux vins une saveur légèrement
acidulée, surtout lorsqu'il est abondant; il possède la propriété d'activer la fermentation et de dissoudre les ferments,
et devient ainsi très-utile dans la vinification. Les autres
sels végétaux et minéraux sont aussi, en grande partie,
précipités dans les lies pendant la défécation, de sorte que
les vins vieux en renferment bien moins que les nouveaux.

Moelleux, onctuosité, velouté des vins fins. — Les grands
vins rouges du Médoc et de quelques autres vignobles de la
Gironde, ainsi que les grands vins de Bourgogne, etc.,
conservent en vieillissant un goût de fruit prononcé, une
onctuosité, un moelleux velouté qui, réunis à la séve et au
bouquet, font, des vins provenant d'années favorables à la
maturité, les délices des gourmets.

Ce moelleux velouté ne se forme que dans les années où
le raisin mûrit bien. Dans les années maigres, où le raisin
n'a pu atteindre sa maturité complète, les vins peuvent
avoir parfois plus ou moins de séve, et même quelquefois
un peu de bouquet, mais ils sont secs, et le goût moelleux
leur fait défaut.

Beaucoup de vins ordinaires possèdent, étant nouveaux,
s'ils ont été bien vinifiés et s'ils proviennent d'années favorables, un goût prononcé de fruit; mais, dans la plupart
des vins de ce genre, ce moelleux ne se soutient pas et
s'efface peu à peu en vieillissant, tandis que, dans les grands
vins provenant d'une bonne année, l'onctuosité est plus
sensible lorsque la défécation des lies est accomplie que
lorsqu'ils sont nouveaux.

Plusieurs chimistes ont cherché à déterminer la nature
de la matière qui produit le moelleux des grands vins rouges. L'honorable M. Fauré, dans son mémoire sur l'analyse
chimique et comparée des vins de la Gironde, croit que le

moelleux est dû à une substance particulière, inconnue encore, et qui participerait de la nature et des caractères de la pectine et du mucilage ; il nomme cette nouvelle substance *œnanthine*. De son côté, M. Batilliat annonce avoir trouvé dans les grands vins de Bourgogne une substance particulière et inconnue encore, qui donnerait à ces vins l'onctuosité ; il la nomme *croactine* (*Traité sur les vins de France*, p. 167). Maintenant, M. Mulder, chimiste, après plusieurs expériences faites sur des vins de la Gironde, considère la substance onctueuse comme analogue à la *dextrine*, et M. Maumené, chimiste, professeur à la chaire de Reims, la compare au *mucilage* étudié par Vauquelin.

Il résulte de cette divergence d'opinions que cette substance, nommée tour à tour *œnanthine, croactine, dextrine* ou *mucilage*, aurait besoin d'être étudiée sérieusement, afin que l'on fût parfaitement fixé sur sa composition véritable ; car, si l'on parvenait à pouvoir la produire d'une manière constante pendant l'acte de la fermentation, on rendrait un grand service à l'œnologie.

Quant à nous, nous croyons que cette matière onctueuse est produite par une modification du sucre de raisin, et ce qui, dans la pratique, fortifie cette opinion, c'est que les vins moelleux mal soignés, dans des locaux à température irrégulière, finissent par subir une fermentation insensible, surtout lorsqu'ils sont dans leur première et leur deuxième année, et qu'ils renferment encore des ferments. Très-souvent, à la suite de ces fermentations secondaires, l'onctuosité a disparu, les vins sont devenus secs. Ce fait nous donnerait à croire que, sous l'influence des ferments et des variations thermométriques, *cette matière peut subir les mêmes transformations que les sucres.*

Analyse physique des vins. — L'analyse physique

des vins contribue surtout à affirmer les qualités déjà appréciées par la dégustation.

Lorsqu'on a une grande habitude de déguster et un palais sensible, on ressent, aux papilles nerveuses de la gorge, des variations alcooliques de moins d'un degré.

Alcool. — On reconnaît la force alcoolique du vin, son titre ou degré d'esprit, par la distillation d'essai.

Plusieurs physiciens ou chimistes ont voulu essayer d'éviter la distillation, en cherchant à reconnaître le titre au moyen de divers procédés et instruments de physique. Le plus simple de ces instruments est le *pèse-vin* ou *œnomètre;* cet instrument est basé sur la différence de densité qui existe entre l'eau et les liquides spiritueux, d'après les mêmes principes que l'alcoomètre usuel centésimal. On a inventé en outre le *densimètre,* qui est basé sur les différences de pesanteur spécifique des mélanges alcooliques et des mélanges sucrés, etc.; c'est le pèse-sirop et l'alcoomètre réunis. On a cherché aussi à reconnaître le degré d'alcool, par la différence de densité du vin avec les vinasses (méthode du docteur Tabarié); par la différence qui existe entre les points d'ébullition de l'alcool et de l'eau (*ébulioscope à cadran,* de Brossard-Vidal, et celui plus connu de M. Conaty, dit *thermomètre alcoométrique;* l'*ébulioscope à manchon,* du docteur Tabarié); par la différence de dilatation de l'eau et de l'alcool au point d'ébullition (appareil Silbermann); par la différence de tension des vapeurs d'eau et d'alcool (*vaporimètre,* de Plucker); par les différences de hauteur de l'eau et de l'alcool dans les tubes capillaires proposés par M. Arthur *(Méthodes calométriques);* par les différences de solubilité du sel marin, ou chlorure de sodium, dans l'eau et les liquides alcooliques, etc.

Tous ces procédés plus ou moins ingénieux reposent sur

des théories vraies lorsqu'il s'agit de l'essai d'un simple mélange d'eau et d'alcool ; mais le vin renferme une foule d'éléments divers : sels, matières sucrées, mucilagineuses et colorantes, acides, etc., qui influent considérablement sur la *densité,* le *point d'ébullition,* la *dilatation,* la *tension,* la *capillarité,* la *solubilité,* etc. ; de sorte qu'il est presque toujours impossible d'obtenir, par l'emploi de ces moyens, des résultats parfaitement exacts.

Ainsi, prenez pour exemple la *densité :* observez un vin blanc vieux sec, bien dépouillé ; l'instrument marquera, à peu de chose près, son titre alcoolique réel, parce que ce vin est très-peu chargé de sels et de mucilages ; mais pesez au même instrument des vins blancs liquoreux, plus alcooliques que le précédent : l'instrument marquera *plusieurs degrés au-dessous de zéro,* c'est-à-dire qu'il sera plus lourd que l'eau, ce qui est tout naturel : la grande quantité de sucre contenue dans le liquide masque complétement son titre alcoolique et lui donne une pesanteur spécifique plus forte.

Par l'étude des points d'ébullition, on obtient des résultats qui diffèrent moins entre eux, il est vrai, mais sur l'exactitude desquels il ne faut pas trop se reposer, surtout si l'on a à essayer des vins nouveaux très-chargés d'extrait. Nous nous sommes servi longtemps du thermomètre alcoométrique de Conaty, qui, lorsqu'on éprouve des vins qui ne sont pas trop chargés de sels végétaux, et que l'on a le soin *d'opérer minutieusement,* donne des résultats assez justes. Souvent, en effet, il n'y avait pas plus de 4 dixièmes de degré de différence entre le titre donné par le thermomètre et celui qui était constaté à la distillation.

Quelquefois, surtout sur les vins récemment faits, la différence était plus grande et variait de 1° à 6° en plus ou en moins. Nous avons complétement abandonné ce système, parce que nous croyons *qu'il est parfaitement inutile de se servir d'instruments pour obtenir des à peu près,* tandis que, par une distillation opérée avec attention, on peut compter sur un résultat exact et invariable.

Il existe plusieurs genres d'alambics d'essai, qui, lorsqu'ils sont bien conduits, bien lutés et rafraîchis, opèrent tous avec la même précision. Il y a les modèles de Dunal, de Gay-Lussac, de Collandeau, etc.; ils se chauffent tous à l'aide de lampes à alcool et exigent, pour fonctionner, de 20 à 50 centilitres de vin environ. Il y a des modèles plus grands, mais on s'en sert peu, parce qu'on n'a pas toujours à sa disposition des échantillons d'une contenance d'un litre. Le plus souvent, surtout dans les vins de prix, ou lorsque les échantillons doivent s'expédier au loin, on se sert de quarts de bouteille, qui ne contiennent que 15 centilitres, et on est bien aise de pouvoir, dans un si petit volume, trouver assez de vin pour déguster et apprécier l'alcool qu'il contient.

L'alambic d'essai de Salleron, aujourd'hui d'un usage général, remplit parfaitement ce but; la cucurbite peut fonctionner avec moins de 6 centilitres de vin. L'appareil de Richard-Danger remplit les mêmes conditions.

Pour se servir de l'appareil, on verse le vin destiné à être distillé dans une *éprouvette* en verre, et l'on a soin de placer l'éprouvette bien d'aplomb; à l'aide d'une *pipette,* on y met du vin jusqu'au niveau du trait supérieur. On verse ensuite ce vin dans un petit ballon en verre servant de chaudière, en laissant bien égoutter l'éprouvette. Ce ballon est fermé par un bouchon en caoutchouc, traversé d'un petit tube en cuivre recourbé qui, à l'aide d'un autre tube en caoutchouc, communique au serpentin. On remplit le réfrigérant d'eau froide et l'on place l'éprouvette vide au dessous, en la calant de manière qu'elle effleure le fond du réfrigérant. On allume alors la lampe à alcool, dont on règle la mèche de façon à produire une chaleur modérée. L'appareil est en marche, et il ne s'agit plus que de rafraîchir, s'il y a lieu, l'eau du réfrigérant. Lorsque la distillation a été faite jusqu'à moitié de l'éprouvette, dont le milieu est indiqué par un trait, on éteint la lampe, et la distillation est terminée. On pourrait, pour les vins faibles, ne distiller qu'au tiers, mais il est plus prudent de distiller à moitié.

Enfin, on retire l'éprouvette, et, avec de l'eau pure (1), on remplit l'éprouvette jusqu'au trait où on avait versé le vin, on agite le liquide, et on y introduit un thermomètre et un alcoomètre. Après quelques instants, on examine la température du liquide et le titre marqué à l'alcoomètre, que l'on corrige à l'aide d'un tableau annexé à l'appareil, et dont nous donnons un aperçu au chapitre des eaux-de-vie.

On doit opérer très-attentivement. La conduite de l'appareil est simple, mais minutieuse, à cause du faible volume du liquide et des instruments, qu'il faut contrôler avec de bons étalons, afin de s'assurer s'ils sont bien justes.

Les appareils plus grands se conduisent de la même façon et le résultat en est plus rigoureux ; mais, pour des essais commerciaux, on trouve, avec les petits, des indications assez précises.

Intensité de la couleur. — Il est très-facile de se rendre compte de l'intensité de la couleur des vins, par la comparaison avec d'autres, lorsqu'on a un œil exercé, et surtout si on les observe dans une tasse d'argent, de forme évasée.

---

(1) Il faut éviter de se servir d'eau chargée de matières calcaires ; en conséquence, on emploiera de l'eau distillée ou de l'eau de pluie ou de fontaine, plutôt que de l'eau de puits.

Lorsqu'il s'agit de vins destinés à remonter la couleur de vins rouges faibles ou de vins blancs, on les dédouble avec ces derniers pour observer la nuance qu'ils produisent.

Lorsque les échantillons sont troubles ou arrivent louches, ils sont difficiles à juger ; on ne se rendra un compte exact de leur couleur qu'en les collant, avec une très-petite quantité d'albumine (blanc d'œuf), et en agitant ensuite l'échantillon, pendant une minute, afin de bien le fouetter. Si l'on avait à craindre que les vins fussent difficiles à clarifier, si c'étaient des vins pâteux, mous, communs, on remplacerait l'albumine par une petite quantité de gélatine dissoute dans quelques gouttes d'eau tiède, et on ajouterait au vin une *pincée* de tannin. Traités de la sorte, les vins deviennent limpides d'un jour à l'autre, et on peut les juger plus sainement. Si on avait quelque doute sur *l'origine* de la couleur, on ferait les essais que nous avons indiqués au chapitre des *Falsifications*.

Présence du tannin. — On doit se rendre compte, avant d'exporter les vins, s'ils sont aptes à supporter l'épreuve d'un long voyage sans dégénérer, et si leur couleur est solide et ne se précipite pas trop facilement. Lorsqu'ils renferment naturellement une dose convenable de tannin, la couleur se maintient mieux en mer. Pour savoir s'il en est ainsi, on en collera, soit une barrique, avec une double dose (deux tablettes) de gélatine de première qualité, soit une bouteille, en conservant les mêmes proportions ; et, après clarification, on observera les différences de couleur. Si la gélatine a été précipitée et si les vins sont limpides, c'est une preuve qu'ils sont riches en tannin ; s'ils ne renferment pas assez de tannin, la gélatine restera en suspension. On complétera l'expérience en soumettant, pendant une huitaine, une bouteille bouchée à l'aiguille à une chaleur de 30 à 50°, ou bien, si l'on est en été, en l'exposant à l'ardeur du soleil. Les vins qui résistent à ces épreuves peuvent s'expédier sans crainte.

Matières sucrées. — Pour se rendre compte de la quantité de matières sucrées que renferment les vins de liqueur, l'opération est très-simple : il suffit d'en mesurer dans une éprouvette une certaine quantité, que l'on verse dans un vase allant au feu ; on fait évaporer ensuite ce vin, soit à feu nu, soit au bain-marie, jusqu'à ce que le liquide ait diminué de moitié au moins. On remet ensuite l'extrait dans l'éprouvette, et, avec de l'eau distillée ou de l'eau de pluie, on la remplit jusqu'au point qu'atteignait le vin ; on agite ensuite le liquide et on se rend compte de sa densité à l'aide d'un pèse-sirop. *Il faut laisser refroidir* les vinasses avant d'introduire le pèse-sirop. Il est même préférable de les mettre au repos pendant vingt-quatre heures, afin de laisser précipiter la plus grande partie du tartre et des sels végétaux et minéraux qui pourraient influer sur la densité.

Lorsqu'on a un alambic d'essai, l'opération est plus simple : on distille d'abord le vin et on se rend compte ainsi de son titre alcoolique en poussant cette opération jusqu'à moitié ; l'autre moitié, qui est la vinasse, reste dans la cucurbite, on la verse dans l'éprouvette, qu'on remplit avec de l'eau pure jusqu'au trait qu'atteignait le vin ; on agite et on pèse.

Dans l'évaluation de la matière sucrée que donne le pèse-sirop, on ne tient pas compte des sels que les vins renferment, et qui, dans certains crûs, peuvent parfois donner un degré de plus au pèse-sirop. On doit donc avoir soin, si l'on opère sur des vins chargés d'extrait et encore nouveaux, de déduire un degré ; et pour les évaluations purement commerciales, on obtiendra ainsi une donnée plus juste de la quantité de matière sucrée, surtout si on

ne laisse pas, par un repos de vingt-quatre heures, précipiter et cristalliser les sels.

Analyse des liqueurs sucrées. — Les liqueurs
sont un composé d'alcool, de sucre et d'aromate. Les liqueurs
surfines sont d'autant plus estimées que leurs aromes se trouvent mieux combinés, leurs parfums plus suaves, et qu'elles
sont plus *vieilles*, parce qu'alors elles ont un moelleux, un
fondu qui résultent de la combinaison intime de leurs parfums et de l'alcool avec le sucre, combinaison qui ne peut
s'effectuer qu'avec le temps ; en effet, si elles sont nouvellement fabriquées, elles ont toujours, quelque soin que l'on
apporte à leur confection, un peu d'âcreté, de rudesse, qui
provient de la surabondance des substances aromatiques, et
un goût d'empyreume résultant de leur distillation récente.
La finesse du goût des liqueurs surfines ne peut naturellement s'apprécier qu'à la dégustation ; mais, à part
la finesse, il est nécessaire de se rendre compte *de leurs
bases,* c'est-à-dire de la quantité d'alcool et de sucre qu'elles
renferment, afin de se fixer sur le prix de revient, et de se
rendre compte, surtout pour les liqueurs qui doivent
s'exporter, si elles renferment assez d'alcool pour pouvoir
supporter la mer.

Alcool. — On se rend compte de la quantité d'alcool
que renferment ces liqueurs en les distillant d'après les
indications que nous avons données en parlant des distillations d'essai des vins. Seulement, si l'on n'a pas à sa disposition des alambics d'essai grand modèle, préférables
pour ces sortes d'analyses, et que l'on ait à opérer avec
l'appareil Salleron, dont les alcoomètres ne sont ordinairement gradués que jusqu'à 20°, il sera nécessaire de ne
remplir l'éprouvette qu'à moitié, en versant goutte à goutte,
à l'aide de la pipette, *et de la remplir ensuite jusqu'au*

trait, avec de l'eau distillée. Le produit de la distillation donnera la moitié de l'alcool que renferme la liqueur ; si l'on présumait que son titre dût dépasser 40°, on ne verserait que le 1/3, en y ajoutant, bien entendu, de l'eau distillée jusqu'au trait. Si le produit distillé ainsi marquait 15°, elle serait par conséquent de 45°, c'est-à-dire trois fois plus alcoolique. Dans tous les cas, on doit distiller à petit feu, en commençant surtout, et distiller au moins jusqu'à moitié.

Sucre. — On peut apprécier la quantité de sucre que renferment les liqueurs, à l'aide du ballon de l'appareil Salleron ou de tout autre vase allant au feu, et d'une éprouvette graduée, assez grande pour que le pèse-sirop puisse y flotter librement (l'éprouvette du petit alambic est trop étroite). Lorsqu'on se sert du ballon et d'une éprouvette pour la première fois, on le remplit aux trois quarts avec de l'eau, que l'on verse dans l'éprouvette graduée, afin de se fixer sur la quantité de liqueur qui sera nécessaire pour que le pèse-sirop puisse flotter.

On opère de la manière suivante : on verse la liqueur que l'on veut essayer dans l'éprouvette, jusqu'à un trait marqué d'avance, afin seulement de se fixer sur la quantité introduite. Cette liqueur est versée et bien égouttée dans le ballon ou tout autre vase, et, à l'aide de la lampe ou d'un fourneau ordinaire, on la fait bouillir et on la réduit de plus de moitié. L'alcool et les principes aromatiques s'évaporent, il ne reste que la matière sucrée ; on la verse dans l'éprouvette, avant qu'elle soit tout à fait refroidie ; on rince le ballon ou le vase avec de l'eau distillée que l'on verse dans l'éprouvette, et on achève de remplir jusqu'au trait avec de l'eau bien pure ; on agite ensuite, on laisse refroidir et on agite de nouveau avant d'introduire le pèse-sirop. Lorsqu'on distille les liqueurs pour les essais dans un alambic

dont la chaudière renferme au moins une quinzaine de
centilitres, les vinasses peuvent servir à reconnaître la
quantité de sucre qu'elles renferment. De cette manière,
on se rend compte en même temps du titre alcoolique et
de la quantité de matière sucrée. En adaptant à l'appareil Salleron une éprouvette et un ballon plus grands, on
peut, en ayant soin de rafraîchir constamment l'eau du
réfrigérant, l'employer à cet usage. Les nouveaux modèles
remplissent ce but (voir les planches).

L'instrument que l'on emploie dans ces opérations est le
pèse-sirop de Baumé, et on reconnaît la quantité de sucre
qui entre dans la composition des liqueurs à l'aide des
indications que nous avons données dans le chapitre
Liqueurs. (Voir *Évaluation des solutions sucrées,* au premier volume.)

CHAPITRE X.

DÉGUSTATION ET ACHATS.

Notions sur la dégustation. — Théorie des achats selon l'emploi des vins. — Achat des grands vins rouges et blancs de la Gironde. — Vins ordinaires.— Conditions d'achat, de logement.—Qualités, titre alcoolique et emplois.—Types divers des vins de la Dordogne, des deux Charentes, de la Bigorre, de la Chalosse, de l'Agenais, du Languedoc, du Lot, du Tarn-et-Garonne, du Gers, du Tarn, de la Haute-Garonne, de l'Aude, de l'Hérault, du Gard, du Roussillon, du Dauphiné, des côtes du Rhône, de l'Ermitage, des Bouches-du-Rhône, du Var, de la Bourgogne et de la Côte-d'Or. — Qualités qui constituent les meilleurs vins d'exportation ; conditions qu'ils doivent remplir pour supporter de longs voyages sans s'altérer. — Vinages.

Notions sur la dégustation. — La dégustation est l'art de reconnaître à la vue, à l'odorat et au goût, la robe, le bouquet, la séve ou les vices des vins. Cet art ne s'apprend pas par la pratique seule, et moins encore par la théorie. Pour être bon dégustateur, il faut avoir reçu de la nature une grande délicatesse des papilles nerveuses du palais et une grande sensibilité d'odorat ; il faut de plus n'être pas aveugle. En effet, avant de goûter, le gourmet regarde, examine le liquide avec attention ; il l'agite vivement pour faciliter le dégagement des parties les plus volatiles de l'arome, que son odorat doit saisir, ainsi que les senteurs agréables ou désagréables qu'exhalent les vins soumis à son jugement. Il est rare que le palais démente l'opinion qu'a fait émettre l'odorat. Lorsque ces deux sens ont une grande sensibilité, la pratique développe cette aptitude.

Un gourmet, pour être infaillible, ne doit jamais abuser de ce qui est susceptible d'irriter ou d'émousser les organes du goût et de l'odorat, comme les liqueurs alcooliques, le vin pur, les mets salés ou trop épicés, le tabac sous quelque forme que ce soit, etc.

Certaines indispositions rendent la dégustation impossible : le coryza ou rhume de cerveau, l'angine, les affections de la bouche et de la gorge, et généralement tout état maladif susceptible d'influer sur la délicatesse du palais.

Le dégustateur doit éviter de donner un avis plus ou moins positif après avoir goûté une grande variété de vins, car alors le palais est émoussé et a perdu momentanément une partie de sa sensibilité. Il doit garder la même réserve au sortir d'un repas copieux, car les saveurs variées d'un grand nombre de mets douceâtres, salés ou aromatiques, pourraient influer sur son jugement d'une manière très-sensible. Ainsi, on sait qu'après avoir mangé des fruits doux, les vins semblent beaucoup plus âpres et verts qu'ils ne le sont réellement, tandis que certains mets, par exemple les fromages secs, le roquefort surtout, les noix, le font paraître plus moelleux et plus fin.

Lorsque l'on a à faire déguster des vins de même genre, mais d'années différentes, il convient de commencer par les vins les plus secs, verts ou maigres, et de réserver les vins moelleux pour la fin. Il est bon de se rincer la bouche à l'eau fraîche, si l'on veut apprécier des vins de caractères différents et quand la dégustation est longue.

Ces observations n'ont pas besoin de commentaires.

Certaines personnes affirment néanmoins être toujours en parfaite disposition pour *déguster*, qu'elles aient ou non mangé ou fumé ; il en est même qui goûtent parfaitement, disent-elles, le cigare aux lèvres. Hélas ! il est bien difficile, pour ne pas dire impossible, de convaincre ceux qui, ayant

Dégustation.

Analyse Commerciale.

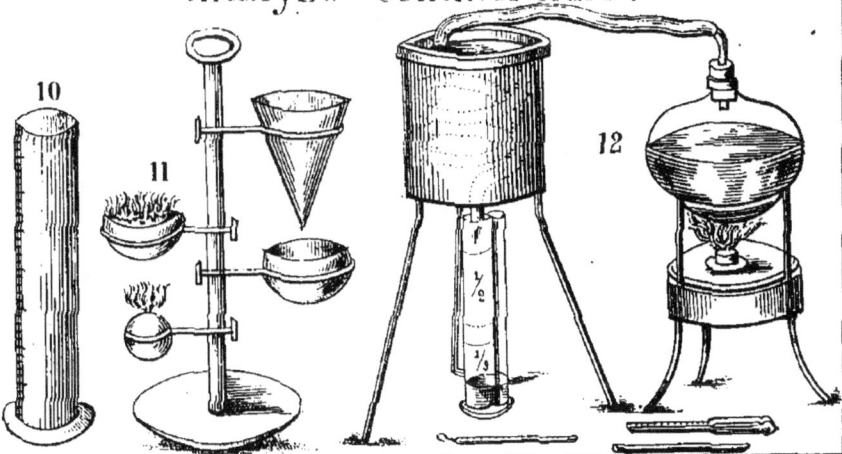

Alambic Salleron
(Nouveau modèle)

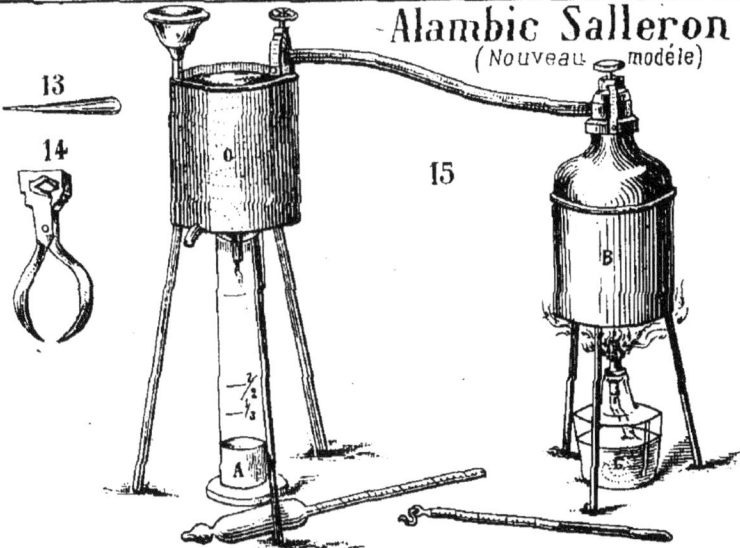

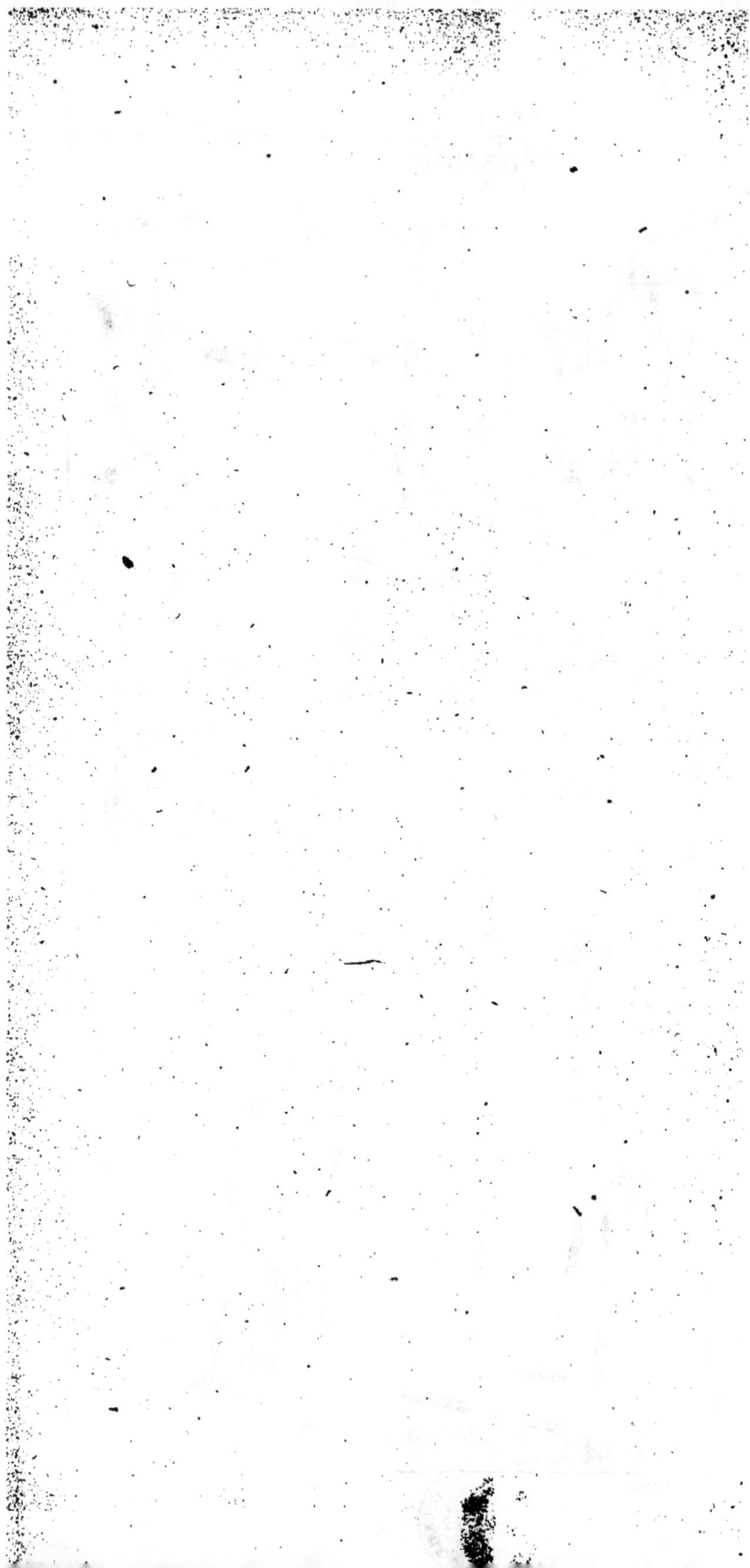

le palais insensible et cuirassé, ne sentent ni ne goûtent, et se figurent déguster. Ces pauvres dégustateurs, ne trouvant pas de différence entre les vins dont les nuances sont bien tranchées, sont naturellement disposés à soutenir qu'ils sont semblables, et se fâchent si l'on ne respecte pas leur opinion.

Il est certain qu'à un degré plus ou moins éloigné du vrai, tout buveur est connaisseur, selon ses habitudes ou ses aptitudes. Toutefois, les producteurs et les expéditeurs ne devraient jamais oublier que, même parmi les consommateurs qui ont le moins de pratique, il peut se trouver de vrais gourmets qui, s'ils sont incapables de donner une opinion précise sur la nature ou les vices des vins soumis à leur appréciation, en ressentent néanmoins au palais les imperfections, et auxquels il n'a manqué souvent que la pratique pour devenir d'excellents connaisseurs.

Ne deviendra jamais apte à la dégustation, telle personne qui a le palais insensible au point de ne trouver aucune différence entre deux échantillons de vin de même nature dont l'un est franc de goût et l'autre vicié. Si son palais, au contraire, est sensible, sans préciser le genre d'altération, le dégustateur novice trouvera le vin vicié, mauvais; il suffira de l'exercer à reconnaître les divers genres d'altération et à apprécier les qualités pour en faire un gourmet.

Pour bien se rendre compte des qualités ou des vices d'un vin soumis à la dégustation, il faut avoir sous la main, s'il est possible, un type irréprochable de vin du même vignoble, afin de pouvoir établir une comparaison.

L'habitude de goûter les vins d'une même contrée rend le palais apte à apprécier les nuances, souvent très-délicates, qui distinguent les vins de plusieurs vignobles contigus, nuances qui ne seraient pas reconnues par des palais peu exercés, surtout s'il s'agissait de vins fins.

16

Beaucoup de personnes, qui goûtent journellement de grands vins, sont disposées, lorsqu'elles dégustent des vins de crûs ordinaires, à les trouver communs et vicieux, bien qu'ils soient francs de goût, tandis que celles qui ne dégustent d'habitude que les vins les plus communs, trouvent des qualités exagérées aux vins dédaignés par les premiers.

C'est que ceux-ci ont constamment à leur portée des types parfaits, et que les vins ordinaires s'éloignent toujours de ces types ; donc, ils sont pour eux imparfaitement réussis. Les autres, ne goûtant que des vins communs, pour la plupart mal vinifiés ou à séve et terroir désagréables, trouvent tout naturellement parfaits des vins secondaires.

C'est en dégustant souvent, en comparant les vins de crûs limitrophes, et en choisissant pour types des vins irréprochables, que le palais se fortifie, qu'il devient plus apte à apprécier des nuances souvent très-délicates ; mais pour cela, le gourmet doit éviter avec soin les excès de tous genres, qui, à la longue, émoussent la sensibilité des organes de la dégustation.

Théorie des achats. — *Achats des grands vins rouges et blancs de la Gironde.* — On achète les vins nouveaux pour les faire vieillir en barriques, leur laisser développer ensuite en bouteilles toutes leurs qualités par un séjour d'une ou de plusieurs années dans un caveau, et les présenter à la consommation ; ou bien les achats sont faits, soit dans un but de spéculation, soit pour des expéditions immédiates.

On doit toujours tenir compte de l'emploi auquel on destine les vins avant de les acheter. Les achats les plus difficiles à faire sont ceux des vins nouveaux que l'on a l'intention de faire vieillir. Il n'est pas facile de juger quel sera l'avenir d'un vin et s'il finira bien ; il faut, dans ce cas, ne se laisser influencer ni par les parties intéressées ni par le nom du crû officiellement classé ; il faut éviter d'acheter des vins d'années médiocres, et ne faire ses provisions de réserve, pour mettre en caveau, que lorsque la maturité a été parfaite et que la récolte a été cueillie par un temps sec et chaud. Alors, environ un mois après l'*écoulage,* après avoir goûté et jugé les premiers échantillons, on laisse terminer la fermentation insensible, afin de juger plus sainement et d'être mieux assuré de l'excellence des produits ; puis on fait un choix des vins les mieux réussis, et on les déguste collectivement avec la plus grande attention. On doit tenir compte, pour ces sortes d'achats, non-seulement du titre alcoolique, de la finesse du goût, de la vivacité de la robe, mais surtout du *moelleux,* du *goût de fruit ;* il faut s'assurer que la fermentation tumultueuse est bien terminée, et rejeter les vins douteux, c'est-à-dire ceux qui ont trop cuvé, qui par conséquent sont déjà légèrement échauffés si la décuvaison a été faite sans précaution, et ceux qui ne sont pas restés assez longtemps en cuve et qui demeurent douceâtres. Il est difficile d'apprécier ces derniers puisque leur fermentation n'est pas terminée. On doit repousser aussi les vins verts, maigres, ayant de l'âcreté, de l'amertume, du goût de râpe. Quant aux vins âpres, qui ne sont ni âcres ni amers, qui ont d'ailleurs de la finesse, une belle robe et un goût prononcé de fruit, on peut les prendre sans crainte, car l'âpreté, due au tannin qu'ils renferment en excès, s'efface peu à peu en vieillissant, par suite de diverses combinaisons que le tannin forme avec l'albumine végétale et les colles introduites, et par suite aussi de sa transformation en acide gallique ; ces sortes de vins durent longtemps et finissent généralement bien.

Pour les vins d'un emploi immédiat, le choix n'est pas aussi rigoureux. Il y a beaucoup de vins qui, étant nouveaux, paraissent avoir beaucoup de graisse, de fruit, qui sont tendres, moelleux, et dont l'avenir ne justifie pas les promesses ; néanmoins, pour consommer immédiatement, les étrangers et les consommateurs de l'intérieur de la France préfèrent généralement ces sortes de vins aux vins plus fermes et dont l'âpreté est considérée comme un vice par les dégustateurs qui ne les connaissent pas assez pour pouvoir les apprécier.

Pour les achats de vins vieux, on ne doit prendre que des vins parfaitement francs, ayant *encore du fruit,* du moelleux ; il faut éviter surtout de se charger de vins ayant déjà de la *sécheresse* et de l'âcreté, même quand ils ont du bouquet, car le vice dont ils sont affectés s'accroît quelquefois très-rapidement et donne lieu à bien des mécomptes. D'ailleurs on n'a rien à espérer d'un vin usé, sec et âcre, en bouteilles : son avenir est perdu, il est en voie de décadence.

Quant aux grands vins blancs, il est difficile de juger une récolte sur échantillons, il faut déguster sur les lieux, parce que, la fermentation s'effectuant isolément dans chaque barrique et la densité des moûts de chaque triage étant très-variable, il existe, entre les vins de tête, de centre et de queue d'une même récolte, des différences de goût, de qualités et partant de valeur, trop grandes pour que l'on puisse établir son jugement sur un échantillon isolé. Souvent, les premières *têtes,* faites avec des raisins rôtis par le soleil, ayant un goût exquis et très-liquoreux, une séve et un bouquet très-developpés, ont, prises isolément, une valeur qui irait de 5 à 10,000 fr. le tonneau et même au-dessus, tandis que les *queues,* du même crû et de la même année, vaudraient à peine 1,200 à 1,500 fr.

Vins ordinaires, côtes et palus de la Gironde.

— Les conditions que nous venons de poser pour l'achat des vins fins doivent être appliquées bien plus rigoureusement encore à celui des vins ordinaires.

En effet, parmi les vins de côtes et de palus, on rencontre, à côté de vins communs, sur le même sol, à la même exposition, des vins d'avenir qui finissent bien, lorsqu'ils proviennent de *cépages fins, de vignes vieilles et bien exposées et qu'ils sont vinifiés avec soin.* Le prix d'achat, si on veut laisser vieillir, ne doit être qu'une question secondaire. Il convient, avant tout, de choisir des vins irréprochables, bien étoffés et moelleux. Peu importe de les payer un dixième de plus par tonneau que les vins des vignobles contigus, qui souvent sont communs, mous, etc., et ne peuvent acquérir de la qualité en vieillissant : on réalise encore une véritable économie ; on peut être assuré en effet, que si on les soigne bien, lorsqu'ils se seront dépouillés, on les vendra avec bénéfice, quelles que puissent être les variations des cours ; tandis qu'en lésinant pour acheter des vins de basse qualité, il arrive souvent, si on les conserve longtemps, que l'on ne peut s'en défaire qu'avec perte ; leur qualité ne s'améliorant pas avec l'âge, on perd ainsi l'intérêt de l'argent employé à leur achat.

Nous n'avons pas à nous occuper ici de la nomenclature des crûs de la Gironde ; nos lecteurs trouveront les plus grands détails à ce sujet dans des ouvrages spéciaux : le *Traité des vins du Médoc et autres crûs de la Gironde,* de Franck ; la *Culture des vignes, etc.,* de M. d'Armailhacq ; la *Notice sur le Médoc,* de M. Bigeat (librairie de M. Chaumas, éditeur, à Bordeaux).

Voici les conditions d'achat les plus usitées pour les crûs de la Gironde :

Les vins se vendent comptant (sauf déduction de 3 pour

100 d'escompte et de 2 pour 100 de courtage), au tonneau maritime, qui se compose de quatre barriques bordelaises et qui pèse à peu près 1,000 kilogrammes. La
contenance effective du tonneau doit être de 905 litres. Les
barriques doivent être de forme et d'épaisseur marchandes
(voir *Fabrication des barriques*). Les vins sont soutirés au
clair et rendus à Bordeaux aux frais et risques du propriétaire. Rarement la livraison en est effectuée dans les chais
des producteurs. Les vins, une fois rendus, sont agréés
par l'acheteur, c'est-à-dire dégustés barrique par barrique
et confrontés, s'il y a lieu, avec l'échantillon-type, afin de
reconnaître s'il y a des barriques dont le contenu est défectueux. On vérifie en outre si les barriques sont de jauge,
si elles n'ont pas de douves cassées ou autres imperfections.
En ce cas, les *raquages* se comptent à raison de 2 fr. 50
par barrique pour les vins vendus au-dessous de 400 fr.
et de 3 fr. pour les vins d'un prix supérieur. Enfin, on
les ouille avec du vin semblable à celui de l'achat. Les
ouillages se règlent au prix coûtant du vin et se payent
par litre ; on compte ordinairement deux litres par tonneau d'ouillage ordinaire sur cale.

Quelques vins communs, surtout les vins blancs, sont
vendus au tonneau également, mais sans logement, ou sont
logés dans des fûts de forme et de contenance autres que la
barrique bordelaise. Dans ces conditions, les vins sont
dépotés sur place, à Bordeaux, par les vergeurs-jurés, et
le règlement s'en établit au prorata du tonneau bordelais
de 905 litres.

Pour établir les factures d'achats faits dans ces conditions, on divise le prix du tonneau par sa contenance (905
litres), et on obtient ainsi le prix d'un litre ; on additionne
ensuite le dépotage partiel des pièces, et le total du dépotage est multiplié par le prix du litre.

Exemple : Soit 10 pièces de vin dépotant ensemble 53 hectolitres 10 litres, vendus à raison de 230 fr. le tonneau de 905 litres. Quel est le prix total de cet achat ?

```
23000  | 905
 4900  |
 3750  | 25,414
 1300  |
 3950  |
  330  |
```

Le prix du litre ressort à 25 centimes 414 millièmes de centime.

Total du dépotage....	5310 litres.
Prix du litre..........	0,25414
	21240
	5310
	21240
	26550
	10620
Produit..................	1349,48340

ce qui établit le prix total de l'achat à 1,349 fr. 48 c.

On obtient le même résultat par la règle de proportion suivante :

$$905 : 230 :: 5310 : x$$

d'où :

$$x = \frac{230 \times 5310}{905} = 1349,50$$

DÉTAIL DU PROBLÈME :

```
 230   prix du tonneau.
5310   quantité totale de litres.
─────
 2300
 690
1150
─────
1221300  | 905  contenance du tonneau.
 3163    |
 4480    | 1349ᶠ 50ᶜ  total de l'achat.
 8600    |
 4550    |
 025     |
```

VINS DES VIGNOBLES LIMITROPHES; DU MIDI ; DE LA MÉDITERRANÉE, ETC.

Dordogne. — *Vins rouges.* — Les vins rouges de la Dordogne présentent trois variétés distinctes :

1º Les vins choisis des *premiers crûs de Bergerac* et des meilleurs vignobles du canton. Ces vins, dans les années favorables à la maturité, ont beaucoup d'analogie avec les vins des côtes de la Gironde ; ils ont, en moyenne, de 9° à 9°, 5 d'alcool pur, une belle robe et un goût de fruit très-prononcé, sans terroir. Dans leur première année, ils plaisent davantage, ils sont plus coulants que la plupart des vins des côtes de la Gironde qui, généralement, ont plus d'âpreté qu'eux ; partant, ils vieillissent plus vite, mais aussi il en est peu qui durent longtemps et qui conservent, en vieillissant, leur goût de fruit. Beaucoup perdent leur moelleux dès la première année, surtout les plus tendres et les plus légers ; leur couleur se précipite facilement, et ils prennent en vieillissant de l'âcreté, de la sécheresse. Il convient de choisir les vins de côtes les plus fermes et provenant de vieilles vignes.

2º Les vins de Domme et des vignobles limitrophes. Ces vins, dans les années favorables, sont très-couverts, mais mous et communs ; leur moyenne d'alcool pur est de 8 1/2 pour 100. On les emploie généralement, lorsqu'ils sont nouveaux, pour opérer sur des vins blancs communs. En vieillissant, leur couleur ne se soutient pas.

3º Les vins communs des vignobles de Ribérac, Sarlat et Périgueux. Ces vins, sauf quelques rares exceptions, sont mous, de couleur plombée ; quelques-uns ont un goût de terroir. Leur titre alcoolique varie beaucoup : lorsqu'ils n'ont pas été opérés avec *les demi-vins,* ils ont une moyenne de 8 à 9 pour 100 d'alcool pur, dans les années ordinaires.

Ces vins se vendent au tonneau de 905 litres logés en barriques bordelaises ; en général, les ventes sont faites au comptant, sans escompte, les vins rendus au port ou à la gare la plus voisine du vignoble.

Pour beaucoup de clients qui consomment les vins dans leur première année et qui ne se rendent pas compte de l'avenir, ces genres de vins, si on les choisit bien, sont souvent préférables, prix pour prix, aux vins communs de la Gironde, parce qu'ils sont généralement plus coulants pour la consommation immédiate.

Vins blancs. — On trouve dans la Dordogne trois sortes de vins blancs :

1º Les vins blancs liquoreux de la côte de Marsallet, qui embrasse plusieurs communes, vins connus dans le commerce sous le nom de *vins de Monbazillac.* Dans ces vignobles, les raisins sont vendangés comme à Sauternes et à Barsac : on les laisse pourrir et on les trie avec soin. Le principal cépage est le même qu'à Barsac ; c'est le *sémillon* mêlé à une variété de *raisimotte* ou *muscadet* doux ; comme à Sauternes, pour que le vin reste liquoreux en vieillissant, il faut que le moût ait une densité supérieure à 14°. Lorsqu'il a été fait avec des moûts trop peu sucrés, que par conséquent son titre alcoolique est au-dessous de 15°, et qu'on a arrêté la fermentation par des soutirages réitérés, pendant la première année, il fermente avec une facilité extrême. Conservés dans des locaux convenables et bien soignés, ce sont des vins qui, à quatre ou cinq ans, sont bons à être tirés en bouteilles. Ils sont liquoreux et ont une sève musquée agréable lorsqu'on a choisi les premiers chais, qu'on a vendangé avec soin et qu'ils proviennent d'une bonne année. Mais les vins ordinaires de ces vignobles sont fort difficiles à conserver doux, parce qu'ils ne sont pas *assez corsés ;* on est forcé de leur faire subir le traitement que nous indiquons en parlant des *vins muets,* ou de les viner.

2° La deuxième catégorie se compose de vins blancs qui sont doux étant nouveaux ; ils sont connus sous le nom de *vin blanc doux de Bergerac.* Les raisins de ces crûs sont vendangés en pleine maturité, mais sans être triés avec autant de soin. D'ailleurs, ces vins sont faits avec des cépages communs, parmi lesquels l'*enrageat* domine ; souvent ils sont mutés, et ils ne se conservent doux que pendant quelques mois.

3° La troisième sorte de vins blancs provient des mêmes cépages que les précédents ; ces vins ne sont pas mutés, ils fermentent plus rapidement. Ils ont beaucoup d'analogie avec les Entre-deux-Mers ; ils sont plus moelleux, plus sujets à fermenter, mais ils ont en général moins de corps. Leur titre alcoolique est en moyenne de 9 pour 100, année ordinaire.

Les conditions d'achat pour les vins blancs sont les mêmes que pour les rouges.

Pour exporter, on devra choisir les premières marques, les vins les plus alcooliques, et s'assurer de leur titre. Il est prudent de les viner, au départ, à 2 pour 100, avec des eaux-de-vie de vin à 60° (3/5), et de rejeter pour cet emploi les vins rouges communs qui, malgré le vinage, arriveraient louches, et surtout les vins opérés. D'ailleurs ces sortes de vins sont beaucoup plus convenables pour la consommation intérieure que pour l'exportation, car ils manquent de fermeté, et leur couleur est trop *facilement précipitée.* Ce vice est dû pricipalement à leur manque de tannin.

Deux Charentes.— *Vins blancs.*— Les Charentes produisent une énorme quantité de vins blancs qui sont prin-

cipalement destinés à la fabrication des eaux-de-vie dites
de *Cognac.* Ces vins sont faits avec divers cépages ; mais les
principaux sont l'*enrageat* ou *folle-blanche* et le *colombar.*
On y rencontre aussi, mais en moins grande proportion, le
bouilleau, le *blanc-doux,* le *Saint-Pierre* et quelques *sau-
vignons.* Les meilleurs vins blancs se trouvent aux environs
de Saintes et dans la contrée nommée *Grande-Champagne.*
Ces vins, quoique faits en grande partie avec l'enrageat,
ont du moelleux, un bon goût, un titre alcoolique moyen
de 10 pour 100. On peut les assimiler aux vins choisis du
Brannais, mais ordinairement ils n'offrent aucun avantage
au commerce, parce que l'emploi que l'on en fait, dans le
pays, pour la fabrication des eaux-de-vie fines, les maintient
à un prix relativement élevé. Quant aux vins blancs ordinaires de la Saintonge, de la Rochelle, des îles de Ré,
d'Oléron, etc., ils sont presque tous communs, très-difficiles à clarifier et faibles en alcool (8 1/2 à 9 pour 100 en
moyenne, dans les bonnes années). Les vins récoltés sur
les vignes plantées dans des terrains marécageux sont, en
outre, affectés d'un goût de terroir désagréable, ou d'un
goût saumâtre plus ou moins prononcé, selon leur provenance et les engrais employés. On les vend ordinairement
non logés, au tonneau de quatre barriques bordelaises, pris
sur tins. Ces vins ne s'expédient à l'extérieur qu'à défaut
d'autres.

Vins rouges. — Les vins rouges offrent deux variétés.
On trouve, dans les environs d'Angoulême, des vins francs
de goût, de couleur ordinaire, légèrement âpres, légers et
peu corsés, qui ont de 8 1/2 à 9 pour 100 d'alcool, dans
les bonnes années. De même que les vins des Borderies,
près de Saintes, la plupart de ces vins vieillissent vite.
Nous en avons vu qui, à dix-huit mois, étaient déjà
vieux et commençaient à dégénérer. Il y a cependant quel-

ques crûs qui ont plus de durée; mais ils font exception.

Il en est d'autres, plus communs, qui ont un goût de terroir et beaucoup de couleur, étant nouveaux, mais ils sont mous et ternes. Tels sont la plupart des vins de Marennes et de quelques vignobles des environs d'Angoulême. Ils sont louches, et, par le repos ou le moindre collage, ils se dépouillent de leur couleur, qui se précipite. Ces vins sont vendus sans logement, pris sur tins, au tonneau de quatre barriques bordelaises dans la Charente-Inférieure, et à la barrique du pays dans la Charente. Cette barrique dépote 205 litres environ. Les cépages rouges que l'on cultive dans ces contrées sont le *chauché*, le *balzac*, le *querci*, le *pineau;* on y trouve aussi le *dégoûtant* et le *maroquin.* Les vins de cette catégorie ne s'exportent que peu, et à défaut d'autres ; il est indispensable, en tous cas, de leur faire subir un fort vinage, après les avoir, au préalable, parfaitement clarifiés.

Bigorre et Chalosse. — Les propriétaires de ces contrées font fort peu d'expéditions au dehors, parce qu'ils trouvent dans la partie des Pyrénées et des Landes où l'on ne cultive pas de vignes, un débouché assuré et facile pour leurs produits, qui atteignent souvent un cours au-dessus de leur valeur. Ce n'est que lorsque la maladie de la vigne, après avoir considérablement réduit les récoltes, a eu pour résultat de porter les prix des vins ordinaires à un taux momentanément très-élevé, que le commerce des places éloignées a eu recours à ceux de la Chalosse et de la Bigorre. Nous n'en parlons que pour mémoire.

Ces deux contrées produisent des vins rouges et blancs. Les meilleurs vins rouges de la Bigorre sont ceux connus sous le nom de *madirans* et que l'on récolte à Madiran, à Castelnau, etc.; toutefois, nous avons goûté, sur le coteau de Montfaucon (près Rabastens), des vins d'une couleur très-riche, très-francs de goût, âpres, très-chargés de tannin, ayant un titre alcoolique dépassant 11 pour 100. Ces vins se conservent bien; ils gagnent en qualité, en vieillissant et en voyageant. Ils sont vendus sans logement. Le fût du pays est la barrique *chalosse,* fabriquée en branches de châtaignier, liée à bandes et dépotant environ 300 litres. Les vins sont vendus à tant la *cruche* ou le *char;* la cruche varie de capacité selon les cantons, ainsi que le char; mais, dans les principales communes, il y a des mesureurs qui sauvegardent les intérêts des vendeurs et des acheteurs, et prennent le litre pour unité.

Les vins rouges de la Chalosse sont communs et ne sortent pas ordinairement du pays.

Parmi les vins blancs il y en a de remarquables : ceux connus sous le nom de *viquebille,* qui se récoltent à Portet, à Conchez, etc., et les *jurançons,* qui viennent dans les environs de Pau. Ces vins sont séveux, moelleux ; le commerce de Bayonne en expédie parfois les bonnes marques en Belgique. Ils sont généralement logés dans les barriques *chalosse,* comme les vins rouges, et vendus au comptant ; mais à part ces vins, parmi lesquels du reste il faut choisir avec grand soin les meilleurs, et [les acheter peu après la récolte, afin de leur donner les soins nécessaires, les vins blancs ordinaires de la contrée, surtout ceux des plaines, sont excessivement communs, verts et faibles.

Les vignes des plaines sont tenues très-hautes; elles grimpent sur des arbres qui leur servent de tuteurs, de sorte que la maturité est souvent imparfaite.

Agenais.— L'Agenais produit des vins rouges et blancs. Parmi les rouges, en choisissant les meilleurs, connus sous le nom de *côtes de Buzet* et récoltés à Thézac, Perricard,

Monflanquin, Buzet, Clairac, etc., on en rencontre d'une belle couleur, ayant un bon goût de fruit, une moyenne alcoolique de 10 à 12 pour 100; dans les grandes années, telles que 1870, les premiers crûs de Buzet peuvent atteindre jusqu'à 15°; ces vins se conservent et s'améliorent en vieillissant, lorsqu'ils *ont été vinifiés avec soin,* ou qu'ils proviennent de vignes bien exposées et plantées le long des côtes. On peut assimiler leur valeur à celle des petites côtes de la Gironde et des palus ordinaires. Les plaines de ces contrées ne donnent que des vins communs.

La plupart des propriétaires de l'Agenais ont l'habitude de laisser *trop cuver leurs vins* et de négliger les soins les plus élémentaires dans leur vinification. Il résulte de là qu'on rencontre fréquemment, chez eux, des vins *très-communs, échauffés, piqués* en sortant de la cuve.

Ces vins sont vendus au tonneau bordelais de quatre barriques, logés et rendus au port ou à la gare la plus voisine du vignoble.

A Clairac et au Buzet, on fait des vins blancs doux, que l'on nomme vins *pourris,* avec des raisins blancs que l'on cueille effectivement pourris, comme à Monbazillac. Ces vins sont doux lorsqu'ils sont nouveaux; mais rarement la densité du moût est assez grande pour qu'ils puissent conserver cette douceur en vieillissant; d'ailleurs ils sont presque tous consommés pendant l'hiver qui suit la récolte, et ceux qui restent forment des vins moelleux ordinaires, analogues aux vins des côtes de la Gironde. On les vend, comme les rouges, en barriques bordelaises et logés.

Lot. — Le Lot ne livre au commerce que des vins rouges et noirs; on y fait bien quelques vins blancs et rosés, mais ils se consomment dans le pays. Les vins les plus estimés sont les noirs de première marque, connus sous le

nom de *vins de Cahors*. Ces vins se récoltent principalement dans le canton de Luzech, à Mel-la-Garde, à Savanac,
à Prayssac, à Premiac, etc.

On les fait avec des raisins du cépage que l'on nomme
dans le pays *auxerrois,* et que l'on désigne dans la Gironde
sous le nom de *teinturier*. Ces raisins sont vendangés lorsque leur maturité est parfaite ; on les foule avec soin, et,
pour augmenter encore leur couleur, certains propriétaires
font bouillir tout ou partie des pellicules avec le moût et le
versent ensuite sur la cuve. Quelques propriétaires, surtout
dans les années où les raisins mûrissent mal, prévoyant
que les vins seront faibles en couleur, fabriquent une sorte
de vin de liqueur artificiel, d'une couleur excessivement
foncée, qu'ils appellent *rogomme*. Le rogomme se fabrique
en faisant bouillir longtemps des pellicules et du moût
dans une chaudière, et en versant ensuite, lorsque le mélange est tiède, de l'eau-de-vie à 60° sur ce moût concentré ; l'eau-de-vie arrête la fermentation et dissout les
matières colorantes. Cette préparation est vinée à 18 pour
100 d'alcool ; puis il brassent bien le tout, le pressent
ensuite et mettent en barriques.

Le rogomme s'emploie à colorer des vins liquoreux ;
mais le sucre qu'il renferme empêche de l'employer sur
des vins ordinaires, *qu'il mettrait en fermentation.*

Cette composition a une couleur excessivement foncée ;
on la mélange quelquefois avant la fermentation avec le
moût ordinaire sortant du pressoir. Le cépage donnant déjà
seul des vins très-foncés, la couleur devient alors très-
intense par suite de la dissolution plus complète des matières colorantes, que favorise l'élévation de la température et l'alcool introduit.

Ces vins ne sont achetés que dans le but de servir à
remonter les vins trop faibles en couleur, à faire des opé-

rations, etc. Les premières marques doivent avoir une couleur vive et être limpides ; ils doivent donner facilement trois couleurs, avoir un goût franc et une moyenne alcoolique de 10 à 10 1/2 pour 100 sans vinage. Ces vins se vendent logés en barriques en bois de pays, au tonneau bordelais de 905 litres, et livrés au port le plus prochain.

Les vins rouges composant les deuxièmes marques sont faits, soit avec le même cépage, soit avec l'auxerrois mélangé aux cépages ordinaires, dont quelques-uns sont cultivés dans le Lot-et-Garonne. Ces vins ne reçoivent aucune préparation. Les premiers choix ont néanmoins une belle robe, un assez bon goût de fruit et une moyenne alcoolique de 9°,5 pour 100 ; leur sève est neutre et commune. On les emploie souvent aux mêmes usages que les premières marques ; mais, pour qu'ils atteignent le même but, il en faut beaucoup plus.

La couleur des vins de Cahors ne se maintient pas lorsqu'on les mélange en trop petite quantité avec des vins blancs verts, parce que ces vins blancs affaiblissent leur titre alcoolique, et prédisposent les matières colorantes à se précipiter.

Languedoc. — Sous le nom générique de *vins du Languedoc,* on désigne des produits qui diffèrent essentiellement entre eux, et qui ont été récoltés à des distances considérables les uns des autres. Afin de mettre quelque ordre dans nos indications, nous allons parcourir les vignobles dits du Languedoc, de l'ouest à l'est.

Tarn-et-Garonne et Gers. — Le Gers produit beaucoup de vins rouges et quelque peu de blanc ; mais, à part les vins de Verlus, qui ont une certaine analogie avec les vins rouges choisis de la Bigorre, la majorité des vins de ce département se trouve dépourvue des qualités nécessaires à une longue conservation. Ce sont des vins rouges faibles en alcool (environ 7° 1/2 dans les années ordinaires), très-peu colorés et communs. D'ailleurs les vignes, peuplées de cépages communs, se cultivent spécialement pour faire des vins destinés à la fabrication des *eaux-de-vie d'Armagnac.* Ces vins se vendent sans logement, à la barrique borde-laise.

Le Tarn-et-Garonne ne produit que des vins rouges : les vins de la Gascogne, c'est-à-dire de la contrée située entre le Gers et la rive gauche de la Garonne, sont très-communs, faibles en alcool, de couleur terne, et se conser-vent difficilement sans se tourner ; mais on trouve dans les environs de Castelsarrasin, à Campsas, à Aussas, à Fau, à Lavillcdieu, etc., des vins qui ont une jolie couleur vive, une moyenne alcoolique de 10 à 10 1/2 pour 100, un goût franc, une séve moins commune que la plupart des vins ordinaires de l'Agenais ; ils n'ont ni âpreté trop prononcée ni terroir, et ils supportent bien les transports par mer ; mais il faut se montrer d'une extrême prudence dans leur choix. Les vins que nous venons de citer proviennent de vignes bien exposées, et leur vinification a été bien faite. On trouve dans les mêmes villages des vins extrêmement pau-vres en alcool (7 à 7 1/2 pour 100 à peine), d'une couleur plombée, faibles et prêts à se tourner.

Nous avons voulu nous rendre compte, en parcourant ces contrées, des causes de cette grande diversité de qualités, que nous présumions ne pas être due seulement à la na-ture du sol, aux cépages ou aux expositions plus ou moins favorables, et nous avons acquis la certitude que certains propriétaires allongent leur récolte avec les piquettes : dès que la cuve ne donne plus de vin, ils y versent une quan-tité d'eau suffisante pour couvrir le marc, le brassent, le laissent macérer une couple de jours, et soutirent ; puis

17

ils y mettent une deuxième couche d'eau, brassent encore
et laissent macérer ; ils épuisent ainsi le marc. Dans les
contrées où l'on n'a pas de pressoir on agit de la sorte ;
mais le plus souvent les piquettes servent de boisson
ordinaire aux cultivateurs. Dans tous les cas, c'est un
mauvais système de les mélanger avec les vins, parce que
ceux-ci se trouvent ainsi affaiblis et finissent par se décomposer si on ne s'en défait pas avant les chaleurs. En agissant ainsi, on porte en outre le discrédit sur des vignobles
qui pourraient faire de bons vins ; aussi les propriétaires
intelligents s'abstiennent de cette pratique, et avec raison.

Les vins de ces contrées se vendent sans logement, à tant
la barrique bordelaise, livrables à la gare la plus voisine,
et toujours au comptant.

Tarn. — Le commerce ne connaît que les vins rouges
des environs de Gaillac. Il se fait encore dans ce département, aux environs d'Albi, par exemple, quelques vins
blancs mousseux et moelleux, et des vins rouges légers,
ayant une séve agréable, mais faibles en alcool et assez
délicats ; lorsqu'ils ont vieilli, ils sont très-parfumés. Ces
vins ne sortent pas du pays. Très-peu, du reste, seraient
susceptibles de s'améliorer en faisant de longs voyages sur
mer. Les vins de Gaillac et de quelques communes du
même arrondissement ont, dans les crûs choisis, une belle
couleur vive, un bon goût, quoique un peu âpres. Ils ne
sont pas aussi moelleux que les vins de choix de Laville-
dieu et des premiers vignobles du Tarn-et-Garonne ; mais
ils sont plus fermes, plus corsés ; leur moyenne alcoolique
est de 10 1/2 à 11 pour 100. Ces vins supportent bien les
transports par mer à de longues distances, et, *lorsqu'ils
ont été bien vinifiés*, ils gagnent en vieillissant.

En général, les procédés de vinification laissent beaucoup
à désirer dans ce département ; la plupart des propriétaires,

après avoir écoulé leur vin de la cuve, ont la déplorable habitude de faire presser les pellicules et grappes, sans avoir la précaution d'enlever soigneusement le dessus du chapeau, qui est très-acide ; ce vin de presse, ou *treuillis,* très-louche et souvent aigre, est ensuite répandu sur le vin fin écoulé de la cuve ; d'autres, et c'est le plus grand nombre, laissent cuver le vin trop longtemps, le chapeau s'affaisse et communique au vin un goût de râpe et d'échauffé. Ces habitudes vicieuses font qu'on rencontre dans le Tarn beaucoup de vins échauffés et communs (1), qui, bien faits, seraient francs de goût et supérieurs en qualité.

Les vins de Gaillac se vendent logés en barriques de châtaignier cerclées en aubier, liées à bandes à seize cercles sans barres, ou liées en plein et barrées. Les prix s'établissent sur la contenance de deux barriques qui, en moyenne, dépotent 220 litres chacune, le tout rendu sur le Tarn.

Haute-Garonne. — Les environs de Toulouse n'ont que des vins médiocres ; mais les vignobles de Fronton et de Villaudric font de bons vins d'exportation. Ces vins ont, lorsqu'ils proviennent d'une bonne année et qu'ils ont été faits avec soin, une couleur belle et vive, un goût de fruit franc, sans âpreté ; ils sont plus corsés que les vins de choix du Tarn-et-Garonne ; leur moyenne alcoolique est de 10 1/2 à 11 pour 100 ; ils gagnent en qualité en vieillissant. Ils se vendent sans logement, à la barrique bordelaise de 30 veltes, ordinairement rendus au port le plus voisin.

Aude. — Ce département possède des vignobles immenses, dont les produits, très-variés, sont connus sous le nom de *vins de Narbonne.* Les vins blancs de ce pays sont expédiés en nature à l'étranger, où ils entrent dans le commerce qui en fabrique des vermouts. Les meilleurs vins rouges se récol-

---

(1) Certains propriétaires mettent du sel dans le vin.

tent à Fitou, à Leucate, à Treilles, etc., dans le canton de Sigean, limitrophe du Roussillon, et dans la banlieue de Narbonne. Les premières marques de Fitou ont une *couleur vive très-riche,* un goût de fruit, de moelleux bien prononcé : ils n'ont ni douceur, ni goût de terroir ou de râpe. Leur titre alcoolique est de 12 à 14 pour 100, *sans vinage.* Ces vins supportent parfaitement les voyages, se conservent et gagnent en qualité en vieillissant. Ils acquièrent, vers l'âge de quatre ou cinq ans, un bouquet très-agréable, et ils deviennent couleur de tuile. Leur principal emploi consiste à remonter les vins faibles en couleur et en spiritueux.

Malheureusement, depuis la maladie de la vigne, les premières marques sont devenues rares, et on a fait des plantations considérables des cépages les plus productifs, et par conséquent les plus communs, du département voisin : de sorte que lorsqu'ils n'ont pas été *opérés ensemble,* on rencontre souvent chez le même propriétaire des vins de qualités très-diverses ; aussi le choix en est-il très-délicat à faire.

Les deuxièmes marques se récoltent dans les plaines des environs de Narbonne ; ils ont moins de corps que les Fitou et sont plus communs ; leur couleur est moins franche, leur titre alcoolique est de 11 à 12 pour 100. Les vins les plus communs se trouvent en partie vers l'extrémité du département, à Lézignan. On en rencontre qui ont un goût de terroir très-prononcé, une couleur faible ou terne : ils ont un titre alcoolique moyen de 10 1/2 pour 100.

Comme on le voit, le choix est difficile et *doit se faire sur les vignobles mêmes,* car la plupart des vins vendus sous le nom de *vins de Narbonne,* sur les diverses places, ont déjà été opérés avant de sortir du vignoble ; les vins les plus communs sont *remontés* avec des marques plus fermes, afin de pouvoir se soutenir. Ces mélanges sont expédiés en partie tels quels, sans être collés ; c'est pour ces motifs qu'on rencontre une grande quantité de vins de ces contrées louches. Lorsqu'ils sont expédiés *en nature,* soutirés des foudres, ils arrivent limpides. Ces vins se vendent sans logement, à l'hectolitre, et l'on paie un léger droit de mesurage. On les loge ordinairement en demi-muids, d'une contenance d'environ 550 litres. Les Fitou se logent parfois en barriques de 220 litres ; au reste, le choix du logement est à la volonté de l'acheteur, qui doit le fournir.

Hérault. — Ce département produit en grande abondance les vins les plus variés ; on y trouve, en vins rouges, des vins dits *de table,* des *vingt-quatre heures,* des vins de *montagne* (ou *de cargaison*), des vins de *chaudière.* Parmi les vins blancs, on compte les vins blancs ordinaires de *bourrets,* les *piquepouls,* les *picardans,* des *muscats,* des *muscatelles ;* on y fait aussi des *calabres.*

Les vins dits *de table,* c'est-à-dire bons à être livrés à la consommation sans être opérés, sont ceux de Saint-Georges-d'Orques, de Saint-Geniez, de Castries, de Saint-Drézery, dans les environs de Montpellier. Ces vins ont une couleur légère et sont, dans leurs premières années, moelleux et francs de goût ; ils ont un titre alcoolique qui, dans les premiers crûs, va de 11 à 12 pour 100. Les vins de Vérargues et de Saint-Christol sont plus couverts que les Saint-Georges. On ne récolte ces vins que sur les côtes bien exposées et plantées de cépages fins. Les plaines font des vins bien inférieurs. On cultive dans ce département une grande variété de cépages, parmi lesquels il y en a de très-abondants et par conséquent très-communs, tels que les *bourrets,* les *aramons,* qui ne donnent, dans les plaines, que des vins de chaudière. Les *piquepouls,* le *mataro,* etc., produisent des vins meilleurs. Il résulte de cette grande variété qu'on ne peut juger les vins qu'après les avoir goû-

tés, parce que les qualités varient à l'extrême sur les mêmes
territoires, selon les cépages et les expositions.

Les *vingt-quatre heures* sont des vins rosés, faits avec des
raisins rouges de cépages communs, qui n'ont séjourné en
cuve qu'un jour, et que l'on soutire ensuite ; ils continuent
leur fermentation en foudre. Ces vins ont un titre alcoolique d'environ 11 pour 100 ; ils sont moelleux, francs de
goût ; lorsqu'ils ont été récoltés sur des plaines dont les vins
rouges ont un goût de terroir, ils n'en ont pas autant que
ceux qui achèvent leur fermentation en cuve. Ils sont très-
sujets à fermenter. On les emploie dans les opérations et
manipulations des vins de Bourgogne, de Tavel, de Champagne, etc.

Les vins dits de *montagne,* ou de *cargaison,* sont ceux
que l'on récolte dans les communes de Villeveyrac, Garri-
gues, Pérols, Frontignan, Poussan, etc. Ces vins ont plus
ou moins de qualités, selon le cépage qui les a produits ; on
choisit de préférence ceux dont la couleur est la plus belle
et qui réunissent le meilleur goût au titre alcoolique le plus
élevé. Ils doivent contenir, en moyenne, 12 pour 100 d'alcool.

Les vins de plaine désignés sous le nom de *vins de chaudière, terrets, bourrets,* ont pour la plupart des goûts plus ou
moins prononcés de terroir, peu de couleur ou une couleur
qui n'est pas franche. Un grand nombre d'entre eux sont
sujets à se tourner et à prendre de l'âcreté dès leur première
année. Il y en a cependant qui peuvent se conserver, mais
la majeure partie de ces vins ont besoin d'être remontés. Ils
se récoltent à Mèze, à Loupian, à Pézenas, à Béziers, à
Agde, etc., et sont spécialement destinés, dans les années
d'abondance, à la fabrication des eaux-de-vie et trois-six
dits *de Montpellier ;* mais, dans les années de disette, les
propriétaires vendent le plus possible leurs vins en nature,

au lieu de les brûler, afin d'en tirer un meilleur parti. Ils ne font distiller, dans ce cas, que les vins qui ne sont pas marchands et qui se tourneraient. Dans les bonnes années ils ne conservent, autant que possible, pour les vendre en nature, que les vins de choix. Le titre alcoolique de ces vins est très-variable : les meilleurs dépassent 11 pour 100, les plus pauvres ont à peine 9. Les vins rouges se vendent sans logement, *au muid*, qui équivaut à 700 litres ; l'acheteur les loge dans des fûts qu'il fournit, qu'il expédie vides, ou qu'il fait fabriquer dans le pays ; il y a dans chaque localité des mesureurs, comme dans le département de l'Aude. Pour la facilité des achats, il y a aussi des marchés réguliers de vins et d'alcools, un jour par semaine, dans chaque centre vinicole des départements de l'Hérault, de l'Aude et du Gard. C'est là que se réunissent les propriétaires, les commissionnaires, les mesureurs, etc. Après avoir parcouru ces divers marchés, ce qui est très-facile aujourd'hui avec les chemins de fer, on est parfaitement fixé sur les cours et les qualités des vins de ces divers centres.

On récolte dans l'Hérault une quantité considérable de vins blancs. Les communs sont faits avec des *bourrets* et autres cépages abondants. On en fait de supérieurs avec les *piquepouls,* et on les fabrique doux ou secs, selon la densité des moûts. On peut citer encore les vins blancs doux ou secs du cépage dit *picardan,* dont les meilleurs se récoltent à Marseillan et à Pommerol, et enfin les *muscats,* dont les plus fins sont fournis par Frontignan et Lunel. On fait aussi des petits muscats, ou *muscatelles,* à Maraussan, à Sauvian, à Cazoul, à Monbazin, etc.; enfin on fabrique, avec des moûts de muscats ou d'autres cépages, des vins dits de *Calabre.* Ce sont tout simplement des moûts vinés si on les fait à froid ou des sirops de raisins si on les fait à chaud. Nous en parlerons en traitant des vins de liqueur, dans un chapitre spécial. Les muscats se vendent ordinairement à la *tiercerolle,* ou barrique dépotant en moyenne 215 litres.

Gard. — Le Gard fournit trois variétés principales de vins rouges, connus sous le nom de *vins de Tavel, vins de Saint-Gilles* et *vins de Langlade.*

Les vins de Tavel, récoltés dans les crûs *choisis* des communes de Tavel, de Chusclan, de Lirac, de Saint-Geniez, de Séderon et de Saint-Laurent des Arbres, sont les vins les plus fins du Languedoc. Ils ont une couleur vive, mais légère, du moelleux, un goût franc, et prennent en vieillissant un bouquet prononcé qui participe de l'odeur du girofle et de la violette. Ils deviennent d'une couleur dorée après six ou huit ans. Leur titre alcoolique est de 11°,5 en moyenne. Ces observations ne s'appliquent qu'aux vins de premier crû. Les crûs ordinaires, ainsi que la plus grande partie des vignobles de Roquemaure, qui se vendent sous le même nom, sont loin d'avoir ces qualités. Les vignes qui les produisent sont plantées de mauvais cépages blancs et rouges mélangés ensemble, qui font des vins faibles en couleur, sans qualité, et qui, loin de s'améliorer en vieillissant, sont déjà *âcres* dès leur deuxième année. Ils ont cependant une moyenne alcoolique assez élevée.

Outre les vins communs de Roquemaure et des communes voisines, qui se vendent sous le nom de *tavel,* on trouve dans le commerce des *tavels artificiels,* faits avec des vins de *vingt-quatre heures.* On donne à ces vins une couleur tuilée à l'aide d'un peu de caramel, et on les colle. A l'œil, ils ont l'apparence des *tavels vieux.* On les loge dans des *tambours* de Tavel. Les débitants de Paris s'en servent pour opérer les mâcons. Ces vins ont l'inconvénient de mettre en fermentation les vins vieux avec lesquels on les mélange, car ils sont de l'année. On leur donne un bouquet *giroflé,* mais ils n'ont de vieux que l'apparence.

Les vins de Saint-Gilles et de Bagnols, près de Nîmes, diffèrent complétement des tavels ; ce sont des vins d'une très-riche couleur, francs de goût, moelleux, ayant une moyenne de 13 pour 100 d'alcool ; ils acquièrent de la qualité en vieillissant et en voyageant, si l'on choisit les meilleurs crûs. Souvent on expédie sous ce nom les vins de Jonquières, des Costières, qui sont moins alcooliques et plus communs. Les meilleurs Saint-Gilles remplissent le même emploi que les Fitou et les Roussillon.

Les vins de Langlade sont légers en couleur, peu corsés, moelleux ; ils ont une séve agréable. Ce sont les vins de table du Gard ; en vieillissant, ils prennent du bouquet, s'ils proviennent d'une année favorable. Ils ont environ 11 pour 100 d'alcool.

Les vins blancs du département, que l'on récolte à Laudun et à Clavisson, se trouvent rarement dans le commerce; ils sont moelleux et légers ; ils se vendent sans logement. Les tavels se logent ordinairement dans des *tambours,* dépotant de 250 à 300 litres, et les Saint-Gilles en demi-muids d'environ 550 litres, à moins que l'acheteur n'envoie des fûts vides. Le logement est, d'ailleurs, à sa charge, et les vins sont vendus généralement à l'hectolitre.

Roussillon. — Le Roussillon produit, en vins rouges : les excellents vins liquoreux connus sous le nom de *vins de Banyuls* et *vins de Collioure ;* les vins non liquoreux connus sous le nom de *vins de la plaine,* qui sont les vins rouges les plus spiritueux de France ; quelques vins de table de *Torremila,* etc. Il s'y fait aussi des vins blancs secs et des vins de liqueur, des muscats très-estimés, etc.

On trouve dans le Roussillon la plupart des cépages que

l'on rencontre dans les départements voisins, *piquepoul,* *blanquette,* etc.; il y a en outre deux cépage, le *mataro* et la *crignane,* qui donnent des vins plus fins en goût et plus fermes que les premiers cités.

Vins de Banyuls. — Les vins liquoreux connus sous ce nom se récoltent sur des montagnes très-escarpées, pierreuses, hérissées de roches; pour soutenir le peu de terre végétale qu'il y a à la surface, on est obligé, sur les pentes les plus roides, de construire de petits murs en forme d'escaliers, afin d'empêcher que les terres ne soient entraînées par les eaux et le vent. Ces montagnes sont voisines de la mer et terminent la chaîne des Pyrénées du côté de la Méditerranée.

Les vins de Banyuls se récoltent sur le territoire de quatre communes contiguës, qui sont : Banyuls-sur-Mer, Cosperon, Port-Vendres et Collioure. Sur ces coteaux, les raisins sont mûrs dès le commencement d'août, et on les laisse sur pied jusqu'en octobre. Il pleut rarement en août et septembre dans ces contrées et la chaleur y est intense, de sorte que le soleil évapore la partie aqueuse du raisin et concentre ainsi les parties sucrées. Les moûts sont très-riches et dépassent toujours 15° de densité, même dans les années médiocres. Les vins de Banyuls et Collioure, d'une bonne année, ont une couleur très-foncée ; leur titre alcoolique, sans vinage, est de 15 pour 100 ; ils sont francs de goût, doux et liquoreux. En vieillissant, ils prennent, à l'âge de cinq ou six ans, un bouquet agréable, se dépouillent de leur couleur, qui devient dorée, conservent de la douceur, et prennent un *rancio* développé. Ils supportent parfaitement les voyages, qui les améliorent et les vieillissent plus vite. Après leur fermentation, et dans le but de leur conserver leur douceur, on les vine ordinairement de 3 pour 100, ce qui porte leur titre alcoolique à 18° d'alcool pur. En 1856, nous embarquâmes quelques bouteilles de vin de Collioure de 1851, que nous avions choisies à Collioure même, sur un navire qui devait aller en Australie, après avoir fait escale dans l'Inde. Au retour de Melbourne, je confrontai deux bouteilles, qui avaient été laissées de côté pour cette expérience, avec les vins restés en chai : le vin qui avait voyagé était plus dépouillé, plus fin que celui qui était en pièces ; les bouteilles étaient incrustées de tartre et de matières colorantes, mais le vin était fin et limpide. Ces vins s'expédient pour l'Angleterre, le Brésil, où ils servent à la fabrication des vins de liqueur, etc.

Vins de la plaine. — On désigne ainsi les vins récoltés sur les plaines qui s'étendent entre Collioure, Perpignan et Salces, et qui comprennent : Rivesaltes, Espira de l'Agly, Salces, Baixas, Corneilla, Pezilla, Villeneuve, Teyssier, etc. Les vins *choisis* de ces vignobles sont *les plus riches de France* en spiritueux, en corps et en couleur. Les premiers choix atteignent jusqu'à 14 et 15 pour 100 d'alcool, *sans être vinés ;* ils ont un bon goût de fruit (ils ne doivent pas être doux) et une couleur magnifique, vive et très-intense ; ils supportent parfaitement les voyages, et, en vieillissant, ils développent un bouquet *giroflé* très-agréable. Leur couleur se maintient une couple d'années ; ils se dépouillent ensuite progressivement, et finissent par devenir tuilés ; on les emploie principalement à remonter les vins faibles, ou on les expédie dans les colonies espagnoles d'Amérique, en Angleterre, etc.

Les vins de table du Roussillon se trouvent peu dans le commerce ; ils se récoltent à Torremila, à Terrast, à Esparon et au Vernet ; ils acquièrent du bouquet en vieillissant ; ils ont une couleur ordinaire et environ 11 à 12 pour 100 d'alcool.

On trouve souvent, dans le commerce, des vins vendus sous le nom de *Banyuls* et qui ne sont que des vins communs de la plaine que l'on a *siropés et vinés*. Ils sont loin d'avoir les qualités des Banyuls.

On donne très-fréquemment le nom de *Roussillon* à des vins communs des départements voisins. Dans les plaines mêmes du Roussillon, il se trouve des cépages grossiers; on y rencontre des vins pâteux, ayant une douceur fade et une couleur bleuâtre, etc. Ces vins sont généralement plus faibles en alcool; il faut s'attacher à choisir ceux qui réunissent une grande franchise de goût, de la finesse et du moelleux, sans être doux, la couleur la plus riche et le titre alcoolique le plus élevé.

Les vins du Roussillon se vendent sans logement, pris chez les propriétaires, au comptant. La mesure en usage est la *charge*, qui équivaut à 120 litres. Il y a, comme dans les départements voisins, des mesureurs.

Les vins blancs et les vins de liqueur offrent des variétés très-diverses; ils sont presque tous achetés par les grandes maisons de Cette qui font spécialement les vins de liqueur. On trouve dans ce nombre des vins blancs secs et liquoreux (1) qui servent à la fabrication des vins façon Madère et du vermout, ou qui s'expédient en nature.

A Rivesaltes, on récolte le *meilleur vin muscat de France*, celui qui a le plus de séve et le bouquet le plus fin. Avec le cépage appelé *Saint-Antoine*, on fait, dans la même commune, des vins rouges liquoreux ayant de l'analogie avec les *Rota*.

A Banyuls et à Collioure, on fabrique, avec le plant appelé *grenache*, des vins liquoreux qui ressemblent beaucoup aux vins de Chypre. Nous en avons goûté à Collioure qui avaient

_____

(1) Il y en a de supérieurs à Saint-André et à Prépouille.

une douzaine d'années, et dont la saveur et le bouquet étaient délicieux.

A Salces, on fait, avec le cépage nommé *macabeo,* des vins auxquels on trouve quelque rapport avec le Tokai.

Les vins muscats se vendent *logés en tierceroles,* ou barriques dépotant environ 215 litres, ou en *sixains,* contenant environ une charge.

Dauphiné. — *Vins de l'Ermitage.* — Les vins de l'Ermitage se récoltent sur la côte qui porte ce nom et qui est située sur le bord du Rhône; elle fait partie du territoire de *Tain.* Cette côte est exposée au midi; la crête s'élève à 160 mètres au-dessus de l'étiage du Rhône, les pentes en sont escarpées, et, comme dans les montagnes du Roussillon, on soutient la terre à l'aide de petits murs; le sol est pierreux, mélangé de grès. La côte de l'Ermitage forme des ondulations entre lesquelles il y a de petites vallées: chaque coteau, nommé *mas* dans le pays, porte un nom particulier. Les vins les plus estimés de ce crû se récoltent sur les *mas* de Méal, de Grefieux, de Beaune, de Raucoules, de Muret, de la Guyonnière, de Bessat, des Bruges et de Lods. Les cépages rouges sont les mêmes sur tous : la *grosse* et la *petite siras;* les vins blancs se font avec les cépages appelés *marsane* ou *roussane.* Dans chaque mas, les vins récoltés sur les crêtes et les versants ont naturellement plus de finesse que ceux qui proviennent des vallées ou du bas de la côte, et que les habitants appellent *sabots.* Ceux-ci ont plus de couleur et moins de délicatesse; il faut donc déguster avec attention, surtout si on destine les vins à vieillir. Parmi les mas, celui de Bessat produit des vins plus colorés, mais qui ont le goût moins fin. Le sol diffère : au lieu de graves, on y trouve du granit, des roches escarpées.

Les vins de l'Ermitage, d'une bonne année, ont une

jolie couleur vive, un goût moelleux et fin de fruit. Leur titre alcoolique est d'environ 12 pour 100 ; ils possèdent une bonne séve, et après trois ou quatre ans ils développent un bouquet suave et bien prononcé. Ces vins seraient appréciés davantage s'ils étaient plus connus ; mais le crû entier, y compris les vins blancs, qui sont aussi d'excellente qualité, ne produit pas plus de 400 tonneaux par an.

Les vins de l'Ermitage s'emploient surtout pour remonter les grands vins sans les dénaturer ; ils sont très-estimés en Angleterre, lorsqu'ils sont expédiés en nature et qu'ils ont déjà vieilli.

Les communes de Croses, Mercurol et Gervans, font des vins qui approchent des qualités de ceux de l'Ermitage ; mais ils sont plus communs. Les environs de Montélimar produisent des vins de même genre. Ces vins se vendent logés dans des barriques qui dépotent environ 210 litres et qui ont la forme de *tambours*.

A part les vins blancs de l'Ermitage, parmi lesquels on compte un vin de paille très-estimé, les vins ordinaires sortent peu du pays. A Mercurol, il y en a d'assez bons. A Die, on fait des vins mousseux, connus sous le nom de *clarette de Die ;* mais ils se consomment à l'intérieur.

Vaucluse. — *Côtes du Rhône.* — Les bons vins de ce département participent des qualités des vins de Tavel et de celles des vins de Bourgogne. Ils sont vifs, d'une jolie couleur, légère dans la plupart. Moelleux quand ils sont jeunes, ils ont un titre de 11 à 12 pour 100. Ils prennent du bouquet en vieillissant et supportent bien les voyages ; on les emploie pour *opérer* les vins de la Côte-d'Or. A l'état de nature, ils sont fort appréciés en Angleterre, en Allemagne et dans le nord de l'Europe. On cultive dans ce pays de nombreuses variétés de cépages. Les meilleurs vins se récoltent sur les côtes ou sur les plateaux où le terrain est maigre, graveleux, pierreux, et proviennent des cépages nommés *grenache* et *piquepoul.*

Châteauneuf du Pape, aux environs d'Avignon, produit des vins fins dont le bouquet se développe après deux ou trois ans de garde.

Il y a un grand choix à faire dans l'achat des vins des communes voisines : les crûs inférieurs donnent des vins âcres.

Les vins choisis de Châteauneuf de Gadagne, des communes de Sorgues et de Morières, sont d'une couleur vive et ont une bonne séve.

Sur les terres les plus maigres des environs d'Avignon, d'Orange et de Sérignan, nommés dans le pays *garigues,* on trouve des vins assez bien réussis, mais qui n'ont pas la tenue de ceux que nous venons de citer. Quant aux vins des plaines des mêmes localités, ils sont excessivement communs, plats, échauffés ; il est inutile de s'en occuper.

Une forte partie de ces vins est employée à *opérer* des vins façon *Mâcon,* surtout dans les entrepôts du nord de la France.

Les vins de ce département se vendent logés dans des *tambours* d'environ 270 litres.

Bouches-du-Rhône.—Marseille exporte des vins dans la plupart des ports étrangers, en Amérique, dans l'Inde, etc. Ces vins, désignés dans les prix-courants sous le nom de *vins de Provence,* se vendent sur les places étrangères, concurremment avec les vins ordinaires d'exportation expédiés de Bordeaux, et le plus souvent ils se vendent de pair avec ces derniers. Rarement on expédie des vins en nature. Ce sont le plus souvent des vins des environs, lorsqu'ils sont

abondants et à prix abordables, mélangés avec des vins du
Var, du Gard, de l'Aude et surtout de l'Hérault. (La plupart
des grandes maisons de Marseille ont des représentants et
des magasins à Béziers.)

Ces maisons ont deux genres principaux d'opérations :
sous le nom de *vins pour les colonies,* elles donnent des vins
ordinaires du pays ou de l'Hérault, etc., remontés par
quelques bonnes marques du Gard ou des environs; sous
le nom de *vin pour l'Inde,* elles expédient des vins choisis
parmi les marques ayant assez de tenue pour pouvoir supporter la mer. Une grande partie de ces vins se chargent
sous le nom de vins de *Bandol,* crû du Var dont nous parlerons ci-après. Ces vins sont collés et soutirés avant d'être
expédiés, et la plupart sont vinés.

Les environs de Marseille produisent, dans les crûs choisis, des vins de bon goût, dont la séve a de l'analogie avec
celle des vins de Tavel et des côtes du Rhône. Les vins de
Marseille ont une couleur plus belle que ces derniers. Les
meilleurs d'entre eux sont : le Seon Saint-Henri et Saint-
André, le Saint-Louis, le Sainte-Marthe. (Ces vignobles
sont situés dans la banlieue de Marseille, près de la mer.)
Ce sont des vins de table; mais ils s'expédient peu et se
consomment généralement en ville, où ils s'écoulent à des
prix avantageux.

Les meilleurs vins pour l'exportation sont les crûs choisis dans les meilleures vignes d'Arles : Château-Renard,
Orgon, les Sainte-Marie ; les vins de Tarascon, d'Aubagne
et de Gémenos.

Les vins de choix de ces crûs ont une belle couleur, un
goût assez franc, quoiqu'un peu pâteux étant nouveaux,
et un titre alcoolique de 12 pour 100. Ils voyagent sans
s'altérer, et gagnent de qualité en vieillissant. Leur séve
participe de la saveur des vins de Tavel et de ceux des

Costières, crûs du département du Gard, qui, du reste, est limitrophe.

Les vins de la Camargue, d'Auriol, de Cuges, etc., sont communs et ne peuvent s'expédier que lorsqu'ils ont été remontés par des vins plus fermes et plus corsés.

La plupart des vins des communes de l'arrondissement d'Aix sont encore plus communs.

Le prix de ces vins s'établit à la barrique de 200 à 215 litres, ou au dépotage.

Marseille expédie beaucoup de vins muscats, qui proviennent en partie de Roquevaire ; on en fait aussi à Cassis et à la Ciotat, mais on en récolte moins, et ils ne valent pas les Roquevaire. Ces derniers n'ont pas la finesse des Frontignan ou des Lunel ; ils s'emploient néanmoins pour l'exportation, après avoir été, pour la plupart, vinés et siropés artificiellement. Ces opérations sont nécessaires à leur conservation ; elles évitent la fermentation et donnent aux vins de la douceur tout en permettant de les livrer à bas prix ; lorsqu'ils sont simplement vinés, ils manquent de moelleux.

Var. — On trouve dans le Var des vins de table et des vins d'exportation, connus sous le nom de *vins de Bandol;* des vins désignés sous le nom de *vins de la côte de Toulon,* et les vins communs désignés sous le nom de *vins de Brignoles.*

Les vins de table se récoltent à la Gaude, à la Malgue, à Saint-Laurent, à Cagnes, à Saint-Paul et à Villeneuve. Ces vins, d'une jolie couleur, ont, lorsqu'ils atteignent trois à cinq ans, une séve et un bouquet agréables. On en exporte peu. Les plus connus comme vins d'exportation sont les vins de *Bandol,* les Castenet, les Saint-Cyr et les Beausset. Ces vins, qui ont un bon goût de fruit et une couleur très-riche, sont doués d'une bonne séve et gagnent de qualité en vieillissant et en voyageant; ils ont une moyenne de 12 pour 100 d'alcool. On expédie souvent, sous le nom de *Bandols,* des vins de la Cadière, de Saint-Nazaire et d'Ollioules, qui leur sont inférieurs en qualité.

Les vins désignés sous le nom de *vins de la côte de Toulon,* se récoltent à Pierrefeu, à Cuers, à Sollies-Farlède et à Hyères; ils ont moins de corps et de tenue que ceux de Bandol, auxquels ils sont inférieurs sous tous les rapports.

Les vins désignés sous le nom de *Brignoles,* et récoltés aux environs, sont encore plus communs.

Ces vins sont logés en barriques de 200 à 215 litres, comme à Marseille.

Bourgogne et Côte-d'Or. — Ces vignobles célèbres offrent sur les mêmes côtes trois variétés de vins : 1° les vins de cépages fins provenant des *pinots;* 2° les vins dits *passe-tout-grains,* dans lequel il entre des cépages variés, communs et fins ; 3° les vins provenant des diverses variétés de *gamets.*

Il s'exporte peu de bourgogne pour la consommation des pays intertropicaux, à cause de la difficulté de leur conservation en nature sous des latitudes tropicales, et de la fatigue que les secousses du roulis et du tangage, jointe à l'élévation de la température des entrepôts, font éprouver aux vins délicats de ces contrées. D'un autre côté, si l'on fait subir aux vins fins un fort vinage, on les dénature. On doit choisir, pour exporter, les vins provenant d'années où la maturité des raisins a été complète, et ceux qui sont les plus fermes, même lorsqu'ils présentent une certaine rudesse. Le titre alcoolique moyen des bons vins de ces contrées est de 12°. Ces vins sont logés dans des *pièces* de deux contenances différentes, la pièce *Mâcon*, qui contient 2 hectolitres 12 litres, et la pièce de *Beaune*, qui en contient 228. Ces deux genres de fûts sont plus courts que la barrique bordelaise. On choisit les plus fortes en bois et on y ajoute des cercles de fer au bouge : et pour remplacer sur le jable le *sommier en bois*, ils doivent avoir été plâtrés par bout.

Les côtes du Rhône voisines du Mâconnais produisent des vins de couleur légère, mais vifs et dont les choix sont dans de bonnes conditions pour pouvoir supporter les voyages lointains par mer.

Vins d'exportation; conditions qu'ils doivent remplir. — Les vins les plus propres à l'exportation, ceux qui peuvent le plus facilement séjourner dans les climats chauds des tropiques, où généralement les bonnes caves et les soins usuels leur font défaut, sont ceux qui possèdent naturellement ou par le vinage un titre alcoolique élevé, une couleur solide, vive et belle, une saveur franche, une limpidité parfaite. Les vins liquoreux et vinés sont, de tous les vins, ceux qui supportent le mieux le manque absolu de soins à une température élevée. Les vins de liqueur doivent, pour pouvoir s'expédier sous les tropiques, avoir au minimum 18 pour 100 d'alcool pur; au-dessous de 18 pour 100, ils fermentent; leur matière sucrée se transforme en alcool, leur titre alcoolique s'affaiblit, et ils finissent par se piquer. Les vins secs destinés à être, dans ces contrées, consommés en vidange, devraient être expédiés au même titre.

Ces observations ne s'appliquent qu'aux vins qui, à leur arrivée, ne reçoivent pas les soins usuels d'ouillage, de collage, de soutirage, et qui ne sont pas conservés dans des locaux convenables.

Quant aux vins d'exportation du Midi destinés pour les tropiques, tels que les premières marques des vins dits *de Provence,* ils doivent être pris parmi les vins de choix des vignobles des départements dont nous avons donné l'énumération plus haut. On doit avoir le soin de choisir les plus fermes, ceux qui ont naturellement, sans être vinés, un minimum alcoolique de 12 pour 100. On devra les expédier parfaitement limpides et en nature.

Dans les opérations de vins du Midi, destinés aux exportations lointaines, on ne doit jamais employer pour base de ces manipulations *des vins de chaudière,* de couleur faible et terne, *susceptibles de se tourner* ou de devenir âcres ou piqués si on les laissait en nature. Certaines maisons ont cette habitude et remontent la couleur et le corps avec des premières marques de Saint-Gilles ou du Roussillon. L'ensemble de ces opérations peut donner, il est vrai, après le collage, le même titre et la même intensité de couleur que les vins choisis en nature, parmi ceux d'exportation; mais les vins ainsi travaillés ne se conservent pas, *arrivent presque toujours louches à leur destination.* Il faut bien se figurer qu'en lésinant sur les prix d'achat, en envoyant dans les contrées lointaines des vins piètres, on se ferme des débouchés importants, parce que, dans une grande partie des ports pour lesquels ils sont destinés, les vins d'exportation paient des droits de douane élevés, et naturellement les négociants et consommateurs indigènes ne tiennent pas à se charger de marchandises qu'ils ne peuvent ni vendre ni employer avantageusement, après avoir payé pour elles des droits énormes.

Tous ceux qui exportent des vins communs par mer savent que si ces vins sont d'une grande faiblesse alcoolique, ils ne peuvent supporter les voyages sans se décomposer, se tourner en route, s'ils ne sont plus ou moins vinés au départ. La plupart du temps, c'est à cette seule opération qu'ils bornent leurs précautions (1).

Cependant il arrive assez souvent que, malgré le vinage, si les vins expédiés n'ont pas naturellement de tenue, s'ils ne renferment pas les principes conservateurs qui maintiennent leurs divers éléments unis, l'alcool ne peut éviter la précipitation d'une partie de la couleur. Dans ce cas, si les vins n'arrivent pas à destination complétement tournés, ils deviennent, en voyage, ternes, louches et amers, bien qu'ils aient été expédiés limpides.

On a observé depuis longtemps, dans les expéditions, que l'alcool seul ne suffit pas à éviter la dissolution, la précipitation de la couleur des vins rouges les plus communs, qui est provoquée par le roulis et les changements brusques ou l'élévation constante de la température. On a pu constater aussi que les vins dont la couleur se précipite le plus facilement sont ceux qui possèdent *peu de tannin*. Ces vins ont, à *titre alcoolique égal, moins de fermeté de corps* et s'acidifient avec plus de facilité que les vins qui réunissent les conditions nécessaires pour voyager; on doit donc s'attacher à ne pas employer des vins trop pauvres en tannin.

Les expériences qui ont été faites sur les vins pauvres, faibles en qualité, de couleur terne, que l'on a clarifiés et vinés, et dans lesquels on a introduit une quantité de tannin équivalente à celle que renferment les vins les plus riches, n'ont pas donné les résultats qu'on en attendait. On n'a réussi qu'à communiquer au liquide une âpreté trop prononcée. Ce fait se conçoit aisément : le tannin, qui est

_____

(1) Plusieurs œnologues ont proposé, outre le vinage, d'améliorer les vins destinés à voyager par mer en y ajoutant 1 gramme d'acide tartrique par litre (procédé de Batilliat) ; on obtient le même résultat en y mélangeant des vins un peu verts, ou en les chauffant à 50° (procédé de Pasteur) ; mais ces procédés ne peuvent donner de la tenue aux vins dont la couleur a une tendance à se précipiter.

principalement contenu dans les pepins, les grappes et les
pellicules, se dissout dans le vin, pendant la fermentation,
en même temps que la matière colorante ; il est combiné
intimement avec elle, puisque l'on ne peut que difficilement
précipiter l'un sans entraîner l'autre. En l'introduisant
après la fermentation, la combinaison ne peut pas se faire,
puisque la couleur est déjà formée et que d'ailleurs le principe astringent de la noix de galle ou du chêne, qui a été
introduit dans le vin, peut ne pas être absolument de la
même nature que celui qui se trouve dans le raisin.

Vins de Bordeaux pour l'exportation. — La
plupart des vins de la Gironde, s'ils sont d'une année favorable à la maturité, supportent les voyages par mer à de
longues distances et l'influence d'une température élevée,
non-seulement sans éprouver d'altération, mais encore en
acquérant de la finesse et en se bonifiant. Il n'est nullement
nécessaire de les dénaturer par de forts vinages pour qu'ils
puissent tenir la mer, bien que leur titre alcoolique soit
d'une moyenne de *10 pour 100 pour les vins de cargaison,*
et ne dépasse pas *9 1/2 pour les grands vins du Médoc.* Ces
vins sont, dans les crûs et les conditions que nous allons citer,
abondamment pourvus de tannin, ce qui empêche la précipitation de leur couleur et la désunion de leurs éléments.

Les grands vins, expédiés généralement en bouteilles
bouchées à l'aiguille, n'ont rien à craindre des secousses
du roulis ni de l'élévation de la température. On peut être
assuré qu'ils arriveront limpides, à moins qu'ils ne soient
trop faibles, trop délicats, ou en dégénérescence.

Les vins que l'on désigne sous le nom de *vins de cargaison,* sont des palus de Montferrand, Bassens, des côtes de
Bourg, des premières côtes de la Garonne, etc. Dans les
bonnes années, les vins choisis de ces crûs réunissent à

une couleur belle, vive et brillante, du corps, de la fermeté, une légère âpreté, et possèdent néanmoins un goût de fruit prononcé ; leur titre alcoolique est de 9,5 à 10,5 pour 100. Les vignes qui fournissent ces genres de vins étaient autrefois plantées en *gros* et en *petit verdot,* en *vidures* et en *malbec,* cépages qui donnent les vins les plus riches en corps, en spiritueux, en goût de fruit et en tannin, qui durent le plus longtemps et qui supportent le mieux les longs voyages. Malheureusement, des propriétaires avides ont arraché le *verdot,* sous le prétexte qu'il ne produisait pas assez, et l'ont remplacé par des cépages qui donnent des vins plus abondants, mais mous et communs ; il y donc un grand choix à faire, et on doit écarter tous les vins douteux.

Nous connaissons, à Montferrand, des vins qui, non-seulement ne pourraient s'expédier pour des voyages lointains, mais encore qui, bien soignés sur place, deviennent âcres et perdent leur couleur dès leur première année. Ne vaudrait-il pas mieux pour le propriétaire, dans ses propres intérêts, en faire une quantité moins grande, mais qu'ils fussent d'excellente qualité ? Lorsque l'exposition et la nature du sol permettent de faire des vins d'avenir, pourquoi discréditer un vignoble en livrant de mauvais produits ? Quelques propriétaires semblent avoir compris leurs torts : voyant que déjà le commerce délaissait leurs vins incapables de remplir leur emploi d'autrefois, ils se sont mis à planter du *verdot.*

Vinages. — Les vins de la Gironde ayant déjà naturellement 10 pour 100 d'alcool, ne doivent pas être vinés fortement, de peur de les dénaturer ; il suffira d'y verser, par barrique, deux litres *d'eau-de-vie* de vin à 60° (3/5). Dans tous les cas, on ne devra pas dépasser le titre maximum de 11 pour 100.

Vins de cargaison opérés. — Tous les vins que
nous venons de citer, étant depuis quelques années tenus à
des prix trop élevés, ne peuvent lutter de bon marché, sur
les places et ports étrangers, avec les vins d'exportation de
la Provence ; en conséquence, les vins ordinaires de cargaison se font avec des vins opérés. Ces vins doivent, pour
réunir les conditions voulues, *avoir une jolie couleur et une
limpidité parfaite, être francs de goût et atteindre la
moyenne alcoolique de 10° 1/2 à 12 pour 100.*

On les obtient, dans quelques grandes maisons d'exportation, en *opérant au tiers* des Narbonne ou Saint-Gilles
en nature, de couleur riche, francs de goût, ayant un titre
alcoolique de 12 pour 100, avec des Cahors ou des vins
ordinaires de la Gironde neutres, francs, ayant 9° 5 à 10°
pour 100 d'alcool, et des vins blancs Entre-deux-Mers,
vieux s'il est possible, ayant 9° à 9° 1/2 pour 100 d'alcool.
On ne peut obtenir de bonnes opérations que par un choix
sévère des vins qui en forment l'ensemble.

Les vins résultant de ces mélanges ayant été au préalable
soutirés, sont collés, remis en place et soutirés de nouveau
parfaitement limpides. Certaines maisons les *bouquètent.*
Dans tous les cas, on ne les vine pas ordinairement à un
titre plus élevé que le maximum que nous indiquons et qui
est suffisant. Beaucoup de maisons les laissent à 10° 5 d'alcool pur (sans vinage). Le goût est alors préférable et se
rapproche davantage de celui des vins de la Gironde, qui
servent de type aux vins dits de *cargaison*. Pour les premières marques on laisse les vins beaucoup plus couverts
en employant peu ou pas de vins blancs et on les vine
ensuite avec des armagnacs, de manière à obtenir 12° d'alcool pur au départ.

CHAPITRE XI.

ESSAIS DE VIEILLISSEMENT ARTIFICIEL.

Des diverses méthodes en usage ; de leur effet sur les vins moelleux et sur les vins de liqueur. — Collages.— Agitation continue. — Insolation en vases clos, de bois ou de verre. — Chauffage des vins ; son influence sur la conservation de ceux de la Gironde. — Congélation.

Le vin, semblable en cela à la plupart des êtres animés, n'atteint l'entier développement de ses qualités qu'après un certain laps de temps ; en sortant de la cuve, il est loin d'offrir les mêmes rapports d'arome, de couleur et de saveur qu'il présente après quelques années, ou, selon sa constitution, après quelques mois seulement.

Le degré de qualité que peut acquérir un vin est déterminé par les proportions des substances qui le composent. Certains vins, très-pauvres en principes conservateurs (alcool et tannin), entrent en voie de dégénérescence aussitôt après leur fermentation. Ces vins, auxquels le temps n'ajoute aucune valeur, doivent être consommés *dès que leur fermentation insensible est terminée :* il est inutile de les faire vieillir. D'autres, très-étoffés, demandent à être conservés plusieurs années avant de se développer complétement.

En général, le bouquet et la sève des vins ne se développent parfaitement que lorsque la défécation est complète, c'est-à-dire quand, après un repos de plusieurs mois, les vins conservés dans des conditions convenables ne déposent plus de matières insolubles, et qu'ils ne précipitent plus de sels minéraux ou végétaux, de ferments, ni de matières colorantes.

Le vin vieux diffère, comme on sait, du vin nouveau de même nature, par la couleur, par l'arome et par la saveur. Ces différences tiennent à plusieurs causes :

La *couleur* est moins foncée dans le vin vieux, par suite de la précipitation d'une partie de la matière colorante, qui, rendue insoluble par la formation de divers combinés, a été entraînée dans les lies.

L'*arome* des vins vieux est plus suave, parce qu'il s'est formé des *éthers* par la combinaison de l'alcool avec les acides que renferment les vins, et que les principes aromatiques ne sont plus masqués par l'acide carbonique qui se dégageait à la sortie de la cuve.

La différence de *saveur* est due à plusieurs causes, entre autres au dégagement d'une grande partie des sels minéraux ou végétaux, qui ont été entraînés dans les lies et rendus insolubles par leur combinaison avec les acides tartrique, acétique et malique, et à la précipitation d'une partie de la couleur.

Il résulte de l'ensemble de ces phénomènes que le vin, lorsqu'il est vieux et qu'il a été bien soigné, renferme moins de matières colorantes, de sels végétaux et minéraux, d'acides libres ou combinés, de tannin, de ferments, de mucilages, d'alcool, etc., qu'en sortant de la cuve. Il se trouve, comme on dit, *dépouillé*. Cet effet s'obtient, avec le temps, à l'aide de soins opportuns. Plusieurs causes accélèrent le dépouillement des vins : 1° les collages réitérés; 2° l'agitation continue; 3° l'insolation; 4° le chauffage; 5° la congélation. Nous allons examiner une à une les modifications diverses que ces procédés font subir aux vins, selon leur nature et leur constitution.

Vieillissement par les collages. — Nous avons indiqué, en traitant des *clarifiants* de tous genres, leur action sur les vins de natures différentes, les modifications qu'ils leur font subir, selon qu'ils agissent mécaniquement ou chimiquement, et l'inconvénient de leur *emploi réitéré*. En effet, les colles qui agissent avec le plus d'énergie, telles que les gélatines pures, étant principalement coagulées et précipitées par le tannin, entraînent avec ce dernier, dans les lies, une partie de la matière colorante qui lui est intimement unie. Il résulte de cette défécation forcée que le vin s'appauvrit en couleur et en tannin, ce qui lui enlève en partie ses principaux éléments de conservation ; on précipite aussi, par la même opération, une certaine quantité de mucilages qui produisent *le goût de fruit et l'onctuosité*. On a ainsi *vieilli* les vins, mais ils n'ont pas, comme ceux qui vieillissent naturellement, conservé leur moelleux : ils deviennent plutôt âcres et secs.

On ne doit employer les collages réitérés et à haute dose que sur des vins âpres à l'excès et très-chargés en couleur, ou lorsqu'on n'a pas le loisir d'attendre que le tannin se soit transformé en acide gallique.

Vieillissement par l'agitation continue. — Le tangage et le roulis des navires font éprouver aux vins expédiés par mer un mouvement continuel d'autant plus sensible que les vases qui les contiennent sont moins exactement remplis.

Dans les longs voyages, ce *fouettage* prolongé modifie profondément, en bien ou en mal, la constitution des vins : l'agitation rend insoluble une partie de la matière colo-

rante, précipite ou met en suspension une partie des sels
végétaux et minéraux, transforme une partie du tannin en
acide gallique ; des produits éthérés se forment, et les vins
deviennent plus ou moins troubles. Si ce sont des vins
riches en couleur, en tannin et en alcool, ils auront gagné
en qualité, ils auront vieilli beaucoup plus vite que les vins
restés en chai ; au contraire, s'ils sont pauvres en principes
conservateurs, en tannin et en alcool, ils arriveront très-
troubles, *tournés*, et prêts à passer à la fermentation
putride.

La dilatation et la contraction causées par les variations
de température qui se produisent dans la cale d'un navire
voyageant entre des latitudes extrêmes, augmentent le travail de défécation, la dissolution des sels, etc. ; toutefois, à
température égale, *l'agitation seule suffit ;* nous avons pu
nous en convaincre par le fait suivant : tandis que nous
parcourions, dans le mois de juin 1854, les vignobles du
Midi, un propriétaire des environs de Castelsarrasin nous
fit goûter sa récolte de 1853. Ces vins, qui étaient logés
dans de petits foudres d'égale contenance et qui étaient
de la même cuvée, provenaient d'une mauvaise année, de
vignes jeunes plantées en plaine et de cépages communs ;
ils étaient très-pauvres en alcool, en couleur et en principes conservateurs (ils avaient 7°,8 d'alcool pur) ; leur couleur, quoique faible, était pourtant assez vive, mais deux
des foudres pleins de vin avaient leur contenu tourné,
d'une couleur terne plombée, un peu tuilée, louche, et
d'une odeur légèrement putride. C'était cependant le même
vin qui avait rempli tous les foudres, mais ces deux-là
avaient été soutirés à l'aide d'une pompe aspirante et foulante, et cette opération les avait fait louchir et avait déterminé en eux, à cause de leur faiblesse, une désorganisation
complète, en précipitant en partie leur couleur ; tandis

qu'au contraire, les vins qui n'avaient pas été *agités* étaient
restés clairs.

Il résulte d'observations nombreuses et pratiques que le
vieillissement par l'agitation et les voyages par mer est
défavorable aux vins faibles qui manquent d'*éléments conservateurs*, tandis qu'il favorise le développement des vins
riches en tannin et en alcool. Pour obtenir de bons résultats, les vins destinés à voyager, dans le seul but de les
faire vieillir, auront été d'abord parfaitement clarifiés par
des soutirages et des collages faits à propos; les barriques
fortes et cerclées en fer ne seront pas complétement remplies aux escales, et on y laissera le creux afin de favo-
riser l'agitation. Pour le même motif, les vins en bouteilles
ne sont pas bouchés à l'aiguille. Après le voyage, les vins
sont mis au repos; on les colle légèrement s'ils sont en
barriques, mais on est le plus souvent forcé de les décanter
s'ils sont en bouteilles. Quand on veut éviter que le voyage
ne fatigue ou ne vieillisse les vins, on doit prendre les
précautions contraires : *bien remplir les fûts et boucher à
l'aiguille.*

Nous avons comparé des vins de Cos-Destournel 1848,
de Saint-Trélody et de Quinsac de même année tirés en
bouteilles et expédiés en 1851, comme provision, à bord
d'un navire faisant le voyage de Calcutta, avec les mêmes
vins conservés en caveau. A leur arrivée, en 1852, les
bouteilles qui avaient fait le voyage et qui avaient des
dépôts considérables, surtout les Quinsac, furent remises
en caveau. Un mois après, on les dégusta comparativement
avec les vins restés en France, mais sans les décanter. Les
différences dans la couleur, l'arome et la saveur, étaient
grandes : les vins de retour avaient acquis une couleur
tuilée, leur bouquet était beaucoup plus développé, et ils
avaient beaucoup plus d'*arome;* ceux qui étaient restés

en caveau avaient conservé leur couleur rouge vif; ils avaient plus de *fruit,* de *moelleux* et d'*onctuosité,* et paraissaient, par conséquent, beaucoup moins vieux que les premiers.

Vieillissement par l'insolation. — Cette méthode de vieillissement était connue des anciens. Galien, célèbre médecin grec, contemporain de Marc-Aurèle, rapporte que, de son temps (l'an 180 de notre ère), les Romains faisaient vieillir certains vins en les plaçant, exposés au soleil, sur les toits de leurs demeures. Si, depuis une époque si reculée, ce procédé de vieillissement ne s'est pas répandu, c'est qu'il n'est pas favorable à tous les vins; il convient peu surtout aux vins dont le titre alcoolique ne dépasse pas 15 pour 100. Nous allons expliquer dans quelles circonstances et sur quelles sortes de vins ce système peut être appliqué avec avantage. Disons d'abord que l'action directe des rayons solaires sur des vins en bouteilles précipite promptement leur matière colorante et que cet effet est plus sensible sur des bouteilles en vidange et bouchées que sur celles qui sont pleines et bouchées à l'aiguille; tandis que placés dans les mêmes conditions, les vins mis dans des bouteilles enveloppées de papier ou de toute autre matière et les vins en fûts vieillissent beaucoup moins vite.

Nous avons eu occasion de constater ce fait en 1854, époque à laquelle nous reçûmes d'Espagne une caisse d'échantillons-types de vins rouges 1853, de l'Aragon et de la Navarre; il y avait deux échantillons de chaque type. Après avoir dégusté l'un et constaté son titre alcoolique, les bouteilles furent rebouchées et posées verticalement sur une étagère, près d'une lucarne vitrée, à l'exposition du soleil. C'était à la fin du mois de mai. Les bouteilles pleines, enveloppées de papier, furent couchées sur la même étagère.

Ces vins étaient très-colorés et possédaient un titre alcoolique moyen de 15° ; ils étaient un peu douceâtres. Trois mois
après la dégustation, lors de la réception des vins dont
l'échantillon avait été choisi, nous fûmes très-surpris de
trouver dans le restant de la bouteille dégustée un vin d'une
couleur paille, sans altération, et d'un goût de rancio très-
développé. Le vin de la bouteille restée pleine et enveloppée
avait conservé sa couleur rouge et son goût particulier ;
toutefois, il était plus fait et moins coloré que la partie
conservée en fût.

Évidemment, on ne pouvait attribuer ce résultat qu'à
l'influence de la lumière jointe à l'action de l'oxygène de
l'air contenu dans la bouteille entamée.

Ces vins d'Espagne, qui possédaient un titre alcoolique
élevé et qui renfermaient encore des matières sucrées, avaient
gagné à subir l'insolation en bouteilles imparfaitement
pleines.

Ce procédé, appliqué aux vins de la Gironde ou à ceux
des crûs analogues, loin de les améliorer, les détériore ; on
en jugera par l'expérience suivante :

Le 16 novembre 1866, nous plaçâmes sur les toits d'un
chai de Bordeaux, bien abritées et exposées au soleil, quatre
bouteilles bordelaises en verre clair, remplies à moitié et
bouchées ensuite avec de gros bouchons surfins, à l'aide
de la machine et à l'aiguille.

Ces échantillons restèrent sur les toits, à la lumière et au
soleil, jusqu'au 18 février ; ils avaient donc dû éprouver des
changements de température variant de 0° à 25° ; voici
quel a été le résultat de leur dégustation et de leur comparaison avec les vins restés en chai :

N° 1. Vin de cargaison 1865 : franc de goût, couleur
ordinaire, alcool 10°, 4. Le même, soumis à l'insolation en
bouteilles parfaitement bouchées et à demi pleines : éventé,

fleuri, légèrement altéré, goût de vieux, couleur affaiblie, dépôt considérable.

N⁰ 2. Vin de Sainte-Eulalie d'Ambarès 1865 : couleur très-belle, goût excellent, moelleux prononcé ; alcool 10°. Le même, soumis à l'insolation : piqué, fort dépôt.

N⁰ 3. Premier crù Bassens 1865 : couleur vive, goût de fruit, séveux ; alcool 10°. Le même, soumis à l'insolation : éventé et piqué, dépôt volumineux.

N⁰ 4. Vin de Banyuls 1863 : vin rouge liquoreux, franc de goût ; titre alcoolique 17°. Le même, soumis à l'insolation : goût de rancio prononcé, couleur tuilée, dépôt considérable, franc de goût ; paraît *plus fin en goût, plus aromatique et plus vieux* que le vin resté en fût, mais est moins sucré que ce dernier.

Il résulte de ces expériences que l'insolation ne peut être avantageuse qu'aux vins dont le titre alcoolique dépasse 15°, aux vins de liqueur et aux vins blancs vinés à 18° et destinés à la fabrication des vins façon Madère ; mais les vins d'un titre alcoolique atteignant en moyenne 10 pour 100 ne peuvent subir ce mode de vieillissement sans éprouver plus ou moins d'altération, par suite de l'oxygénation d'une partie de leur alcool, qui est *transformée en acide acétique.*

Vieillissement par le chauffage. — La chaleur a été appliquée de diverses manières, et à des degrés différents, au vieillissement des vins ; elle opère des modifications plus ou moins grandes dans leur constitution, en les bonifiant ou en les détériorant : 1⁰ selon que les vins soumis à son action sont exposés à l'air ou renfermés dans des vases clos, et selon que ces vases sont incomplétement ou parfaitement pleins ; 2⁰ selon le degré de chaleur qu'ils subissent ; 3⁰ selon le temps que dure le chauffage ; 4⁰ selon la constitution et le titre alcoolique du liquide.

Les premières expériences de chauffage des vins se per-dent dans la nuit des temps. Galien, que nous avons déjà cité, rapporte qu'à son époque les Romains chauffaient les vins dans des étuves. Les Cypriotes, les Grecs, les Italiens, les Madériens, les Espagnols, laissent vieillir leurs vins dans des locaux dont la température est très-élevée. Les auteurs modernes citent plusieurs méthodes de chauffage ; mais ils ne spécifient pas les sortes de vins auxquelles cette opération *est avantageuse ou nuisible*. C'est pourtant là le point essentiel de la question.

De nombreuses expériences nous permettent d'affirmer que le chauffage, s'il dépasse 30° centigrades, est *nuisible* aux grands vins *moelleux* de la Gironde, ainsi qu'aux vins à bouquet délicat dont le titre alcoolique ne va qu'à 12°, quel que soit son mode d'application. Les vins fins qui possèdent à la fois une séve et un bouquet aromatiques, le goût de fruit, un moelleux prononcé, prennent par le chauffage un certain goût de rancio, de vin usé ; mais ils deviennent secs, perdent leur *moelleux*, leur *fraîcheur,* et prennent un goût de *cuit* qui les dénature et leur donne de l'analogie avec les vins du midi de la France. Ce goût masque leur séve naturelle et les rend plus communs.

Conditions d'exposition à la chaleur. — Les vins soumis à l'action de la chaleur, en contact direct avec l'air, perdent par l'évaporation une partie de leur alcool ; l'oxygène de l'air les dépouille d'une partie de leur couleur ; et, si le contact se prolonge, ils s'affaiblissent et s'altèrent profondément. Placés à la chaleur en vases clos imparfaitement remplis, ils se dépouillent, prennent du rancio, si leur titre alcoolique dépasse 16° ; mais s'ils sont faibles en esprit et s'ils restent longtemps dans les mêmes conditions, l'oxygène transforme une partie de leur alcool en vinaigre. En vases pleins et bien bondés, ils éprouvent peu

19

de changements dans leur constitution si le chauffage est rapide et ne dépasse pas 70° centigrades ; toutefois, une faible partie de la matière colorante se précipite et le goût est sensiblement modifié. On y trouve une saveur de vin cuit et une légère odeur de lie, quelque rapide que soit le chauffage.

Influence du degré de la chaleur. — Quel que soit le genre de vin que l'on opère, il faut éviter de porter la chaleur à un degré trop élevé, parce qu'alors elle précipite et désunit plusieurs principes qui étaient en dissolution, et altère le goût naturel du vin. Il résulte de là qu'après refroidissement il se forme des dépôts volumineux, et que la cuisson laisse au liquide un goût désagréable et une odeur de *vinasse*. Pour arriver à un bon résultat, on ne doit pas sortir des limites extrêmes de 45 à 70°.

Influence de la durée du chauffage. — Plus le degré est élevé, plus le chauffage doit être rapide.

Influence de la constitution des vins. — Généralement, les vins qui gagnent le plus à être chauffés, soit artificiellement, soit en les logeant dans des fûts bondés, mais en vidange et placés dans des greniers chauds, sont les vins de liqueur fortement vinés. *Pour qu'ils ne s'altèrent pas, dans ces conditions, ils doivent avoir un minimum de 18 pour 100 d'alcool pur*. Comme l'alcool s'évapore peu à peu à mesure que les vins chauffent, on doit s'assurer de temps à autre de leur titre, et les remonter, en les vinant, dès qu'ils descendent au-dessous de ce degré.

Conservation des vins par le chauffage. — Un savant chimiste, M. Pasteur, de l'Institut, communiquait un mémoire sur la fermentation acétique (*Annales scientifiques de l'École normale supérieure*, t. I, 1864) et publiait, en septembre 1866, un ouvrage intitulé : *Études sur le vin* (imprimerie impériale), dans lequel il décrit un procédé de conservation des vins par le moyen de la chaleur, procédé qui consiste à soumettre les vins, pendant quelques minutes, dans des bouteilles bouchées légèrement, à une température de 50 à 60° centigrades, à les laisser refroidir, à les boucher à demeure, et à les conserver ensuite comme à l'ordinaire. Selon l'honorable chimiste, les altérations qu'éprouvent les vins seraient principalement dues à la présence de végétations microscopiques qui, en se développant, leur donneraient un aspect louche et les mauvais goûts de *piqué, d'éventé*, de *tourné*, de *pourri*, etc. ; que les germes de ces végétations existent dans tous les liquides en fermentation, et que la chaleur de 55 à 60° suffirait pour les faire périr. Dès lors, les vins chauffés pourraient être exposés à l'influence de l'air, sans éprouver autant d'altération qu'à l'état naturel.

La communication de M. Pasteur a soulevé parmi les œnologues bien des discussions. On a dit que le chauffage était connu depuis longtemps et pratiqué en grand à Cette, pour faire vieillir artificiellement les vins. En effet, quelques maisons de Cette employaient ce moyen, qui est en partie abandonné aujourd'hui. Voici la façon dont elles procédaient : les vins nouveaux étaient mis dans des cuves garnies intérieurement d'un serpentin, qui communiquait avec un générateur. Par le moyen de la vapeur, on élevait peu à peu la température de la cuve à 25 ou 30° pendant une semaine, et la semaine suivante on augmentait de 10 à 15° ; on élevait ensuite graduellement la chaleur de façon à atteindre, au bout de trois semaines, 70 à 75°. Le vin, alors, devenait tuilé ; on le laissait refroidir, et on l'opérait avec d'autres vins, parce qu'il avait contracté un mauvais goût. En effet, la chaleur vieillit, mais elle fait perdre au vin l'onctuosité, et la précipitation de la couleur lui donne un goût commun de lie.

M. Pasteur a répondu à ces attaques, en disant simplement que, par son procédé, il ne prétendait pas vieillir les vins, et qu'il se proposait seulement de les *conserver*.

Nous ne conseillons pas d'employer la chaleur pour conserver ou vieillir les grands vins de la Gironde. En effet, selon nous, la qualité la plus précieuse à conserver dans nos vins c'est le moelleux. Or, les ferments qui, en excitant les fermentations secondaires, peuvent détruire le moelleux et l'onctuosité, se dégagent mieux par le repos, à une température basse et uniforme, et à l'aide de soutirages opportuns effectués à l'abri du contact de l'air et dans des fûts soufrés, que par le moyen de la chaleur. D'ailleurs, les vins de la Gironde faits avec de bons cépages et bien vinifiés, ne sont pas sujets à s'altérer ; ils se conservent et s'améliorent mieux par les soins usuels que si l'on voulait hâter leur maturité et leur défécation par les moyens artificiels.

Contrairement à l'opinion des personnes qui croient que l'action des ferments se trouve entièrement détruite par le moyen du chauffage, et que ceux-ci ne peuvent plus se reproduire dans les liquides fermentescibles qui ont été chauffés, nous pensons que le résultat est incertain, même si l'on élève la température du vin jusqu'à 100° (point de l'ébullition), parce que l'expérience nous a démontré le contraire; nous en citerons un exemple. En 1865, dans le mois de septembre, nous opérions la vinification de raisins rouges et blancs de l'Achaïe (province de la Morée [Grèce]). Les raisins blancs de ces contrées, parfaitement mûrs, donnent un moût dont la densité est de 12° au pèse-sirop de Baumé. Une partie de ce moût était mise en fûts en sortant du pressoir, le reste était versé dans de petites cuves, afin de le débourber avant de le mettre en fûts. La fermentation, dans l'un ou l'autre cas, s'établissait en moyenne dix heures après la mise en repos, et s'effectuait d'une manière normale; la moyenne de la température atmosphérique était de 22° centigrades.

Nous prîmes, dans ces conditions, 150 litres de moût de raisins blancs ayant 12° de densité. Ce moût fut versé, en sortant du pressoir, dans une chaudière en cuivre, dont l'intérieur était garni d'un serpentin communiquant avec un générateur. A l'aide de la vapeur, on mit ce moût en ébullition; il fut écumé et réduit jusqu'à ce qu'il marquât, bouillant, 20° couverts au pèse-sirop de Baumé. Avant qu'il fût complétement refroidi, on le transvasa dans un fût neuf en chêne, qui resta en vidange et qui fut mis en place et bondé. A l'état froid, ce moût marquait 25° couverts. Il n'avait pas été filtré, il avait été simplement passé sur un panier garni de paille avant de le porter sur la chaudière, et il n'avait pas été désacidulé, parce qu'une partie devait être employée à manipuler des eaux-de-vie.

Dans ces conditions, d'après l'opinion d'un grand nombre d'œnologues, ce moût n'aurait pas dû fermenter, puisqu'il avait bouilli longtemps.

Deux jours après nous sortîmes du fût une dizaine de litres de ce sirop faible, pour faire quelques expériences. Le vase fut rebondé légèrement, et on le laissa en repos : le moût n'avait pas fermenté.

N'ayant occasion d'employer le reste que pour faire des *calabres* et des vins communs de liqueur, nous ne voulûmes pas le viner, pour voir si la fermentation s'établirait. Huit jours après, en vérifiant le fût, on sentait à la bonde une odeur vineuse et on entendait, en appliquant l'oreille contre les parois, le bruit des bulles d'acide carbonique qui se rendaient à la surface; il était évident que la fermentation avait commencé. Cependant la densité était la même, 25° ; les matières enflammées s'éteignaient dans l'intérieur du fût, que nous visitions de temps à autre.

La fermentation marcha dès lors sans interruption, mais aussi, il est vrai, avec une extrême lenteur, ce qui était dû à la concentration trop grande du moût ; en effet, deux mois et demi après, nous avons analysé ce vin ; il avait une saveur vineuse, mais légère, et un titre alcoolique de 3°,5 ; sa densité était de 23° au pèse-sirop. On entendait toujours, en appliquant l'oreille contre les parois des douves du bouge, le bruit tumultueux des bulles d'acide carbonique.

Il résulte de là que, malgré les affirmations de la théorie, nous ne croyons pas que l'on puisse préserver complétement de la fermentation un liquide fermentescible en le mettant simplement en ébullition, et bien moins encore en ne le chauffant qu'à 60°. Il est certain que *la chaleur affaiblit l'action des ferments, elle retarde ainsi les altérations ; on sait qu'elle précipite la matière colorante,* qu'elle vieillit le vin. Elle peut donner quelque agrément à des vins communs du *centre* qui ne sont pas destinés à se consommer hors du pays, et cela en les dépouillant de leur excès de couleur et de divers sels ; elle peut faciliter leur conservation à l'air ; mais, selon nous, ce vieillissement ne peut s'effectuer sur des vins séveux, nous le répétons, qu'en sacrifiant le moelleux, en donnant de la sécheresse aux vins, en dénaturant leur séve, ce qui enlève de la valeur aux vins de bonne qualité au lieu de leur en donner.

L'application de la chaleur à haute température est difficile à pratiquer en grand ; il faudrait verser les vins dans des foudres ou mieux dans des cuves foncées, garnies intérieurement de serpentins, puis à l'aide de la vapeur d'un générateur, élever la température du vin au degré désiré ; pour opérer sur de petites quantités, M. Terret des Chênes a construit un appareil mobile qui permet d'opérer dans les caves. Nous croyons que M. Pasteur, qui poursuit ses expériences sur ce procédé, s'en est réservé l'application en grand en prenant un brevet d'invention.

Nous espérons que ce savant chimiste, qui a déjà fait faire tant de progrès à la science, parviendra à obtenir des résultats positifs.

Expériences de chauffage sur des vins de la Gironde, d'après les données de M. Pasteur.— Voici le résultat de l'expérience du chauffage appliqué à des vins divers, faite dans un chai des chartrons (à Bordeaux), le 16 novembre 1866.

Les vins ont été mis en bouteilles bordelaises, que l'on a bouchées, ficelées et placées ensuite dans un casier à main de huit bouteilles. Ce casier a été mis dans une chaudière dont le fond était recouvert de paille; parmi les bouteilles une était pleine d'eau distillée et renfermait un thermomètre centigrade en verre et porcelaine suspendu à la bague et plongeant entièrement dans le liquide. Cette bouteille était bouchée comme celles qui contenaient le vin soumis à l'expérience. La chaudière reçut ensuite de l'eau jusqu'au niveau du goulot des bouteilles, à 0^{m}02^c du niveau du vin. Nous ne retirâmes le panier que lorsque le thermomètre fut arrivé à 52° centigrades par un chauffage lent et progressif.

Les vins soumis à l'expérience étaient les suivants :

N° 1. Vins de 1865 : vin rouge de cargaison, franc de goût, un peu sec, composé de vins de l'Aude, de vin blanc de l'Entre-deux-Mers et de vins de la Dordogne, couleur ordinaire, parfaitement limpides ; titre alcoolique, 10°,4.

N° 2. Vin de côte de Sainte-Eulalie d'Ambarès 1865 :

très-franc de goût, moelleux prononcé, belle couleur; alcool, 10°.

N° 3. Bassens 1865; Ladonne, premier crû de palus; couleur vive, goût de fruit, séveux; alcool, 10°,2.

Après le chauffage, une bouteille de chaque numéro a été mise en caveau à une température invariable, les ficelles ont été serrées, et les bouchons refoulés sans déboucher.

D'un autre côté, des bouteilles des mêmes vins tirées aux mêmes barriques, ont été bouchées à l'aiguille et placées en caveau avec les bouteilles chauffées.

Afin de reconnaître l'influence du chauffage sur l'altérabilité au contact de l'air, le contenu d'une bouteille chauffée a été divisé en deux parties : une moitié a été placée dans un grenier, dans une bouteille débouchée recouverte d'un simple copeau, à côté d'une bouteille non chauffée, placée dans les mêmes conditions; et l'autre moitié à été mise dans une bouteille bouchée à la mécanique et couchée dans le même grenier.

Chaque numéro présentait cinq types différents :

1° Échantillon de vin nature, conservé dans les conditions normales ;

2° Échantillon chauffé, conservé en caveau dans les mêmes conditions ;

3° Échantillon de vin nature, exposé à l'air dans une bouteille non entièrement pleine ;

4° Échantillon de vin chauffé, exposé à l'air dans une bouteille non entièrement pleine ;

5° Échantillon de vin chauffé dans une bouteille à demi pleine et bouchée hermétiquement.

Afin de contrôler sérieusement le résultat de ces expériences, les vins sont restés en caveau, ou exposés à l'air, du 16 novembre 1866 au 18 février 1867, et, avant de les

vérifier, nous avons voulu les faire déguster par deux maî-
tres de chai de Bordeaux, habitués à la dégustation :
MM. Jacquet, maître de la maison O. Degrand et Cie, et
Daugaron, maître de la maison F. Capdeville et Cie.

Les vins leur ont été présentés dans l'ordre suivant, sans
leur indiquer quels étaient les vins chauffés ou ceux qui
avaient été exposés à l'air :

N° 1 : vin chauffé, exposé à l'air dans une bouteille non
pleine ;

Vin nature, exposé à l'air dans les mêmes conditions ;

Vin chauffé, placé dans une bouteille bouchée, à demi
remplie et couchée ;

Vin chauffé, conservé en caveau, en bouteilles pleines,
couchées et bien bouchées ;

Vin nature, conservé en caveau, en boutcilles bouchées
à l'aiguille et couchées.

Les dégustateurs trouvent que les trois premiers échantillons sont altérés, mais pas au même degré (ils ignorent
d'ailleurs s'ils goûtent les mêmes natures de vins) ; ces
trois échantillons sont troubles. Le vin non chauffé est fortement piqué et a la couleur plus dépouillée ; le vin chauffé
est éventé, mais son altération *est moins avancée ;* le vin
chauffé conservé dans une bouteille *en fraction* bien bouchée a subi un commencement d'altération.

Quant aux mêmes vins chauffés et non chauffés, conservés en bouteilles pleines, les dégustateurs s'accordent à
dire que le vin nature est plus fin en goût, plus frais que
l'échantillon chauffé, qui leur paraît avoir un goût commun
de vin du Midi ; la différence dans la couleur n'est pas
sensible.

N° 2 (même expérience) : le vin chauffé et exposé à l'air
est éventé et louche ; le vin non chauffé et exposé à l'air
est très-altéré et plus louche que le premier ; enfin le vin

chauffé en bouteilles bouchées sans être pleines, est louche, éventé et piqué. Dans les bouteilles pleines, la différence est très-légère : le vin nature paraît plus fin en goût ; le vin chauffé a déposé en bouteilles plus que le vin non chauffé. Ce numéro a une couleur très-belle.

N° 3 : le vin chauffé et exposé à l'air est éventé, fleuri mais *non piqué ;* fort dépôt. Le vin non chauffé est plus sensiblement altéré. Le vin chauffé en bouteilles bouchées sans être pleines, est éventé et louche, mais non piqué.

Dans les bouteilles pleines, le vin chauffé semble plus étoffé, mais plus commun ; en remuant les bouteilles, le vin chauffé se louchit, tandis que le vin nature reste brillant.

Il résulte de ces expériences :

1° Que le vin chauffé supporte l'influence de l'air sans subir une altération aussi profonde que le vin non chauffé, mais que néanmoins il prend le goût d'évent, se fleurit et s'acidifie par son contact prolongé, même en vases clos imparfaitement pleins ;

2° Que les vins fins et les vins séveux, chauffés et conservés à l'abri du contact de l'air, ont généralement, après cette opération, un goût plus commun que les vins naturels conservés dans des conditions normales.

Nous n'avons pu nous assurer encore si l'opération du chauffage influe d'une manière sérieuse sur la précipitation de la matière colorante et des sels, pendant les voyages par mer ; toutefois, nous avons observé qu'après cette opération il se formait un dépôt et que la couleur de certains vins était affaiblie. Il conviendrait donc, après l'opération du chauffage, *de les laisser reposer dans un local à basse température et de les soutirer avec soin, à l'abri du contact de l'air.* Sans cette précaution, on s'exposerait à expédier des vins qui arriveraient à destination plus ou moins louches.

Vieillissement et conservation des vins par la congélation.— Les vins exposés à l'air, même lorsqu'ils sont logés en fûts, se gèlent en partie, et une certaine quantité des sels végétaux et des ferments sont précipités, à la température de 4 à 8° centigrades au-dessous de 0. C'est la partie *la plus aqueuse, la plus faible,* qui se solidifie la première, de sorte que si on le soutire dans cet état, le vin limpide est plus alcoolique que les glaçons qui restent dans les fûts. Toutefois, ces glaçons ne sont pas composés d'eau pure; nous avons pu nous en assurer en en distillant qui s'étaient formés dans des fûts de vin de Mâcon qui avaient voyagé pendant l'hiver de 1860-1861 ; ces glaçons ont donné 6° d'alcool.

Le vin liquide que l'on sépare des glaçons a plus de fermeté et de couleur que le vin provenant des glaçons fondus ; il est trouble, mais il se clarifie facilement par le repos ; si on le conserve dans des chais à basse température, il a un certain goût de *cuit* qui a de l'analogie avec celui des vins chauffés, et qui paraît dû aux modifications que subit la matière colorante, dont une partie est précipitée par la congélation, tout comme par l'insolation.

Ce procédé de conservation a été indiqué par Van Helmont, célèbre médecin belge, qui vécut de 1577 à 1644 *(Tartari vini historia).*

Depuis cette époque, plusieurs auteurs ont parlé des bons effets que l'on peut obtenir de la congélation des parties les plus aqueuses des vins faibles, en les exposant au froid à la température de 6 à 8° au-dessous de zéro, et en les séparant ensuite des glaçons par un soutirage. Stahl, Parmentier, Julien, de Vergnette-Lamothe, etc., font l'éloge de ce système.

Ce procédé, très-difficile *à pratiquer* dans nos contrées, est nuisible aux vins fins qui ont un bouquet délicat et une séve prononcée, car ils prennent un goût plus commun que les vins de même nature qui sont restés à l'état normal.

Quant aux vins qui ont été gelés et dont les glaçons se sont dégelés dans les fûts, ils sont très-fatigués par cet accident; ils deviennent louches, leur couleur s'affaiblit; plusieurs matières se précipitent ou restent en suspension ;. ils deviennent sujets à fermenter lorsque la température s'élève. On doit les placer dans un local à température régulière, les coller selon leur constitution, et, s'il y a lieu, les fortifier avec des vins très-étoffés et de même séve, ou par un léger vinage de 2 litres d'armagnac par barrique de 226 litres.

Vieillissement par l'emploi combiné de plusieurs procédés. — Avant de faire subir aux vins les divers procédés que nous venons de décrire, on doit avoir le soin de précipiter les matières qu'ils tiennent en suspension et de les rendre parfaitement limpides.

On ne doit jamais y soumettre les grands vins rouges ou blancs de la Gironde, parce que, si l'on obtient ainsi un développement prématuré du bouquet, on s'expose, en revanche, à détruire la qualité la plus précieuse : *le moelleux.* Or, aujourd'hui, les gourmets, les consommateurs d'élite, ne recherchent pas les vins usés qui peuvent avoir du bouquet, ainsi que ceux qui sont *secs, âcres au palais;* ils ne sont que trop abondants. Ils estiment avant tout les vins qui, en vieillissant, ont conservé leur goût de fruit, leur velouté, cette onctuosité qui ne peut être préservée qu'en maintenant les vins dans des locaux à *température régulière* (en moyenne 15°), dans des *vases bien clos,* en amenant la défécation des lies et le dépôt des ferments par des *soutirages opportuns faits à l'abri du contact de l'air,* et en les collant *le moins possible.* Si, par le manque de soins ou de locaux convenables, les vins travaillent, entrent en fermentation, leur moelleux diminue, et, lorsqu'ils sont négligés, ils deviennent secs.

Les vins qui gagnent le plus à être vieillis par l'emploi successif de plusieurs des procédés cités sont : 1° les vins âpres à l'excès et très-chargés en couleur ; 2° les vins vinés dont le titre minimum d'alcool pur atteint 18° ; 3° les vins liquoreux vinés de 18° à 20° d'alcool.

Les vins qui demeureront trop rudes après l'opération seront, à plusieurs reprises, collés à la gélatine à haute dose ; l'agitation continue, après ce traitement préalable, les rendra beaucoup plus coulants.

Les vins vinés, secs ou liquoreux, vieillissent très-vite si on les soumet à l'agitation, puis à l'insolation, et si l'on fait suivre ces opérations d'une clarification complète; mais il est important de les viner de nouveau dès que l'alcool *s'affaiblit par l'évaporation,* car, au-dessous de 15°, au lieu d'acquérir du bouquet, ils se piqueraient. Il est souvent nécessaire aussi d'augmenter la matière sucrée des vins de liqueur que l'on vieillit de la sorte.

CHAPITRE XII.

FUTS VIDES.

Barriques bordelaises ; bois employés à leur fabrication ; provenances et modes de
débit et d'équarrissage selon les pays producteurs. — Fabrication, forme, contenance ; arrêts du parlement de Bordeaux ; délibération de la Chambre de commerce relative à la confection des barriques. — Différences du dépotage réel des
barriques bordelaises avec l'appréciation du jaugeage à la velte ; causes de ces
différences. — Influence des diverses espèces de bois merrains sur la durée des
barriques, leur résistance à l'humidité des caves ; action des matières dissoutes
dans le vin par les bois merrains. — Préparation et conservation des fûts neufs.
— Soins à donner aux fûts vides qui ont déjà servi ; altérations qu'ils sont
susceptibles d'éprouver, acidité, moisissure, pourriture ; manière de prévenir et
de détruire ces altérations. — Altérations des fûts, leur traitement, inconvénients
de l'emploi des fûts altérés. — Fûts à eau-de-vie.

**Barriques bordelaises; bois employés à leur
fabrication; provenances et modes de débit et
d'équarrissage selon les pays producteurs. —**
Les barriques bordelaises se fabriquent avec les diverses
variétés de merrains de toutes provenances, françaises ou
étrangères ; ces variétés de bois son nombreuses. On distingue d'abord les bois du Nord, dont il y a cinq variétés,
savoir : ceux de Dantzig, Stettin, Lubeck, Riga, Memel ;
puis les bois d'Amérique, de la Nouvelle-Orléans et de
New-York ; de Bosnie et des bords du Danube ; de pays :
d'Angoulême, flèche garnie de Périgord (en chêne ou châtaignier), et des Pyrénées.

Bois du Nord. — Les bois du Nord sont, de toutes les
variétés de merrains, les mieux équarris et généralement

les plus sains ; ils sont débités à diverses longueurs de fonçailles et longaille à barriques et en grandes pipailles. Ces bois sont assez longs à *parer,* non parce qu'ils sont très-durs, mais parce que souvent ils ne se trouvent pas débités exactement dans le sens du fil.

Bois américains. — Ces bois nous viennent des États-Unis et des États du Nord et du Sud de l'Amérique ; la Nouvelle-Orléans envoie des bois que l'on préfère à ceux de New-York. Les bois d'Amérique ne sont pas équarris parfaitement ; ils sont débités au *coutre ;* les chênes sont fendus dans le sens de l'axe de l'arbre, de sorte qu'un des côtés des douves (le plus rapproché de l'axe) se trouve beaucoup plus faible que le côté extérieur, qui parfois a le double d'épaisseur et qui présente presque toujours à sa surface une couche plus ou moins épaisse d'aubier.

Ces bois sont sujets à être attaqués par les vers : on rencontre des douves entièrement criblées de trous de *cussons ;* les bois américains à épaisseur égale se voilent, se gauchissent plus que les autres merrains, et on y trouve une plus grande quantité de bois poreux et suintants. On prévient, il est vrai, le gauchissement en laissant les douves et les fonds d'épaisseur suffisante.

Malgré ces désavantages, ces bois, qui sont débités à longueur de barriques et de pipes, sont surtout recherchés pour la fabrication des barillages et des fûts qui exigent beaucoup de bouge, parce que ce sont les merrains les plus souples, les moins cassants.

Bois de Bosnie. — Les bois de Bosnie et ceux des bords du Danube sont équarris et débités généralement à longueur de barrique bordelaise. Ces bois sont les plus faciles à travailler, les plus tendres ; mais, à épaisseur égale, ils résistent moins longtemps que les merrains d'autres provenances à l'influence de l'humidité des caves.

Bois de pays. — Les bois de pays sont les bois les plus durs et les plus difficiles à travailler ; par conséquent, ce sont ceux qui résistent le plus longtemps à l'humidité. Ces bois sont le plus souvent grossièrement équarris, et on les débite à longueur de fonçailles et longailles à barriques et à pipes.

On trouve, en travaillant les bois de France, beaucoup de douves défectueuses, gauches, irrégulières, ayant des nœuds, des gerçures, des chèvres, etc., néanmoins, les fûts fabriqués en bois de pays, exempts de défauts et d'épaisseur régulière, sont plus solides et durent plus long-temps que ceux de même épaisseur construits avec des merrains étrangers.

Les bois de pays les plus recherchés, à cause de leur finesse et de la régularité de leur débit, sont les bois d'An-goulême, qui servent, dans les Charentes, à la fabrication des fûts façon Cognac. Ces bois, à cause de leur emploi spécial, deviennent rares.

Dans les bois de pays, autres que les bois d'Angoulême, le choix des douves est moins sévère : c'est la grande quantité de douves défectueuses, jointe à l'irrégularité de leur équarrissage, qui rend ces bois d'un emploi difficile. Dans quelques forêts, on exploite des châtaigniers ; mais cette essence ne s'emploie en tonnellerie que pour la fabri-cation des barriques servant à loger des vins communs. Le châtaignier est plus poreux que le chêne.

Fabrication, forme, contenance ; arrêts du parlement de Bordeaux ; délibération de la Chambre de commerce relative à la confection des barriques. — La barrique bordelaise doit se fabri-quer aujourd'hui en conservant, à peu de chose près, la même forme et la même contenance qu'elle avait autrefois ;

on sait que la forme et la contenance de la barrique bordelaise ont été réglementées par deux arrêts du Parlement
de Bordeaux, en date des 28 août 1772 et 21 avril 1773,
et par une délibération de la Chambre de commerce de
Bordeaux, en date du 12 mai 1858.

Suivant les arrêts du Parlement, la contenance de la
barrique bordelaise devait être, au minimum, de 100 pots;
elle devait velter de 29 à 30 veltes au moins. Le pot ancien,
qui servait alors de base aux transactions, contenait environ
225 centilitres, ce qui représentait 225 litres (au minimum)
par barrique. La velte représentait, d'après l'appréciation
de la régie des contributions indirectes, une contenance de
7 litres 60 centilitres, ce qui formerait une contenance de
228 litres pour la barrique bordelaise de 30 veltes, soit
912 litres le tonneau de 120 veltes. Cette contenance est
stipulée sur les expéditions de la régie délivrées dans le
département, ou prises en charge pour le compte des entrepositaires; cependant plusieurs discussions ayant eu lieu
entre vendeurs et acheteurs, à propos de contestations sur
la contenance exacte de la velte, la direction du Poids
public de Bordeaux la fit mesurer par les vergeurs jurés,
qui constatèrent qu'elle contenait 7 litres 54 centilitres,
soit 226 litres 20 centilitres pour la barrique bordelaise
de 30 veltes, et 904 litres 80 centilitres pour le tonneau
de 120 veltes. D'après cette appréciation, la contenance
de *905 litres* fut adoptée par le commerce comme représentant la contenance du tonneau bordelais de 120 veltes
(4 barriques de 30 veltes). Nous parlerons plus loin du
veltage de la barrique.

Conformément aux arrêts du Parlement cités plus haut :
1° La barrique devait avoir au moins 17 douves;
2° Sa hauteur totale devait être de 34 pouces 3 lignes :
c'est la hauteur de la barrique fabriquée; pour la mise en

20

taille, on devait laisser en plus pour la courbe du bouge, et le rabotage du rognage ;

3° Sa circonférence extérieure au bouge devait être de 6 pieds 8 pouces 3 lignes (1) ;

4° La moyenne de la circonférence extérieure aux deux bouts devait être de 6 pieds ;

5° Le fisteau devait être de 2 pouces 3 lignes ;

6° La fonçaille devait avoir 22 pouces 6 lignes de diamètre.

La barrique bordelaise est resserrée par des cercles de châtaignier qui garnissent au moins un tiers de sa longueur de chaque côté, ou bien (et cela est préférable sous tous les rapports) elle est cerclée en fer. Les cercles en bois sont châtrés plats et sont liés avec du *vime* (osier) à longs brins. Lorsque les barriques sont fabriquées en bois refendu, il est nécessaire de les fonder plus bas que le tiers, car, sans cette précaution, les joints du bouge ne seraient pas solides. Autrefois les ongles des cercles n'étaient pas arrêtés ; mais depuis longtemps on leur laisse une longueur d'environ $0^m 09^c$, et on les arrête avec trois tours de vime. Les fonds (qui ne sont pas goujonnés) sont protégés par une barre en bois de pin, châtrée, d'une longueur d'environ $0^m 08^c$, et retenus du bout moule par quatre chevilles de chaque côté, et par trois chevilles seulement vers le faux bout, qui est garni d'une barre croûte.

Pour cercler en fer une barrique, on la garnit de six cercles de fer, trois de chaque côté : un au bouge, à la distance du tiers de la longueur de la barrique ; un deuxième

---

(1) Le pied ancien représentait une longueur de 325 millimètres ; le pouce un peu plus de 27 millimètres, et la ligne 2 millimètres et une fraction. On sait qu'il fallait 12 lignes pour former 1 pouce, et 12 pouces pour former 1 pied.

vis-à-vis le jable, et le troisième dans le collet, à environ 0ᵐ 02ᶜ au-dessous du cercle du jable. Sur le bout, on met deux cercles en bois au-dessus du cercle en fer du jable, un contre-talus et un talus; quelquefois on place deux autres cercles au bouge, au-dessous du cercle de fer. Souvent, et surtout pour le service des chais et caves humides, on supprime les cercles en bois du bouge; on peut éviter de se servir de cercles en bois, qui se pourrissent très-promptement, en ferrant les barriques à huit cercles de fer, quatre par bout; un talus, le deuxième cercle doit être vis-à-vis le jable, le troisième dans le collet, et le quatrième au bouge.

Lorsque l'on ferre des barriques en bois refendus, il est nécessaire de laisser descendre au-dessous du tiers le cercle de fer du bouge (afin de protéger les joints du bouge, on ne laisse que le quart de la longueur de la barrique dégarni), et on espace le cercle du collet à égale distance du cercle de fer du bouge et de celui du jable; enfin, lorsque l'on veut conserver en barriques des vins de grands prix dans des caves humides, on devrait, par mesure de précaution, quand les fûts sont ferrés à six cercles de fer faibles et déjà oxydés, placer dans le collet un quatrième cercle, afin qu'en cas de rupture du cercle de fer du bouge. le vin ne soit pas en danger de s'écouler.

On reproche aux barriques bordelaises deux défauts : celui de s'épeigner et celui de se *désaboutir* facilement; le premier défaut tient à la longueur de la peigne, et le second à ce que les fonds ne sont pas goujonnés. Sous ce rapport, les fûts à peigne plus courte et à fonçure goujonnée offrent, à épaisseur égale, beaucoup plus de résistance.

On obvierait en partie à ces inconvénients en fabriquant des barriques fortes, munies d'une peigne ne dépassant pas

0^m 07^c et d'un jable large et profond, et solidement cerclées en fer; mais depuis que les bois merrains se tiennent à un prix élevé, la plupart des fabricants de barriques, dans le but de livrer aux propriétaires des fûts à bas prix, refendent et exploitent les bois tellement mince, que les barriques n'offrent plus de solidité, et, quelque soin que l'on prenne dans leur fabrication ou leur rebattage, on expose, dans le cours des transports, la marchandise à se perdre : car, la peigne étant de la même longueur que celle des barriques fortes, elles s'épeignent au moindre choc, et comme on est forcé dans leur fabrication de diminuer de moitié la profondeur du jable, il s'ensuit que les fonds qui ne sont pas goujonnés sont à peine tenus, se désaboutissent et se désappointent avec une facilité extrême; de plus, le bouge est exposé, par la seule pression des cercles, à avoir des joints crevés, des douves renflées en dedans ou *endaguées,* et crevées si la barrique est roulée pleine sur un sol graveleux. D'ailleurs, quelle solidité peuvent offrir des fûts dont les joints du bouge et de la plupart des fonds ne dépassent pas, en moyenne, l'épaisseur de 5 millimètres. Souvent on trouve des douves et des fonds qui ont des parties plus faibles encore.

Comme les barriques faibles fabriquées en bois refendu, sciées droit, offrent peu d'apparence à l'œil, et sont par conséquent d'un placement difficile, beaucoup de fabricants, afin de leur donner l'épaisseur apparente des barriques fortes, font scier les bois de deux manières différentes; les merrains sont sciés chantournés ou *levurés.* Les barriques faites en bois chantournés présentent, du bout moule à la peigne, en apparence, autant d'épaisseur que les barriques fortes; le faux bout est faible, mais il dépasse la moyenne d'épaisseur des douves du bouge, et surtout *celle du collet du bout moule,* où l'épaisseur de la peigne du faux bout a été prise ; les bois destinés à être chantournés doivent avoir au moins de 0ᵐ 05ᶜ à 0ᵐ 07ᶜ de plus que la longueur totale de la barrique ; la scie pénètre à environ 0ᵐ 06ᶜ d'un des bouts, et va ressortir du côté opposé, à la même distance du bout ; l'épaisseur de la douve est égale, sauf vis-à-vis la peigne du faux bout, où, pour donner plus d'apparence, on creuse à la scie le côté opposé et on chantourne à un ou plusieurs traits de scie.

Les barriques en bois levurés présentent, des deux bouts, l'apparence d'épaisseur des barriques très-fortes ; la scie, en pénétrant sur un des côtés de la douve, à environ 0ᵐ 04ᶜ du bout, et ressortant *sur le même côté,* à égale distance du bout opposé, a enlevé une levure de bois sur toute la longueur intérieure de la barrique.

C'est pour empêcher, autant qu'il était possible, le logement des vins en barriques faibles, que la Chambre de commerce de Bordeaux a pris, le 12 mai 1858, la délibération dont nous donnons la copie :

CHAMBRE DE COMMERCE DE BORDEAUX.

DÉLIBÉRATION DU 12 MAI 1858, RELATIVE A LA CONFECTION DES BARRIQUES.

De nombreuses et très-vives plaintes sont parvenues à la Chambre sur le peu de solidité des barriques. Ce défaut provient principalement de ce qu'on les fabrique avec des douves trop minces et trop faibles, plus particulièrement lorsqu'elles sont destinées à loger des vins communs.

La Chambre, voulant mettre, autant qu'il est en elle, un terme aux abus qui lui ont été signalés, a eu recours aux lumières d'hommes compétents. Après s'être livrée, de concert avec eux, à diverses expériences, et après avoir consulté l'usage, elle a reconnu, par sa délibération du 12 mai 1858, que la barrique bordelaise, pour être acceptable, doit, quant à ses dimensions et à l'épaisseur des bois, réunir les conditions suivantes :

Longueur de la barrique.	0m 91c
Circonférence extérieure, à la tête	1 90
Circonférence extérieure, au bouge. . . .	2 18
Longueur de la peigne.	0 07 au plus.
Épaisseur de la fonçaille	0 016 à 018mil.
Épaisseur des douves dans la partie la plus faible (au bouge)	0 012 à 024

Une barrique fabriquée d'après ces dimensions, et devant servir de type, se trouve déposée à l'hôtel de la Bourse de Bordeaux.

Tous les courtiers de vins du département sont invités à stipuler, dans leurs bordereaux, que l'acheteur aura le droit de rebuter les barriques si elles ne sont pas construites dans les conditions indiquées par la Chambre.

Dans sa séance du 12 mai 1858, la Chambre a décidé que sa délibération serait, derechef, portée à la connaissance du public, et que les autorités judiciaires et administratives seraient invitées à concourir à sa stricte exécution.

Le Secrétaire de la Chambre,

A. CABROL.

Le logement des vins en barriques faibles est préjudiciable au propriétaire même ; car, à part l'impossibilité d'expédier ces barriques à de longues distances sans qu'il y ait un creux de route extraordinaire, les fûts faibles consomment en ouillage beaucoup plus de vin que les barriques fortes et exigent des rebattages plus fréquents ; en outre, les fuites, les suintements qui fréquemment se déclarent à ces fûts, outre le vin qu'ils font perdre, exposent celui qui reste dans la barrique à s'altérer par le contact de l'air. On trouvera au chapitre des *Spiritueux* les dimensions des barillages des fûts *façon Cognac* généralement employés au logement des eaux-de-vie.

Différences du dépotage réel des barriques bordelaises avec l'appréciation du jaugeage à la velte ; causes de ces différences. — Il est d'usage à Bordeaux, à la réception des vins par les acheteurs, de se rendre un compte approximatif de la contenance des barriques à l'aide de la velte ; la velte dont on se sert pour cet usage est une tige de fer graduée, dont l'étalon est déposé à la direction du Poids public de Bordeaux. Pour velter, on introduit, par le trou de la bonde de la barrique, la tige de la velte, dans une position oblique, de manière que l'extrémité inférieure de la velte soit appuyée sur l'extrémité inférieure du maître-fond ; dans cette position, la tige supérieure de la velte doit indiquer (au centre du niveau intérieur du bois de la douve et de la bonde) 30 veltes, chiffre correspondant à la longueur de la velte étalon.

Si les barriques étaient parfaitement rondes et régulières dans leur construction et fabriquées avec des douves étroites (levées au-dessus de 16 douves), ou bien si les douves étaient larges, creusées à l'intérieur à l'aide du couteau tors, le dépotage ne s'écarterait pas de plus de 1 pour 100 de l'appréciation du jaugeage à l'aide de la velte ; mais certains propriétaires, abusant de l'extrême tolérance des acheteurs, qui jusqu'ici n'ont eu généralement recours qu'à l'usage de la velte pour apprécier la contenance des barriques, font employer plusieurs moyens frauduleux de fabrication pour faire velter les barriques, sans qu'elles dépotent réellement la quantité de liquide que semble indiquer la velte.

Les moyens employés ordinairement pour faire velter frauduleusement les barriques sont les suivants :

1º Donner à la barrique un bouge irrégulier, en donnant plus de bouge à la douve de la bonde et aux deux contre-bondes, et en plaçant les douves les plus larges vis-à-vis la

douve de la bonde et aux flancs, en leur donnant moins
de bouge qu'aux douves de la partie supérieure ;

2° Creuser au rognage, plus profondément que les autres
douves, les douves qui se trouvent placées vis-à-vis la
bonde.

3° Diminuer intérieurement l'épaisseur de la douve de
la bonde à l'entour de son orifice.

Ces moyens sont les plus ordinaires ; mais on a eu à
constater des procédés plus frauduleux encore, qui consistent à laisser aux douves et aux fonds des épaisseurs de
bois brut anormales, dans le seul but d'amoindrir la contenance, et à raboter au rognage les douves du devant
beaucoup plus que celles qui se trouvent vis-à-vis la
bonde, où doit appuyer la velte. La grande tolérance des
acheteurs à accepter des barriques petites, veltant 29 et
30 veltes, a favorisé ces fraudes ; toutefois, les propriétaires
désireux de remplir consciencieusement les engagements
qu'ils contractent vis-à-vis des acheteurs, et dans leur
intérêt même, afin de leur éviter d'être atteints par la
loi qui punit *les tromperies sur la quantité stipulée d'une
chose vendue,* ou de voir annuler le marché par suite de
la défectuosité de la forme et de la contenance insuffisante
des fûts, devraient, au lieu de demander aux tonneliers des
barriques frauduleuses, leur recommander, au contraire,
de ne leur livrer que des barriques *de forme régulière
et dépotant en moyenne de 225 à 228 litres;* car ils ne
doivent pas oublier que, sur les bordereaux d'achat des
courtiers, il est stipulé que les barriques devront avoir
une contenance de 225 à 228 litres, et qu'il n'est nullement
question du veltage, qui n'est qu'un simple moyen d'apprécier approximativement la contenance des barriques de
construction régulière.

Selon la loi et les plus simples règles du droit, un marché dans lequel le vendeur stipule le poids ou la quantité d'une marchandise à livrer, n'est définitivement exécuté que lorsque le poids ou la quantité énoncés ont été livrés.

Or, dans les bordereaux d'achat, si les propriétaires s'engagent à livrer des barriques d'une contenance de 225 à 228 litres ; si certains vendeurs, abusant de ce que jusqu'ici l'acheteur a apprécié la contenance à l'aide du veltage, font employer des moyens frauduleux pour donner aux barriques l'apparence de contenance à la velte, sans qu'elles aient le dépotage et la contenance qu'ils se sont *engagés* à livrer, il y a dans ces manœuvres tromperie sur la quantité de la marchandise livrée, fausse mesure.

Il n'est pas rare de trouver des barriques qui veltent 29 et 30 veltes et dont le dépotage réel est d'une moyenne de 220 litres ; or, l'acheteur paie au vendeur 226 litres 20 centilitres par barrique : il en résulte que l'acheteur reçoit 25 litres par tonneau de moins que la quantité qu'il a payée. Si le vin est du prix de 1,000 fr. le tonneau, il subit, par suite de la fausse mesure, une perte de 27 fr. 50 c. par tonneau.

La Chambre de commerce de Bordeaux, afin de prévenir la fraude sur la contenance des fûts, a pris une délibération à ce sujet ; mais, de son côté, la Société d'agriculture de la Gironde a, croyons-nous, protesté, sous le prétexte qu'autrefois une partie des barriques du Bordelais était acceptable à la contenance moyenne d'environ 220 litres.

Quoi qu'il en soit, il n'en est pas moins vrai que si le vendeur accepte de l'acheteur *un bordereau d'achat stipulant qu'il vend une quantité fixée,* il est tenu de livrer cette quantité, ou l'acheteur doit tout naturellement retenir la différence en moins sur le *dépotage réel,* si le veltage est frauduleux.

Influence des diverses espèces de bois merrains sur la durée des barriques, leur résistance à l'humidité des caves ; action des matières dissoutes dans le vin par les bois merrains. — Parmi les diverses variétés de bois merrains, à épaisseur égale, les bois qui résistent le plus longtemps à l'influence de l'humidité sont les bois de pays choisis, puis les bois du Nord ; les bois américains viennent ensuite ; enfin les bois les plus tendres, ceux qui résistent le moins, sont les bois de Bosnie.

Les bois de chêne en contact avec le vin y dissolvent plusieurs de leurs principes, dont les plus importants sont le tannin, l'acide gallique, de l'extractif, des mucilages, de l'albumine végétale et divers principes odorants et à saveur prononcée.

Les merrains paraissent renfermer tous les mêmes principes solubles ; mais il existe parmi les variétés de chênes certains bois qui dissolvent une quantité beaucoup plus grande de matières solubles que d'autres, ou dont les principes odorants et la saveur qu'ils communiquent aux vins diffèrent suivant les pays dont ils proviennent. Les bois qui renferment la plus grande quantité de matières solubles sont les bois de Bosnie.

Peu de temps après l'introduction de ces bois en France, les propriétaires élevèrent des craintes sur l'avenir de leurs vins, en voyant la grande quantité de matières dissoutes, qui donnaient aux vins nouveaux un goût prononcé de bois et beaucoup d'âpreté. Mais aujourd'hui, éclairés par une longue expérience, nous savons que ces bois, loin d'être défavorables, bonifient le vin, aident à sa défécation, et que les principes odorants qu'ils y introduisent n'ont rien de désagréable. Toutefois, les bois les plus estimés à cause de leurs principes odorants, sont les bois

du Nord, de Dantzig et de Stettin, et les bois d'Angoulême.

Les bois d'Amérique, quoique ne dissolvant pas autant
de matières que les autres variétés, ont été reconnus par la
pratique les bois les plus défavorables au logement des
vins et alcools.

Le vin se débarrasse, en vieillissant, d'une grande partie
des principes dissous, qui se neutralisent en se combinant
avec les principes mêmes du vin.

Ainsi le tannin, qui concourt à sa conservation, à sa clarification et à sa défécation, est précipité en partie, par suite
de sa combinaison avec divers principes renfermés dans les
vins ou introduits par les colles. L'albumine végétale est
précipitée principalement par l'alcool contenu dans les vins,
et aide ainsi à leur clarification ; les principes aromatiques
des bois en augmentent le bouquet.

Au résumé, le logement des vins nouveaux dans des barriques neuves en bois de chêne favorise beaucoup leur
clarification et leur défécation naturelle, par l'introduction
d'une certaine quantité de tannin et d'albumine végétale,
à la condition que ces vins soient logés dans les fûts au
sortir de la cuve, et avant que la fermentation insensible soit terminée ; car s'ils étaient mis en barriques après
que leur fermentation insensible est terminée, cette opération aurait pour résultat de troubler leur transparence
et de leur donner un goût prononcé de bois qui persiste-
rait pendant plusieurs mois, mais qui, cependant, s'efface-
rait à la longue.

Préparation et conservation des fûts neufs. —
Les barriques neuves, en sortant des mains du tonnelier, sont
simplement percées d'un petit trou de vrille ; ce trou est
pratiqué par les ouvriers, dans le but de s'assurer de la

solidité de la barrique en y introduisant de l'air. Les barriques neuves, destinées à loger les vins nouveaux, doivent se placer dans des locaux exempts d'une trop grande humidité, et on doit également éviter de les laisser séjourner dans des endroits trop aérés ; car, dans des locaux trop humides, les barriques brunissent, le cercle se pourrit ; et dans des endroits trop chauds et exposés à l'air, la coque et la dépouille se séchant trop, on est obligé de les rebattre avant de les employer.

Les locaux les plus convenables sont des chais secs que l'on tiendra fermés.

Les barriques se placent couchées sur des barres ou des *tins :* les barriques de sole bonde dessus, et les rangs supérieurs bonde dessous, afin que la poussière ne noircisse pas la *liature* et ne pénètre pas par le trou de vrille.

Pour les barriques neuves qu'on laisse pendant plusieurs années sans emploi, il est prudent (afin d'éviter la moisissure des parois intérieures) de percer l'orifice de la bonde, de faire brûler à l'intérieur un morceau de mèche soufrée et de les tenir ensuite bien bondées ; on doit renouveler cette opération tous les six mois.

A la veille du soutirage des vins en cuve, ou de leur entonnage si ce sont des vins blancs, on perce le trou de bonde des barriques à l'aide d'une bonne tarière qui ne laisse pas de rebours au bois, et on les garnit de bondes entourées de linge. On débonde et on verse dans chaque barrique de 5 à 10 litres d'eau bouillante ; puis on referme hermétiquement la bonde et on rince en agitant dans tous les sens. L'eau bouillante et la vapeur d'eau, dilatant par la chaleur l'air contenu dans la barrique, pénètrent dans les pores du bois, et, s'insinuant dans les moindres fissures, permettent de reconnaître jusqu'aux plus petites défectuosités. Après avoir ainsi rincé les barriques, on devra jeter l'eau, qui sera alors très-chargée de principes solubles, avant qu'elle se refroidisse entièrement ; on fera ensuite subir aux barriques un nouveau rinçage à l'eau froide, et on les mettra à égoutter. Avant de les remplir, il sera bon, surtout si elles sont destinées à loger de grands vins rouges, d'humecter leurs parois intérieures avec un verre (15 à 20 centilitres) de vieil armagnac ; on aura soin de remuer dans tous les sens, afin que toutes les parties soient bien humectées.

Ces soins suffisent ordinairement pour la préparation des logements en neuf des vins rouges nouveaux. Nous avons parlé ailleurs du logement des vins blancs.

On pourrait extraire la plus grande partie des matières solubles que renferment les bois merrains, si l'on avait à loger en neuf des vins très-délicats ou déjà vieux, en opérant de la manière suivante :

On verse dans chaque barrique une dizaine de litres d'une lessive bouillante faite, soit avec des cendres ou de la potasse, soit, à défaut de ces matières, avec toute autre substance alcaline, telle que la chaux éteinte, la craie pulvérisée, etc. On a observé que les matières alcalines dissolvent une plus grande quantité de matières solubles que l'eau pure. Après avoir, à plusieurs reprises, rincé la barrique avec cette lessive, on la vide et on renouvelle l'opération ; on y verse ensuite de l'eau bouillante, pour enlever les matières alcalines ; on rejette cette eau pendant qu'elle est encore chaude, et on la remplace par 5 ou 6 litres d'eau froide acidulée par un dixième d'acide sulfurique (l'eau acidulée affaiblit la solubilité) ; enfin, la barrique est rincée à l'eau chaude, afin d'enlever l'acide, puis on la repasse à l'eau froide et on la met à égoutter.

On peut éviter ces diverses manipulations en *avinant* préalablement les fûts neufs destinés à loger des vins vieux.

Pour cela faire, on échaude les fûts neufs de la manière indiquée plus haut, et on les emplit de vin ordinaire de même couleur que celui qui est destiné à être expédié ; on emploie aussi pour cet usage des vins blancs ordinaires. Au bout d'une quinzaine de jours, ces vins ont absorbé la presque totalité des matières solubles.

Soins à donner aux fûts vides qui ont déjà servi ; altération qu'ils sont susceptibles d'éprouver ; acidité, moisissure, pourriture ; manière de prévenir et de détruire ces altérations. — Dès qu'un fût vient d'être vidé, il doit être immédiatement rincé à plusieurs eaux ; on a soin de passer la chaîne aux premières eaux, selon que les vins sont plus ou moins chargés de lie. Lorsque l'eau sort parfaitement limpide, on met le fût à égoutter quelques instants : puis on y fait brûler, par la bonde, à l'aide d'un méchoir, un morceau de mèche soufrée d'environ 0m03c carrés, et *on le remet ensuite à égoutter et à sécher.* Après vingt-quatre heures de repos, le fût est de nouveau mis sur bonde, et on y fait encore brûler un morceau de mèche soufrée d'une longueur d'environ 0m 10c ; après quoi on le bonde à demeure aussi hermétiquement et aussi soigneusement que s'il était plein. Placé ensuite dans un local à température régulière, ni trop sec ni trop humide, le fût ainsi préparé peut rester plusieurs mois sans éprouver d'altération ; toutefois, si on devait le garder longtemps sans emploi, il faudrait renouveler l'opération du soufrage à peu près tous les trois mois et tenir toujours la bonde hermétiquement fermée.

Il y a deux manières de faire brûler la mèche soufrée dans les fûts vides. La première consiste à introduire la mèche à l'aide du méchoir ou brûle-soufre ordinaire, ou mieux de celui à cuvette ; retirant ensuite le méchoir, on bonde après la combustion du soufre. Pour opérer de la seconde manière, on découpe un morceau de mèche soufrée d'une longueur de $0^m 10^c$ à $0^m 12^c$, et, taillant une de ses extrémités en biseau, on la dégarnit du soufre qui y adhère, de façon à mettre à nu une petite portion de toile; on allume ensuite l'autre extrémité et on l'introduit dans l'orifice de la bonde; puis, maintenant avec la main la portion de mèche dégarnie contre les parois de l'orifice, on y introduit la bonde, préalablement garnie de linge, et on l'enfonce en frappant fortement. On s'assure que la combustion du soufre s'opère à l'intérieur, en appliquant l'oreille contre les douves du bouge : on entend le sifflement que font les gouttelettes de soufre en tombant sur les parois inférieures du bouge. Si l'on n'entend aucun bruit, c'est que la mèche s'est éteinte; il faudrait, dans ce cas, s'en assurer en débondant avec précaution. Par cette méthode, la combustion du soufre s'opère dans les fûts sans communiquer avec l'air atmosphérique; il en résulte que, à dose égale de soufre, les fûts sont imprégnés d'une quantité plus grande d'acide sulfureux, ce qui les rend susceptibles de se conserver plus longtemps sans altération, puisque l'oxygène de l'air qu'ils renfermaient est neutralisé d'une manière plus complète qu'à l'air libre.

L'emploi de ce système offre cependant quelques inconvénients : comme la mèche brûlée reste collée contre les parois du trou de bonde, si l'on ne prend pas assez de précautions pour débonder le fût, elle tombe dans l'intérieur et peut communiquer au vin un goût désagréable : parfois aussi il arrive, si les fûts sont bondés sans attention, que le linge de la bonde se brûle, et alors le gaz et l'air dilaté s'ouvrent une issue, entraînant avec eux la flamme de la mèche, qui carbonise les parois de la bonde. Ce sont ces motifs qui font généralement préférer l'emploi du méchoir.

On doit éviter avec soin de laisser les fûts vides pendant plusieurs jours sans les rincer ; il faut les nettoyer sans retard dès que la lie est vidée. Il est nécessaire de les mettre à égoutter dans des chais, sur des chantiers ; lorsqu'on les laisse égoutter au soleil, surtout si on ne les a pas méchés, l'action de la chaleur transforme rapidement en acide acétique l'alcool qui adhère à leurs parois internes, et il suffit de quelques heures à peine pour acidifier l'air qu'ils renferment et même la surface interne des douves.

Altération des fûts, leur traitement, inconvénients de l'emploi des fûts altérés. — Les fûts vides qu'on laisse, après leur vidange, sans les rincer, égoutter, mécher ni bonder, sont susceptibles d'éprouver diverses altérations intérieures, qui les rendent plus ou moins impropres au logement des vins, surtout des vins fins. Ces altérations sont : l'odeur d'éventé, l'acidité, la moisissure et la pourriture.

Odeur d'éventé ; cause, formation et traitement. — La cause de l'odeur d'éventé réside dans le dégagement du gaz acide carbonique qui se produit à l'intérieur du fût. Cette altération se rencontre principalement dans les fûts non soignés qui sont restés bondés ; ces fûts ont une odeur plus ou moins forte de lie croupie légèrement acide, et le soufre ne peut y brûler. Il est très-facile d'en extraire l'acide carbonique. En effet, ce gaz étant beaucoup plus lourd que l'air ambiant, il suffit de mettre le fût, bonde dessous, à égoutter sur des chantiers, et de retirer l'esquive, pour que l'air y soit complétement renouvelé ; on le laisse ainsi égoutter pendant une heure ou deux, et on le rince avec soin à la chaîne.

Si le fût était à la fois acide et éventé, il faudrait, pour faire disparaître l'acidité, recourir au traitement suivant.

Acidité ; cause, formation et traitement. — Cette altération se produit lorsqu'un fût vide, non soigné, reste plusieurs jours en cet état : les parois du fût, imbibées de vin, s'acidifient au contact de l'oxygène de l'air, qui oxyde l'alcool et le transforme rapidement en acide acétique. Cette transformation est d'autant plus rapide que la température est plus élevée.

Dans cet état, l'intérieur du fût a une odeur acide très-prononcée. Le traitement consiste à neutraliser ou à extraire complétement l'acide acétique, qui quelquefois a pénétré profondément dans les pores du bois. Le meilleur moyen d'arriver à ce résultat serait la vapeur d'eau, que l'on introduirait dans le fût par un trou d'esquive, à l'aide d'une cucurbite d'alambic ou d'un autoclave muni d'un tube en caoutchouc ; le fût étant placé sur des chantiers, bonde dessous, la vapeur condensée en eau, après s'être chargée d'acide, s'écoulerait par la bonde ouverte ; on cesserait l'opération dès que cette eau n'aurait plus de saveur acide. Tout cela se pratique avec facilité dans une distillerie ; mais comme peu de propriétaires possèdent ces appareils, on peut employer le moyen suivant : le fût, préalablement rincé à la chaîne, sera échaudé par une lessive alcaline faite avec des cendres de bois (de préférence de sarments), une dissolution de potasse dans l'eau bouillante, ou de la chaux vive ; on le rincera à plusieurs reprises avec cette lessive, qu'il faudra jeter avant qu'elle se refroidisse complétement, puis, si cela est possible, on le remplira d'eau fraîche que l'on y laissera séjourner trois ou quatre jours au plus ; après quoi on le videra et on le rincera comme à l'ordinaire. On ne doit pas laisser l'eau séjourner dans les fûts plus longtemps, car elle deviendrait visqueuse et finirait par se putréfier.

Moisissure ; cause, formation et traitement. — Les moisissures qui se forment à l'intérieur des fûts sont dues à leur séjour prolongé dans une atmosphère chargée d'humidité, comme l'air de la plupart des caves ou des chais. Ainsi, soit qu'on ait négligé de bonder les fûts, soit qu'il s'y trouve quelques douves défectueuses, soit encore que leurs cercles ne serrent pas assez, cet air humide s'y introduit, et, même lorsqu'ils sont soufrés, ils finissent par se moisir ; à plus forte raison, s'ils n'ont pas été soufrés, ils se moisissent bien plus rapidement.

La moisissure est une sorte de mousse blanchâtre, formée de champignons microscopiques, dont le mauvais goût et l'odeur désagréable sont dus, pense-t-on, à la présence d'une huile essentielle.

On reconnaît les fûts moisis à leur odeur. Le plus sûr parti à prendre, pour leur traitement, est de les défoncer et de les visiter : si la moisissure parait superficielle, avec de l'eau et une brosse rude on enlève ces végétations ; si, après l'avoir bien brossée et lavée à plusieurs reprises, la surface interne des douves reprend la couleur naturelle du bois imbibé de vin, c'est preuve que le bois n'est pas attaqué ; il suffit, dans ce cas, de faire sécher les fûts debout sur le bout défoncé ; on peut même les laisser à l'ardeur du soleil, sans crainte qu'ils s'acidifient ; on les refonce ensuite, et on les rince comme à l'ordinaire. Si, au contraire, après avoir subi l'opération du lavage, le bois reste d'une couleur brune, les fûts sont plus que moisis, ils sont pourris plus ou moins profondément.

Pourriture ; cause, formation et traitement. — La pourriture est la décomposition du bois. Sa cause est la même que celle de la moisissure : l'humidité. Un fût dont la surface interne est pourrie ne peut servir à loger des vins. Lorsque le bois d'un fût moisi présente des taches brunes, il faut gratter ces taches et enlever tout le bois qui n'est pas sain ou n'a pas sa couleur naturelle ; sans cela, quoi que l'on fasse, on ne pourra que masquer le mauvais goût, sans l'enlever. Lorsqu'une futaille a besoin d'être presque entièrement pelée, il faut, avant de la *rogner à blanc,* carboniser légèrement la surface interne des douves, *en la faisant bien roussir.* Il est inutile d'ajouter qu'il faut éviter de se servir de fûts douteux pour loger des vins de bonne qualité, même après les avoir traités convenablement. En effet, le vin, par un long séjour dans les fûts, pénètre profondément dans les pores du bois. On s'exposerait donc à le vicier, et à perdre ainsi, par une économie mal entendue, la valeur d'une bonne barrique de vin. On doit réserver ces fûts, si on est forcé de s'en servir, pour le logement des vins les plus inférieurs.

Fûts à eau-de-vie. — Ces fûts n'exigent pas d'autres soins, après avoir été vidés, que d'être bondés et soustraits à l'influence de l'humidité : l'alcool dont leurs parois sont imprégnées suffit à les conserver. Il est nuisible de les laisser égoutter et sécher complétement. S'ils sont restés vides pendant longtemps, on les imbibe d'un peu d'alcool pour éviter la moisissure. Les fûts neufs destinés à loger des eaux-de-vie sont rincés et mis à égoutter, pendant vingt-quatre heures au moins ; lorsqu'ils ont les parois sèches, on les humecte avec un ou deux verres d'alcool que l'on y laisse, on les bonde à demeure et on les secoue en tous sens. Il faut éviter d'y laisser séjourner de l'eau, car, une fois l'alcool volatilisé, ils subissent, à l'humidité, les mêmes influences que les fûts à vin. Il est important de placer les fûts à alcool hors des locaux où se trouvent les fûts à vin, afin d'éviter que, par mégarde, on ne vienne à les soufrer ; cette erreur pourrait occasionner des incendies terribles, surtout si les fûts étaient fraîchement vidés.

Ces observations s'appliquent aux fûts ayant déjà servi au logement d'alcools, ou destinés à loger des eaux-de-vie nouvelles, c'est-à-dire sortant de l'alambic et ne devant pas s'expédier immédiatement.

Lorsque l'on aura à expédier immédiatement des eaux-de-vie en fûts neufs, il sera utile, afin d'éviter le *goût de bois,* de les *dégorger* en laissant les fûts pleins d'eau trois ou quatre jours et en les soignant ensuite comme nous avons indiqué plus haut.

On peut loger les vins communs dans des fûts ayant contenu des eaux-de-vie, et même dans les pièces à huile, lorsqu'elles n'ont pas ranci ; mais on doit éviter d'y loger des vins fins.

Quant aux fûts qui ont servi pour le rhum, le kirsch, le vinaigre, l'absinthe, le vermout ou toute autre liqueur à odeur pénétrante, ils sont tout à fait impropres, même après avoir été pelés intérieurement, à loger des vins, à cause des huiles essentielles dont les pores de leur bois ont conservé des traces.

CHAPITRE XIII.

VINS DE LIQUEUR.

Composition générale. — Divers procédés de vinification. — Traitement. — Vieillissement. — Clarification. — Fabrication des vins de liqueur à l'aide de vins similaires. — Vins de liqueur artificiels. — Vermout.

On nomme *vins de liqueur* les vins qui, après avoir terminé leur fermentation tumultueuse, soit en cuve, soit en fûts, conservent encore une certaine quantité de matière sucrée en dissolution. Pour que ce résultat se produise naturellement, il faut que les moûts soient très-riches en principes sucrés et qu'ils aient de 16 à 25° de densité au pèse-sirop de Baumé. Les vins qui réunissent ces conditions ont un titre alcoolique *naturel, sans vinage,* qui varie entre 15 et 16° d'alcool pur; le sucre qu'ils renferment leur donne un poids spécifique plus lourd que l'eau. Par extension, on désigne quelquefois dans le commerce, sous le nom de *vins de liqueur,* les vins étrangers qui ne renferment pas de quantité appréciable de sucre, mais qui ont été fortement *vinés,* c'est-à-dire auxquels on a ajouté, après la fermentation, une quantité plus ou moins forte d'alcool.

Tels sont les *Porto,* les *Madère secs,* les *Xérès,* etc., qui, en réalité, sont secs, mais auxquels on a donné par le vinage un titre alcoolique supérieur à celui qu'ils peuvent acquérir naturellement. On en trouve auxquels on a ajouté une petite quantité de matière sucrée, afin de détruire leur sécheresse, de les rendre plus moelleux, sans que toutefois ils paraissent doux ; il y en a d'autres que l'on vine tant qu'ils sont encore un peu douceâtres.

Les procédés employés pour la fabrication de ces sortes de vins diffèrent dans chaque vignoble.

1er procédé. — On augmente la densité des moûts naturellement, en laissant dépasser la maturité. Le raisin, dans ce cas, se dessèche en partie dans les climats chauds et secs, et une certaine quantité de son eau de végétation s'évapore. C'est ce qui a lieu dans la vinification des vins doux de Banyuls, de Cosprons et de Collioure.

2e procédé. — Sous un ciel moins ardent et dans une atmosphère moins sèche, le raisin se pourrit et se rôtit ensuite par le soleil, l'eau de végétation s'évapore également. C'est ce que l'on voit dans la vinification des vins de Sauternes, de Barsac, de Monbazillac, etc.

3e procédé. — Dans quelques vignobles de l'Espagne, on accélère le desséchement en tordant la grappe ; on interrompt ainsi l'ascension de la sève.

4e procédé. — Dans l'Andalousie, on concentre le moût par ébullition. Ce procédé est également usité dans le midi de la France.

5e procédé. — Après avoir cueilli les raisins bien mûrs, on les fait sécher sur des claies, ou sur de la paille, au soleil ; on ne les presse que lorsque leur pellicule est ridée. On fait ainsi, en Allemagne, en Hongrie, en Alsace, etc., les *vins de paille*.

6e procédé. — On fait dessécher les raisins dans un four ou dans une étuve.

7e procédé. — On vine les moûts avant que la fermentation soit commencée, en y ajoutant des trois-six, de manière à leur donner un titre alcoolique de 18 à 20 pour 100 ; de cette façon, on conserve la matière sucrée en empêchant la fermentation de s'établir.

8e procédé. — Enfin, on mélange à des vins secs du sirop de raisin ou des moûts concentrés et vinés.

Les vins de liqueur secs, c'est-à-dire ceux qui ont complétement terminé leur fermentation, reçoivent, soit à leur sortie de la cuve, soit après leur fermentation tumultueuse en fût, une addition d'eau-de-vie.

Traitement des vins de liqueur ; conservation. — La variété des procédés de vinification fait que l'on observe dans la constitution de ces sortes de vins des différences énormes. Le traitement devra varier selon leur richesse alcoolique. Il ne faut pas perdre de vue que les vins de liqueur, soit secs, soit liquoreux, dont le titre alcoolique est inférieur à 16° d'alcool pur, exigent *les mêmes soins que les vins ordinaires,* si l'on tient à ce qu'ils ne s'altèrent pas ; sans cela, ils sont susceptibles de *subir les mêmes influences,* c'est-à-dire qu'ils *fermentent, deviennent troubles et finissent par se piquer.*

Pour que les vins de liqueur secs ou moelleux, naturels ou imités, puissent se conserver dans des magasins sujets à de grandes variations de température, dans des bouteilles debout ou des fûts en vidange, en un mot dans les mêmes conditions que les eaux-de-vie, il faut qu'ils renferment une moyenne de 18 à 20 pour 100 d'alcool pur. Quand ils ont ce titre, surtout s'ils renferment encore du sucre, une haute température les vieillit ; ils se conservent sans exiger de soins minutieux ; on pourra les garder dans des tonneaux bondés, que l'on remplira seulement tous les mois. Mais avant de les laisser dans ces conditions, il est indispensable de s'assurer de *leur titre alcoolique exact.*

Vieillissement. — Comme nous l'avons dit plus haut, une température élevée est favorable au vieillissement des vins de liqueur, *pourvu que leur titre alcoolique ne soit pas trop affaibli par l'évaporation,* ce dont il faut s'assurer. Pour les soumettre à la chaleur, on se sert quelquefois d'étuves, de greniers, de hangars vitrés, etc. ; on emploie encore d'autres moyens, mais nous en parlerons plus loin.

Clarification. — La clarification des vins liquoreux s'effectue de deux manières, par le collage ou par la filtration. Souvent on emploie simultanément les deux procédés. On choisit le genre de colle le plus convenable à chaque variété de vin. Si le vin est sec et fortement alcoolisé, comme les Madère, les Porto, etc., le collage avec des substances renfermant de l'albumine ou avec des blancs d'œuf réussit parfaitement. A défaut, on emploiera le sang frais, mais seulement sur les vins communs. Lorsque les vins sont très-pâteux, on les tannifie avec le tannin traité par l'alcool, et on les colle à haute dose avec de la gélatine pure.

Ces moyens s'emploient surtout sur de grandes quantités de liquide ; quand on n'a à traiter que de faibles parties, on les filtre au papier, à la chausse de laine, dans des filtres fermés. Afin d'éviter une évaporation trop forte, on opère avec toute la rapidité possible. On obtient ainsi un brillant parfait.

D'ailleurs, ces vins doivent toujours être au repos et soutirés avant une expédition ; car, quelque limpides qu'ils puissent être, il est rare qu'ils ne déposent pas, soit au fond des vases, soit contre leurs parois. Ils vieillissent plus vite en fûts qu'en bouteilles.

Imitation des vins de liqueur avec des vins similaires. — La rareté de certains vins étrangers, l'élévation de leur prix de revient, les droits d'entrée, etc., ont fait rechercher, par les négociants et par les propriétaires des vignobles français qui produisaient des vins ayant déjà quelque analogie avec ceux-là, les procédés de vinification en usage dans les vignobles étrangers.

Pour imiter les vins liquoreux ou secs connus sous le nom de *vins de liqueur,* il faut avoir sous la main diverses préparations employées même dans les vignobles étrangers, et divers aromates. Ces préparations sont *des matières sucrées extraites des raisins,* ou des moûts vinés ; elles sont connues sous le nom de *calabres.* On les prépare à froid ou à chaud.

Calabres à froid. -- Sur des moûts de raisins bien mûrs, ayant de 12 à 14° de densité, on verse un cinquième de trois-six de vin à 86°, ce qui donne à la préparation 17 pour 100 d'alcool. On opère au sortir du pressoir, et l'alcool arrête la fermentation ; si la quantité d'alcool était moindre, les moûts travailleraient. D'autres producteurs mutent les moûts, et font des vins muets. (Voir *Manière pratique de muter les moûts,* page 41.)

Calabres à chaud. — La fabrication des *calabres* à chaud consiste à concentrer les moûts par l'ébullition. Au sortir du pressoir, on les débourbe (voir cette opération à la vinification des vins blancs dans le premier volume de cet ouvrage), puis on les porte dans une chaudière, et on les fait bouillir et réduire jusqu'à ce qu'ils marquent, étant chauds, de 20 à 25° à l'aréomètre de Baumé ; on écume avec soin. Après avoir retiré les moûts de la chaudière, on y ajoute, comme aux *calabres* à froid, un cinquième de trois-six, ou l'on en fait des vins muets.

On fait des *sirops de raisins non désacidulés,* en laissant bouillir les moûts jusqu'à ce qu'ils marquent de 30 à 32° ; mais ce genre de sirop est très-coloré, et on ne l'emploie guère que pour les eaux-de-vie et les vins secs.

Sirop de raisins désacidulé. — Ce sirop se fait de la manière suivante : On débarrasse le moût des impuretés qu'il entraînerait, en le faisant passer dans un panier garni de plusieurs couches de paille entre-croisées, et on y délaie en remuant constamment, du carbonate de chaux (poudre de marbre), ou à défaut de la craie en poudre. Lorsqu'il ne s'y forme plus d'*effervescence,* que les acides tartrique, acétique et malique sont neutralisés, on décante le moût et on filtre le dépôt sur des blanchets. Il ne reste plus qu'à le clarifier. Pour ce faire, on y ajoute, par hectolitre, 1 kilog. 200 gr. de sang, ou, à défaut, treize blancs d'œuf. Le sang est préférable. Il faut bien le délayer, employer des chaudières plates et conduire rapidement l'opération si l'on tient à avoir des sirops sans couleur. On écume avec soin et on fait cuire jusqu'à ce que la préparation bouillante marque 32° au pèse-sirop de Baumé. Dès que la cuisson est effectuée, on laisse le sirop le moins possible au contact de l'air, car il se colore très-facilement. On le conserve en fûts pleins et bondés.

Lorsqu'on les fait dans des chaudières profondes, les sirops sont blond fauve.

On applique aussi aux mêmes usages des matières sucrées étrangères, telles que le *sirop vierge de canne,* ou *clairce,* le *sirop de sucre blanc raffiné,* le *sirop de sucre candi au vin blanc* (comme les liqueurs pour vins mousseux), la *mélasse de canne,* le *miel,* mélangées avec de *l'alcool trois-six rassis* ou des *eaux-de-vie vieilles.*

Pour colorer, on emploie des *vins noirs du Roussillon,* les premières marques des vins de *la plaine,* des *caramels fins,* des *infusions* et des *teintures* alcooliques, aromatisées, chargées en couleur, et dont nous donnons plus loin la composition.

Pour donner le goût de vieux, on se sert *d'infusions al-*

cooliques de brou de noix vertes, faites èn pilant des noix morveuses, qu'on laisse brunir à l'air pendant vingt-quatre heures et sur lesquelles on verse, par kilog., 1 litre d'eau-de-vie à 58° ; il faut laisser le mélange trois mois au repos avant de le soutirer. Plus cette infusion est vieille, mieux elle remplit son emploi.

Le même but est atteint à l'aide *d'infusions alcooliques de coques d'amandes amères torréfiées.* Pour obtenir cette préparation, on concasse les coques des amandes, on les fait torréfier, soit dans un brûloir à café, soit dans une poêle percée. Lorsqu'elles sont bien rousses, on les jette toutes chaudes dans un baril à large bonde et on verse dessus, sans les laisser refroidir, de l'alcool à 65°, dans les proportions de 2 litres 50 centilitres pour 1 kilog. 500 grammes de coques. On agite le mélange et on le laisse infuser au moins un mois avant de le soutirer. On conserve ensuite l'infusion, qui s'améliore en vieillissant ; on peut remplacer cette infusion par celle de *millet torréfié.* Le millet se grille de la même manière que les coques d'amandes, ou se cuit au four. On l'écrase ensuite, et, pendant qu'il est chaud, on y verse l'alcool et on agite le mélange.

Bouquets. — Nous renvoyons, pour les préparations des *infusions alcooliques d'iris, de framboises*, etc., au chapitre *Bouquets artificiels.* Nous parlerons ici des aromates dont nous n'avons pas indiqué le mode de préparation.

Teinture de calament. — On introduit dans un baril à large bonde, ou dans tout autre vase, des extrémités de tiges et des feuilles de calament qu'on laisse infuser une quinzaine de jours dans de l'alcool à 85°. Le baril doit se remplir de feuilles et de tiges de calament non tassées ; on soutire au clair et on laisse reposer. Les racines de *cala-mus-aromaticus* remplissent le même emploi et se préparent de la même manière, sauf, toutefois, qu'on les coupe en petits morceaux.

Teinture de cachou. — Cachou pulvérisé, 300 grammes ; alcool à 85°, 2 litres 50 centilitres. On laisse digérer quinze jours avant de décanter, et on a soin d'agiter de temps à autre pour faciliter la dissolution.

Teinture de girofle. — Girofle concassé, 500 grammes ; alcool à 85°, 3 litres. Même manière d'opérer que pour l'infusion précédente ; mais, ici, huit jours d'infusion suffisent. On peut repasser sur le marc 2 litres 1/2 d'eau-de-vie à 50° et laisser reposer cette infusion une quinzaine de jours. Ces teintures de cachou et de girofle sont plus aromatisées lorsqu'elles sont faites à une température de 25°, que lorsqu'elles se préparent à une température plus basse.

Fleurs de sureau. — Ces fleurs sont mondées et mélangées avec du sucre en poudre, qui, après être resté quinze jours ou un mois avec les fleurs, est imprégné de leur odeur. On extrait alors le parfum en faisant dissoudre le sucre dans une petite quantité d'eau. On se sert quelquefois d'un sachet de toile rempli de fleurs, que l'on suspend par la bonde au milieu du vin ; mais il faut l'y laisser plus d'un mois.

Esprit de goudron. — On distille lentement, au bain de sable, dans une cornue, ou dans le bain-marie d'un petit alambic d'essai, 3 litres d'eau-de-vie à 58°, dans laquelle on a mis 500 grammes de goudron de premier choix. On ne doit en retirer, au plus, que 2 litres, que l'on conserve dans des bouteilles bien bouchées.

Infusion de café au goudron. — On fait torréfier du café par les méthodes usuelles ; dans l'infusion chaude, on verse 1/4 de goudron liquide, préparé en faisant dissoudre de bon goudron dans le double de son poids en alcool à 85°.

Les diverses préparations que nous venons de citer sont

conservées dans des locaux spéciaux, savoir : les matières sucrées non alcooliques, dans des caves fraîches et des vases clos ; les liquides alcooliques, dans les magasins ou chais ordinaires.

Manière pratique d'opérer. — Il est indispensable à l'opérateur d'avoir sous les yeux des *échantillons-types et nature, nouveaux et vieux*, des vins qu'il doit imiter, afin qu'il puisse, par une étude approfondie, se rendre compte : 1° de leur constitution ; 2° de leur titre alcoolique ; 3° de leur densité, des changements que le temps leur fait subir, de leur séve, de leur bouquet, de leur goût particulier.

Pour imiter ces types, il devra rechercher parmi les vins liquoreux ceux dont la composition et la séve ont le plus de similitude naturelle avec eux ; en France, ils ne se trouvent guère que dans le Roussillon, le Languedoc et la Provence.

Les meilleurs types sont, en vins blancs, les *muscats,* dont Rivesaltes produit les meilleurs ; Frontignan et Lunel viennent ensuite. Les *muscatelles* (ou *petits muscats*), que l'on fait dans un grand nombre de vignobles de l'Hérault, en Provence, à Roquemaure, à la Ciotat, etc., remplissent le même but, mais ils sont bien inférieurs aux précédents.

Ces vins servent, au moyen de diverses préparations que nous venons de citer, à faire des imitations de *malaga,* de *malvoisie,* etc. Lorsque les muscats de France proviennent d'une bonne année, qu'ils ont été bien préparés et bien vinés, et qu'ils ont huit ou dix ans de fût, ils supportent, sans autre addition qu'un simple vinage, la comparaison avec les vins muscats étrangers, et quelquefois ils leur sont supérieurs.

Les vins muscats artificiels que l'on fabrique en aromatisant des vins blancs ordinaires avec les préparations de sureau, ne donnent guère de bons résultats : ils ne peuvent pas supporter la comparaison, même avec les muscatelles.

Quant aux vins de liqueur naturels, rouges, les vins de *grenache*, récoltés à Cosprons, Port-Vendres, Collioure, dans les Pyrénées-Orientales, sont des vins exquis lorsqu'ils ont vieilli. Ils approchent beaucoup des vins de *Rota*, de *Chypre*. Nous avons goûté, en 1852, à Collioure, des *grenache* de 1840, conservés en nature, d'un parfum très-suave, d'un moelleux et d'une finesse de goût extrêmes.

Les vins rouges liquoreux de Banyuls-sur-Mer, de Cosprons, de Port-Vendres et de Collioure, font, sans autre préparation qu'un simple vinage de 3 à 5 pour 100 d'alcool, lorsque l'on veut arrêter les fermentations ultérieures, d'excellents vins *rancio*. Ils imitent l'*alicante*, le *tinto*. Très-colorés étant nouveaux, ils se dépouillent, et à quatre ans ils commencent à prendre la teinte *pelure d'oignon ;* ils finissent par devenir *dorés*. Ils ont un bouquet *giroflé* très-agréable et un rancio développé.

Nous avons expédié en 1860 des Collioure que nous avions choisis dans le vignoble, en 1852. C'étaient des vins de la récolte de 1851 ; une partie avait été livrée *sans vinage ;* ils avaient une moyenne alcoolique de 15 pour 100, un goût de fruit prononcé, franc et doux. Les vinasses ont donné une moyenne de 6° de densité au pèse-sirop de Baumé. La partie de ces vins qui avait été vinée avait reçu 3 pour 100 d'alcool et pesait 18 pour 100.

Ces vins avaient, étant nouveaux, une couleur très-foncée dont ils se sont dépouillés peu à peu ; ils ont pris un bouquet suave ; leur rancio s'est développé.

Des échantillons chargés en 1856, comme provision de chambre (c'étaient des vins en bouteilles, non vinés et naturels), sont revenus à Bordeaux, au bout de deux ans, après avoir fait le tour du monde (de Bordeaux à Sydney, de Sydney à Valparaiso, de Valparaiso à Bordeaux), dans

un état de conservation parfaite. Leur qualité s'était amé-
liorée, leur vieillissement était plus prononcé que celui
des vins restés en fûts. Leur couleur était dorée ; ils étaient
limpides, mais les parois des bouteilles étaient chargées
de matière colorante.

Les vins rouges du Roussillon, de *la plaine,* s'emploient
à préparer des imitations de *porto.*

Vins blancs liquoreux et secs non musqués. — Les vins
faits avec le *macabeo,* à Salces, ont, lorsqu'ils sont vieux,
quelque ressemblance avec le *tokai.*

Les vins blancs liquoreux et secs, faits avec les cépages
nommés *picardan* et *piquepoul,* récoltés dans les vignobles
du Roussillon et du Languedoc, servent : les secs (surtout
ceux du Roussillon), à imiter les *madère ;* et les liquoreux
à fabriquer des vins de *liqueur non musqués et du vermout.*

Tous les vins que nous venons de citer sont. *lorsqu'on a
pris le soin de les choisir dans les vignobles mêmes,* de
bonne qualité, se conservent facilement, et se bonifient en
vieillissant. Ils sont généralement vinés à 2 ou 3 pour 100
après leur fermentation ou à leur expédition.

Lorsqu'ils proviennent d'une bonne année, qu'ils ont été
bien préparés, et qu'ils ont plusieurs années, ils supportent,
quelquefois avec avantage, la comparaison avec les vins
étrangers dont ils sont similaires.

Nous ne donnons pas de recettes fixes pour fabriquer tel
ou tel vin : les gens du métier savent que cela est impossible. Les indications précises que nous avons fournies sur
*le choix des vins similaires qui doivent servir de base aux
opérations, le détail des préparations auxiliaires, l'étude
des types proposés, les dégustations comparatives,* suffisent
pour guider le praticien, le maître de chai qui a un palais
exercé. Mais les dosages varient selon les vins qui constituent le fond de l'opération.

Vins artificiels. — Les procédés que nous venons de décrire donnent d'excellents résultats, mais ils reviennent à un prix assez élevé, surtout si l'on choisit les premières marques des vins que nous citons. Bien des personnes sont constamment à la recherche, non du *bon,* mais du *bon marché* en toutes choses ; c'est pour ces gens-là que la plupart des maisons de Cette qui s'occupent de la fabrication des vins de liqueur, ont perdu leur réputation *en faisant* de ces vins à des prix extrêmement bas ; en effet, les grandes maisons qui avaient la spécialité de ce genre d'industrie se sont vues menacées dans leur existence par des marchands rivaux, qui offraient à leurs clients des vins à vil prix. Dès lors elles se sont vues forcées de produire de la marchandise qu'elles pussent livrer à des prix égaux à ceux de leurs concurrents.

Toutefois, les vins fabriqués à Cette, ou aux environs, ne sont pas et ne doivent pas être vendus par le commerce sérieux *comme vins étrangers.* Les maisons spéciales reçoivent des vins d'Espagne et d'autres vignobles étrangers, soit par l'entremise des maisons de commission, soit directement. Ces vins restent consignés dans les entrepôts réels des douanes ; ils sont expédiés directement à l'acheteur, s'il le désire, par acquit ou congé pris en douane. Les représentants de ces maisons doivent remettre aux consommateurs ou aux négociants une série d'échantillons des vins étrangers venus des pays d'origine et livrables en entrepôt des douanes, concurremment avec les vins imités en France, et l'acheteur choisit ceux qui lui paraissent les mieux réussis.

Il ne faut pas croire que tous les vins de liqueur venus de l'étranger et dirigés sur nos entrepôts soient de qualité irréprochable, il s'en faut de beaucoup. On nous expédie fréquemment des vins très-communs, siropés avec des moûts mal préparés, qui ont des goûts pâteux et qui arrivent louches. Il en est beaucoup qui sont colorés artificiellement avec des mélasses, du caramel, etc.

Les consignataires ont le droit de les faire clarifier par filtration, avant leur sortie de l'entrepôt, par les soins du maître tonnelier que la douane charge de la conservation des vins logés dans ses caves.

On peut ainsi les obtenir limpides; mais les vins communs de provenance de Cadix, Madère, etc., sont loin de valoir les premières marques de leurs similaires francais. D'ailleurs, certaines maisons espagnoles *les fabriquent,* pour pouvoir lutter de bas prix avec les vins français, avec des vins communs du pays où elles se trouvent, et, à l'aide du siropage artificiel, du caramel *dont elles font un grand abus,* du vinage, elles opèrent un mélange dans le genre de ceux dont nous allons parler. Seulement, ces tripotages ont le prestige d'arriver directement des pays producteurs.

Néanmoins, les acheteurs ne s'y trompent pas et ne les payent que leur valeur réelle.

Vers 1859, une maison espagnole, qu'il est inutile de nommer, dirigea sur l'entrepôt réel des douanes de Paris une grande quantité de vins de liqueur de toutes sortes, en marques assorties : Madère, Porto, Alicante, Malvoisie, Xérès, Malaga, etc. Ces vins étaient logés en barils de diverses contenances, la douane y avait posé les scellés, et ils devaient être vendus publiquement aux enchères; mais on ne devait les goûter *qu'à l'instant de la vente.* L'affluence des acheteurs fut grande. Les vins marqués Madère étaient communs, mal préparés, ainsi que les autres vins secs; ces mélanges n'avaient pas vieilli. Les vins muscats de Malaga étaient des vins jeunes, pâteux; ils se vendirent facilement, parce qu'ils avaient un goût franc de muscat, et qu'à l'aide

22

d'un vinage fait avec des eaux-de-vie fines et vieilles, on pouvait les rendre plus coulants et plus fins. Ils n'atteignirent néanmoins que le prix de 70 fr. l'hectolitre, et les marques diverses de vins secs eurent beaucoup de peine à s'écouler au-dessous de ce prix.

Les *vins de liqueur artificiels,* ou *imitations sans vins similaires,* se font de la manière suivante : On prend des vins blancs ou rouges neutres, sans vices; on choisit, en vins blancs, ceux qui ont le titre alcoolique le plus élevé et qui reviennent au prix le plus bas, tels que les vins de *piquepoul* de l'Hérault vinés; en vins rouges, on prend des vins bien francs de goût; on les fait viner chez les propriétaires mêmes, lorsqu'il y a possibilité, et seulement lorsque la fermentation est terminée.

Ces vins atteignent alors une moyenne alcoolique de 18 pour 100.

On les conserve dans des locaux à température très-élevée, en vidange et exposés au soleil; ils vieillissent ainsi très-vite, mais, pour qu'ils puissent se conserver sans altération, il faut que leur titre alcoolique soit, au minimum, de 18 pour 100.

M. Pasteur, de l'Institut, conseille de les loger dans des bonbonnes bien bouchées et laissées exposées au soleil, en vidange, sous des hangars vitrés. Il est certain que dans ces conditions ils vieilliraient plus vite, car la température du vin serait plus élevée que par les méthodes usuelles de logement en fûts, et l'oxygénation serait plus rapide; mais si les vins étaient faibles, au-dessous de 18°, ils se piqueraient.

Lorsque ce sont des vins liquoreux que l'on doit imiter, on sirope les vins artificiels avec les *calabres* à chaud; si leur densité doit être forte, si ce sont des vins cuits, on y ajoute des sirops de raisin, de manière que leur pesanteur spécifique soit égale a celle des vins types; puis on les aromatise avec réserve, en se servant avec intelligence des teintures et préparations indiquées plus haut, et on leur donne une couleur tuilée à l'aide des infusions dont nous avons déjà parlé.

Pour les imitations de vins muscats, on se sert des fleurs de sureau; mais les deux genres de préparation de ces fleurs ne peuvent même pas remplacer les *muscatelles* communs.

Cependant, malgré l'infériorité des vins préparés sans avoir pour fond d'opération des vins analogues à ceux que l'on veut imiter, il y a des auteurs qui s'intitulent œnologues et qui prétendent que, pour faire des vins de liqueur, il est inutile de se servir de vins naturels. C'est ce que plusieurs liquoristes de Paris ont mis en pratique, en faisant des *vins entièrement artificiels,* et dans la composition desquels il n'entre pas un atome du fruit de la vigne. Ici, le vin est remplacé par de petites *eaux-de-vie* qui ont en moyenne 20° et que l'on a dédoublées avec de l'eau tartratisée, c'est-à-dire dans laquelle on a fait dissoudre, soit, à chaud, 5 grammes environ de crème de tartre par litre, soit, à froid, 2 grammes d'acide tartrique.

On ajoute à ces petites eaux-de-vie quelques-unes des préparations que nous avons citées; on les sirope avec des sirops de canne ou de glucose, ou avec des sirops de raisin également factices et faits avec de l'eau tartratisée (1).

Ces préparations ne renferment rien d'insalubre; ce sont tout simplement des liqueurs ordinaires, composées d'eau, d'alcool, de matières sucrées, de tartre et d'aromates, qui, à l'aide d'une étiquette et de beaucoup de conviction de la

---

(1) Il arrive pourtant que les faiseurs sont forcés de mélanger des vins à l'eau tartratisée.

part des consommateurs, peuvent passer pour les vins
dont souvent la plupart des consommateurs des débits
n'ont jamais dégusté les types réels en nature. Ces moyens
de fabrication ne peuvent être employés, du reste, qu'à
Paris, dont l'enceinte est rédimée; hors Paris, de telles
préparations seraient plus coûteuses que les vins ordinaires, par suite des droits à payer à la régie. D'ailleurs les
résultats en sont sans importance pour le commerce sérieux,
car ces préparations n'ont nullement le goût des vins-types.

Vermout. — Pour bien fabriquer le vermout, on prend
pour base du vin blanc, autant que possible vieux et franc
de goût, dans lequel on fait infuser, en observant les règles
que nous allons indiquer, diverses plantes aromatiques,
parmi lesquelles l'absinthe forme la base. On sait que les
premières préparations de vermout se sont faites en Italie.

On distingue, dans le commerce, plusieurs sortes de
vermouts : 1° les vermouts au quinquina, faits dans le genre
italien, qui sont toniques, apéritifs et vermifuges; 2° les
vermouts secs dits *madérés;* 3° les vermouts moelleux musqués; 4° les vermouts ordinaires.

Le vermout présente de grandes variétés, selon que le
vin blanc employé est nouveau ou vieux, sec ou moelleux;
selon qu'il possède une séve agréable ou du terroir; selon
la quantité et la diversité des plantes infusées, la durée de
l'infusion, le genre de confection, etc. On trouve en outre
des différences de goût dans le vermout de chaque fabricant.

Nous ne parlerons pas des mixtions que certains liquoristes de Paris livrent à la consommation sous le nom de
vermout, et qui, en général, ont pour base de l'eau et du
trois-six aromatisés avec des infusions alcooliques et des
esprits distillés de plantes. D'autres allongent les vermouts

qu'ils reçoivent en les dédoublant avec des vins blancs communs, de l'eau et de l'alcool, et en y introduisant des sirops, du caramel, etc. Ces préparations ne donnant que de pauvres résultats, il est inutile de s'y arrêter.

Pour faire de bons vermouts, il faut :

1º Que les vins blancs à ce destinés soient vieux (un an au moins), parfaitement francs de goût, sans âcreté ni verdeûr. Les *piquepouls* choisis, les *picardans* de l'Aude, de l'Hérault, et surtout ceux des Pyrénées-Orientales, remplissent parfaitement ces conditions. On peut se servir aussi, dans les années favorables, du vin de premier choix de l'Entre-deux-Mers ou mieux des vins du Gers sans terroir. Les vins blancs qui ont conservé de la douceur après leur fermentation, devront être préférés, pour la confection du vermout moelleux, aux vins secs qu'il serait nécessaire de *siroper artificiellement*.

2º Que ces vins soient bien limpides et que leur titre alcoolique atteigne, après le vinage, 18 à 20°. Cette condition est indispensable aux vermouts destinés à voyager et à être consommés dans les pays tropicaux.

3º Que les plantes soient mondées avec soin et les substances dures concassées et réduites en poudre.

4º Que l'on surveille attentivement la durée de l'infusion, qui doit être d'autant plus courte que la température est plus élevée.

5º Que les vins, après l'infusion, soient soutirés, collés, soutirés de nouveau, et, si leur limpidité n'est pas parfaite, collés une seconde fois, ou bien filtrés et remis en foudre, puis laissés au repos dans un chai dont la température est régulière.

Avant d'être expédiés, ils doivent rester en foudre au moins un mois. Nouvellement faits, ils ont un goût d'herbage qu'ils perdent en vieillissant. Les vermouts fabriqués six mois ou un an à l'avance sont bien supérieurs aux préparations récentes.

Les maisons qui font la spécialité des vermouts doivent avoir un certain nombre de foudres destinés à les recevoir une fois confectionnés et clarifiés. On doit toujours expédier les plus vieux, et au fur et à mesure qu'un foudre est vide, on fabrique immédiatement d'autre vermout pour le remplir, afin qu'il ait le temps de vieillir. Après leur clarification complète et un long repos en foudre, ces vins s'améliorent, la combinaison des aromes est plus intime et ils conservent en voyage leur limpidité ; tandis que si on les expédie peu de temps après leur confection, quand même ils seraient d'une limpidité parfaite, ils louchissent et déposent dans le cours des longs voyages.

Les recettes qui suivent sont dosées pour 1,000 litres :

Vermout au quinquina :

Vin blanc, franc de goût, vieux et clarifié, à 18° d'alcool pur.	1000 litres.	
Grande absinthe mondée.	1 kilog.	» gr.
Romarin.	1	»
Quinquina rouge, ou, à défaut, jaune, concassé et préalablement humecté et infusé dans un litre d'alcool à 86°. . .	2	»
Rhubarbe.	»	250
Racine d'angélique.	»	500
Chardon bénit.	1	»
Pulmonaire.	1	»
Véronique.	1	»
Infusion alcoolique de rubans de bigarade	3 litres.	
Teinture alcoolique d'iris.	1	»

Les plantes, mondées et divisées le plus possible, sont introduites dans le vin. On verse les infusions, on agite à l'aide d'un fouet ou mieux d'une *dodine,* et on laisse infuser de trois à six jours au plus, selon la température, en agitant le mélange plusieurs fois par jour.

Le vin blanc choisi pour cet usage est sec ou moelleux, selon que l'on a l'emploi de vermouts secs ou de vermouts doux. Lorsqu'on ne peut se procurer du vin blanc doux, on adoucit le vermout après l'infusion, en y ajoutant 20 kilogrammes de sucre raffiné par 1,000 litres, et 10 litres d'alcool à 85°. On augmente ou diminue cette quantité selon la densité que l'on désire obtenir. Ce sucre a été préalablement cassé, et pour le faire fondre dans le vin, on agite à plusieurs reprises à l'aide de la *dodine*.

Cette recette donne des vermouts très-aromatiques et très-stomachiques; pour les consommateurs qui les trouvent trop amers et astringents, on est forcé de les laisser vieillir avant de les livrer. Ce sont les vermouts les plus toniques.

Vermout astringent et tonique madéré. — Nous en avons fait d'excellent avec les plantes suivantes :

Grande absinthe mondée.	1 kilog.	» gr.
Balsamite	»	500
Génépi des Alpes.	»	500
Origan vulgaire	»	500
Cascarille.	»	500
Thé mondé.	»	500
Racine d'angélique.	»	500
Coriandre concassée.	2	»
Cannelle	1	»
Calament.	1	»
Gentiane.	»	500
Muscades râpées.	»	300
Teinture d'iris.	1 litre.	
Rubans de bigarade, frais	2 kilog.	500 gr.
Galanga	»	500
Tormentille	»	600
Girofle.	»	500

Opérer sur 1,000 litres de vin blanc *madéré*.

Vermout musqué :

Grande absinthe mondée.	1 kilog.	» gr.
Fleurs de sureau mondées et mélangées huit jours à l'avance avec 4 kilogrammes de sucre en poudre.	2	»
Coriandre concassée	4	500
Muscades.	»	500
Cannelle.	1	»
Teinture alcoolique d'iris	1 litre.	
Écorces d'oranges douces, bien zestées. . .	3 kilog.	» gr.
Racine d'angélique.	»	500
Galanga.	»	500
Germandrée.	1	»
Girofle	»	500
Quassie.	»	250
Acore vrai.	1	»
Petite centaurée	1	»
Aunée	1	»
Chardon bénit	1	»

Ce genre de vermout doit se faire de préférence avec des vins doux. Les muscatelles conviennent à cet emploi ; à défaut, on doit siroper, et pour cela donner la préférence au sirop de raisins désacidulé, le moins coloré possible, ou au sucre brut Bourbon de canne, ou au sucre blanc raffiné.

Vermout italien :

Grande absinthe	1 kilog.	200 gr.
Oranges fraîches coupées en tranches très-minces.	50 oranges.	
Chardon bénit.	1 kilog.	200 gr.
Calament.	1	»
Racine d'angélique.	»	200
Cannelle.	1	»
Muscades.	»	650
Gentiane	»	600
Germandrée.	1	»
Petite centaurée.	1	100
Aunée.	1	»

Quelques fabricants suppriment les trois dernières plantes.

Ce vermout, quoique de bonne qualité, est inférieur à celui que donnent les recettes précédentes.

Certains fabricants ont la mauvaise habitude de colorer les vermouts avec des caramels : cela leur donne un goût commun. D'autres, au lieu de faire infuser les plantes dans le vin blanc, les font infuser dans de l'alcool et versent ces teintures ou infusions alcooliques dans des vins blancs ; outre que, par cette méthode, les principes astringents ne sont pas dissous, le chlorophylle des plantes colore ces infusions en vert foncé. Les vermouts ainsi traités sont plus sujets à déposer. Ceux de première qualité doivent avoir la *couleur naturelle du vin blanc,* qui est très-légèrement ambrée.

Traitement des vermouts. — Les vermouts se traitent absolument comme les vins de liqueur, dont ils sont une variété ; on doit s'assurer si leur titre alcoolique dépasse 16° lorsqu'ils sont faibles d'alcool. Les secs doivent, pour se conserver, être traités comme les vins ordinaires, et les doux, si leur titre alcoolique n'atteint pas 16°, entrent en fermentation, surtout dans les pays chauds. On est donc forcé de les viner de 18 à 20°, ou tout au moins à 17°.

Lorsqu'ils sont trops amers, on les mélange avec des vermouts aromatiques faits sans employer les substances amères, ou on les dédouble avec de bons vins blancs, francs de goût, vinés à 17° au minimum et siropés avec 200 grammes de sucre blanc par litre.

Dans les grandes fabrications on retire les principes astringents et aromatiques que les plantes renferment encore après la première infusion, par une seconde infusion, ou par distillation pour en retirer les eaux aromatiques.

CHAPITRE XIV.

SPIRITUEUX.

Alcools, trois-six commerciaux. — Trois-six Languedoc. — Trois-six extra-fins, trois-six du Nord. — Emplois divers. — Dégustation. — Règlement des surforces. — Eaux-de-vie diverses; qualités, titre, logement. — Montpellier. — Pays. — Marmande. — Armagnac. — Cognac. — Grande-Champagne. — Petite-Champagne. — Borderies. — Bons Bois. — 2ᵉˢ Bois. — Saintonge, etc. — Traitement, conservation et vieillissement des eaux-de-vie. — Vieillissement rationnel des cognacs. — Falsification des cognacs. — Manipulation des alcools. — Réduction de la consommation des alcools en fûts. — Dépotage et jaugeage des fûts. — Eaux-de-vie communes. — Fabrication du caramel. — Amélioration des dédoublés. — Rhums et tafias. — Calculs complets des réductions et remontages d'alcools. — Mouillages simples et composés. — Alcoomètres divers : Gay-Lussac, Densité, Cartier, Baumé, Tessa, Borie, Sykes (anglais, *under-proof*).

Alcools, trois-six commerciaux. — Aujourd'hui, on trouve dans le commerce trois genres de trois-six bien distincts :

1° Les *trois-six Languedoc de vin ;* ils sont vendus au titre de 86° centésimaux et logés en pipes de bois dit *de Rome,* ou en divers merrains, d'une contenance de 630 à 660 litres, platrées et cerclées en bois et à quatre cercles de fer. Ils sont employés à faire des eaux-de-vie ordinaires, à la fabrication des liqueurs, etc. On doit choisir ceux qui ont le plus de moelleux : ils le sont d'autant plus qu'ils proviennent de vins nouveaux récemment décuvés ; rejeter les trois-six âcres au goût qui proviennent de la distillation de vins piqués, *rassis* ; ils sont d'un meilleur emploi, ont plus de finesse que ceux qui sortent de la chaudière.

2º Les *trois-six neutres*, dits *extra-fins ;* ils sont le produit de la rectification faite avec soin des alcools de fécules, de riz, etc. Ils sont logés dans des pièces de contenances diverses le plus souvent cerclées en fer. Ils sont vendus au titre de 90°; mais ils ont généralement un titre moyen de 95°. On préfère ceux dont la neutralité est absolue et dont on ne peut reconnaître l'origine en les dédoublant; ils sont rares. Dédoublés seuls, on y trouve généralement, soit une certaine odeur de dégras, de suif, soit un arrière-goût de céréales, selon leur origine, surtout si on les a étendus de neuf parties d'eau sur une de trois-six à déguster.

Les trois-six neutres sont d'un emploi très-fréquent : opérés avec les trois-six de vins communs, ils leur font perdre leur goût de terroir trop prononcé, et les font ainsi paraître moins communs, à moins que les trois-six de vin n'aient été rectifiés à un haut titre et rendus ainsi neutres, ou qu'ils ne proviennent de la distillation de vins de choix. Nous parlons des trois-six de vin communs à terroir trop prononcé et légèrement âcres. Les trois-six neutres, n'ayant aucun goût particulier, laissent dominer l'odeur et le goût de terroir des eaux-de-vie avec lesquelles on les opère, tandis que les trois-six de vin, ayant un goût particulier, dominent dans les mêmes opérations et ne peuvent remplir le même emploi. Ce sont ces divers motifs qui les font rechercher dans les opérations des eaux-de-vie fines.

3º Les *trois-six du Nord fins ;* on désigne ainsi les trois-six de betterave rectifiés. Ce sont les alcools de bouche les plus communs. Les extra-fins conservent toujours un goût *d'origine* qui les fait reconnaître et les rend impropres aux emplois des *neutres*. Ils se vendent au titre de 90°, logés en pipes comme les languedocs. On les emploie pour le dédoublage des eaux-de-vie les plus communes, des· tafias communs, etc.; mais ils sont d'un mauvais effet dans les mélanges, et, à moins que l'on ne cherche l'extrême bon marché, on doit éviter de les opérer avec les eaux-de-vie de vin. Les trois-six extraits des mélasses de sucre de betterave sont préférables à ceux qu'on retire des betteraves traitées directement.

Dégustation. — Pour bien se rendre compte de l'origine des trois-six, on en met quelques gouttes dans le creux de la main, on frotte vivement et on *sent* l'odeur de l'huile essentielle qui se volatilise; mais on trouve bien mieux le goût et l'odeur des trois-six en les étendant d'eau : 3 quarts eau et 1 quart trois-six, ou bien 1 dixième trois-six et 9 dixièmes eau distillée, en agitant vivement le mélange.

Surforces. — Lorsque les trois-six, les tafias, etc., dépassent le titre commercial de vente, on paie la *surforce* en calculant la quantité d'alcool que l'on reçoit en plus.

Supposons une pièce trois-six extra-fin de fécule à 95°, vendue à raison de 70 fr. l'hectolitre, et dépotant 434 litres (le titre commercial est à 90°).

On multiplie la contenance de la pièce par la différence de la surforce, et on divise le produit par le titre de vente de l'alcool; le quotient donne le nombre de litres à payer au vendeur en plus du dépotage.

PREMIER EXEMPLE :

Contenance de la pièce. . . 434 *litres.*
Surforce. 5
Produit. . . . . 2170 | 90 *titre de vente.*
                            370   24
                            10

On doit ajouter 24 litres aux 434 litres de dépotage, ce qui forme un total de 458 litres à payer.

DEUXIÈME EXEMPLE :

Sept barriques tafia, dépotant ensemble 1,519 litres, ont été vendues à 60 fr. l'hectolitre, au titre commercial de 55°, et ces tafias en pèsent 57.

Dépotage..... 1519
Surforce.....   2
           3038 | 55   *titre de vente.*
            288   55
             13

On aura à payer 55 litres en plus.

Lorsque le titre alcoolique est inférieur au titre commercial de vente, on déduit la valeur de l'alcool manquant *par hectolitre,* au marc le franc, selon le prix d'achat.

Eaux-de-vie diverses; qualité, titre, logement, etc. — *Eaux-de-vie dites de Montpellier.* — Elles sont fabriquées dans les environs de Béziers, avec des vins de chaudière choisis. On emploie des vins blancs ou rouges récemment vinifiés.

Ces eaux-de-vie directes sont beaucoup plus moelleuses que les trois-six dédoublés; elles gagnent de qualité en vieillissant; mais nous avons remarqué que, lorsqu'elles proviennent d'années de disette pendant lesquelles on ne distille que des vins près de se tourner et acides, elles prennent, en vieillissant, de l'âcreté et de la sécheresse. Les eaux-de-vie de Montpellier sont expédiées à divers titres, de 52 à 66°, selon les commandes; elles sont logées en tierçons et en pièces de diverses contenances, fabriquées grossièrement, façon Cognac, ou en transports ferrés. Elles sont, d'ailleurs, souvent estampées du nom pompeux de *cognac,* surtout sur les marchés extérieurs; mais, à la seule inspection des fûts, à leur genre de ligature, un œil exercé reconnaît l'origine de ces fûts. Néanmoins, lorsqu'elles ont été distillées peu après la récolte avec des vins moelleux, elles prennent en vieillissant un certain rancio.

Eaux-de-vie de pays et de Marmande. — On désigne sous le nom d'*eaux-de-vie de pays,* les eaux-de-vie fabriquées avec les vins blancs de la Benauge (Gironde). Depuis la disette des récoltes, on n'en fabrique presque plus, parce que ces vins trouvent un écoulement bien plus avantageux comme vins d'opération ou de vinaigrerie.

Ces eaux-de-vie sont vendues, sans logement, au titre de 52° centésimaux.

Les eaux-de-vie de Marmande sont le produit de la distillation de vins blancs de quelques communes de cet arrondissement. Les marmandes sont vendues logées, soit en barriques spéciales, soit en fûts armagnacs, au titre de 52°.

Ce sont des eaux-de-vie moelleuses, ayant un terroir particulier ; elles gagnent de qualité en vieillissant. Elles se vendent généralement logées en barriques de 250 litres, et aux mêmes conditions que celles du haut Armagnac.

Armagnac. — On désigne sous ce nom les eaux-de-vie fabriquées dans le Gers et une partie du département des Landes et du Lot-et-Garonne ; elles donnent lieu à de grandes exportations, et, après les cognacs, ce sont les meilleures de France. Elles sont logées en pièces d'une contenance d'environ 420 litres, fabriquées en bois de pays. Autrefois, ces pièces étaient grossièrement façonnées ; mais depuis quelques années, elles sont généralement mieux traitées.

Les armagnacs se divisent en trois classes : le bas Armagnac, le centre qui est Ténarèze, et le haut Armagnac ; c'est le bas Armagnac qui est la qualité supérieure.

On les vend au titre de 52° centésimaux.

L'armagnac vieux et *nature,* sans siropage, est, de toutes

les eaux-de-vie, celle qui doit être préférée pour viner les vins fins, imbiber les cuves et les bouchons, et fortifier des vins faibles. Pour tous ces emplois, sa séve est supérieure même à celle du cognac ; elle se combine très-bien avec les séves des vins, sans les dénaturer.

Cognacs. — Sous le nom générique de *cognacs*, on comprend six sortes d'eaux-de-vie, désignées comme suit sur les prix courants :

1° *Grande champagne ou fine champagne*. — Ce sont les plus estimées ; elles se distillent dans vingt-neuf communes de la Charente. Segonzac, qui en est le centre, règle le cours dans le marché qui a lieu le premier dimanche de chaque mois. Cette contrée produit une moyenne de 115,000 hectolitres à 70°, dans les bonnes années. C'est bien peu pour couvrir les énormes envois faits sous ce nom.

2° *Petite champagne*. — Elle renferme cinquante communes, et produit une moyenne annuelle de 147,000 hectolitres de 67 à 70°. Les lieux de marché des eaux-de-vie petite Champagne sont Châteauneuf, le 16, et Archiac, le premier jeudi de chaque mois.

3° *Borderies ou premiers bois*. — Sous ce nom, on comprend les produits de quatre-vingt-dix communes, qui font près de 200,000 hectolitres. Les marchés sont nombreux : Cognac, deux marchés par semaine, le mercredi et le samedi (le dernier est le plus suivi) ; Hiersac, le 12 de chaque mois ; Jarnac, le 5 ; Matha, le 2 ; Angoulême, le 15 ; Barbezieux, le mardi de chaque semaine ; Jonzac, le deuxième vendredi de chaque mois ; Pons, le premier lundi de chaque mois ; Saintes, le premier lundi de chaque mois. Dans cette dernière ville, le marché du mois de mai n'a pas lieu, à cause de la foire du 29 avril. Il y a une deuxième foire le 27 juillet.

4º *Bons bois ou mieux deuxièmes bois.* — Les centres de vente de cette eau-de-vie sont Rouillac, dont la foire a lieu le 27 de chaque mois, et Saint-Jean d'Angély, qui tient marché le troisième samedi de chaque mois.

5º *Saintonge.* — On désigne aussi ces eaux-de-vie sous le nom de *deuxièmes bois.* On les distille dans un grand nombre de communes, à partir de la limite du département de la Gironde, près de Mortagne, jusqu'après la Rochelle. Toutefois, on distingue parmi ces eaux-de-vie celles qui proviennent des terrains marécageux, des salines, etc., de celles des terrains graveleux de l'intérieur. Celles-ci n'ont pas le goût prononcé de terroir qu'ont celles des terrains bas avoisinant la mer.

6º *Rochelle.* — On désigne sous ce nom toutes les eaux-de-vie provenant de vignes plantées près de la mer, sur des sols marécageux et qui ont un goût de terroir prononcé, mais qui, en vieillissant, devient assez agréable et rappelle le goût de noyau. Telles sont les eaux-de-vie de la Rochelle, de Surgères, etc., etc. Les environs de la Rochelle et de Surgères donnent des produits supérieurs à ceux des îles de Ré et d'Oléron. Les principaux centres d'affaires sont à la Rochelle, aux marchés des mercredis et samedis, et aux ports des îles de Ré et d'Oléron. Les deuxièmes bois Saintonge et Rochelle font environ un million d'hectolitres d'eau-de-vie de 60 à 70°.

Les eaux-de-vie de Cognac sont vendues, par les propriétaires, *quittes de fût,* à l'hectolitre, au titre commercial de 4° Tessa, à la température de 10° Réaumur ; ce qui équivaut à 60° centésimaux, à 15° centigrades. Le propriétaire transporte les eaux-de-vie, soit sur les marchés, soit dans une maison de transit ou chez un négociant du pays, dans ses fûts et à ses frais. A leur arrivée, les eaux-de-vie sont mesurées par les dépoteurs, le prix en est payé comptant, et les futailles sont remises au vendeur. La surforce est payée au-dessus de 60°, selon le prix de vente.

Aujourd'hui, les cognacs sont généralement distillés de 68 à 70°; rassis ils pèsent de 66 à 68°. A cinq ans, ils doivent avoir encore le titre marchand de 59 ou 60°. Ce ne serait qu'à vingt ans que, naturellement, sans réduction, ils descendraient, par évaporation, à 48 ou 50°. Les cognacs communs et les rochelles sont assez souvent vendus nouveaux, à 59°.

Les cognacs se logent dans des fûts fabriqués en bois dit d'*Angoulême*, de diverses contenances. Ces fûts sont faits avec beaucoup de soin; ils sont garnis, d'une façon très-régulière, de petits cercles en châtaignier, liés avec de l'osier maigre et fort.

Les pièces sont de 60 veltes ou 525 litres; les tierçons, de 40 veltes ou 304 litres, et les barriques, de 27 veltes ou 205 litres.

Selon les pays de consommation, on fabrique des barillages de toutes dimensions, jusqu'à 10 litres; pour l'exportation, on fait des barils ferrés. Les fûts liés sont également ferrés à quatre cercles de fer, surtout pour les longs voyages, et les premières marques sont mises en double fût. Tous les fûts expédiés par les grandes maisons d'exportation sont estampés, marqués et numérotés à feu. Sur les deux extrémités de la barre, on met une lie cachetée au nom de la maison, ainsi que sur la bonde.

En un mot, Cognac est le pays de production qui expédie les liquides en fûts dans les meilleures conditions.

Au résumé, à part quelques eaux-de-vie qui ne sortent pas des vignobles et ne donnent lieu à aucune exportation, on cote onze sortes d'eaux-de-vie différentes, non compris les eaux-de-vie de trois-six dédoublé, qui jouent un grand rôle, et dont il sera parlé plus tard. Voici leur désignation, en commençant par les plus communes :

1. Eaux-de-vie Montpellier.
2. — Pays.
3. — Marmande.
4. — Ténarèze. ⎫
5. — Bas Armagnac. ⎬ Armagnacs.
6. — Rochelle.
7. — Saintonge.
8. — Bons bois ou deuxièmes bois.
9. — Borderies, premiers bois.
10. — Champagne ou petite champagne.
11. — G^{de} champagne ou fine champagne.

(4, 5) Armagnacs.
(6–11) Cognacs.

Traitement, conservation et vieillissement des eaux-de-vie.

— Le traitement des eaux-de-vie est facile : il suffit de les loger dans des fûts parfaitement conditionnés, de les emmagasiner dans des locaux qui, sans être trop aérés, subissent les influences de la température ambiante, et de les bonder légèrement, sans maintenir les fûts pleins. Elles vieillissent ainsi beaucoup plus vite, à cause de l'influence de l'oxygène, que si l'on maintenait les fûts pleins dans des locaux à température invariable.

Les soins consistent dans des visites faites de temps en temps, pour s'assurer de la solidité des fûts.

Lorsque, par une cause accidentelle quelconque, l'eau-de-vie prend une teinte noire ou trop foncée, on la décolore en la collant avec 100 à 500 grammes par hectolitre de noir animal lavé. Les eaux-de-vie acides ou âcres se traitent avec deux ou trois gouttes d'alcali volatil par litre, et 100 à 500 grammes de carbonate de potasse ou de magnésie par hectolitre, si le premier traitement prescrit ne suffit pas.

Dans la pratique, bien des obstacles s'opposent à ce que ce traitement simple, mais rationnel, puisse être suivi; en effet, la consommation demande des eaux-de-vie vieilles, mais se décide rarement à les payer ce qu'elles valent, parce que l'eau-de-vie qui a vieilli, outre les chances de coulage assez fréquentes, diminue en degré et en quantité par l'évaporation, et augmente de valeur par l'intérêt de l'argent qu'a coûté son achat, les frais de magasinage, etc.; de telle sorte que les cognacs nature, qui atteignent l'âge de dix ans, ont une valeur triple de celle des cognacs nouveaux. On en trouverait, du reste, difficilement d'authentiques. Les cognacs de vingt ans sont cotés cinq fois plus cher que les cognacs nouveaux.

D'un autre côté, les cognacs sont distillés à 68 ou 70°; ils sont expédiés pour le commerce extérieur à 60° seulement, en fûts, et le plus souvent à 50°, surtout pour la consommation directe. Or, pour arriver au titre de 50°, il faudrait les garder en nature environ dix-sept ans. Pour éviter ces frais, la plupart des grandes maisons des Charentes vieillissent les cognacs de la manière suivante; pour les expéditions de cognacs vieux, elles ont ainsi des types réguliers et excellents, qui *ne peuvent être imités par les faiseurs* qui opèrent au jour le jour. C'est cette méthode qui, sur les marchés étrangers, maintient leur supériorité.

Vieillissement rationnel des cognacs. — *Préparation des petites eaux.* — Prenez des fûts neufs, en bois de pays, d'Angoulème, du Nord ou de Bosnie, remplissez-les d'eau et laissez-les tremper un jour; videz ensuite cette eau; faites égoutter les fûts, qui, de préférence, devront être ferrés, et remplissez-les avec de petites eaux de 20 à 22°, qui ne sont autre chose que des eaux-de-vie faibles faites avec des *bons bois* de l'année et de l'eau distillée. Mettez ensuite ces fûts en place à demeure, bondez-les légèrement, et *laissez-les vieillir* dans un local à température élevée, sans les ouiller. Si vous pouviez les conserver pendant dix ans, elles n'en vaudraient que mieux, par le *rancio* qu'elles donneraient à vos eaux-de-vie. A six mois, pendant l'été surtout, ces petites eaux, ainsi préparées, commencent à prendre un goût de vieux ; mais il vaut mieux les attendre au moins un an.

C'est en réduisant les cognacs rassis avec des petites eaux ainsi préparées et les plus vieilles possible, que quelques-unes des premières maisons de Cognac ont acquis une réputation méritée. Le séjour des eaux-de-vie faibles dans des fûts neufs enlève au bois du tannin, de la matière extractive, et des résines aromatiques dissoutes par l'alcool; de sorte que l'eau-de-vie faible (de 20 à 25°), se colore et s'aromatise, et, par le concours de l'oxygène de l'air, acquiert rapidement un goût de rancio.

Mais cet effet ne se produit pas tout de suite ; car, dans les premiers jours, l'eau-de-vie a un goût amer et âpre, qui est dû en partie à la dissolution du tannin. C'est là ce qui a fait dire à certaines personnes qui n'avaient jamais pratiqué et qui ignoraient les résultats obtenus, que c'est une mauvaise méthode. Après quelques mois, le tannin se transforme en acide gallique, les principes aromatiques sont dissous, et, à la dégustation, on est étonné de trouver une odeur balsamique, une saveur franche et du rancio à la liqueur amère et âpre des premiers jours.

Tous les bois ne sont pas également favorables à la préparation des petites eaux. Le bois d'Amérique *doit être rejeté*, parce qu'il renferme peu de principes solubles. Les bois les plus aromatiques sont ceux d'Angoulême (ces bois viennent en partie des forêts du centre de la France), les bois de pays, ceux du Nord, de Stettin ; les bois de Bosnie sont ceux qui aromatisent et surtout colorent le plus les petites eaux.

À défaut de fûts neufs, on peut se servir d'un foudre, dans lequel on introduit, par la bonde, 8 kilogr. par hectolitre de copeaux *en rubans faits à la colombe ;* on les fait rentrer, sans les presser, et on choisit les bois que nous citons. Pour avoir constamment en réserve des petites eaux vieilles, on les remplace au fur et à mesure de leur emploi.

On doit observer de mettre les petites eaux au titre de 20° (à 25° si elles doivent vieillir longtemps) ; lorsque ces eaux sont au-dessous de 10°, elles subissent, à la longue, et dans les mêmes circonstances, *les mêmes altérations que les vins.* Ainsi, les eaux alcoolisées de quelques degrés, de 2 à 8°, par exemple, se piquent si les fûts restent en vidange sans être bien bondés. Elles doivent avoir un *minimum* d'alcool de 17°, étant vieilles.

Sirop vierge. — Ce sirop est incolore ; c'est celui dont nous avons décrit la fabrication en traitant des liqueurs dans le premier volume de cet ouvrage ; il pèse 34 à 36° au pèse-sirop de Baumé. *Un litre* de ce sirop fait tomber l'eau-de-vie de 2° centésimaux par hectolitre.

On opère le cognac de la manière suivante : on rassemble dans un foudre les cognacs, champagnes, borderies et bois qu'on veut vieillir. Ces spiritueux doivent être *rassis,* et avoir perdu leur goût de feu ; ils pèsent alors 67° environ. Il s'agit de les ramener à 50°. À ce degré, ces opérations s'expédient le plus souvent en bouteilles. Pour la majorité des expéditions de cognacs rassis livrés en fûts, on réduit à 62°, afin qu'après le siropage, les eaux-de-vie pèsent 60° couverts.

Voici les proportions pour ramener le liquide à 50° :

		Alcool pur.
Cognac rassis à 67°. . . .	68 lit. 8 cent.	45,61
Petites eaux vieilles à 20°.	32 　»	6,40
TOTAL.	100 lit. 8 cent.	52,01

On y ajoute 1 litre de sirop vierge à 36°, ce qui forme 101 litres à 50°.

Dans les grandes maisons de Cognac, les eaux-de-vie sont mélangées dans un foudre en forme de cuve foncée, traversé par un arbre ayant des bras en tous sens. Cet arbre est mû par un manége, qui lui imprime un mouvement de rotation, agite les bras et opère ainsi parfaitement le mélange.

Les eaux-de-vie sont filtrées ensuite en vase clos, à l'aide de chausses en flanelle et au papier. Les petites eaux vieilles les colorent naturellement, sans qu'il soit besoin d'employer le caramel, dont on doit se servir le moins possible. Les eaux-de-vie coulent ensuite dans des foudres placés en contre-bas. Dans les opérations de cognac nature, on doit éviter de se servir d'*aromates étrangers*, qui, loin de les améliorer, les abâtardissent et dénaturent leur goût. D'ailleurs, rien ne peut remplacer, pour vieillir les eaux-de-vie, l'emploi des petites eaux, lorsqu'elles sont vieilles de plusieurs années. On les estime alors autant que des cognacs de l'année. Les eaux-de-vie autres que les cognacs, et que l'on distille de 50 à 55°, doivent se conserver en nature. Tels sont les armagnacs, les marmandes, etc. Toutes les manipulations se borneront à un siropage très-léger fait au moment de l'expédition (50 centilitres à 1 litre au plus par hectolitre), ce qui fait perdre aux eaux-de-vie de 1 à 2° à l'acoomètre. De cette manière, on ne les dénature pas.

Falsification des cognacs. — Depuis la maladie de la vigne, il s'est introduit dans les Charentes une méthode déplorable, qui heureusement n'est pas pratiquée partout, et l'est d'autant moins que l'année est plus abondante. Elle consiste à verser dans les vins blancs destinés à être brûlés une quantité plus ou moins forte de trois-six. Cette pratique a fait jeter les hauts cris au commerce extérieur ; les Conseils généraux des deux Charentes et le Sénat même s'en sont occupés sous l'Empire ; cela a donné lieu à bien des discussions, à bien des appréciations différentes ; les uns ont vu dans cette pratique un perfectionnement. Ils ont dit que les vins distillés par les méthodes ordinaires ne donnaient pas toutes les quantités d'huiles essentielles qu'ils renferment ; qu'une partie se perdait dans les vinasses et que les eaux-de-vie provenant de vins vinés avec des alcools neutres, autant que possible, étaient aussi aromatiques, parce que les vinasses étaient plus épuisées, et que, d'ailleurs, à la dégustation et même à l'analyse, les deux produits étaient identiques.

D'autres, et nous sommes du nombre, ont dit que cette méthode était mauvaise, qu'elle excitait la cupidité des propriétaires et des brûleurs, et qu'en se généralisant, elle perdrait, dans un avenir peu éloigné, la réputation des eaux-de-vie des Charentes ; qu'exciter les producteurs à marcher dans cette voie, c'était vouloir détruire le commerce dont Cognac est le centre.

L'administration, se rangeant à ces vues, a cherché par tous les moyens possibles à empêcher la circulation frauduleuse des trois-six, et des condamnations sévères, motivées par des saisies faites par la régie, ont donné à réfléchir aux fraudeurs.

Toutefois, allez aux principaux marchés de spiritueux des Charentes, informez-vous du cours des eaux-de-vie nou-

velles à 70° et de celui des vins blancs de chaudière de la
contrée, faites des distillations d'essai sur des échantillons
de vins blancs, rendez-vous compte de la quantité qu'il vous
faudrait pour former un hectolitre à 70°, et, sans compter
les frais de distillation, vous chercherez le bénéfice brut de
certains brûleurs qui vous ont offert *les eaux-de-vie du pays;*
vous reconnaîtrez alors que beaucoup vendent au-dessous
du prix de revient. Comment font-ils pour couvrir leurs
frais ?

Beaucoup d'eaux-de-vie estampées *Cognac,* expédiées des
deux Charentes (aujourd'hui la race des *faiseurs* est fé-
conde), sont mélangées avec un quart, une moitié, trois
quarts d'alcool neutre dédoublé ; c'est ce qui explique les
différences énormes qui existent dans les cours commerciaux du cognac. Quelques maisons honorables en conservent cependant les types sur les marchés étrangers.

Manipulation des alcools. — Pour accélérer les opérations, lorsque l'on traite des quantités considérables, les
mélanges de spiritueux se font, soit dans des cuves foncées,
soit dans des *foudres*. Les liquides sont introduits dans les
foudres ou dans les cuves à l'aide de plans inclinés, d'un
treuil spécial, de pompes aspirante, aspirante et foulante,
ou à air comprimé, selon la disposition des locaux.

Dans ces sortes d'opérations, il faut éviter le contact de
l'air et rejeter les méthodes qui favorisent l'évaporation.

Réduction de la consommation des alcools en fûts. —
Depuis quelques années, les trois-six d'industrie (alcools
de riz, de céréales, de fécules, etc.) sont expédiés à un
très-fort degré, 90 à 96°, surtout ceux qui se fabriquent
en Prusse, en Angleterre ou en Amérique. Afin d'éviter
que, par suite de cette grande élévation du titre, l'évaporation soit trop forte, les distillateurs rendent les fûts
imperméables en les enduisant à l'intérieur d'une forte

couche de *gélatine tannifiée*. On sait que cette préparation est insoluble dans l'alcool qui dépasse 80°; mais on a observé, dans la pratique, que si l'on se sert de fûts ainsi traités pour loger des eaux-de-vie limpides de 50 à 60°, *elles deviennent louches*, parce qu'une partie de la gélatine se dissout. Si l'on est forcé d'employer ces fûts, il faut *les peler à blanc* complétement, longaille et fonçaille; il en est de même s'ils doivent loger des eaux distillées. On peut s'en servir pour loger des vins blancs communs, car la dissolu-tion de l'enduit les clarifie; dans tous les cas, s'ils se main-tenaient troubles, il suffirait de les *tannifier* pour précipiter promptement la gélatine en dissolution.

On prépare la gélatine tannifiée en faisant dissoudre à chaud, dans de l'eau distillée, de la gélatine pure, comme pour opérer un collage. On verse la solution, chauffée à 50° environ, dans le fût, qu'on agite lentement en tous sens; lorsque l'enduit est refroidi et à demi sec, on y ajoute une solution de tannin dissous à l'eau, que l'on agite égale-ment dans tous les sens. On laisse sécher avant de mettre l'alcool dans les fûts.

On ne doit préparer ainsi que les fûts destinés à loger des alcools dont le titre dépasse 90°.

Dépotage et jaugeage des fûts. — On évalue la jauge ou contenance d'un fût en prenant pour base de calcul un cylindre qui aurait la même longueur que l'intérieur du fût et un diamètre égal au deux tiers de celui du bouge, plus le tiers de celui d'un des fonds. On obtiendra la capacité de ce cylindre en multipliant la surface de sa base par sa hauteur. Lorsque l'on a une grande quantité de fûts en vidange, ce qui arrive dans les chais de spiritueux, où des grands vaisseaux, foudres, bassins, etc., sont souvent en fraction, on doit en relever le *creux* à l'aide du *mètre*. La contenance exacte s'établit ensuite en calculant la capacité totale du vase et fractionnant le creux ou vide constaté que l'on déduit. On peut abréger ces calculs en se servant des *barêmes* qui servent aux employés de la régie pour dresser les recensements des contribuables, et qui ont été dressés pour constater *les manquants* sur les fûts de toute forme, les foudres, cuves, chaudières, réservoirs, etc. On comprend que chaque genre de fût ayant des rapports de diamètre différents avec la longueur et le bouge, il a fallu établir les bases d'appréciation spéciale à chaque variété de forme. En établissant aux grands foudres un tube indicateur communiquant avec l'intérieur à l'aide d'un robinet, on peut les *dépoter* et en connaître plus exactement le contenu.

On peut connaître exactement la contenance des fractions de liquide qui restent au fond des grands vases, tel que les cuves, foudres, chaudières, imparfaitement pleins et qui n'ont pas de *tube indicateur à l'extérieur,* par un simple mesurage au mètre, si on a eu soin de relever les hauteurs du liquide en le mesurant pour la première fois au décalitre, pour les vases de moyenne grandeur, ou à l'hectolitre pour les gros vaisseaux, surtout si leur forme est irrégulière et l'intérieur bosselé ou mal applani, car en ce cas les calculs ne peuvent donner que des résultats approximatifs.

Il existe plusieurs procédés de cubage des fûts ; mais ils ne peuvent guère donner que des résultats peu exacts, parce que les fûts ne sont pas parfaitement cylindriques à l'intérieur et que, le plus souvent, ce ne sont que des *polygones irréguliers,* au lieu d'être des cylindres. Il est donc préférable d'avoir recours au dépotage au décalitre, ou mieux encore de vider le contenu des fûts dans un *dépotoir* (1)

---

(1) Les dépotoirs sont des tubes parfaitement cylindriques, en cuivre étamé, ayant à l'extérieur une échelle graduée, litre par litre, sur un tube de verre

gradué avec soin. Cette dernière méthode est celle qui donne les résultats les plus exacts et qui doit être préférée dans le mesurage des liquides en fûts, pour la vente desquels le litre sert de base. On a proposé de se servir de bascules en tenant compte de la *densité,* c'est-à-dire du poids exact d'un litre ; si les fûts *étaient tarés exactement* avant leur remplissage, on éviterait ainsi ce transvasage, mais après le pesage du litre type, et un deuxième pesage du fût entier, on serait forcé de vider les fûts pour en déduire le poids, c'est-à-dire la tare, ce qui exige plus de travail que le passage au dépotoir, car, la tare déduite, il faut tenir compte de la différence qui existe entre le *poids exact* du litre type et le kilo, et l'ajouter ou la retrancher selon la *densité* du liquide à peser. Afin de faciliter ce travail, M. T. Sourbé a dressé des tables pour déterminer la contenance des fûts à l'aide d'une bascule ; on trouve ces tables chez M. A. Suc, constructeur de bascules à Paris, mais, nous le répétons, cette question du *tarage* oblige à vider les fûts après le pesage brut. Le pesage à la bascule est surtout avantageux aux *expéditeurs,* qui préalablement tarent leurs fûts vides.

Les dimensions à donner aux fûts pour les établir d'une

communiquant avec l'intérieur. (Voir le spécimen aux planches du premier volume.) On les construit ordinairement sur deux diamètres ; les petits, nommés *conges*, ont un diamètre de 50 centimètres sur 75 centimètres de hauteur ; ils dépotent environ 150 litres. Ils se recouvrent d'un couvercle mobile, et sont très-utiles pour une foule d'emplois à part le dépotage des barillages ; ils sont mobiles et servent à la confection des liqueurs, aux opérations de spiritueux, de bassins réunissant les liquides à filtrer, etc. Les grands dépotoirs s'établissent à *poste fixe ;* ils sont recouverts, et communiquent avec un entonnoir sur lequel les fûts sont hissés, quelquefois on les place à proximité d'une cuve qu'ils desservent. On leur donne ordinairement un diamètre intérieur de 80 centimètres sur 1m 40c de haut; leur contenance est de 700 litres afin de pouvoir dépoter les plus grandes pièces.

contenance donnée varient selon la forme que l'on veut obtenir ; le rapport du diamètre avec la longueur et le bouge étant variable, on est obligé de faire autant de calculs de capacité qu'il y a de types. Il y a une infinité de types qui se rapportent aux quatre suivants.

1° Pipes Barcelone. — Ce sont des fûts très-longs et très-bougus ; cette forme est très-incommode à manier, et peu employée en dehors du pays d'origine.

2° Type Cognac. — C'est la forme la plus élégante, le bouge ne doit pas dépasser le diamètre du bout au jable de plus de 9 centimètres dans les fûts d'un hectolitre. Cette forme est adoptée généralement pour le logement des eaux-de-vie d'expédition.

3° Type transport. — Le diamètre intérieur des fonds est moindre d'un quart que la longueur intérieure des douves de jable à jable. Ainsi les demi-muids du Midi ont un mètre de longueur intérieure sur 75 centimètres de diamètre des fonds pour une contenance moyenne de 550 litres ; c'est la forme la plus commode pour voyager et supporter les chocs violents, la peigne en est courte, 6 centimètres environ, et le bois d'épaisseur de 3 à 4 centimètres.

4° Types tambours. — Diamètre de longueur intérieure égalant le diamètre extérieur des fonds ; les fûts des côtes du Rhône, certains vins de liqueur Madère, etc., se logent dans des fûts de ce type.

La barrique bordelaise peut se classer entre la façon Cognac et le fût transport ; la pièce Mâconnaise et Beaune se rapproche de la forme transport.

Nous donnons dans le tableau ci-joint les dimensions des fûts à eaux-de-vie.

Dimensions des fûts à eau-de-vie, barillages et foudres,
de 50 hectolitres à 10 litres, façon Cognac.

Contenance des fûts	Longueur de jable à jable	Diamètre intérieur à la tête	Diamètre intérieur au bouge	Contenance des fûts	Longueur de jable à jable	Diamètre intérieur à la tête	Diamètre intérieur au bouge
Hect. Lit.	Mèt. Cent.	Mèt. Mill.	Mèt. Mill.	Hect. Lit.	Mèt. Cent.	Mèt. Mill.	Mèt. Mill.
0 10	0 32	0 179	0 221	18 00	1 81	1 012	1 248
0 20	0 40	0 234	0 286	19 00	1 84	1 030	1 270
0 25	0 44	0 242	0 298	20 00	1 87	1 048	1 292
0 30	0 46	0 260	0 320	21 00	1 90	1 066	1 314
0 40	0 51	0 287	0 353	22 00	1 93	1 085	1 335
0 50	0 54	0 315	0 385	23 00	1 95	1 103	1 357
0 60	0 58	0 322	0 398	24 00	1 99	1 110	1 370
0 70	0 61	0 340	0 420	25 00	2 01	1 130	1 390
0 80	0 64	0 359	0 442	26 00	2 03	1 148	1 412
0 90	0 67	0 376	0 464	27 00	2 07	1 155	1 425
1 00	0 69	0 385	0 475	28 00	2 09	1 174	1 446
1 50	0 78	0 450	0 550	29 00	2 12	1 182	1 458
2 00	0 86	0 494	0 606	30 00	2 14	1 200	1 480
2 50	0 94	0 529	0 651	31 00	2 17	1 210	1 490
3 00	1 00	0 555	0 685	32 00	2 18	1 228	1 512
3 50	1 04	0 592	0 728	33 00	2 21	1 236	1 524
4 00	1 08	0 620	0 760	34 00	2 23	1 255	1 545
4 50	1 14	0 636	0 784	35 00	2 25	1 264	1 556
5 00	1 17	0 664	0 816	36 00	2 28	1 272	1 568
5 50	1 22	0 680	0 838	37 00	2 29	1 290	1 588
6 00	1 24	0 710	0 870	38 00	2 31	1 300	1 600
6 50	1 27	0 727	0 893	39 00	2 34	1 308	1 612
7 00	1 30	0 745	0 915	40 00	2 36	1 317	1 625
8 00	1 38	0 770	0 950	41 00	2 37	1 336	1 644
9 00	1 44	0 806	0 994	42 00	2 39	1 345	1 655
10 00	1 48	0 834	1 026	43 00	2 41	1 353	1 667
11 00	1 53	0 860	1 060	44 00	2 43	1 362	1 678
12 00	1 58	0 887	1 093	45 00	2 45	1 370	1 690
13 00	1 63	0 904	1 116	46 00	2 46	1 390	1 710
14 00	1 66	0 932	1 148	47 00	2 48	1 400	1 720
15 00	1 71	0 950	1 170	48 00	2 50	1 408	1 733
16 00	1 74	0 977	1 203	49 00	2 51	1 417	1 743
17 00	1 77	0 995	1 225	50 00	2 53	1 425	1 755

Eaux-de-vie communes, fabriquées avec des trois-six dédoublés. — Ces eaux-de-vie ne sont pas cotées dans le commerce, par le motif qu'elles sont, le plus souvent, vendues sous les noms plus relevés d'*armagnac* et de *cognac,* auxquelles elles ressemblent autant que la piquette d'Argenteuil ressemble au Château-Margaux. Ce n'est certes pas la faute des tripotiers de toute espèce, marchands de *rancio de cognac,* de *séve de cognac,* d'*éthers,* etc. ; car, sans compter les débitants, qui font un secret de leurs infusions de thé, de tilleul et de sirop, les faiseurs de recettes imitant parfaitement les cognacs, quelques apothicaires, et une foule d'industriels, font, à l'aide du *seul contenu de leur fiole,* des cognacs fins avec des dédoublés de betterave, et ils ne demandent *que 5 à 10 francs* pour 5 ou 6 centilitres de teinture d'iris, de Tolu, de vanille ou de cachou, ce qui vaut bien *30 centimes.*

On ne comprend pas, après cela, comment il y a des gens assez simples pour payer *10 francs* une bouteille de vraie fine champagne, tandis que pour *50 centimes* on peut faire des *imitations aussi bonnes...* pour les personnes qui ont le palais émoussé, ou qui n'ont jamais goûté de fine champagne en nature.

La liste des substances employées à l'imitation des cognacs est longue, trop longue même, car cela prouve qu'aucune n'atteint parfaitement le but. Cependant, en opérant avec méthode, on peut faire, au moyen de dédoublés, de bonnes eaux-de-vie, qui auront, si vous voulez, quelque analogie avec les cognacs ; mais nous ne vous dirons pas que vous imiterez les cognacs *nature et vieux* avec des dédoublés faits à la minute.

On compte quatre ou cinq genres bien distincts d'eaux-de-vie qui doivent s'opérer différemment, selon leur origine. Avant de parler de ces opérations, nous allons dire un mot des substances employées à donner aux eaux-de-vie communes du bouquet, du rancio, du moelleux, de la couleur et le goût de vieux ; à les faire perler et à détruire leur âcreté, leur mauvais goût, et, au besoin, à les décolorer.

Voici d'abord la nomenclature de ces substances :

Bouquet : petites eaux vieilles ; teintures d'iris de Florence, de baume de Tolu, de cachou, de vanille ; esprits de noyau, d'amandes amères ; essence d'amandes amères ; kirsch naturel ; vieux rhum ; éthers des eaux-de-vie et huiles éthérées ; infusions aqueuses de thé vert, de thé noir, de tilleul, de pruneaux secs, de raisins secs, malaga et muscats, de figues, de camomille, de capillaire du Canada, de fleurs de genêts ; esprit de bois de sassafras.

Moelleux : sirop de raisin ; sirop vierge blanc et sirop de candi de canne blond ; racine de réglisse ; fruits secs, raisins, figues, prunes.

Couleur : petites eaux vieilles, sirop de raisin, teinture de cachou, caramel, suc de réglisse.

Goût de vieux ou rancio : petites eaux vieilles, infusion aqueuse de capillaire du Canada ; coques de noisette et amandes torréfiées ; coques d'amandes amères torréfiées ; infusions alcooliques de brou de noix, de mil torréfié, de croûtes de pain grillées.

Pour *détruire l'âcreté,* on emploie l'alcali volatil.

Aux *eaux-de-vie acides,* on ajoute du carbonate de potasse et du carbonate de magnésie.

Enfin, on *décolore* les eaux-de-vie et on *diminue* ou *détruit leur mauvais goût,* en employant l'alcali volatil, les carbonates de potasse et de magnésie, et, après repos et agitation préalable, le noir animal lavé.

On fait perler les eaux-de-vie faibles avec le tartre et le sel de Homberg. On doit éviter d'employer ce dernier, même à faible dose; d'ailleurs, le tartre remplit aussi bien le but, ainsi que la racine et le suc de réglisse.

Une fois que l'on a en main ces différentes matières, il s'agit de discerner celles qui conviennent le mieux à chaque genre de dédoublés. Nous avons parlé, en traitant des vins de liqueur, de la manière de faire les infusions à l'alcool, les esprits, etc.; il est inutile d'y revenir.

Pour les infusions à l'eau, on opère comme suit : sur 31 grammes de plantes, on verse 500 grammes d'eau bouillante; on a soin de verser cette eau petit à petit, pour ramollir les substances à infuser, et on couvre ensuite le vase avec un couvercle fermant exactement. Après refroidissement, on mélange cette infusion avec de l'alcool, pour la conserver comme les petites eaux. On opère de même les fruits secs que l'on passe au pilon après ramollissement.

Caramel. — *Fabrication.* — Le caramel fin se fait de la manière suivante : On prend de la mélasse de canne à sucre de premier choix, on la verse dans une chaudière à cul rond, que l'on ne remplit qu'aux trois quarts, puis on allume le feu, et on chauffe vivement, en ayant soin de remuer continuellement avec une spatule en bois. Lorsque la mélasse bout, elle forme une multitude de globules et se boursoufle ; on y jette alors un peu de beurre ou de cire dont on a eu soin de se munir à l'avance. Par ce moyen, on réussit à l'empêcher de passer par-dessus les bords de la chaudière. Dès que la caramélisation est arrivée au point convenable, on retire la chaudière du feu, et on *décuit* le caramel en y versant peu à peu, et en remuant toujours, environ le tiers de son poids d'un mélange fait moitié avec de l'eau distillée chaude, et moitié avec du trois-six à 90°. Ce liquide forme une eau-de-vie à 45° environ, qui est mélangée à la température de 45°.

Quant aux éthers des eaux-de-vie et aux huiles éthérées, on ne les obtient qu'avec des vinasses d'eaux-de-vie du pays. Il est inutile de s'en occuper.

On sait qu'il y a trois sortes de trois-six : 1° les trois-six Languedoc ; 2° les trois-six surfins de grains et de fécules ; 3° les trois-six de betterave. On fait avec ces alcools six espèces d'eaux-de-vie, qui sont complétement distinctes par leur goût et par leur emploi. Commençons par les plus communes :

1° Les dédoublés de betterave. Ces dédoublés ne doivent jamais, *sous aucun prétexte,* être mélangés avec des eaux-de-vie fines de vin, ni même avec les alcools surfins ou ceux de Languedoc. On les laisse en *nature.* Leur goût herbacé doit les faire rejeter des commerçants qui ne recherchent pas absolument les prix les plus bas. On s'en sert pour faire les eaux-de-vie les plus communes, que l'on consomme en nature, et pour dédoubler des tafias communs. Et en faisant des eaux à 20°, avec des copeaux de Bosnie, et en laissant ces eaux vieillir six mois, l'été surtout, on peut s'en servir avec avantage dans les manipulations des eaux-de-vie de basse qualité. A la suite des opérations nous donnerons des détails sur toutes les règles de réductions.

OPÉRATION.

(Eau-de-vie à 50 degrés.)		Alcool pur.
Alcool dit *fin* à 93°.	41 litres	38,16
Rhum à 50°	3 —	1,50
Infusion de tilleul à 25°	2 —	0,50
D° de pruneaux secs à 25°.	3 —	0,75
Petites eaux vieilles à 18°. . .	51 —	9,18
TOTAL.	100 litres	50,09

On examine la couleur, que l'on fonce avec de bon caramel ; pour ne pas perdre sur le degré, on ne sirope pas.

24

On ne doit jamais trop foncer la couleur des eaux-de-vie communes : 8 centilitres de bon caramel par hectolitre suffisent pour donner aux dédoublés incolores une teinte aussi foncée que la nuance naturelle d'une eau-de-vie de vingt ans. En employant des petites eaux déjà colorées naturellement, on obtient une coloration naturelle bien préférable ; dans tous les cas, il faut beaucoup moins de caramel.

2° Les dédoublés de trois-six surfins neutres. Ces dédoublés, n'ayant aucun goût particulier, sont ceux que les faiseurs emploient le plus souvent pour allonger les cognacs. En les dédoublant avec des petites eaux vieilles de bois d'Angoulême ou de Bosnie, ayant pour base le même alcool et bien aromatisées, on en obtient de bonnes eaux-de-vie. Pour dédoubler des eaux-de-vie de vin, on ne doit les aromatiser qu'avec les eaux de chêne, comme suit :

		Alcool pur.
Alcool surfin à 95°	40 litres	38,00
Petites eaux vieilles à 20°. . .	60 —	12,00
Total.	100 litres	50,00

On laisse la couleur naturelle donnée par les petites eaux, sans ajouter de caramel.

3° On mélange 9 dixièmes trois-six surfin et 1 dixième trois-six Languedoc, et on opère avec les petites eaux, comme à la recette précédente. On y ajoute ensuite 3 litres d'infusion de capillaire du Canada, 1 litre d'infusion de fleurs de genêt, 1 litre d'infusion de camomille, 1 litre d'esprit de noyau et 20 centilitres des teintures alcooliques suivantes : baume de Tolu, cachou, vanille, et esprit de bois de sassafras.

4° Même opération que la précédente, à laquelle on ajoute 1 litre de sirop de raisin, ce qui réduit le dédoublé à 48°. Cette eau-de-vie a un certain cachet de finesse.

5° Trois-six Languedoc, dédoublé simplement avec les petites eaux vieilles et réduit à 50°.

6° Même opération, en employant 18 grammes d'alcali volatil si l'alcool est un peu âcre, et en y ajoutant 3 litres d'infusion de capillaire du Canada, 25 centilitres de chacune des teintures d'iris de Florence, de baume de Tolu, de cachou, de vanille, 25 centilitres d'esprit d'amandes amères, et enfin 1 litre de sirop de raisin. On ne doit jamais siroper davantage; il ne faut pas que l'eau-de-vie soit douce, mais seulement moelleuse, en employant 2 litres de sirop par hectolitre, on perdrait 4° d'alcool, ce qui est énorme sur des produits communs. Il est à remarquer que si l'on emploie des petites eaux vieilles, les dédoublés sont moins secs et moins rudes qu'avec l'eau pure, même distillée.

On a ainsi six sortes d'eaux-de-vie bien distinctes dont on peut du reste varier et modifier les aromes en employant quelques-unes des préparations citées en tête de cet article. On ne se sert des coques de noisettes et des noisettes torréfiées, ainsi que de l'infusion de croûtes de pain grillées, qu'à défaut de petites eaux ou d'infusion vieille de brou de noix, qui leur sont supérieures sous tous les rapports. L'alcali volatil, les carbonates de potasse et de magnésie, ne s'emploient que sur des eaux-de-vie âcres ou des alcools acides. Le tartre ne s'ajoute qu'aux eaux-de-vie qui n'atteignent pas 48°.

A défaut de petites eaux, on emploiera de l'eau distillée ou de l'eau de pluie filtrée, jamais d'eau de source ni de puits, à cause des sels qui sont renfermés dans ces dernières et qui affaibliraient le degré, louchiraient l'eau-de-vie et lui donneraient de la rudesse.

Rhums et tafias. — Les rhums ne se fabriquent

généralement pas en France. Certaines distilleries font fermenter les eaux de lavage des raffineries et des mélasses inférieures en qualité pour pouvoir les utiliser comme matières sucrées alimentaires ; mais les bonnes mélasses de canne traitées en grand ne donneraient le plus souvent que des résultats peu avantageux, eu égard à leur prix commercial.

Néanmoins, quelques maisons de Londres font des rhums avec des résidus de sucre brut, des mélasses, et ajoutent aux produits de la distillation diverses préparations aromatiques. Lorsque ces produits ne se livrent qu'après un long séjour en magasin, ils donnent un assez bon résultat, vu les prix élevés des ventes.

Dans le commerce, on désigne : sous le nom de *rhum,* le produit de la fermentation et de la distillation des résidus des cannes à sucre pressées et de leurs écumes ; sous le nom de *tafia,* le produit de la fermentation et de la distillation des mélasses de sucre de canne. Autrefois les procédés d'extraction du sucre de canne étaient imparfaits ; il restait encore dans les tiges beaucoup de matières sucrées, que l'on utilisait dans la fabrication des rhums ; mais aujourd'hui, avec les machines modernes, on extrait la presque totalité du sucre brut qu'elles renferment, et il s'ensuit que l'on fait beaucoup moins de vrais rhums et beaucoup plus de tafias.

Les meilleurs rhums proviennent de la distillation des eaux de lavage des cannes à sucre de la Jamaïque. Viennent ensuite les rhums de la Martinique. On considère les Guadeloupe comme les plus communs. Le titre alcoolique de vente des tafias est, à Bordeaux, de 55° ; au-dessus, on paye la surforce. Certains rhums d'origine anglaise se livrent à 75° rectifiés ; à des titres plus élevés, ils perdent une partie de leur arome particulier.

On expédie rarement des rhums ou tafias en nature, c'est-à-dire incolores et tels qu'ils sortent de l'alambic. On a pris l'habitude, dans les Antilles, de les colorer au caramel, et, en outre, chaque producteur emploie, pour augmenter leur goût particulier et leur arome, des procédés différents ; de sorte que les diverses marques particulières de rhum présentent un type différent de goût et d'arome, quoiqu'elles offrent toutes les mêmes caractères généraux. Il y a des distilleries de rhum qui ajoutent à leur moût fermenté des substances aromatiques, qui se combinent par la distillation ; d'autres ajoutent aux produits distillés diverses préparations dites *sauces,* destinées à remplir le même but ; enfin il y a, dans les *usines des colonies,* des distillateurs qui, au lieu de chercher à améliorer leurs produits, ne prennent nulle précaution pour effectuer la fermentation et la distillation des jus sucrés, et qui logent ensuite ces tafias communs dans des fûts de *mauvaises lies,* qui détériorent leur goût. Les rhums et tafias se logent dans des fûts de forme et de contenance très-irrégulières (1). Les tafias communs sont le plus souvent logés dans des barriques bordelaises ou marseillaises de retour, qui, de France, ont été expédiées pleines de vin dans les colonies. Ces barriques sont fréquemment réexpédiées dans de mauvaises conditions, avec des douves défectueuses. Dans ce cas, les creux de route sont considérables. Les producteurs qui exportent les bonnes marques provenant des *rhumeries d'habitation,* reçoivent de France des fûts spéciaux, cerclés en fer, d'une contenance de moins de 1 hectolitre à 300 litres. Ces fûts sont expédiés soit en bottes, soit enfutaillés les uns dans les autres.

---

(1) Dans les Antilles, la main-d'œuvre étant fort chère, on ne fabrique que très-peu de fûts.

Manipulation ; traitement et bonification des rhums et tafias. — A leur arrivée en Europe, les rhums et tafias offrent, par les divers motifs que nous avons cités, de grandes irrégularités de logement, de goût, d'arome, de nuance, etc. On trouve, dans les sortes ordinaires, des barriques dont le contenu a une couleur noirâtre, ou des goûts de fût, d'empyreume, de brûlé, d'eau croupie, provenant, soit du manque de soins et de logement convenable, soit des mauvaises méthodes de fabrication.

A leur réception, après dégustation, on opère un triage : les fûts qui présentent une couleur noirâtre, qui ont des goûts défectueux, etc., sont mis à part, et on les traite de deux manières, selon leur emploi.

Lorsque les tafias qui sont de couleur noirâtre ou affectés de mauvais goûts sont destinés à être réexpédiés en nature, on les réunit ensemble en les opérant, et on les fouette en y répandant 500 grammes par hectolitre de noir animal lavé; on roule ensuite les fûts plusieurs fois par jour pendant une huitaine. Au bout de ce temps, les tafias sont décolorés, et les goûts défectueux sont bien moins sensibles. Toutefois, ce traitement fait perdre aussi un peu du goût et de l'arome naturels du tafia.

Lorsque les tafias sont noirâtres et sont en même temps affectés de goûts de fût, de chaudière et de brûlé, on détruit leur couleur par le même procédé que ci-dessus, et on corrige leurs mauvais goûts en les dédoublant avec des eaux-de-vie communes. Ces opérations se livrent à vil prix.

Quant aux tafias choisis et francs de goût, on augmente leur arome et leur moelleux en les réduisant avec de l'eau distillée dans laquelle on a fait dissoudre *à froid* (ou à une chaleur de digestion ne dépassant pas 60°, afin d'éviter l'évaporation de l'arome), pour chaque litre de tafia réduit, 10 grammes de *sucre brut Bourbon 1er choix*. Les sucres bruts des Antilles bonne quatrième ont une odeur bien moins agréable et un goût prononcé de mélasse, qui donne au rhum un goût commun. On devra remarquer que cette quantité de sucre correspond à environ 1 litre par hectolitre de sirop à 35°, ce qui affaiblit les rhums de 2° centésimaux.

On emploie avec avantage les préparations suivantes, qui produisent un bon effet lorsqu'elles sont faites longtemps à l'avance et que les doses en sont réparties avec intelligence, selon la nature des tafias :

Les sirops de sucre Bourbon (on les fait à froid et avec la plus petite quantité d'eau distillée possible ; lorsque le degré en est faible, on les vine à 18° avec des rhums, afin d'éviter qu'ils n'entrent en fermentation) ; les teintures alcooliques (1) de girofle, de pruneaux, de cuir neuf tanné et râpé, de Tolu, de cachou, de muscade râpée; le goudron de Norvége 1er choix (on l'emploie à la dose de 18 grammes par hectolitre sur les tafias ordinaires); l'esprit de goudron ; l'infusion de goudron à l'eau de fumée, dissoute et décolorée ensuite ; enfin, le tan de chêne bouilli à l'eau et viné ensuite à 20 pour 100 avec du rhum.

L'emploi de ces onze préparations ou *sauces* exige beaucoup de pratique, parce qu'elles ne s'emploient pas simultanément; il faut déguster avec attention et discerner, selon la nature des tafias et par des essais préalables, les substances et les doses convenables.

Quant aux soins usuels, les tafias et les rhums se traitent comme les eaux-de-vie. On aura soin, à l'expédition, de les colorer un peu plus que ces dernières (environ un tiers de plus). On emploie, sur les tafias blancs, à peu près 15 centilitres de bon caramel par hectolitre.

---

(1) Ces infusions seront faites de préférence dans des rhums doubles, à 75° environ.

On expédie généralement en fûts ferrés à huit cercles de fer, avec deux garde-bouges en bois à chaque bout, ou en bouteilles de forme anglaise et en litres capsulés et étiquetés. Le titre ordinaire d'expédition en bouteilles est de 48 à 50°; les rhums vieux expédiés en fûts se livrent de 48 à 55°; enfin, les tafias et les rhums anglais en fûts ont de 60 à 75°.

CALCULS COMPLETS DES RÉDUCTIONS.

Nous allons donner des exemples pratiques de toutes les règles nécessaires dans les opérations d'alcool. Nous ne donnions pas de tableaux de mouillage à la première édition de cet ouvrage, parce que les *comptes-faits* ne sont bons que pour les gens qui ne veulent pas se donner la peine de raisonner ce qu'ils font, et que, malgré ces tableaux, ils se trouveraient embarrassés à la moindre opération.

En effet, tantôt on doit réunir des eaux-de-vie faibles avec des alcools à un titre élevé; d'autres fois, on aura à mélanger des titres divers, etc.; il est rare que l'on fasse des mouillages simples, si l'on pratique journellement des manipulations d'eaux-de-vie; de sorte que les tableaux deviennent inutiles. D'ailleurs, il ne suffit pas de savoir faire les règles : avant de commencer les mélanges, on doit toujours faire ses calculs et les contrôler par *la preuve,* en se rendant bien compte du titre réel des eaux-de-vie.

Avant de présenter les calculs complexes, nous allons dire quelques mots des dédoublages simples, et nous terminerons par les mélanges compliqués de plusieurs titres. Toutefois, comme il y a des chais où on ne manipule que très-rarement des spiritueux et que toutes les manipulations s'y réduisent au mouillage simple, nous présentons un tableau de mouillage simple de 95 à 40° à la suite de ces calculs.

1. Manière de reconnaître la quantité d'alcool pur contenue dans les spiritueux. — Il suffit de multiplier le nombre de litres, la quantité des liquides spiritueux, par le degré trouvé à l'alcoomètre. En séparant du produit de la multiplication les deux chiffres de droite, on aura la quantité d'alcool pur.

Premier exemple : Combien un fût d'eau-de-vie, dépotant 322 litres, renferme-t-il d'alcool pur, au titre de 68° centésimaux ?

Quantité.	322
Titre.	68
	2576
	1932
Produit. . . .	21896

Réponse : 218 litres 96 centilitres.

Deuxième exemple : 28 fûts contenant ensemble 2,436 litres à 51°, combien renferment-ils d'alcool pur ?

Quantité	2436
Degré.	51
	2436
	12180
Produit. . .	124236

Réponse : 1,242 litres 36 centilitres.

La quantité d'alcool pur doit être énoncée dans les demandes d'expéditions adressées à la régie, et servira pour faire les preuves des opérations qui vont suivre.

2. Dédoublages simples à l'eau. — Pour connaître le volume d'esprit et d'eau nécessaires pour faire une quantité déterminée d'eau-de-vie, il faut multiplier le volume

donné par le degré que l'on veut obtenir et en diviser ensuite le produit par le degré de l'esprit à réduire ; le quotient
de la division donne le nombre de litres d'esprit, et ce qui
manque pour former le total représente la quantité d'eau.

Premier exemple : On veut faire 658 litres à 50° avec de
l'alcool à 95°. Quelle quantité d'esprit et d'eau sera-t-il
nécessaire d'employer?

Volume donné. . . .	658	
Degré à obtenir . . .	50	
Produit. . .	32900	95° *esprit à réduire.*
	440	
	600	346,31
	300	
	150	
	55	

Réponse :   346 litres 31 centilitres d'esprit
        et 311 — 69 — d'eau.

Total. . . .   658 litres 00 centilitres.

Preuve : En 346 litres 31 centilitres à 95°, combien
d'alcool pur?

$$346,31$$
$$95$$
$$\overline{}$$
$$173155$$
$$311679$$
$$\overline{}$$
$$3289945$$

Réponse : 329 litres.

La première multiplication du volume donné, par le
degré à obtenir, contrôle la preuve.

Deuxième exemple : On veut faire 1,000 litres à 48° avec
de l'alcool à 85°. Quelle quantité d'esprit et d'eau faudra-t-il?

Volume. . . .	1000	48000	85° *esprit à réduire.*

Degré demandé 48 550
400 564,70 *Esprit.* 564,70
8000 600 85 *Eau.*. . 435,30
4000 50 ——
. 48000 282350 *Total.* . 1000,00
451760

Reste. . . 50

4800000

La réponse est 564 litres 70 centilitres trois-six à 85°. La double preuve de la règle se fait : 1° en retranchant deux chiffres à la première multiplication, qui donne la quantité d'alcool pur ; 2° en multipliant le quotient de la division par le degré de l'alcool :

$$564,70 \times 85 = 48000,00.$$

Le produit, en retranchant les deux chiffres de fraction, égale la multiplication du volume par le degré et indique la quantité d'alcool pur de l'opération.

3. Dédoublages avec des eaux-de-vie faibles ; réductions de cognac avec des petites eaux. — *Premier exemple :* On veut réduire à 50°, avec des petites eaux à 20°, une pièce de trois-six contenant 630 litres à 95°. Combien d'eau-de-vie faible faudra-t-il ?

On prend la différence du degré fort et de celui que l'on désire obtenir, 45 ; on la multiplie par le nombre de litres de trois-six à réduire, et on divise le produit de la multiplication par la différence du degré des petites eaux avec le degré que l'on veut obtenir. Le quotient donne le nombre de litres de petites eaux à employer.

Degré du trois-six.	95
Degré à obtenir	50
1ʳᵉ Différence	45
Degré à obtenir	50
Petites eaux.	20
2ᵉ Différence.	30

Nombre de litres à réduire 630
× *1ʳᵉ Différence* 45

3150
2520

Produit. 28350

```
28350 | 30   2e différence.
  135  |_____
  150   945
    0
```

Réponse : Il faudra 945 litres à 20° pour réduire 630 litres de 85° au titre de 50, ce qui formera 1,575 litres.

1575 litres à 50°.
    50
_____
787,50 alcool pur.

Preuve par les quantités d'alcool pur.

630 lit.	945 lit. pᵗᵉˢ eaux.
95°	20°
3150	189,00
5670	598,50
59850	*Total* 787,50 alcool pur.

Deuxième exemple : On veut réduire à 50° la totalité d'un tierçon dépotant 325 litres et ayant 66°, avec des petites eaux à 22°. Combien faudra-t-il de petites eaux pour réduire les 325 litres cognac?

Degré du cognac.	66
Degré à obtenir.	50
1ʳᵉ Différence	16
Degré à obtenir.	50
Petites eaux	22
2ᵉ Différence.	28

Nombre de litres à réduire 325
× *1ʳᵉ différence.* 16

1950
325

Produit. 5200

```
5200 | 28   2e différence.
 240  |_____
 160   185,71
 200
  40
  12
```

Réponse : Il faudra 185 litres 71 centilitres à 22° pour réduire 325 litres cognac de 66° au titre de 50°, ce qui formera 510 litres 71 centilitres à 50°.

PREUVES :

510,71	325 lit. à 66°	185,71 à 22°
50	66	22
255,3550	1950	37142
	1950	37142
	21450	408562

RÉUNION DES PREUVES :

325 litres » cent. à 66° forment 214,50 d'alcool **pur.**
185 — 71 — à 22° — 40,85 —

510 litres 71 cent.   255,35 d'alcool **pur.**

4. Dédoublages avec des eaux-de-vie faibles, pour produire une quantité donnée.

— Nous allons prendre pour exemples les deux règles précédentes ; mais nous laisserons en nature les excédants des fûts, c'est-à-dire que, dans la première règle, nous ferons 630 litres à 50° et que nous laisserons le reste du trois-six en nature.

Premier exemple : On veut faire 630 litres à 50°, avec des trois-six à 95° et des petites eaux à 20°. Quelle quantité de trois-six et d'eaux-de-vie faible faudra-t-il ?

On prend la différence entre le degré à obtenir et le degré des eaux-de-vie faibles, que l'on multiplie par le volume donné ; on prend ensuite la différence entre le degré fort et le degré à obtenir, et on additionne ces deux différences, dont le total sert à diviser le produit de la multiplication. Le quotient donne le nombre de litres d'esprit fort à em-

ployer. En faisant la soustraction, on a le nombre de litres
de petites eaux.

Degré à obtenir.	50	*Volume donné*.	630
Degré des petites eaux..	20	*1re différence*.	30
1re différence	30	*Produit*.	18900

Degré le plus fort. . . .	95	18900	75 *total des différ.*
Degré à obtenir.	50	390	252
2e différence..	45	150	
		0	

1re différence	30
2e différence.	45
Total.	75

Réponse : Il faudra 252 litres esprit à 95°, qui, soustraits
de 630, fixent à 378 litres la quantité nécessaire de petites
eaux à 20°.

PREUVE :

630 *litres*
50°

315,00 *alcool pur.*

252 *litres.*	378 *litres*
95°	20°
1260	75,60
2268	239,40
239,40 *alc. pur.*	*Total gén.* 315,00 *alcool pur.*

Les quantités d'alcool pur sont identiques.

Deuxième exemple : Prenons le tierçon de l'avant-dernière
règle, contenant 325 litres à 66°, que l'on doit réduire à
50°, avec des petites eaux à 22°. Nous laisserons en nature
l'excédant du cognac.

Degré à obtenir.	50	*Volume donné*	325	
Petites eaux.	22	*1re différence*.	28	
1re différence.	28		2600	
Degré le plus fort. . . .	66		650	
Degré à obtenir.	50	*Produit*.	9100	

2ᵉ *différence*.. 16   9100 | 44   *total des différ.*

1re différence. . . 28)
                } 44
2ᵉ *différence*. . . 16)

300
360   206,81
80
36

Réponse : Il faudra 206 litres 81 centilitres de cognac à 66°, et 118 litres 19 centilitres de petites eaux à 22° pour former 325 litres à 50° ; il restera 118 litres 19 centilitres de cognac en nature, à 66°.

PREUVE :

325 *litres*.
50°

162,50   *alcool pur*.

206,81	118,19
66°	22°
124086	23638
124086	23638
136,4946	26,0018
	136,4946

Total général d'alcool pur 162,4964

5. Remontages des eaux-de-vie faibles, en prenant une quantité déterminée. — *Exemple :*

On a à remonter des eaux-de-vie de 44 à 50°. Le fût contient 205 litre ; on veut laisser l'excédant en nature, à 44°, et employer de l'alcool à 95°.

L'opération est la même que les précédentes.

Il faudra 24 litres 11 centilitres d'alcool à 95°, et 180 litres 89 centilitres d'eau-de-vie à 44°.

Degré à obtenir.	50	205	
Degré faible	44	6	*1re différence.*
1re Différence.	6	1230	51 *total des diff.*
		210	
Degré fort.	95	060	24,11
Degré à obtenir.	50	90	
2e Différence	45	39	

PREUVE :

$$205$$
$$50°$$
$$\overline{102,50} \quad \textit{alcool pur.}$$

180,89	24,11
44°	95°
72356	12055
72356	21699
79,5916	22,9045
	79,5916

Total d'alcool pur.. 102,4961

6. Remontages des eaux-de-vie faibles en employant toute la quantité donnée, sans laisser d'excédant en nature. — Soit à remonter 330 litres d'eau-de-vie de 46° à 58, avec de l'alcool à 85°.

On prend la différence du degré à obtenir avec le degré faible (58 de 46), qui est 12; on multiplie cette différence par le nombre de litres à remonter.

$$330 \times 12 = 3,960.$$

On divise ce produit par la différence du degré fort] avec

celui que l'on veut obtenir (85 de 58), qui est 27. Le quotient de cette division, qui est 146 litres 66 centilitres, donne le nombre de litres d'alcool à 85° nécessaires pour atteindre le but désiré. On a ainsi 476 litres 66 centilitres d'eau-de-vie à 58°.

PREUVE :

$$476,66 \quad \textit{eau-de-vie.}$$
$$58°$$

$$\overline{381328}$$
$$238330$$

$$\overline{276,4628 \quad \textit{alcool pur.}}$$

330 *eau-de-vie faible* 146,66 *alcool.*

46°		85°
1980		73330
1320		117328
151,80		124,6610
		151,8000

Total d'alcool pur.. . . . 276,4610

Les deux chiffres d'alcool pur sont identiques.

7. Opérations compliquées de plusieurs titres.

— *Exemple :* On veut faire 1,000 litres d'eau-de-vie à 48°, composée de 89 litres rochelle à 60°, 154 litres languedoc à 85°, 60 litres préparations qui ont une moyenne de 21°, 40 litres kirsch à 50°, et compléter les 1,000 litres avec de l'alcool à 95° et l'eau distillée nécessaire pour former de l'eau-de-vie à 48°. Quelle quantité d'esprit et d'eau faudra-t-il ?

On se rend compte de la quantité d'alcool pur et de litres de chaque genre d'eau-de-vie séparément et du total de l'alcool pur de l'opération.

1,000 litres à 48° forment, en alcool pur, 480 litres.

89 litres rochelle à 60°	53,40 alcool pur.
154 — languedoc à 85°	130,90 —
60 — diverses préparations à 21°	12,60 —
40 — kirsch à 50°	20,00 —
343 litres.	216,90 alcool pur.

En faisant la soustraction, on trouve qu'il manque 657 litres de liquide et 263 litres 10 centilitres d'alcool pur. On divise 263,10 par 95, qui est le titre de l'alcool à ajouter, et on obtient au quotient 576,94 : c'est la quantité de trois-six nécessaire. En faisant la soustraction, on obtient la quantité d'eau. La preuve de la règle se fait en multipliant les 276 litres 94 centilitres de trois-six par 95° ; on doit avoir la même quantité d'alcool pur qui manque : *263 litres 09 centilitres* (moins 1 centilitre).

PREUVE :

343 lit. 00 c. à divers degrés, formant 216,90 alcool pur.
276 — 94   alcool à 95°, •   — 263,09 —
380 — 06   eau distillée,   — »
1,000 lit. 00 c. à 48°,   formant 479,99 alcool pur.

Lorsque, au lieu d'employer de l'eau simple, on opère avec les petites eaux à 20°, par exemple, on fait la règle suivante.

8. Opérations des titres moyens. — Quel est le titre moyen des 657 litres qui manquent à la règle précédente, sachant qu'ils doivent renfermer 263 litres 10 centilitres d'alcool pur? On divise la quantité d'alcool pur en ajoutant les fractions, 263,10, par 657, et on obtient 40 pour quotient (on fait la preuve); on trouve ensuite les quantités de petites eaux et d'esprit en opérant comme à la règle n° 4.

175 litres 21 centilitres à 95°, 481 litres 79 centilitres à 20°, formant 262 litres 79 centilitres d'alcool pur.

Le degré moyen de toute quantité ou volume d'eau-de-vie à opérer s'obtient par la division de l'alcool pur qu'elle renferme, plus deux zéros, par le chiffre total de la quantité.

Comme on le voit, ces calculs, bien compris, servent à se rendre compte, avant d'opérer, de toutes les manipulations possibles des alcools; en faisant les preuves, on contrôle le travail avant de l'exécuter. Pour éviter les erreurs, on doit s'assurer des titres alcooliques réels, en pesant les eaux-de-vie à opérer au moyen de l'alcoomètre.

Dans les calculs, on ne tient pas compte, en pratique, de la *contraction* (diminution de quantité par le mélange d'eau avec l'alcool). Celle-ci varie, en effet, selon les degrés de température. En moyenne, on compte 3 1/2 pour 100.

M. Rudberg a dressé un tableau qui indique les contractions observées à la température de 15° centigrades pour tous les titres alcooliques de 0 à 100°; ainsi ;

100 litres d'alcool pur et 0 litres d'eau se contractent de 0,00 litres.

95	—	5	1,18
90	—	10	1,94
85	—	15	2,47
80	—	20	2,87
75	—	25	3,19
70	—	30	3,44
65	—	35	3,615
60	—	40	3,73
55	—	45	3,77
50	—	50	3,745
45	—	55	3,64
40	—	60	3,44
35	—	65	3,14
30	—	70	2,72
25	—	75	2,24
20	—	80	1,72
15	—	85	1,20
10	—	90	0,72
5	—	95	0,31

MOUILLAGES SIMPLES.

Réduction des spiritueux avec de l'eau potable (de préférence distillée), de 95° à 40° centésimaux.

Degré de l'esprit à réduire	Degré à obtenir	Quantité d'eau à ajouter par hectolitre d'esprit à réduire		Degré de l'esprit à réduire	Degré à obtenir	Quantité d'eau à ajouter par hectolitre d'esprit à réduire		Degré de l'esprit à réduire	Degré à obtenir	Quantité d'eau à ajouter par hectolitre d'esprit à réduire		Degré de l'esprit à réduire	Degré à obtenir	Quantité d'eau à ajouter par hectolitre d'esprit à réduire	
De	à	Lit.	Déc.	De	à	Lit.	Déc.	De	à	Lit.	Déc.	De	à	Lit.	Déc.
95°	40	137	5	95°	70	35	7	94°	44	113	6	94°	74	27	»
	41	131	7		71	33	8		45	108	8		75	25	3
	42	126	1		72	31	9		46	104	3		76	23	6
	43	120	9		73	30	1		47	100	»		77	22	»
	44	115	9		74	28	3		48	95	8		78	20	5
	45	111	1		75	26	3		49	91	8		79	18	9
	46	106	5		76	25	»		50	88	»		80	17	5
	47	102	1		77	23	3		51	84	3		81	16	»
	48	97	9		78	21	7		52	80	7		82	14	6
	49	93	8		79	20	2		53	77	3		83	13	2
	50	90	»		80	18	7		54	74	»		84	11	9
	51	86	2		81	17	2		55	70	9		85	10	5
	52	82	6		82	15	8		56	67	8		86	9	3
	53	79	2		83	14	4		57	64	9		87	8	»
	54	75	9		84	13	»		58	62	»		88	6	8
	55	72	7		85	11	7		59	59	3		89	5	6
	56	69	6		86	10	4		60	56	6		90	4	4
	57	66	6		87	9	1		61	54	»		91	3	2
	58	63	7		88	7	9		62	51	6		92	2	1
	59	61	»		89	6	7		63	49	2		93	1	»
	60	58	3		90	5	5		64	46	8				
	61	55	7		91	4	3		65	44	6	93°	40	132	5
	62	53	2		92	3	2		66	42	4		41	126	8
	63	50	7		93	2	1		67	40	2		42	124	4
	64	48	4		94	1	»		68	38	2		43	116	2
	65	46	1						69	36	2		44	111	3
	66	43	9	94°	40	135	»		70	34	2		45	106	6
	67	41	7		41	129	2		71	32	3		46	102	1
	68	39	7		42	123	8		72	30	5		47	97	8
	69	37	6		43	118	6		73	28	7		48	93	5

Degré de l'esprit à réduire (De)	Degré à obtenir (à)	Quantité d'eau à ajouter par hectolitre d'esprit à réduire (Lit. Déc.)	Degré de l'esprit à réduire (De)	Degré à obtenir (à)	Quantité d'eau à ajouter par hectolitre d'esprit à réduire (Lit. Déc.)	Degré de l'esprit à réduire (De)	Degré à obtenir (à)	Quantité d'eau à ajouter par hectolitre d'esprit à réduire (Lit. Déc.)	Degré de l'esprit à réduire (De)	Degré à obtenir (à)	Quantité d'eau à ajouter par hectolitre d'esprit à réduire (Lit. Déc.)
93°	49	89 7	93°	85	9 4	92°	67	37 3	91°	50	82 »
	50	86 »		86	8 1		68	35 2		51	78 4
	51	82 3		87	6 8		69	33 3		52	75 »
	52	78 8		88	5 6		70	31 4		53	71 6
	53	75 4		89	4 4		71	29 5		54	68 5
	54	72 2		90	3 3		72	27 7		55	65 4
	55	69 »		91	2 1		73	26 »		56	62 5
	56	66 »		92	1 »		74	24 3		57	59 6
	57	63 1	92°	40	130 »		75	22 6		58	56 8
	58	60 3		41	124 3		76	21 »		59	54 2
	59	57 6		42	119 »		77	19 4		60	51 6
	60	55 »		43	113 9		78	17 9		61	49 1
	61	52 4		44	109 »		79	16 4		62	46 7
	62	50 »		45	104 4		80	15 »		63	44 4
	63	47 6		46	100 »		81	13 5		64	42 1
	64	45 3		47	95 7		82	12 1		65	40 »
	65	43 »		48	91 6		83	10 8		66	37 8
	66	40 9		49	87 7		84	9 5		67	35 8
	67	38 8		50	84 »		85	8 2		68	33 8
	68	36 7		51	80 3		86	6 9		69	31 8
	69	34 7		52	76 9		87	5 7		70	30 »
	70	32 8		53	73 5		88	4 5		71	28 1
	71	30 9		54	70 3		89	3 3		72	26 3
	72	29 1		55	67 2		90	2 2		73	24 6
	73	27 3		56	64 2		91	1 »		74	22 9
	74	25 6		57	61 4	91°	40	127 5		75	21 3
	75	24 »		58	58 2		41	121 9		76	19 7
	76	22 3		59	55 9		42	116 6		77	18 1
	77	20 7		60	53 3		43	111 6		78	16 6
	78	19 2		61	50 8		44	106 8		79	15 1
	79	17 7		62	48 3		45	102 2		80	13 7
	80	16 2		63	46 »		46	97 8		81	12 3
	81	14 8		64	43 7		47	93 6		82	10 9
	82	13 4		65	41 5		48	89 5		83	9 6
	83	12		66	39 3		49	85 7		84	8 3
	84	10 7								85	7 »

Degré de l'esprit à réduire (De)	Degré à obtenir (à)	Quantité d'eau à ajouter par hectolitre d'esprit à réduire (Lit.)	(Déc.)	Degré de l'esprit à réduire (De)	Degré à obtenir (à)	Quantité d'eau (Lit.)	(Déc.)	Degré de l'esprit à réduire (De)	Degré à obtenir (à)	Quantité d'eau (Lit.)	(Déc.)	Degré de l'esprit à réduire (De)	Degré à obtenir (à)	Quantité d'eau (Lit.)	(Déc.)
91°	86	5	8	90°	70	31	1	89°	54	69	»	88°	40	125	4
	87	4	5		71	29	1		55	65	9		41	120	»
	88	3	4		72	27	3		56	62	9		42	114	7
	89	2	2		73	25	4		57	60	»		43	109	8
	90	1	1		74	23	6		58	57	2		44	105	»
90°	40	130	8		75	21	9		59	54	4		45	100	5
	41	125	2		76	20	2		60	51	8		46	96	1
	42	119	9		77	18	5		61	49	3		47	92	»
	43	114	8		78	16	9		62	46	8		48	88	»
	44	110	»		79	15	3		63	44	4		49	84	1
	45	105	3		80	13	8		64	42	1		50	80	4
	46	100	9		81	12	3		65	39	8		51	76	9
	47	96	6		82	10	8		66	37	6		52	73	4
	48	92	5		83	9	4		67	35	5		53	70	1
	49	88	6		84	7	9		68	33	4		54	66	9
	50	84	8		85	6	6		69	31	4		55	63	9
	51	81	2		86	5	2		70	29	5		56	60	9
	52	77	7		87	3	9		71	27	5		57	58	»
	53	74	3		88	2	6		72	25	7		58	55	3
	54	71	»		89	1	3		73	23	9		59	52	6
	55	67	9	89°	40	128	4		74	22	»		60	50	»
	56	64	8		41	122	6		75	20	4		61	47	4
	57	61	9		42	117	3		76	18	7		62	45	»
	58	59	1		43	112	3		77	17	1		63	42	6
	59	56	3		44	107	5		78	15	5		64	40	3
	60	53	7		45	102	9		79	13	9		65	38	1
	61	51	1		46	98	5		80	12	4		66	35	9
	62	48	6		47	94	3		81	10	9		67	33	8
	63	46	2		48	90	2		82	9	4		68	31	8
	64	43	8		49	86	3		83	8	»		69	29	8
	65	41	5		50	82	6		84	6	6		70	27	9
	66	39	3		51	79	»		85	5	2		71	26	»
	67	37	2		52	75	5		86	3	9		72	24	1
	68	35	1		53	72	3		87	2	6		73	22	3
	69	33	1						88	1	3		74	20	6
													75	18	9

Degré de l'esprit à réduire	Degré à obtenir	Quantité d'eau à ajouter par hectolitre d'esprit à réduire	
De	à	Lit.	Déc.
88°	76	17	2
	77	15	6
	78	14	»
	79	12	5
	80	11	»
	81	9	5
	82	8	1
	83	6	6
	84	5	3
	85	3	9
	86	2	6
	87	1	3
87°	40	122	7
	41	117	3
	42	112	2
	43	107	3
	44	102	6
	45	98	1
	46	93	8
	47	89	7
	48	85	7
	49	81	9
	50	78	2
	51	74	7
	52	71	3
	53	68	1
	54	64	9
	55	61	9
	56	58	9
	57	56	1
	58	53	4
	59	50	7
	60	48	1
	61	45	6
	62	43	2

Degré de l'esprit à réduire	Degré à obtenir	Quantité d'eau à ajouter par hectolitre d'esprit à réduire	
De	à	Lit.	Déc.
87°	63	40	9
	64	38	6
	65	36	4
	66	34	3
	67	32	2
	68	30	2
	69	28	2
	70	26	3
	71	24	4
	72	22	6
	73	20	8
	74	19	1
	75	17	4
	76	15	8
	77	14	2
	78	12	6
	79	11	1
	80	9	6
	81	8	1
	82	6	7
	83	5	3
	84	3	9
	85	2	6
	86	1	3
86°	40	120	»
	41	114	7
	42	109	6
	43	104	8
	44	100	1
	45	95	7
	46	91	4
	47	87	4
	48	83	4
	49	79	7
	50	76	1

Degré de l'esprit à réduire	Degré à obtenir	Quantité d'eau à ajouter par hectolitre d'esprit à réduire	
De	à	Lit.	Déc.
86°	51	72	6
	52	69	2
	53	66	»
	54	62	9
	55	59	9
	56	57	»
	57	54	2
	58	51	5
	59	48	8
	60	46	3
	61	43	8
	62	41	5
	63	39	1
	64	36	9
	65	34	7
	66	32	6
	67	30	5
	68	28	5
	69	26	6
	70	24	7
	71	22	9
	72	21	1
	73	19	3
	74	17	6
	75	15	9
	76	14	3
	77	12	7
	78	11	2
	79	9	7
	80	8	2
	81	6	8
	82	5	4
	83	4	»
	84	2	6
	85	1	3

Degré de l'esprit à réduire	Degré à obtenir	Quantité d'eau à ajouter par hectolitre d'esprit à réduire	
De	à	Lit.	Déc.
85°	40	117	3
	41	112	1
	42	107	1
	43	102	3
	44	97	7
	45	93	3
	46	89	1
	47	85	1
	48	81	2
	49	77	5
	50	73	9
	51	70	5
	52	67	1
	53	64	»
	54	60	9
	55	57	9
	56	55	»
	57	52	3
	58	49	6
	59	47	»
	60	44	5
	61	42	1
	62	39	7
	63	37	4
	64	35	2
	65	33	»
	66	30	9
	67	28	9
	68	26	9
	69	25	»
	70	23	1
	71	21	3
	72	19	5
	73	17	8
	74	16	1
	75	14	5

Degré de l'esprit à réduire	Degré à obtenir	Quantité d'eau à ajouter par hectolitre d'esprit à réduire (Lit. Déc.)	Degré de l'esprit à réduire	Degré à obtenir	Quantité d'eau à ajouter par hectolitre d'esprit à réduire (Lit. Déc.)	Degré de l'esprit à réduire	Degré à obtenir	Quantité d'eau à ajouter par hectolitre d'esprit à réduire (Lit. Déc.)	Degré de l'esprit à réduire	Degré à obtenir	Quantité d'eau à ajouter par hectolitre d'esprit à réduire (Lit. Déc.)
De 85°	76	12 9	De 84°	66	29 3	De 83°	57	48 5	De 82°	49	70 9
	77	11 3		67	27 3		58	45 8		50	67 4
	78	9 8		68	25 3		59	43 3		51	64 1
	79	8 3		69	23 4		60	40 9		52	60 9
	80	6 8		70	21 6		61	38 5		53	57 8
	81	5 4		71	19 8		62	36 2		54	54 9
	82	4 »		72	18 »		63	33 9		55	52 »
	83	2 6		73	16 3		64	31 8		56	49 2
	84	1 3		74	14 6		65	29 7		57	46 5
				75	13 »		66	27 6		58	44 »
84°	40	114 7		76	11 4		67	25 6		59	41 5
	41	109 5		77	9 9		68	23 7		60	39 »
	42	104 5		78	8 4		69	21 8		61	36 7
	43	99 8		79	6 9		70	20 »		62	34 4
	44	95 2		80	5 5		71	18 2		63	32 2
	45	90 9		81	4 »		72	16 5		64	30 1
	46	86 7		82	2 7		73	14 8		65	28 »
	47	82 8		83	1 3		74	13 1		66	26 »
	48	78 9					75	11 6		67	24 »
	49	75 3	83°	40	112 »		76	10 »		68	22 1
	50	71 7		41	106 9		77	8 5		69	20 3
	51	68 3		42	102 »		78	7 »		70	18 4
	52	65 1		43	97 3		79	5 5		71	16 7
	53	61 9		44	92 8		80	4 1		72	15 »
	54	58 9		45	88 5		81	2 7		73	13 3
	55	55 9		46	84 4		82	1 3		74	11 7
	56	53 1		47	80 5					75	10 1
	57	50 4		48	76 7	82°	40	109 3		76	8 5
	58	47 7		49	73 1		41	104 3		77	7 »
	59	45 1		50	69 6		42	99 4		78	5 6
	60	42 7		51	66 2		43	94 8		79	4 1
	61	40 3		52	63 »		44	90 4		80	2 7
	62	37 9		53	59 9		45	86 1		81	1 3
	63	35 7		54	56 9		46	82 1			
	64	33 5		55	54 »		47	78 2	81°	40	106 7
	65	31 3		56	51 2		48	74 5		41	104 7

Degré de l'esprit à réduire	Degré à obtenir	Quantité d'eau à ajouter par hectolitre d'esprit à réduire		Degré de l'esprit à réduire	Degré à obtenir	Quantité d'eau à ajouter par hectolitre d'esprit à réduire		Degré de l'esprit à réduire	Degré à obtenir	Quantité d'eau à ajouter par hectolitre d'esprit à réduire		Degré de l'esprit à réduire	Degré à obtenir	Quantité d'eau à ajouter par hectolitre d'esprit à réduire	
De	à	Lit.	Déc.	De	à	Lit.	Déc.	De	à	Lit.	Déc.	De	à	Lit.	Déc.
81°	42	96	9	81°	78	4	2	80°	72	12	»	79°	67	19	2
	43	92	3		79	2	7		73	10	3		68	17	3
	44	87	9		80	1	4		74	8	7		69	15	5
	45	83	7						75	7	2		70	13	8
	46	79	7	80°	40	104	»		76	5	7		71	12	1
	47	75	9		41	99	1		77	4	2		72	10	5
	48	72	2		42	94	3		78	2	8		73	8	8
	49	68	7		43	89	8		79	1	4		74	7	3
	50	65	3		44	85	5						75	5	7
	51	62	»		45	81	3	79°	40	104	4		76	4	3
	52	58	8		46	77	4		41	96	5		77	2	8
	53	55	8		47	73	6		42	91	8		78	1	4
	54	52	9		48	70	»		43	87	3				
	55	50	»		49	66	5		44	83	1	78°	40	98	7
	56	47	3		50	63	1		45	79	»		41	93	9
	57	44	7		51	59	9		46	75	1		42	89	3
	58	42	1		52	56	8		47	71	3		43	84	9
	59	39	6		53	53	8		48	67	8		44	80	7
	60	37	2		54	50	9		49	64	3		45	76	6
	61	34	9		55	48	1		50	61	»		46	72	8
	62	32	7		56	45	4		51	57	8		47	69	1
	63	30	5		57	42	8		52	54	7		48	65	5
	64	28	4		58	40	2		53	51	7		49	62	1
	65	26	3		59	37	8		54	48	9		50	58	8
	66	24	4		60	35	4		55	46	1		51	55	7
	67	22	4		61	33	1		56	43	4		52	52	7
	68	20	5		62	30	9		57	40	9		53	49	7
	69	18	7		63	28	8		58	38	4		54	46	9
	70	16	9		64	26	7		59	36	»		55	44	2
	71	15	2		65	24	7		60	33	6		56	41	5
	72	13	5		66	22	7		61	31	4		57	39	»
	73	11	8		67	20	8		62	29	2		58	36	5
	74	10	2		68	18	9		63	27	1		59	34	1
	75	8	6		69	17	1		64	25	»		60	31	8
	76	7	1		70	15	3		65	23	»		61	29	6
	77	5	6		71	13	6		66	21	1		62	27	4

Degré de l'esprit à réduire	Degré à obtenir	Quantité d'eau à ajouter par hectolitre d'esprit à réduire		Degré de l'esprit à réduire	Degré à obtenir	Quantité d'eau à ajouter par hectolitre d'esprit à réduire		Degré de l'esprit à réduire	Degré à obtenir	Quantité d'eau à ajouter par hectolitre d'esprit à réduire		Degré de l'esprit à réduire	Degré à obtenir	Quantité d'eau par hectolitre d'esprit à réduire	
De	à	Lit.	Déc.	De	à	Lit.	Déc.	De	à	Lit.	Déc.	De	à	Lit.	Déc.
78°	63	25	3	77°	60	30	»	76°	58	32	8	75°	57	33	3
	64	23	3		61	27	8		59	30	5		58	31	»
	65	21	3		62	25	7		60	28	3		59	28	7
	66	19	4		63	23	6		61	26	1		60	26	5
	67	17	6		64	21	6		62	24	»		61	24	3
	68	15	7		65	19	7		63	21	9		62	22	2
	69	14	»		66	17	8		64	19	9		63	20	2
	70	12	3		67	15	9		65	18	»		64	18	3
	71	10	6		68	14	2		66	16	2		65	16	4
	72	9	»		69	12	4		67	14	3		66	14	5
	73	7	4		70	10	7		68	12	6		67	12	7
	74	5	8		71	9	1		69	10	9		68	11	»
	75	4	3		72	7	5		70	9	2		69	9	3
	76	2	8		73	5	9		71	7	5		70	7	6
	77	1	4		74	4	4		72	6	»		71	6	»
					75	2	9		73	4	4		72	4	5
77°	40	96	1		76	1	4		74	2	9		73	2	9
	41	91	3						75	1	4		74	1	4
	42	86	7	76°	40	93	4								
	43	82	4		41	88	7	75°	40	90	8	74°	40	88	1
	44	78	2		42	84	2		41	86	1		41	83	5
	45	74	3		43	79	9		42	81	7		42	79	2
	46	70	5		44	75	8		43	77	5		43	75	»
	47	66	8		45	71	2		44	73	4		44	71	»
	48	63	3		46	68	1		45	69	5		45	67	2
	49	59	9		47	64	5		46	65	8		46	63	5
	50	56	7		48	61	1		47	62	3		47	60	»
	51	53	6		49	57	8		48	58	9		48	56	7
	52	50	6		50	54	6		49	55	6		49	53	4
	53	47	7		51	51	5		50	52	4		50	50	3
	54	44	9		52	48	5		51	49	4		51	47	3
	55	42	2		53	45	7		52	46	5		52	44	4.
	56	39	6		54	42	9		53	43	7		53	41	6
	57	37	1		55	40	3		54	40	9		54	39	»
	58	34	7		56	37	7		55	38	3		55	36	4
	59	32	3		57	35	2		56	35	8		56	33	9

Degré de l'esprit à réduire	Degré à obtenir	Quantité d'eau à ajouter par hectolitre d'esprit à réduire		Degré de l'esprit à réduire	Degré à obtenir	Quantité d'eau à ajouter par hectolitre d'esprit à réduire		Degré de l'esprit à réduire	Degré à obtenir	Quantité d'eau à ajouter par hectolitre d'esprit à réduire		Degré de l'esprit à réduire	Degré à obtenir	Quantité d'eau à ajouter par hectolitre d'esprit à réduire	
De	à	Lit.	Déc.	De	à	Lit.	Déc.	De	à	Lit.	Déc.	De	à	Lit.	Déc.
74°	57	31	5	73°	58	27	3	72°	60	21	1	71°	63	13	4
	58	29	1		59	25	1		61	19	1		64	11	6
	59	26	9		60	22	9		62	17	1		65	9	8
	60	24	7		61	20	8		63	15	1		66	8	»
	61	22	6		62	18	8		64	13	2		67	6	3
	62	29	4		63	16	8		65	11	4		68	4	7
	63	48	5		64	14	9		66	9	7		69	3	1
	64	16	6		65	13	1		67	7	9		70	1	5
	65	14	7		66	11	3		68	6	3				
	66	12	9		67	9	5		69	4	6	70°	40	77	6
	67	44	1		68	7	8		70	3	»		41	73	2
	68	9	4		69	6	2		71	1	5		42	69	1
	69	7	7		70	4	6						43	65	2
	70	6	1		71	3	»						44	61	4
	71	4	5		72	1	5	71°	40	80	2		45	57	8
	72	3	»						41	75	8		46	54	3
	73	1	5						42	71	6		47	51	»
				72°	40	82	8		43	67	6		48	47	8
73°	40	85	5		41	78	4		44	63	8		49	44	7
	41	81	»		42	74	1		45	60	1		50	41	8
	42	76	7		43	70	1		46	56	6		51	39	»
	43	72	5		44	66	2		47	53	2		52	36	2
	44	68	6		45	62	5		48	50	»		53	33	6
	45	64	8		46	58	9		49	46	9		54	31	1
	46	61	2		47	55	5		50	43	9		55	28	6
	47	57	8		48	52	2		51	41	1		56	26	3
	48	54	4		49	49	1		52	38	3		57	24	»
	49	51	2		50	46	»		53	35	6		58	21	8
	50	48	2		51	43	1		54	33	1		59	19	6
	51	45	2		52	40	3		55	30	6		60	17	6
	52	42	4		53	37	6		56	28	2		61	15	6
	53	39	6		54	35	»		57	25	9		62	13	6
	54	37	»		55	32	5		58	23	6		63	11	7
	55	34	4		56	30	1		59	21	4		64	9	9
	56	32	»		57	27	7		60	19	3		65	8	1
	57	29	6		58	25	5		61	17	3		66	6	4
					59	23	2		62	15	3				

Degré de l'esprit à réduire	Degré à obtenir	Quantité d'eau à ajouter par hectolitre d'esprit à réduire	
De	à	Lit.	Déc.
70°	67	4	7
	68	3	1
	69	1	5
69°	40	75	»
	41	70	7
	42	66	6
	43	62	7
	44	59	»
	45	55	4
	46	52	»
	47	48	7
	48	45	6
	49	42	6
	50	39	7
	51	36	9
	52	34	2
	53	31	6
	54	29	1
	55	26	7
	56	24	4
	57	22	1
	58	20	»
	59	17	8
	60	15	8
	61	13	8
	62	11	9
	63	10	1
	64	8	2
	65	6	5
	66	4	8
	67	3	2
	68	1	6
68°	40	72	3
	41	68	1

Degré de l'esprit à réduire	Degré à obtenir	Quantité d'eau à ajouter par hectolitre d'esprit à réduire	
De	à	Lit.	Déc.
68°	42	64	1
	43	60	3
	44	56	6
	45	53	1
	46	49	7
	47	46	5
	48	43	4
	49	40	4
	50	37	6
	51	34	8
	52	32	2
	53	29	6
	54	27	2
	55	24	8
	56	22	5
	57	20	3
	58	18	1
	59	16	»
	60	14	»
	61	12	1
	62	10	2
	63	9	4
	64	6	6
	65	4	9
	66	3	2
	67	1	6
67°	40	69	7
	41	65	6
	42	61	6
	43	57	8
	44	54	2
	45	50	8
	46	47	4
	47	44	3
	48	41	2

Degré de l'esprit à réduire	Degré à obtenir	Quantité d'eau à ajouter par hectolitre d'esprit à réduire	
De	à	Lit.	Déc.
67°	49	38	3
	50	35	5
	51	32	8
	52	30	1
	53	27	6
	54	25	2
	55	22	9
	56	20	6
	57	18	4
	58	16	3
	59	14	3
	60	12	3
	61	10	4
	62	8	5
	63	6	7
	64	4	9
	65	3	2
	66	1	6
66°	40	67	1
	41	63	»
	42	59	1
	43	55	4
	44	51	8
	45	48	4
	46	46	1
	47	42	»
	48	39	»
	49	36	1
	50	33	4
	51	30	7
	52	28	1
	53	25	6
	54	23	2
	55	20	9
	56	18	7

Degré de l'esprit à réduire	Degré à obtenir	Quantité d'eau à ajouter par hectolitre d'esprit à réduire	
De	à	Lit.	Déc.
66°	57	16	6
	58	14	5
	59	12	5
	60	10	5
	61	8	6
	62	6	8
	63	5	»
	64	3	3
	65	1	6
65°	40	64	5
	41	60	5
	42	56	6
	43	52	9
	44	49	4
	45	46	1
	46	42	9
	47	39	8
	48	36	8
	49	34	»
	50	31	3
	51	28	6
	52	26	1
	53	23	7
	54	21	3
	55	19	»
	56	16	8
	57	14	7
	58	12	7
	59	10	7
	60	8	8
	61	6	9
	62	5	1
	63	3	3
	64	1	6

Degré de l'esprit à réduire	Degré à obtenir	Quantité d'eau à ajouter par hectolitre d'esprit à réduire		Degré de l'esprit à réduire	Degré à obtenir	Quantité d'eau à ajouter par hectolitre d'esprit à réduire		Degré de l'esprit à réduire	Degré à obtenir	Quantité d'eau à ajouter par hectolitre d'esprit à réduire		Degré de l'esprit à réduire	Degré à obtenir	Quantité d'eau à ajouter par hectolitre d'esprit à réduire	
De	à	Lit.	Déc.	De	à	Lit.	Déc.	De	à	Lit.	Déc.	De	à	Lit.	Déc.
64°	40	61	9	63°	51	24	5	61°	40	54	»	60°	54	11	6
	41	57	9		52	22	1		41	50	3		55	9	5
	42	54	1		53	19	7		42	46	7		56	7	4
	43	50	5		54	17	4		43	43	2		57	5	5
	44	47	1		55	15	2		44	39	9		58	3	6
	45	43	8		56	13	1		45	36	8		59	1	8
	46	40	6		57	11	»		46	33	8				
	47	37	6		58	9	»		47	30	9	59°	40	48	8
	48	34	6		59	7	1		48	28	1		41	45	2
	49	31	8		60	5	2		49	25	4		42	41	7
	50	29	2		61	3	4		50	22	9		43	38	4
	51	26	6		62	1	7		51	20	4		44	35	2
	52	24	1						52	18	»		45	32	1
	53	21	7	62°	40	56	6		53	15	7		46	29	2
	54	19	4		41	52	1		54	13	5		47	26	4
	55	17	1		42	49	1		55	11	4		48	23	7
	56	15	»		43	45	6		56	9	3		49	21	2
	57	12	8		44	42	3		57	7	3		50	18	7
	58	10	9		45	39	1		58	5	4		51	16	3
	59	8	9		46	36	»		59	3	5		52	14	»
	60	7	»		47	33	1		60	1	7		53	11	8
	61	5	2		48	30	3						54	9	6
	62	3	4		49	27	6	60°	40	51	4		55	7	6
	63	1	7		50	25	»		41	47	7		56	5	6
					51	22	5		42	44	2		57	3	7
63°	40	59	3		52	20	»		43	40	8		58	1	8
	41	55	4		53	17	7		44	37	5				
	42	51	6		54	15	5		45	34	5	58°	40	46	2
	43	48	1		55	13	3		46	31	5		41	42	6
	44	44	7		56	11	2		47	28	6		42	39	2
	45	41	4		57	9	2		48	25	9		43	35	9
	46	38	3		58	7	2		49	23	3		44	32	9
	47	35	3		59	5	3		50	20	8		45	29	8
	48	32	5		60	3	5		51	18	3		46	26	9
	49	29	7		61	1	7		52	16	»		47	24	2
	50	27	1						53	13	7		48	21	6

Degré de l'esprit à réduire	Degré à obtenir	Quantité d'eau à ajouter par hectolitre d'esprit à réduire		Degré de l'esprit à réduire	Degré à obtenir	Quantité d'eau à ajouter par hectolitre d'esprit à réduire		Degré de l'esprit à réduire	Degré à obtenir	Quantité d'eau à ajouter par hectolitre d'esprit à réduire		Degré de l'esprit à réduire	Degré à obtenir	Quantité d'eau à ajouter par hectolitre d'esprit à réduire	
De	à	Lit.	Déc.	De	à	Lit.	Déc.	De	à	Lit.	Déc.	De	à	Lit.	Déc.
58°	49	19	»	56°	48	17	2	54°	51	6	1	51°	45	13	7
	50	16	6		49	14	8		52	4	»		46	11	2
	51	14	2		50	12	4		53	1	9		47	8	7
	52	12	»		51	10	2						48	6	4
	53	9	9		52	8	»	53°	40	33	3		49	4	2
	54	7	7		53	5	9		41	30	»		50	2	1
	55	5	7		54	3	8		42	26	9				
	56	3	7		55	1	9		43	23	9	50°	40	25	6
	57	1	8						44	21	»		41	22	5
				55°	40	38	5		45	18	3		42	19	5
57°	40	43	6		41	35	»		46	15	7		43	16	7
	41	40	1		42	31	8		47	13	2		44	14	»
	42	36	7		43	28	7		48	10	7		45	11	4
	43	33	5		44	25	7		49	8	4		46	8	9
	44	30	5		45	22	9		50	6	2		47	6	6
	45	27	5		46	20	2		51	4	1		48	4	3
	46	24	7		47	17	6		52	2	»		49	2	1
	47	22	»		48	15	1								
	48	19	4		49	12	7	52°	40	30	7	49°	40	23	»
	49	16	9		50	10	3		41	27	5		41	20	»
	50	14	5		51	8	1		42	24	4		42	17	1
	51	12	2		52	6	»		43	21	5		43	14	3
	52	10	»		53	3	9		44	18	7		44	11	6
	53	7	8		54	1	9		45	16	»		45	9	1
	54	5	8						46	13	4		46	6	7
	55	3	8	54°	40	35	9		47	11	»		47	4	4
	56	1	9		41	32	5		48	8	6		48	2	1
					42	29	3		49	6	3				
56°	40	41	1		43	26	3		50	4	1	48°	40	20	4
	41	37	6		44	23	4		51	2	»		41	17	4
	42	34	3		45	20	6						42	14	6
	43	31	1		46	17	9	51°	40	28	1		43	11	9
	44	28	1		47	15	3		41	25	»		44	9	3
	45	25	2		48	12	9		42	22	»		45	6	8
	46	22	4		49	10	5		43	19	1		46	4	5
	47	19	8		50	8	3		44	16	3		47	2	2

Degré de l'esprit à réduire	Degré à obtenir	Quantité d'eau à ajouter par hectolitre d'esprit à réduire		Degré de l'esprit à réduire	Degré à obtenir	Quantité d'eau à ajouter par hectolitre d'esprit à réduire		Degré de l'esprit à réduire	Degré à obtenir	Quantité d'eau à ajouter par hectolitre d'esprit à réduire		Degré de l'esprit à réduire	Degré à obtenir	Quantité d'eau à ajouter par hectolitre d'esprit à réduire	
De	à	Lit.	Déc.	De	à	Lit.	Déc.	De	à	Lit.	Déc.	De	à	Lit.	Déc.
47°	40	17	9	46°	40	15	3	45°	42	7	3	43°	40	7	6
	41	14	9		41	12	4		43	4	7		41	5	»
	42	12	2		42	9	7		44	2	3		42	2	4
	43	9	5		43	7	1								
	44	7	»		44	4	6	44°	40	10	2	42°	40	5	1
	45	4	6		45	2	3		41	7	5		41	2	5
	46	2	2	45°	40	12	7		42	4	9				
					41	9	9		43	2	4	41°	40	2	5

ALCOOMÈTRES.

Des diverses manières de reconnaître le poids ou le titre des spiritueux. — On constate le degré des spiritueux au moyen des alcoomètres. Ces instruments sont de simples aéromètres, basés sur les différences entre le poids de l'eau distillée (1,000) et celui de l'alcool pur (0,795). L'instrument, étant lesté à effleurer l'eau distillée, plonge sa tige plus ou moins profondément dans les liquides alcooliques, selon qu'ils sont plus légers, moins denses et se rapprochent davantage de l'alcool pur.

On connaît un grand nombre de *pèse-alcools*. On peut se rendre compte du degré : 1º par le poids spécifique comparé à celui de l'eau ; mais c'est une opération délicate, à cause de l'influence de la température; 2º avec l'aréomètre de Baumé (on s'en sert encore en pharmacie); 3º avec celui de Cartier, encore employé par les distillateurs ; 4º avec celui de Tessa, employé dans les Charentes, pour les cognacs; 5° avec celui de Borie dont on se sert dans la Provence; 6° avec celui de Sykes (anglais); 7° avec l'alcoomètre centésimal.

La température du liquide se constate, à ces divers instruments, avec les thermomètres centigrades, Réaumur, Fahrenheit, etc., et à des bases différentes; de sorte qu'il est difficile d'obtenir, sur le poids, des données parfaitement justes. Ainsi, le thermomètre centigrade indique 0 à la glace et 100 à l'ébullition; le Réaumur, 0 à la glace et 80 à l'ébullition; le Fahrenheit (prussien), 32 à la glace et 212 à l'ébullition. La température moyenne de ce dernier est, pour peser les alcools, de 51° (10 1/2 centigrades). Ce thermomètre s'emploie en Angleterre et est annexé à l'hydromètre de Sykes.

Comme il peut être utile parfois de connaître les rapports qui existent entre les divers aréomètres ou pèse-alcools, nous donnons les différences de poids des aréomètres à la température normale de 15° centigrades.

Aujourd'hui, en France, tous les actes officiels relatifs au commerce des spiritueux, ainsi que les expéditions de la régie, doivent énoncer les degrés réels des eaux-de-vie et alcools à l'*alcoomètre centésimal,* à la température normale de 15° centigrades; c'est le seul reconnu par la loi.

Dans le commerce, à Bordeaux, on se sert généralement de l'alcoomètre officiel, qui facilite les rapports du commerce avec la régie et l'octroi, et dont la division par 100 aide beaucoup aux calculs.

Alcoomètre centésimal. — Nous devons cet instrument au savant Gay-Lussac. Il est divisé en 100 parties : 0 correspond à l'eau distillée, et 100 à l'alcool absolu. Le degré n'est réel qu'autant que la température est à 15° centigrades. Un thermomètre centigrade est, en conséquence, annexé à l'alcoomètre ou plongé dans l'éprouvette, pour indiquer la température du liquide. Lorsque celle-ci dépasse 15° centigrades, l'eau-de-vie se *dilate,* devient plus légère et augmente de volume ; elle indique alors un degré plus fort que son titre réel. Si, au contraire, la température est inférieure à 15°, l'eau-de-vie se *contracte,* c'est-à-dire devient plus lourde, diminue de volume, et l'alcoomètre marque alors un degré moindre que le titre réel. On est donc forcé de ramener, à l'aide d'un calcul, l'eau-de-vie à son degré réel. Ce calcul étant trop long à faire à chaque pesée, M. Gay-Lussac a dressé des tables des corrections à faire à chaque degré, selon les températures froides ou chaudes; elles se trouvent dans l'*Instruction pour l'usage de l'alcoomètre centésimal.* Un relevé simplifié de ces corrections a été distribué par la régie des contributions indirectes à ses employés; il est suffisant dans la pratique, bien que ses calculs ne soient pas aussi précis. C'est la table applicable aux eaux-de-vie et trois-six que l'on trouvera plus loin.

On évite l'emploi des tables en se servant de l'alcoomètre centésimal de Gibert (dont nous parlerons ci-après), ou en se servant d'une coulisse mobile sur laquelle sont marqués les degrés de température que l'on met en regard des degrés trouvés à l'alcoomètre : le titre exact se trouve vis-à-vis le *quinzième* degré de température; mais cette coulisse n'étant pas *annexée* à l'instrument, l'alcoomètre Gibert offre dans la pratique une plus grande rapidité d'exécution.

Nous allons donner ici un premier tableau de corrections pour reconnaître le poids exact des petites eaux de 1 à 30°. Ce tableau est surtout utilisé pour se rendre compte du titre alcoolique exact des vins dans les distillations d'essai.

Corrections à faire subir aux degrés indiqués par l'alcoomètre pour obtenir le degré réel à la température de 15° centigrades.

(Table servant aux distillations d'essai des vins et aux petites eaux, de 1 à 30°)

DEGRÉS centésimaux indiqués par l'alcoomètre.	DIFFÉRENCE EN MOINS à ajouter aux degrés indiqués par l'alcoomètre pour obtenir des degrés réels.															
	0	1	2	3	4	5	6	7	8	9	10	11	12	13	14	15
1	0	0	0	0	0	0	0	0	0	0	0	0	0	0	0	0
2	0	0	0	0	0	0	0	0	0	0	0	0	0	0	0	0
3	0	0	0	0	0	0	0	0	0	0	0	0	0	0	0	0
4	0	0	0	0	0	0	0	0	0	0	0	0	0	0	0	0
5	0	0	0	0	0	0	0	0	0	0	0	0	0	0	0	0
6	0	0	0	0	0	1	1	1	1	1	0	0	0	0	0	0
7	0	0	0	0	0	1	1	1	1	1	0	0	0	0	0	0
8	1	1	1	1	1	1	1	1	1	1	0	0	0	0	0	0
9	1	1	1	1	1	1	1	1	1	1	0	0	0	0	0	0
10	1	1	1	1	1	1	1	1	1	1	1	0	0	0	0	0
11	1	1	1	1	1	1	1	1	1	1	1	1	0	0	0	0
12	1	1	1	1	1	1	1	1	1	1	1	1	0	0	0	0
13	2	2	2	2	1	1	1	1	1	1	1	1	0	0	0	0
14	2	2	2	2	2	2	2	1	1	1	1	1	1	0	0	0
15	2	2	2	2	2	2	2	2	1	1	1	1	1	0	0	0
16	3	3	3	2	2	2	2	2	1	1	1	1	1	0	0	0
17	3	3	3	3	2	2	2	2	2	1	1	1	1	0	0	0
18	4	3	3	3	3	2	2	2	2	1	1	1	1	0	0	0
19	4	4	3	3	3	3	2	2	2	1	1	1	1	0	0	0
20	4	4	4	3	3	3	2	2	2	2	1	1	1	0	0	0
21	5	4	4	4	3	3	3	2	2	2	1	1	1	0	0	0
22	5	5	4	4	4	3	3	3	2	2	1	1	1	1	0	0
23	5	5	5	4	4	3	3	3	2	2	2	1	1	1	0	0
24	6	5	5	5	4	4	3	3	3	2	2	1	1	1	0	0
25	6	6	5	5	4	4	3	3	3	2	2	1	1	1	0	0
26	6	6	5	5	5	4	4	3	3	2	2	2	1	1	0	0
27	6	6	5	5	5	4	4	3	3	2	2	2	1	1	0	0
28	6	6	5	5	5	4	4	3	3	2	2	2	1	1	0	0
29	7	6	6	5	5	4	4	3	3	2	2	2	1	1	0	0
30	7	6	6	5	5	4	4	3	3	2	2	2	1	1	0	0
	0	1	2	3	4	5	6	7	8	9	10	11	12	13	14	15

Degrés du thermomètre centigrade.

DEGRÉS centésimaux indiqués par l'alcoomètre.	DIFFÉRENCE EN PLUS à déduire des degrés indiqués par l'alcoomètre pour obtenir des degrés réels.														
1	0	0	0	0	1	1	1	1	1	1	1	1	1	1	1
2	0	0	0	0	1	1	1	1	1	1	1	1	1	1	1
3	0	0	0	0	1	1	1	1	1	1	1	2	2	2	2
4	0	0	0	0	1	1	1	1	1	1	1	2	2	2	2
5	0	0	0	1	1	1	1	1	1	1	2	2	2	2	2
6	0	0	0	1	1	1	1	1	1	1	2	2	2	2	2
7	0	0	0	1	1	1	1	1	1	2	2	2	2	2	2
8	0	0	0	1	1	1	1	1	1	2	2	2	2	2	3
9	0	0	0	1	1	1	1	1	1	2	2	2	2	2	3
10	0	0	0	1	1	1	1	1	2	2	2	2	2	3	3
11	0	0	0	1	1	1	1	1	2	2	2	2	2	3	3
12	0	0	0	1	1	1	1	1	2	2	2	2	3	3	3
13	0	0	1	1	1	1	1	2	2	2	2	2	3	3	3
14	0	0	1	1	1	1	1	2	2	2	2	3	3	3	3
15	0	0	1	1	1	1	2	2	2	2	2	3	3	3	4
16	0	0	1	1	1	1	2	2	2	2	3	3	3	4	4
17	0	0	1	1	1	2	2	2	2	3	3	3	3	4	4
18	0	1	1	1	1	2	2	2	2	3	3	3	4	4	4
19	0	1	1	1	1	2	2	2	3	3	3	3	4	4	4
20	0	1	1	1	2	2	2	2	3	3	3	4	4	4	5
21	0	1	1	1	2	2	2	3	3	3	3	4	4	4	5
22	0	1	1	1	2	2	2	3	3	3	4	4	4	5	5
23	0	1	1	1	2	2	2	3	3	3	4	4	4	5	5
24	0	1	1	1	2	2	2	3	3	3	4	4	4	5	5
25	0	1	1	1	2	2	3	3	3	4	4	4	5	5	5
26	0	1	1	1	2	2	3	3	3	4	4	4	5	5	5
27	0	1	1	2	2	2	3	3	3	4	4	4	5	5	6
28	0	1	1	2	2	2	3	3	4	4	4	5	5	5	6
29	0	1	1	2	2	2	3	3	4	4	4	5	5	5	6
30	0	1	1	2	2	3	3	3	4	4	4	5	5	6	6
	16	17	18	19	20	21	22	23	24	25	26	27	28	29	30

Degrés du thermomètre centigrade.

(Table applicable aux eaux-de-vie et trois-six.)

DEGRÉS centésimaux indiqués par l'alcoomètre.	DIFFÉRENCE EN MOINS à ajouter aux degrés indiqués par l'alcoomètre pour obtenir des degrés réels.													
31 à 34	7	6	6	5	5	4	4	3	3	2	2	2	1	0
35	6	6	6	5	5	4	4	3	3	2	2	2	1	0
36 à 39	6	6	6	5	5	4	4	3	3	2	2	2	1	0
40 à 44	6	6	5	5	5	4	4	3	3	2	2	2	1	0
45, 46	6	6	5	5	5	4	4	3	3	2	2	2	1	0
47 à 53	6	6	5	5	4	4	4	3	3	2	2	2	1	0
54 à 56	6	6	5	5	4	4	3	3	3	2	2	2	1	0
57 à 69	6	5	5	5	4	4	3	3	3	2	2	2	1	0
70, 71	6	5	5	4	4	4	3	3	3	2	2	2	1	0
72 à 78	6	5	5	4	4	4	3	3	3	2	2	1	1	0
79 à 83	5	5	5	4	4	4	3	3	3	2	2	1	1	0
84	5	5	5	4	4	4	3	3	2	2	2	1	1	0
85	5	5	5	4	4	3	3	3	2	2	2	1	1	0
86 à 90	5	5	4	4	4	3	3	3	2	2	2	1	1	0
	0	1	2	3	4	5	6	7	8	9	10	11	12 13	14 15

Degrés du thermomètre centigrade.

DEGRÉS centésimaux indiqués par l'alcoomètre	DIFFÉRENCE EN PLUS à déduire des degrés indiqués par l'alcoomètre pour obtenir des degrés réels.													
31, 32	0	1	2	2	3	3	3	4	4	5	5	5	6	6
33, 34	0	1	2	2	3	3	3	4	4	5	5	6	6	6
35, 36	0	1	2	2	3	3	3	4	4	5	5	6	6	6
37 à 40	0	1	2	2	3	3	3	4	4	5	5	6	6	6
41 à 43	0	1	2	2	3	3	3	4	4	5	5	6	6	6
44 à 46	0	1	2	2	3	3	3	4	4	5	5	5	6	6
47 à 59	0	1	2	2	2	3	3	4	4	5	5	5	6	6
60 à 70	0	1	2	2	2	3	3	4	4	4	5	5	6	6
71 à 72	0	1	2	2	2	3	3	4	4	4	5	5	5	6
73 à 82	0	1	2	2	2	3	3	3	4	4	5	5	5	6
83 à 85	0	1	1	2	2	3	3	3	4	4	5	5	5	6
84 à 87	0	1	1	2	2	3	3	3	4	4	4	5	5	6
88, 89	0	1	1	2	2	3	3	3	4	4	4	5	5	5
90	0	1	1	2	2	2	3	3	4	4	4	5	5	5
	16	17 18	19	20	21	22	23	24	25	26	27	28	29	30

Degrés du thermomètre centigrade.

Alcoomètre centésimal Gibert. — Cet instrument, adopté par le commerce bordelais, est muni d'un thermomètre centigrade annexé à l'éprouvette, laquelle est en cuivre. Sur une coulisse mobile, également en cuivre, sont marqués les degrés trouvés à l'alcoomètre centésimal, que l'on met en regard d'un plateau fixe où sont indiqués les degrés de température froide ou chaude. Le degré de l'alcoomètre étant placé, à l'aide de la coulisse, vis-à-vis du degré de température indiqué par le thermomètre intérieur, le titre réel de l'eau-de-vie se trouve sans calcul ni table, car il est indiqué par le chiffre qui fait face au quinzième degré du plateau fixe où sont marqués les degrés de température. Cette méthode de pesage est beaucoup plus expéditive que le calcul au moyen des tables. Aussi cet instrument est-il devenu, dans le commerce des spiritueux de la Gironde, d'un usage général.

COMPARAISON DES DEGRÉS INDIQUÉS PAR LES ALCOOMÈTRES

DE CARTIER, BAUMÉ, TESSA, BORIE ; HYDROMÈTRE DE SYKES (ANGLAIS),

AVEC CEUX DE L'ALCOOMÈTRE CENTÉSIMAL SELON GAY-LUSSAC ;

ET LEUR DENSITÉ (POIDS SPÉCIFIQUE),

En prenant pour base un litre d'eau distillée à la température de 15° centigrades.

ALCOOMÈTRE centésimal selon GAY-LUSSAC.	DENSITÉ(1) Poids spécifique	CARTIER.	BAUMÉ.	TESSA. — Employé à Cognac	BORIE. — Aréomètre usité autrefois en Languedoc.	HYDROMÈTRE de SYKES (anglais.)
	Grammes.					
0	1,000	10	10(2)	»	»	Under-proof (3)
1	0,999	»	»	»	»	1.7

(1) Les densités correspondantes aux degrés de l'alcoomètre centésimal ont été dressées par Gay-Lussac.
(2) Le calcul de rapport de cet aréomètre avec les densités de l'alcool à 15° a été fait par MM. les docteurs Bruyman, Driessens, etc.
(3) Table au-dessous de la preuve; la preuve anglaise (proof spirit) correspond à 58° 50° centésimaux.

ALCOOMETRE centésimal selon GAY-LUSSAC.	DENSITÉ. Poids spécifique	CARTIER.	BAUMÉ.	TESSA. — Employé à Cognac	BORIE. — Aréomètre usité autrefois en Languedoc.	HYDROMÈTRE de SYKES (anglais.)
2	0,997	11	»	»	»	3.5
3	0,996	»	»	»	»	5.2
4	0,994	»	»	»	»	7.»
5	0,993	»	11	»	»	8.7
6	0,992	»	»	»	»	10.4
7	0,990	12	»	»	»	12.2
8	0,989	»	»	»	»	13.9
9	0,988	»	»	»	»	15.7
10	0,987	»	12	»	»	17.4
11	0,985	»	»	»	»	19.1
12	0,984	»	»	»	»	20.9
13	0,983	»	»	»	»	22.6
14	0,982	»	»	»	»	24.4
15	0,981	13	»	»	»	26.1
16	0,980	»	13	»	»	27.8
17	0,979	»	»	»	»	29.6
18	0,978	»	»	»	»	31.3
19	0,977	»	»	»	»	33.1
20	0,976	»	»	»	»	34.8
21	0,975	»	»	»	»	36.5
22	0,974	»	14	»	»	38.3
23	0,973	14	»	»	»	40.»
24	0,972	»	»	»	' »	41.8
25	0,971	»	»	»	»	43.5
26	0,970	»	»	»	»	45.2
27	0,969	»	»	»	»	47.»
28	0,968	»	»	»	»	48.7
29	0,967	»	15	»	»	50.5
30	0,966	»		»	»	52.2
31	0,965	15	»	»	»	53.9
32	0,964	»	»	»	»	55.7
33	0,963	»	»	»	»	57.4
34	0,962	»	16	»	»	59.3
35	0,960	»		»	»	60.9
36	0,959	16	»	»	»	62.6
37	0,957		»	»	»	64.4
38	0,956	»	»	»	»	66.1
39	0,954	»	17	»	»	67.9

ALCOOMÈTRE centésimal selon GAY-LUSSAC.	DENSITÉ. Poids spécifique	CARTIER.	BAUMÉ.	TESSA. — Employé à Cognac	BORIE. — Aréomètre usité autrefois en Languedoc.	HYDROMÈTRE de SYKES (anglais.)
40	0,953	»	»	»	»	69.6
41	0,951	17	»	»	»	71.3
42	0,949		»	— 1	Brouilli.	73.1
43	0,948	»	18	— 3/4	»	74.8
44	0,946	»	»	— 1/2	»	76.6
45	0,945	»	»	— 1/4	Seconde faible	78.3
46	0,943	18	»	0	»	80.»
47	0,941	»	19	0 1/4	Eau-de-vie.	81.8
48	0,940	»	»	0 1/2	Preuve de Hollande.	83.5
49	0,938	»	»	0 3/4	»	85.03
50	0,936	19	»	1	Seconde.	87.»
51	0,934		20	1 1/4	»	88.7
52	0,932	»	»	1 1/2	Eau-de-vie preuve huile d'olives.	90.5
53	0,930	»	»	1 3/4	»	92.2
54	0,928	20	21	2	Seconde forte.	94.»
55	0,926	»		2 3/8	»	95.7
56	0,924	»	22	2 5/8	»	97.4
57	0,922	21		3	Eau-de-vie faible.	99.2
58	0,920		»	3 3/8	»	100.9[1]
59	0,918	»	23	3 3/4	5/6 eau-de-vie mar-	»
60	0,915	22		4	chande au poids légal	3[2]
61	0,913		»	4 3/8	»	»
62	0,911	»	24	4 3/4	»	»
63	0,909	23	»	5	»	»
64	0,906		25	5 3/8	»	»
65	0,904	»	»	5 3/4	»	»
66	0,902	24	26	6	3/4 eau-de-vie forte.	»
67	0,899			6 3/8	»	»
68	0,896	»	27	6 3/4	»	»
69	0,893	25		7	»	»
70	0,891	»	28	7 3/8	»	»
71	0,888	»		7 3/4	»	»
72	0,886	26	»	8	Sur-eau-de-vie	»
73	0,884	»	29	8 3/8	»	»
74	0,884	27	»	8 3/4	»	»

(1) Preuve anglaise (proof spirit).
(2) Degré au-dessus de la preuve.

ALCOOMÈTRE centésimal selon GAY-LUSSAC.	DENSITÉ. Poids spécifique	CARTIER.	BAUMÉ.	TESSA. — Employé à Cognac	BORIE. — Aréomètre usité autrefois en Languedoc.	HYDROMÈTRE de SYKES (anglais.)
75	0,879	27	30	9	»	»
76	0,876	»	30	9 3/8	»	»
77	0,874	28	31	9 3/4	»	»
78	0,871	28	31	10	Alcool faible.	»
79	0,868	29	32	10 1/2	4/7 esprit mineur.	»
80	0,865	29	»	11	»	»
81	0,863	30	33	11 1/2	»	»
82	0,860	30	»	12	5/9 alcool.	»
83	0,857	31	34	12 1/2	Six-onze (6/11)	»
84	0,854	31	35	13	Esprit-de-vin.	»
85	0,851	»	35	13 1/2	»	»
86	0,848	32	36	14	3/6 alcool fort.	»
87	0,845	»	36	14 1/2	»	»
88	0,842	33	37	15	»	»
89	0,838	34	38	15 1/2	»	»
90	0,835	34	38	16	Alcool pur.	»
91	0,832	35	39	16 1/2	3/8	»
92	0,829	35	40	17	»	»
93	0,826	36	41	»	»	»
94	0,822	37	42	»	Sur-esprit.	»
95	0,818	37		»	»	»
96	0,814	38	43	»	»	»
97	0,810	39	44	»	»	»
98	0,805	39	44	»	»	»
		40	45			
99	0,800	41	46	»	»	»
		42	»			
100	0,795			»	»	»

CHAPITRE XV.

EXPÉDITIONS, CONDITIONNEMENTS, RÉGIE, TENUE DES LIVRES DE CHAI.

Rapports d'un chai avec la régie des contributions indirectes. — Tenue du livre spécial de régie. — Tenue des livres auxiliaires de chai. — Organisation, direction des travaux et manipulations.— Conditionnement de tous les genres d'expédition, en barriques ou en bouteilles, selon les pays de destination.— Divers modes d'emballage.

Régie. — Nous n'avons pas l'intention de transcrire ici les lois, décrets et ordonnances qui, depuis la loi du 28 avril 1816, règlent les rapports des contribuables avec la régie, car la loi du 28 avril 1816 a été modifiée par celles du 25 mars 1817, du 15 mai 1818, du 24 juin 1825, et, depuis, par un grand nombre de décrets, ordonnances ou lois qu'il serait trop long de reproduire ici. Or, pour examiner et étudier avec soin les dispositions souvent contradictoires de ce dédale d'articles, ce n'est pas une mince affaire. On se trouve plus embarrassé, après la simple lecture de ces lois, qui sont relatées dans le *Recueil des lois, décrets et ordonnances sur les contributions indirectes*, etc., qu'avant de les avoir lues ; en effet, certains articles des lois et décrets nouveaux annulent ou modifient un grand nombre d'articles des lois antérieures dont néanmoins les principales dispositions sont encore appliquées. Il serait à désirer, dans l'intérêt de la régie et dans celui des contribuables, qu'une loi nouvelle réglât cette matière d'une façon définitive. Depuis que nous avons écrit ceci à la première édition de cet ouvrage, plusieurs lois et décrets de l'Assemblée nationale élue en 1871 ont surchargé les contribuables de taxes et de surtaxes très-lourdes et qui, surtout pour les alcools, sont excessives.

Nous allons expliquer quels sont les rapports des propriétaires de vignes avec la régie, ainsi que ceux du marchand en gros ou entrepositaire, du distillateur de vins, du rectificateur et du marchand de liqueurs en gros, avec la même administration.

Les dispositions qui règlent ces rapports sont très-sévères envers les contribuables. Nous n'avons pas à les discuter ici; la lecture du texte de ces lois que nous transcrivons plus loin, suffira pour en montrer l'esprit vexatoire.

Toute contravention sérieuse aux règlements entraîne, en effet, non-seulement la saisie des marchandises, mais en plus des amendes excessivement fortes.

Propriétaires récoltants; bouilleurs de crû. — Les propriétaires récoltants n'avaient aucun rapport avec la régie, tant que les vins et eaux-de-vie ne sortaient pas de leur chai; ils restaient libres d'opérer la vinification et même la distillation comme ils l'entendaient. Toutefois, si leur chai était situé dans une ville ou tout autre lieu où il y avait un droit d'octroi sur les alcools, ils devaient déclarer les vins et eaux-de-vie qu'ils faisaient; mais ils ne payaient pas de licence et n'étaient pas recensés. Ce n'est qu'à leur sortie du chai que la loi les atteignait.

Ainsi, ils ne pouvaient faire circuler des vins ou des alcools sur une voie publique sans que ces liquides fussent accompagnés d'expéditions de la régie. Aujourd'hui, les propriétaires récoltants ne sont pas exercés s'ils ne font pas brûler, mais les bouilleurs de crû sont soumis aux mêmes obligations que les distillateurs de profession.

Les expéditions qu'on leur délivre sont de trois genres ; nous allons les examiner tour à tour.

Passavant. — Ce genre d'expédition se délivre pour faire transporter les vins d'un même propriétaire dans un chai principal, quand sur le même territoire il possède plusieurs vignobles séparés (cas prévu par la loi du 25 juin 1841). Le coût du passavant était de 25 centimes ; il est aujourd'hui de 50 centimes.

Pour l'obtenir, le propriétaire adresse au bureau de la régie une demande d'expédition, signée de sa main et conçue en ces termes :

> *Je soussigné.....* (nom et prénoms), *propriétaire demeurant à.....,* *déclare vouloir faire enlever ce jour, à..... heure , de mon chai situé.....* (énoncer en toutes lettres la quantité de fûts et la contenance totale), *dix fûts pleins, contenant ensemble vingt-deux hectolitres quatre-vingts litres de vin rouge, récolte de 1866, et les faire transporter dans mon chai principal, à.....* (Date et signature.)

Acquit-à-caution. — L'acquit se délivre lorsque les vins sortant du chai du propriétaire sont destinés à être expédiés, soit à l'étranger, soit à un marchand en gros, soit à un débitant, soit pour Paris. (Paris étant rédimé, les droits généraux se payent à l'entrée.) L'acquit-à-caution coûtait 25 centimes, aujourd'hui 50 centimes ; c'est un acte sérieux, qui doit être rapporté dans un délai déterminé, car si le bureau expéditeur ne recevait pas un certificat d'arrivée, de prise en charge, ou de déclaration de sortie des bureaux destinataires, l'expéditeur ou sa caution devrait payer le double des droits de consommation que l'acquit-à-caution a pour objet de garantir, et jusqu'aux septubles droits s'il n'y a pas transaction, sans préjudice, en cas de fraude constatée ou de fausse route, de la saisie des vins, des frais, etc.

L'acquit-à-caution désigne : le genre de vin, blanc, ou
rouge, la quantité de fûts pleins ou en vidange, l'année, la
contenance totale, le nom du propriétaire, le lieu de l'enlèvement, le lieu exact de destination, la commune et l'arrondissement, l'adresse et le nom du destinataire (ou du port
d'embarquement ou bureau de sortie, si les vins sont destinés à l'étranger). Il doit donner, en outre, le genre de
transport : par terre, par eau, par voie de fer, ou autre;
le nom de la caution, ou, à défaut de caution, le reçu des
doubles droits déposés. (Entre propriétaires, on se sert
mutuellement de caution.)

Les demandes ou déclarations doivent être rédigées d'une
manière claire et précise, parce que toute erreur pourrait
entraîner la saisie du chargement; voici un modèle de
déclaration :

> « M. DUCHAR, *propriétaire à Pauillac, déclare vouloir
> faire enlever ce jour, de son chai situé au village de
> Milon, 4 fûts vin rouge pleins, récolte de 1866, conte-
> nant ensemble 9 hectolitres 12 litres, allant par eau et
> terre à l'étranger, par* Bordeaux, *arrondissement de Bor-
> deaux (Gironde), et invite M. le Receveur de Pauillac à
> lui délivrer un acquit-à-caution.*
>
> » *Pauillac, le 20 décembre 1866.*　　» DUCHAR. »

Cette déclaration suffit lorsque les vins destinés à l'étranger s'embarquent à *Bordeaux,* parce qu'elle désigne les
bureaux de Bordeaux comme point de sortie chargé de
retirer l'acquit. Si les vins s'embarquaient à Pauillac, on
mettrait : « A *l'étranger, par Pauillac;* » mais si les vins
étaient destinés pour l'Égypte, par exemple, et qu'ils dus-
sent s'embarquer à Marseille, Cette, etc., la déclaration
devrait indiquer le bureau de sortie ; A *l'étranger, par
Marseille ou Cette,* etc. »

Il en est de même pour les expéditions destinées pour

le Nord. Si les vins sont chargés sur un vapeur faisant le cabotage et chargeant des marchandises en transbordement au Havre ou à Dunkerque, pour la Hollande, la Belgique, la Russie, etc., c'est le dernier port de sortie de France qu'il faut indiquer.

Tous les ports de mer servent de points de sortie. Aujourd'hui, les points de sortie par terre sont les stations frontières des têtes de toutes nos lignes de chemins de fer.

Lorsque les vins sont destinés à un marchand en gros ou à un débitant en France, la déclaration doit indiquer : la commune ou le lieu, la rue et le numéro de l'entrepôt ; le nom du marchand en gros destinataire ; l'arrondissement et le département.

Ainsi, on mettrait : « *Allant par voie de fer et eau chez M. Copart, entrepositaire, rue des Collines, 14, à Pontoise, arrondissement de Pontoise, département de Seine-et-Oise.* »

Outre le nom de la commune et celui du département, le nom de l'*arrondissement* est essentiel.

Congé. — La déclaration du congé se fait dans les mêmes formes que celle de l'acquit ; mais le congé est adressé à un consommateur, à un bourgeois domicilié en France, et par conséquent les droits de circulation et de consommation doivent être payés avant l'enlèvement des boissons.

On doit, comme pour l'acquit, spécifier exactement les quantités, la commune, l'arrondissement, le département, etc., etc., attendu que les droits de circulation ne sont pas uniformes par toute la France. Les départements sont divisés en quatre classes et payaient, par hectolitre de vin : ceux de première classe, 60 centimes ; ceux de deuxième, 80 centimes ; ceux de troisième, 1 franc ; et ceux de quatrième, 1 franc 20 centimes. Les cidres et hydromels payaient 50 centimes. Ces droits ont été considérablement augmentés. (Voir le texte des nouvelles lois.)

1re CLASSE.	2e CLASSE.	3e CLASSE.	4e CLASSE.
Alpes (Basses-).	Ain.	Aisne.	Ardennes.
Ariège.	Allier.	Cantal.	Calvados.
Aube.	Alpes (Hautes-).	Corrèze.	Côtes-du-Nord.
Aude.	Alpes-Maritimes.	Creuse.	Finistère.
Aveyron.	Ardèche.	Doubs.	Ille-et-Vilaine.
Bouches-du-Rhône	Cher.	Eure.	Manche.
Charente.	Côte-d'Or.	Eure-et-Loir.	Mayenne.
Charente-Infér.	Drôme.	Jura.	Nord.
Dordogne.	Indre.	Loire.	Orne.
Gard.	Indre-et-Loire.	Loire (Haute-).	Pas-de-Calais.
Garonne (Haute-).	Isère.	Lozère.	Seine-Infére.
Gers,	Loir-et-Cher.	Morbihan.	Somme.
Gironde.	Loire-Inférieure.	Oise.	
Hérault.	Loiret.	Rhin (Bas-).	
Landes.	Maine-et-Loire.	Rhin (Haut-).	
Lot.	Marne.	Rhône,	
Lot-et-Garonne.	Marne (Haute-).	Saône (Haute-).	
Pyrénées (Basses-)	Meurthe.	Saône-et-Loire.	
Pyrénées (Hautes-)	Meuse.	Sarthe.	
Pyrénées-Orientles	Moselle.	Savoie.	
Tarn.	Nièvre.	Savoie (Haute-).	
Tarn-et-Garonne.	Puy-de-Dôme.	Seine.	
Var.	Sèvres (Deux-).	Seine-et-Marne.	
Vaucluse.	Vendée.	Seine-et-Oise.	
	Vienne.	Vienne (Haute-).	
	Yonne.	Vosges.	

Lorsque les boissons doivent traverser une ville sujette aux droits d'octroi, il faut prendre un *passe-debout,* dont le coût est de 0,10 c., et consigner le droit. On évite de consigner en payant une *conduite* (employé qui suit les boissons et constate leur sortie). S'il n'existe pas de bureau dans les communes où sont situés les vignobles, la régie délivre aux contribuables un registre de *laissez-passer,* dont les timbres se paient, d'avance, 0,10 c. chacun. Ce registre est à souche, et le laissez-passer est échangé, au premier bureau qui se rencontre sur le passage du chargement, contre une expédition régulière. Lorsque les boissons doivent séjourner en route, les expéditions sont déposées au bureau du lieu, et il est délivré un *permis de transit.*

Les propriétaires ne peuvent recevoir du vin ou de l'alcool chez eux que par congé, c'est-à-dire en en payant préalablement les droits de circulation et de consommation ; mais ils peuvent viner leur vin aux *ports d'embarquement,* sans payer les droits de consommation de l'alcool introduit, pourvu que la déclaration *d'expédition* ait été autorisée et l'*expansion* (1) faite en présence des employés de la régie.

Marchands en gros et entrepositaires. — Le marchand en gros ne peut exercer sa profession qu'après avoir fait à la régie la déclaration de profession et avoir payé une licence ; il doit, en outre, présenter une caution solvable qui s'engage, conjointement et solidairement avec lui, à payer les droits de circulation et les droits d'octroi des vins et des alcools dont il ne justifierait pas la sortie, ou les manquants passibles, si le marchand est entrepositaire, c'est-à-dire s'il exerce à l'intérieur d'une ville sujette aux droits d'octroi. La déclaration doit désigner exactement le local destiné à servir d'entrepôt ou de chai.

Ce local ne doit avoir de sortie que sur les voies publiques. Quand le déclarant est propriétaire et qu'il récolte des vins, ceux-ci sont pris en charge, s'ils ne sont pas séparés de l'entrepôt. Chaque année, il doit renouveler sa déclaration et présenter sa caution.

Le marchand en gros reçoit ses marchandises : vins, alcools et liqueurs, par acquit-à-caution ; il les expédie également par acquit-à-caution, si les boissons vont à l'étranger, à Paris, ou chez d'autres marchands en gros ou entrepositaires ; ou bien par congé, en en payant préalablement les droits, si elles sont expédiées en France, chez des consommateurs.

---

(1) Terme employé par la régie pour désigner le vinage des vins par des alcools.

Il lui est accordé 8 pour 100 par an de consommation sur les vins, et 7 pour 100 sur les alcools et liqueurs en fûts (1). Les manquants qui excèdent l'allocation payent les droits de consommation, d'entrée, etc., et se règlent immédiatement s'ils dépassent l'allocation d'une année entière, et à la fin de l'année lorsqu'ils n'atteignent pas les manquants alloués pour un an.

Si des cas de force majeure, tels que des coulages extraordinaires, des incendies, etc., survenaient, l'entrepositaire devrait avertir immédiatement les employés qui lui tiennent son compte ; ceux-ci constateraient les cas, et, sur la proposition de la direction, le déchargeraient des manquants constatés.

Livre de Régie. — Le Livre de Régie doit être tenu régulièrement et avec exactitude ; le compte des consommations accordées par la loi se règle toutes les dizaines. Pour cela faire, on additionne le produit d'entrée ou de sortie du vin, de l'alcool et des liqueurs de chaque dizaine ; on soustrait les sorties de la dizaine, et ce qui reste en chai est multiplié par l'allocation accordée par la loi et divisé par 36 (l'année se composant de trente-six dizaines) ; on trouve ainsi l'allocation de dix jours. Exemple : les existences et entrées d'un chai donnent un total de 4,500 hectolitres ; il en est sorti, pendant la dizaine correspondante, la quantité de 65 hectolitres 20 litres ; il restera en chai 4,434 hectolitres 80 litres, qui, multipliés par l'allocation de 8 pour 100 par an, donnent 354 hectolitres 78 litres ; en divisant ce dernier chiffre par 36, on trouve 9 hectolitres 85 litres pour l'allocation de cette dizaine.

(Voir le tableau ci-après des *Entrées ou sorties*.)

---

(1) Cette allocation est celle qui est accordée aux départements méridionaux ; elle est moindre dans les entrepôts du nord de la France.

ENTRÉES ou SORTIES

EXPÉDITIONS accompagnant les boissons.			VAISSEAUX.				VINS.		SPIRITUEUX.				LIQUEURS.		EXPÉDITEURS ou DESTINATAIRES.
Dates.	Genres.	N°s Bureau.	Fûts.	Caisses ou paniers.	Bouteilles.	Contenance.	Quantité. (hect. lit.)	Produit des dizaines.	Volume. (hect. lit.)	Degrés.	Alcool pur. (hect. lit.)	Produit des dizaines.	Quantité. (hect. lit.)	Produit.	

27

Le compte des spiritueux s'établit sur la quantité d'alcool pur et non sur le volume. En effet, les eaux-de-vie subissent, par évaporation ou coulage, une diminution de volume, et, de plus, leur degré s'affaiblit. L'influence de ces deux causes fait que souvent, surtout si l'on ne contrôle pas le titre alcoolique de temps à autre, le relevé des existences en chai porte un chiffre d'alcool pur plus élevé que celui que l'on constate par un recensement exact.

Lorsque le livre de régie est bien tenu, le total des quantités reconnues par les inventaires et recensements donne, par les différences de quantité, le chiffre exact de la consommation depuis l'inventaire précédent ; on peut ainsi savoir au juste le total des manquants ordinaires.

Dans un chai bien tenu et où la consommation est réduite par la bonne disposition des locaux, les soins, la surveillance des expéditions et des manipulations, il ne doit point y avoir de manquants passibles.

Les droits sur les manquants passibles, c'est-à-dire plus considérables que l'allocation accordée par la loi, se payent immédiatement, s'ils dépassent l'allocation d'une année, comme s'ils avaient été consommés dans la commune où est situé le magasin, ou se règlent à la balance de fin d'année.

Les employés de la régie établissent *leur compte de portatifs* à dater des 5, 15 et 25 du mois ; les contribuables doivent arrêter les *dizaines* aux mêmes dates à cause des mois impairs et afin de contrôler le *portatif* des employés.

Dans le commerce, les maisons qui ont beaucoup de demandes d'expéditions les font imprimer ; on place ainsi sur la même page, avec la même formule, un grand nombre de demandes.

(Voir le modèle ci-après.)

Monsieur le Receveur du bureau............ est invité à délivrer à M^r............, marchand en gros (ou entrepositaire), les boissons qu'il déclare vouloir expédier de son chai situé à............, rue............, n°......, et dont l'indication suit :

EXPÉDITIONS demandées.	DESTINATAIRES.		DESTINATION.	VAISSEAUX.				QUANTITÉS EXPÉDIÉES.				
	Noms.	Professions.	1. Commune. 2. Arrondissement. 3. Département.	Fûts.	Caisses ou paniers.	Bouteilles.	Contenance.	Vin. hect. lit.	SPIRITUEUX. Volume hect. lit.	Degrés.	Alcool pur. hect. lit.	Liqueurs. hect. lit.
N° ... Par voie de...... Bureau de sortie......			1.... 2.... 3....									
N° ... Par voie de...... Bureau de sortie......			1.... 2.... 3....									

Le soussigné se soumet, conjointement et solidairement avec M............, sa caution, à toutes les obligations imposées par les lois et règlements pour la délivrance des expéditions.

.... *le*............ *18......*

Signé :

A l'arrivée des boissons, les marchands en gros doivent en faire constater le creux de route par les employés, et ceux-ci, en conformité de l'article 16 de la loi du 28 avril 1816, leur déduisent les manquants constatés. Si les fûts sont rentrés avant la vérification, les manquants ne sont pas déduits.

Dans les villes soumises à l'octroi, le creux de route est constaté par les employés de cette administration et déduit sur le *bulletin d'entrepôt,* que l'on délivre aux entrepositaires, en échange de l'acquit-à-caution; celui-ci reste déposé au bureau d'entrée.

Les maisons qui expédient des parties considérables d'eau-de-vie à l'étranger et qui emploient des sirops dans leurs opérations, obtiennent de la régie la décharge des degrés perdus par le siropage, lorsque ce dernier est fait en présence des employés, qui constatent le poids de l'eau-de-vie avant et après l'opération; mais cette décharge est définitive seulement après que l'on a constaté la sortie de France des eaux-de-vie opérées ou des quantités correspondantes.

Liquoristes marchands en gros ou entrepositaires. — Les marchands en gros ou entrepositaires qui veulent fabriquer des liqueurs, ne peuvent le faire que dans un local séparé des chais où sont logés les vins, alcools et liqueurs qui sont pris à leur charge. Ce local ne doit avoir d'issue que sur la voie publique. Il faut déclarer au bureau de la régie que l'on veut fabriquer, et désigner exactement le lieu de fabrication.

Il est tenu, pour ce local ou atelier, un compte particulier des alcools qui y sont entrés et qui en sont sortis, ainsi que des liqueurs fabriquées.

Dans certains cas, on obtiendrait de la direction l'autorisation de fabriquer dans un chai ordinaire *par exemple, si l'on ne devait traiter qu'une partie déterminée, ne fabriquer que temporairement et accomplir l'opération en présence des employés.

La régie comptait les liqueurs fabriquées sur la base uniforme de 35 pour 100 d'alcool pur, quel que fût leur titre réel. Les excédants en liqueurs était simplement pris en charge. Les nouvelles lois ont changé ces dispositions. (Voir à la suite le texte des nouvelles lois.)

On doit aussi tenir, pour la fabrication des liqueurs, deux comptes distincts : l'un pour les alcools, les infusions alcooliques, les esprits distillés et les préparations en cours de fabrication, en cercles ou en bouteilles; l'autre pour les liqueurs fabriquées et logées en fûts ou en bouteilles.

Les manquants d'alcool constatés se convertissent en liqueurs; les comptes se règlent définitivement à la fin de chaque année. Au reste, les ateliers sont soumis, quant aux recensements, aux mêmes obligations que les entrepôts.

Les liquoristes ne peuvent pas faire fermenter des matières sucrées ou saccharines, dans le but d'en retirer de l'alcool par distillation; ils peuvent, toutefois, *rectifier* les phlegmes ou eaux-de-vie faibles qu'ils reçoivent.

Lorsque des liquoristes ou marchands en gros veulent se livrer spécialement à la fabrication de l'absinthe ou à la rectification des phlegmes, il leur est déduit de 3 à 10 pour 100 sur les prises en charge de l'alcool qu'ils reçoivent, selon le degré des petites eaux; mais cette déduction n'est pas fixée par la loi; elle est due à la bienveillance de l'administration, lorsque les chefs de service reconnaissent que cette perte provient du travail de fabrication, et que le fabricant ne peut se couvrir par l'allocation ordinaire. En cas de fraude, elle serait supprimée.

Le 1ᵉʳ septembre 1871, le gouvernement promulguait une première loi sur les droits appliqués aux boissons et les droits de licence appliqués aux débitants de boissons, brasseurs, bouilleurs et distillateurs, marchands en gros de boissons, fabricants de cartes à jouer et fabricants de sucre glucose; loi dont voici le texte :

ARTICLE PREMIER. — Le droit de circulation sur les vins, cidres, poirés et hydromels, sera perçu, en principal et par chaque hectolitre, conformément au tarif ci-après :

Vins en cercles, à destination des départements, 1ʳᵉ classe, 1 fr. 20; 2ᵉ classe, 1 fr. 60; 3ᵉ classe, 2 fr.; 4ᵉ classe, 2 fr. 40.

Vins en bouteilles, quel que soit le département, 15 fr.

Cidres, poirés et hydromels, 1 fr.

La « taxe de remplacement » perçue aux entrées de Paris, sera portée en principal :

Sur les vins en cercles, à 8 fr. 50 ; en bouteilles, à 15 fr.

Dans les autres villes rédimées, la taxe de remplacement sera révisée, eu égard au nouveau droit de circulation.

ART. 2. — Le droit général de consommation par hectolitre d'alcool pur contenu dans les eaux-de-vie et esprits en cercles, par hectolitre d'eaux-de-vie et esprits en bouteilles, de liqueurs et absinthes en cercles et en bouteilles, et de fruits à l'eau-de-vie, est fixé à 125 fr. en principal.

Les débitants établis dans les villes qui sont soumises à une taxe unique, les débitants établis en tous autres lieux et qui payent le droit général de consommation à l'arrivée, conformément à l'article 41 de la loi du 21 avril 1832, seront tenus d'acquitter, par hectolitre, un complément de 50 fr. en principal, sur les quantités qu'ils auront en leur possession à l'époque où les dispositions du présent article seront exécutoires et qui seront constatées par voie d'inventaire.

A dater de la même époque, la taxe de remplacement aux entrées de Paris sera portée à 141 fr. en principal, par hectolitre d'alcool pur contenu dans les eaux-de-vie et esprits en cercles, par hectolitre d'eaux-de-vie et esprits en bouteilles, de liqueurs et absinthes en cercles et en bouteilles, et de fruits à l'eau-de-vie.

ART. 3. — Les vins présentant une force alcoolique supérieure à 15 degrés, sont passibles du double droit de consommation, d'entrée ou d'octroi, pour la quantité d'alcool comprise entre 15 et 21 degrés. Les vins représentant une force alcoolique supérieure à 21 degrés, seront imposés comme alcool pur.

ART. 4. — Le droit à la fabrication des bières sera porté, pour la bière forte, à 3 fr. 60 l'hectolitre, décimes compris ; pour la petite bière, à 1 fr. 20.

ART. 5. — Les droits de 0 fr. 25 c. et de 0 fr. 40 c. actuellement perçus par chaque jeu de cartes à jouer sont remplacés par un droit unique de 50 centimes en principal, par jeu, quel que soit le nombre de cartes dont il se compose et quels que soient la forme et le dessin des figures.

Le supplément de taxe sera payé par les fabricants de cartes, sur les quantités reconnues en leur possession et déjà imposées, d'après le tarif qui est modifié.

ART. 6. — A partir du 1er octobre 1871 les droits seront perçus d'après le tarif suivant, sur les assujettis qui y sont dénommés :

Débitants de boissons : dans les communes au-dessous de 4,000 âmes, 12 fr. ; dans celles de 4,000 à 6,000 âmes, 16 fr. ; dans celles de 6,000 à 10,000 âmes, 20 fr. ; dans celles de 10,000 à 15,000 âmes, 24 fr. ; dans celles de 15,000 à 20,000 âmes, 28 fr. ; dans celles de 20,000 à 30,000 âmes, 32 fr. ; dans celles de 30,000 à 50,000 âmes, 36 fr. ; dans celles de 50,000 âmes et au-dessus (Paris excepté), 40 fr.

Brasseurs : dans les départements de l'Aisne, des Ardennes, de la Côte-d'Or, de la Meurthe, du Nord, du Pas-de-Calais, du Rhône, de la Seine, de la Seine-Inférieure, de Seine-et-Oise et de la Somme, 100 fr. ; dans les autres départements, 60 fr.

Bouilleurs et distillateurs de profession : dans tous les lieux, 20 fr.

Marchands en gros de boissons : dans tous les lieux : 100 fr.

Fabricants de cartes : dans tous les lieux, 100 fr.
Fabricants de sucres glucoses : dans tous les lieux, 100 fr.

Cette loi est la première étape dans la voie des droits et surtaxes qui ont si cruellement frappé les vins et spiritueux.

A la fin de l'année 1871, le Conseil municipal de la ville de Paris a voté une augmentation des droits d'octroi sur l'alcool en portant de 197 fr. à 249 fr. les droits d'entrée par hectolitre de 3/6. L'Assemblée nationale a sanctionné cette décision.

Le 2 mars 1872, l'Assemblée nationale votait une loi en vue de la répression de la fraude sur les spiritueux. Voici le texte de cette nouvelle loi :

ARTICLE PREMIER. — Les ꞁdéclarations exigées avant l'enlèvement des boissons par l'article 10 de la loi du 28 avril 1816 contiendront, outre les énonciations prescrites par ledit article, l'indication des principaux lieux de passage que devra traverser le chargement, et celle des divers modes de transport qui seront successivement employés, soit pour toute la route à parcourir, soit pour une partie seulement ; à charge, dans ce dernier cas, de compléter la déclaration en cours de transport.

Les contraventions aux dispositions du présent article seront punies de la confiscation des boissons saisies et d'une amende de 500 à 5,000 fr.

ART. 2. — Tout destinataire de boissons spiritueuses accompagnées d'un acquit-à-caution, et qui auront parcouru un trajet de plus de 4 myriamètres, sera tenu de représenter, en même temps que l'expédition de la régie, les bulletins de transport, lettres de voiture et connaissements applicables au changement.

A défaut de l'accomplissement de cette formalité, et dans le cas où il ne résulterait pas des pièces représentées que le transport des spiritueux a réellement eu lieu dans les conditions de la déclaration, les doubles droits, garantis par l'acquit-à-caution, deviendront exigibles, sans préjudice de toutes autres peines encourues pour contraventions.

ART. 3. — Les acquits-à-caution délivrés pour le transport des boissons ne seront déchargés qu'après la prise en charge des quantités y énoncées, si le destinataire est assujetti aux exercices des employés de la régie, ou le payement du droit dans le cas où il serait dû à l'arrivée.

Les employés ne pourront délivrer de certificats de décharge pour les boissons qui ne seraient pas représentées ou qui ne le seraient qu'après l'expiration du terme fixé par l'acquit-à-caution, ni pour les boissons qui ne seraient pas de l'espèce énoncée dans l'acquit-à-caution.

Les marchands en gros ne pourront user du bénéfice de l'article 100 de la loi du 28 avril 1816, qui leur permet de transvaser, mélanger et couper leurs boissons, hors de la présence des employés, que lorsque les boissons qu'ils auront reçues avec acquit-à-caution auront été vérifiées par le service de la régie et reconnues entièrement conformes à l'expédition.

ART. 4. — Sont assujettis aux formalités à la circulation prescrites par le chapitre 1er, titre.I, de la loi du 28 avril 1816, les vernis, eaux de senteur, éther, chloroforme et toutes autres préparations à base alcoolique.

ART. 5. — Tous les employés de l'Administration des finances, la gendarmerie, tous les agents des ponts et chaussées, de la navigation et des chemins vicinaux, autorisés par la loi à dresser des procès-verbaux, pourront verbaliser en cas de contravention aux lois sur la circulation des boissons.

Le 26 du même mois, l'Assemblée nationale promulguait une autre loi au sujet de la fabrication des liqueurs, loi dont voici la teneur :

ARTICLE PREMIER. — Les liqueurs, les fruits à l'eau-de-vie et les eaux-de-vie en bouteilles seront taxés comme les eaux-de-vie et les esprits en cercles, proportionnellement à la richesse alcoolique.

ART. 2. — Le droit de consommation par hectolitre d'alcool pur contenu dans les liqueurs, les fruits à l'eau-de-vie et les eaux-de-vie en bouteilles, est fixé, en principal, à cent soixante-quinze francs (175 fr.) avec addition de 2 centimes.

ART. 3. — L'absinthe, soit en bouteilles, soit en cercles, continuera d'être considérée comme alcool pur, et sera passible du droit de cent soixante-quinze francs (175 fr.) en principal, et à Paris d'une taxe de remplacement de cent quatre-vingt-dix-neuf francs (199 fr.) également en principal.

ART. 4. — La préparation concentrée connue sous le nom d'*essence d'absinthe* ne sera plus fabriquée et vendue qu'à titre de substance médicamenteuse. Le commerce de ladite essence et sa vente par les pharmaciens s'effectueront conformément aux prescriptions des titres I et II de l'ordonnance royale du 29 octobre 1846.

Toute contravention aux prescriptions dudit article sera punie des peines portées en l'article 1er de la loi du 17 juillet 1845.

ART. 5. — Le droit d'entrée par hectolitre d'alcool pur que contiennent ou que représentent les spiritueux quelconques, les préparations alcooliques quelconques, est fixé, en principal, ainsi qu'il suit :

Dans les communes ayant une population agglomérée de :

4,000 âmes à 6,000.	6	fr.
6,000 » à 10,000.	9	»
10,000 » à 15,000.	12	»
15,000 » à 20,000.	15	»
20,000 » à 30,000.	18	»
30,000 » à 50,000.	21	»
50,000 » et au-dessus.	24	»

ART. 6. — Le droit de remplacement aux entrées de Paris est fixé, en principal, par hectolitre d'alcool pur :

Pour les liqueurs, les fruits à l'eau-de-vie et les eaux-de-vie en bouteilles, droit de consommation et droit d'entrée, avec addition de deux décimes, à cent quatre-vingt dix-neuf francs (199 fr.).

ART. 7. — Dans les magasins des fabricants et marchands en gros, les liqueurs, les fruits à l'eau-de-vie et les eaux-de-vie en bouteilles devront être rangés distinctement par degrés de richesse alcoolique. Des étiquettes indiqueront d'une manière apparente le degré alcoolique.

Quels que soient l'expéditeur et le destinataire, les déclarations d'enlèvement relatives aux liqueurs, aux fruits à l'eau-de-vie et eaux-de-vie en bouteilles énonceront leur degré alcoolique, lequel sera mentionné dans les acquits-à-caution, congés et passavants délivrés par la régie.

ART. 8. — Relativement aux eaux-de-vie et esprits en nature qu'ils voudront expédier en cercles, les marchands en gros liquoristes ne pourront faire d'expéditions qu'en futailles contenant au moins vingt-cinq litres.

Ces expéditions, qui auront lieu en présence des employés, devront être déclarées quatre heures d'avance dans les villes, et douze heures dans les campagnes.

ART. 9. — Les liquoristes marchands en gros seront tenus de payer immédiatement les droits spéciaux à l'alcool contenu dans les liqueurs et fruits à l'eau-de-vie pour toutes les quantités d'alcool reconnues manquantes dans leurs ateliers de fabrication au-delà des déductions allouées pour ouillage et coulage, et réglées conformément aux dispositions de l'article 7 de la loi du 20 juillet 1837.

ART. 10. — Toute fausse indication, toute fausse déclaration relativement à la richesse alcoolique des liqueurs, des fruits à l'eau-de-vie et des eaux-de-vie en bouteilles, ainsi que toute autre contravention à la présente loi, sera punie d'une amende de cinq cents à cinq mille francs (500 fr. à 5,000 fr.), indépendamment de la confiscation des boissons.

Toute introduction clandestine d'eaux-de-vie ou d'esprit chez les liquoristes donnera lieu à l'application de ces pénalités, non-seulement contre les liquoristes eux-mêmes, mais encore contre les individus qui auront sciemment fourni les eaux-de-vie ou esprits.

L'Administration pourra appliquer à ceux qui auront subi les condamnations ci-dessus énoncées, le régime suivant :

Les eaux-de-vie et esprits destinés à la fabrication des liqueurs et fruits à l'eau-de-vie, devront être emmagasinés dans des locaux distincts, n'ayant aucune communication intérieure avec les autres magasins affectés au commerce des eaux-de-vie et esprits en nature.

ART. 11. — Les liquoristes débitants restent assujettis aux dispositions du chapitre 3 du titre Ier de la loi du 28 avril 1816, sous la modification prononcée par la présente loi, quant au droit de consommation porté à cent soixante-quinze francs (175 fr.) en principal par hectolitre d'alcool employé à la fabrication des liqueurs.

Au mois d'avril, l'Assemblée votait, sur une première lecture, une loi tendant à la répression de l'ivresse, condamnant l'ivrogne, pris en flagrant délit, à une amende de 1 à 5 francs, le récidiviste à un emprisonnement de trois jours au moins, le sur-récidiviste à un emprisonnement de six jours à un mois et à une amende de 16 à 300 francs. Les cabaretiers donnant à boire à un mineur ou à un homme en état d'ivresse, à des peines à peu près identiques. Cette loi est en vigueur.

Enfin, au mois d'août, l'Assemblée nationale votait une dernière loi, concernant l'impôt des boissons, loi ainsi conçue :

ARTICLE PREMIER. — Tout détenteur d'appareils propres à la distillation d'eaux-de-vie ou d'esprits est tenu de faire au bureau de la régie une déclaration énonçant le nombre et la capacité de ses appareils.

ART. 2. — Les bouilleurs et distillateurs qui mettent en œuvre des vins, cidres, poirés, marcs, lies, cerises et prunes,

provenant exclusivement de leur récolte, demeurent exempts
de la licence ; ils sont affranchis du payement de l'impôt général
sur les eaux-de-vie et esprits produits et consommés sur place,
dans la limite de quarante litres d'alcool par année, et ils ces-
sent d'être soumis aux visites et vérifications des employés de
la régie dès qu'ils n'ont plus en compte que de l'alcool exempt
ou libéré de l'impôt. Sous ces réserves, la législation relative
aux distillateurs de profession est rendue applicable aux bouilleurs de crû.

Art. 3. — Les vins qui seront connus comme présentant naturellement une force alcoolique supérieure à 15°, seront marqués au départ chez le débitant expéditeur, avec mention sur
l'acquit-à-caution, et seront affranchis des doubles droits de
consommation d'entrée et d'octroi.

Art. 4. — Les alcools dénaturés de manière à ne pouvoir
être consommés comme boissons, seront soumis, en tous lieux,
à une taxe spéciale dite de dénaturation, dont le taux est fixé
en principal à 30 francs par hectolitre d'alcool pur. Le droit
d'octroi sur les alcools dénaturés ne pourra pas excéder le
quart du droit du Trésor.

Art. 5. — Le Comité des arts et manufactures déterminera,
pour chaque branche d'industrie, les conditions dans lesquelles
la dénaturation des alcools devra être opérée en présence des
employés de la régie.

Art. 6. — La disposition de la loi du 21 avril 1832, qui
oblige les distillateurs et les marchands en gros établis dans
les villes à présenter une caution solvable qui s'engage solidairement avec eux à payer les droits constatés à leur charge,
est rendue applicable pour les taxes générales et locales à tous
les distillateurs de profession, et à tous les marchands en gros
indistinctement. La même obligation pourra être imposée par
la régie aux personnes qui, faisant le commerce en détail des
eaux-de-vie, esprits et liqueurs, auraient en leur possession
plus de 10 hectolitres d'alcool.

Art. 7. — Les contraventions à la présente loi et toutes
autres contraventions qui, se rapportant à la distillation ainsi

qu'au commerce en gros et en détail des spiritueux, donnant lieu maintenant à l'application des articles 95, 96, 106 et 143 de la loi du 28 avril 1816, seront frappées des peines édictées par l'article 1er de la loi du 28 février 1872.

Art. 8. — Tout acquit-à-caution devra porter l'indication des substances avec lesquelles ont été fabriqués les produits qu'il accompagnera, et l'acquit délivré sera sur papier blanc pour les alcools de vin, sur papier rouge pour les alcools d'industrie, et sur papier bleu pour les mélanges.

Les propriétaires, fermiers, expéditeurs et destinataires, pourront, avec l'autorisation du juge de paix, prendre connaissance sur place des livres et registres de la régie des contributions indirectes.

Il est dû un droit de recherche de 1 franc par compte communiqué.

Loi du 30 décembre 1873, portant établissement de taxes additionnelles aux impôts indirects.

Article premier. — Sont établis, à titre extraordinaire et temporaire, les augmentations d'impôts et les impôts énumérés dans la présente loi.

Art. 2. — Il est ajouté aux impôts et produits de toute nature déjà soumis aux décimes par les lois en vigueur :

5 p. 100 du principal sur les impôts et produits dont le principal seul est déterminé par la loi, ainsi que pour les amendes et condamnations judiciaires.

. . . .

Art. 6. — Les augmentations de droits établies par les articles précédents sont applicables à partir de la promulgation de la présente loi.

Ces augmentations de droits doivent être acquittées sur les quantités, même libérées, des impôts antérieurs, existant à cette époque dans les fabriques ou magasins, ou dans tout autre lieu, en possession des fabricants, raffineurs et commerçants.

Les quantités seront reprises par voie d'inventaire.

*Loi du 30 décembre 1873, ayant pour objet d'élever les droits
d'octroi sur les alcools dans la banlieue de Paris.*

ARTICLE PREMIER. — A partir de la promulgation de la présente loi, et jusqu'au 31 décembre 1875 inclusivement, le droit d'octroi sur les alcools, dans la banlieue de Paris, sera perçu conformément au tarif ci-après :

Alcool pur contenu dans les eaux-de-vie, esprits, liqueurs et fruits à l'eau-de-vie, en principal par hectolitre . . F. 66 50
Absinthe (volume total), en principal par hect. . . . 66 50

ART. 2. — La moitié des produits de la perception sera répartie, à la fin de chaque mois, entre les communes situées dans la banlieue, en proportion de leur population respective.

La deuxième moitié sera répartie jusqu'à concurrence des deux tiers, entre lesdites communes, au prorata de la part attribuée à chacune d'elles dans les dépenses de police, par application de l'article 3 de la loi du 10 juin 1853.

*Loi du 31 décembre 1873, établissant une augmentation
d'impôt sur les boissons.*

ARTICLE PREMIER. — Le coût des acquits-à-caution et passavants de toute sorte est élevé à 50 centimes, y compris le timbre.

ART. 2. — Le droit d'entrée sur les vins, cidres, poirés et hydromels, est perçu conformément au tarif ci-après :

POPULATION AGGLOMÉRÉE DES COMMUNES	DROIT EN PRINCIPAL par hectolitre de vin en cercles et en bouteilles dans les départements				DROIT EN PRINCIPAL par hectolitre de cidre, poiré et hydromel
	de 1re classe	de 2e classe	de 3e classe	de 4e classe	
De 4,000 à 6,000	» 45	» 60	» 75	» 90	» 40
6,001 à 10,000	» 70	» 90	1 15	1 35	» 60
10,001 à 15,000	» 90	1 20	1 50	1 80	» 75
15,001 à 20,000	1 15	1 50	1 90	2 25	1 »
20,001 à 30,000	1 35	1 80	2 25	2 70	1 15
30,001 à 50,000	1 60	2 10	2 65	3 15	1 35
50,001 et au-dessus	1 80	2 40	3 »	3 60	1 50

La taxe de remplacement perçue aux entrées de Paris est portée, en principal, par hectolitre :

Pour les vins en cercles, à. . . . . .F.   9 50

Pour les vins en bouteilles, à. . . . . 16 . »

Pour les cidres en cercles et en bouteilles, à 4 75

Dans les autres villes rédimées, la taxe de remplacement est accrue du montant de l'élévation des droits d'entrée.

ART. 3. — A moins qu'une loi spéciale n'en décide autrement, les droits d'octroi sur les vins, cidres, poirés et hydromels, ne peuvent excéder de plus d'un tiers les droits d'entrée perçus pour le Trésor public.

Dans les communes de moins de 4,000 âmes, les taxes d'octroi peuvent atteindre, mais non dépasser, la limite fixée pour les communes de 4,000 à 6,000 âmes.

Loi du 4 mars 1874, concernant les alcools dénaturés
et les bouilleurs de crû.

ART. 20. — Les alcools dénaturés sont soumis à la taxe de 30 fr., énoncée en l'article 4 de la loi du 2 août 1872, et aux décimes et demi-décimes établis par les lois ultérieures, « quel que soit le lieu de leur fabrication et alors même qu'ils seraient fabriqués dans les établissements où ils doivent être employés pour les usages industriels auxquels on les destine. »

ART. 21. — La quantité de 40 litres d'alcool par année pour laquelle l'affranchissement du droit général de consommation est accordé aux bouilleurs et distillateurs, par l'article 2 de la loi du 2 août 1872, est réduite à 20 litres.

ART. 22. — Un règlement d'administration publique déterminera les mesures nécessaires pour assurer la perception de l'impôt dans les distilleries, chez les dénaturateurs d'alcool, et relativement aux versements d'alcool sur les vins.

Les contraventions aux dispositions de ce règlement sont passibles des peines édictées par l'article 1er de la loi du 28 février 1872.

Augmentation du droit d'entrée des vins en cercles et en bouteilles, des cidres et alcools dénaturés, dans Paris.

D'après la loi du 31 décembre 1873 (voir ci-dessus), les vins en cercles payaient pour rentrer dans Paris 22 fr. 87,5 par hectolitre; le vin en bouteilles 40 c. 4 par bouteille; les cidres et poirés 5 fr. 90 c. l'hectolitre; les alcools dénaturés, 37 fr. 50 l'hectolitre.

Dans sa séance du 5 août 1874, l'Assemblée nationale a décrété que, jusqu'au 31 décembre 1876, elle autorisait, au profit de la ville de Paris, une surtaxe sur les vins en cercles de 1 fr. par hectolitre, sur les vins en bouteilles de 8 fr. par hectolitre, non compris le double décime, etc.

Loi relative aux entrepôts de Paris.

L'Assemblée nationale a adopté la loi dont la teneur suit :
L'article 38 de la loi du 28 août 1816 est abrogé.
ARTICLE UNIQUE. — Les commerçants et les entrepositaires de boissons dans les entrepôts réels de Paris, sont soumis à toutes les obligations déterminées par la législation générale, qui régit hors de Paris le commerce en gros et l'entrepôt des boissons, y compris le payement de la licence.
Délibéré en séance publique, à Versailles, le 16 juin 1875.

Loi relative aux droits sur les manquants chez les marchands en gros, bouilleurs et distillateurs.

ARTICLE PREMIER. — Les quantités d'alcool reconnues manquantes chez les marchands en gros, bouilleurs et distillateurs de profession, au-delà de la déduction légale allouée pour ouillage, coulage, soutirage, affaiblissement de degrés, et pour tous autres déchets, seront frappées du droit général de consommation d'après le tarif applicable aux eaux-de-vie en bouteilles (175 fr. en principal par hectolitre d'alcool **pur**).

ART. 2. — Les quantités de vin reconnues manquantes chez les marchands en gros, en sus de la déduction légale, seront frappées du droit de circulation à raison de 15 fr. par hectolitre en principal, établi sur les vins en bouteilles par l'article 1er de la loi du 1er septembre 1871.

ART. 3. — Ces droits seront perçus indépendamment des droits d'entrée, dans les villes placées sous le régime ordinaire, et du montant de la taxe unique dans les villes rédimées.

ART. 4. — Dans les entrepôts de Paris, les quantités reconnues manquantes supporteront, au lieu des droits fixés par les articles précédents : 1° pour les vins, la taxe de remplacement applicable aux vins en bouteilles en vertu de la loi du 31 décembre 1873, soit 16 fr. en principal par hectolitre ; 2° pour les alcools, la taxe de 199 fr. par hectolitre en principal, fixée par le 3° paragraphe de l'article 6 de la loi du 26 mars 1872.

Délibéré en séance publique, à Versailles, le 4 mars 1875.

Loi relative à l'établissement et à la réunion des taxes uniques dans les agglomérations de 10,000 âmes et au-dessus.

ARTICLE PREMIER. — A partir du 1er juillet 1875, le régime de l'exercice des débits de boissons cessera d'être appliqué dans toutes les agglomérations de 10,000 âmes et au-dessus, et le droit d'entrée et de détail sur les vins, cidres, poirés et hydromels, y seront, par nature de boisson, convertis en une taxe unique, payable à l'introduction dans le lieu sujet ou à la sortie des entrepôts intérieurs. Cette taxe unique sera fixée d'après les bases et dans les conditions déterminées par les lois des 21 avril 1832 et 25 juin 1841.

ART. 2. — Les débitants des agglomérations où la taxe unique sera établie, seront tenus d'acquitter les nouveaux droits ou suppléments de droits sur toutes les quantités qu'ils auront en leur possession au moment du changement de régime.

Art. 3. — Les tarifs des villes déjà rédimées seront immédiatement révisés, d'après les prix moyens de la vente en détail dans l'arrondissement, durant les années 1872-1873-1874.

Art. 4. — Le tarif de la taxe unique sera révisé périodiquement dans toutes les villes rédimées, d'après le prix moyen de la vente en détail et d'après les quantités vendues par les débitants.

Le prix moyen de la vente en détail sera celui constaté dans l'arrondissement pendant les trois dernières années.

Les quantités vendues par les débitants seront celles relevées d'après les expéditions et sur les registres des contributions indirectes, en prenant la moyenne des trois dernières périodes annuelles.

Art. 5. — La première révision périodique des taxes uniques, prescrite par l'article précédent, aura lieu à la fin de l'année 1878, et les nouveaux tarifs en résultant seront appliqués à partir du 1er janvier 1879.

Les révisions auront lieu ensuite successivement de cinq ans en cinq ans.

Art. 6. — Les vins, cidres, poirés et hydromels expédiés du dehors à destination des villes placées sous le régime de la taxe unique, ne pourront circuler qu'en vertu d'acquits-à-caution.

Art. 7. — Les dispositions des lois du 21 avril 1832 et du 25 juin 1841, qui ne sont pas contraires à celles qui précèdent, sont maintenues et rendues applicables aux villes placées sous le régime de la taxe unique par application de la présente loi.

Cette loi est du 9 juin 1875.

Loi portant établissement d'un impôt sur les vinaigres et l'acide acétique.

Article premier. — Il est établi un droit de consommation intérieure sur les vinaigres de toute nature et sur les acides acétiques fabriqués en France.

Ce droit est fixé ainsi qu'il suit :

1° En principal, par hectolitre :

Vinaigres contenant 8 p. 100 d'acide acétique et au-dessous, 4 francs;

Vinaigres contenant 9 à 12 p. 100 d'acide acétique, 6 francs;

Vinaigres contenant 13 à 16 p. 100 d'acide acétique, 8 francs.

2° En principal, par hectolitre :

Acides acétiques et vinaigres contenant 17 à 30 p. 100 d'acide, 15 francs;

Acides acétiques et vinaigres contenant 31 à 40 p. 100 d'acide, 20 francs ;

Acides acétiques et vinaigres contenant plus de 40 p. 100 d'acide, 42 francs ;

3° En principal :

Acide acétique cristallisé ou à l'état solide, par 100 kilogrammes, 50 francs.

Les mêmes droits sont perçus ou garantis, indépendamment des droits de douane, sur les vinaigres et les acides acétiques importés de l'étranger.

Les vinaigres et les acides destinés à l'exportation sont affranchis de tout droit.

ART. 2. — Le droit sur les vinaigres et les acides acétiques produits en France, sera perçu à l'enlèvement des fabriques et assuré au moyen de l'exercice des fabriques, des magasins de gros et des débits, par les employés des contributions indirectes, et au moyen des formalités à la circulation prescrites par le chapitre Ier, titre Ier, de la loi du 28 avril 1816.

ART. 3. — Dans les trois jours de la promulgation de la présente loi, les fabricants de vinaigres ou d'acides acétiques, ainsi que les industriels qui, dans leurs préparations, mettent en œuvre des vinaigres ou de l'acide acétique, seront tenus de faire la déclaration de leur industrie dans les bureaux de la régie et de déclarer les espèces et quantités qu'ils auront en leur possession. Ces quantités seront passibles de l'impôt, sauf les exemptions prévues par l'article 5 ci-après.

Les quantités existantes à la même époque chez les marchands en gros et les détaillants de vinaigre ou d'acide acétique, seront également soumises aux droits. Ces quantités seront reprises par voie d'inventaire.

Une déclaration sera faite par les nouveaux fabricants dix jours au moins avant le commencement des travaux.

Les fabricants de vinaigre ou d'acide acétique sont soumis à un droit annuel de licence de 20 francs en principal par établissement.

Les marchands en gros, qui demanderont le crédit de l'impôt, devront en faire la déclaration et se munir d'une licence dont le droit sera de 10 francs en principal.

Sont considérés comme marchands en gros, les commerçants en vinaigre vendant des quantités supérieures à vingt-cinq litres.

ART. 4. — Les fabricants, les marchands en gros, les détaillants de vinaigres et d'acides acétiques pourront se livrer à la fabrication et à la distillation des eaux-de-vie et esprits, dans les locaux et les magasins où ils exercent le commerce des vinaigres et des acides acétiques.

Les marchands en gros de vins, cidres, alcools, etc., ne pourront se livrer à la fabrication des vinaigres que dans des locaux distincts et entièrement séparés des magasins où ils exercent le commerce des boissons.

Toutefois, les fabricants qui, antérieurement à la promulgation de la présente loi, ont été autorisés, soit à produire dans les vinaigreries mêmes de simples phegmes de 25° au maximum destinés à être employés sur place à la fabrication des vinaigres, soit à exercer le commerce en gros des vins et des cidres dans les dépendances de la vinaigrerie, seront maintenus en possession de cette faculté, sous les conditions déterminées par le règlement d'administration publique prévu par l'article 8 ci-après.

ART. 5. — Les vinaigres et acides acétiques employés à des usages industriels pourront être exemptés des droits établis par l'article 1er si l'emploi en est suffisamment justifié. Cette justification résultera de l'exercice des établissements qui réclameront le bénéfice de l'exemption.

Les frais de surveillance seront à la charge des industriels. Ils ne pourront représenter que la dépense réellement effectuée par la régie et seront établis à la fin de chaque année et réglés par le Ministre des finances, sauf recours des intéressés au Conseil d'État.

Le service de la régie pourra exiger que les acides acétiques employés en franchise de l'impôt soient dénaturés en sa présence.

Les dispositions du présent article ne sont pas applicables aux vinaigres et acides acétiques destinés à la fabrication des vinaigres de toilette et autres produits de la parfumerie, ni aux vinaigres et acides employés à la préparation des moutardes, conserves et produits alimentaires de toute nature.

ART. 6. — Les vins, bières, cidres, alcools pris en charge et transformés en vinaigres dans les fabriques, seront affranchis des droits dont ils pourraient être passibles au profit du Trésor.

ART. 7. — Sont applicables aux visites et vérifications des employés des contributions indirectes dans les fabriques de vinaigres ou d'acides acétiques, les dispositions des articles 2, 5, 236, 237, 238 et 245 de la loi du 28 avril 1816, ainsi que celles de l'article 24 de la loi du 21 juin 1873.

ART. 8. — Un règlement d'administration publique statuera sur les mesures complémentaires que nécessiterait l'exécution des présentes dispositions, et déterminera, s'il y a lieu, les conditions dans lesquelles s'exercera l'immunité accordée par l'article 5, pour les acides acétiques employés à des usages industriels.

ART. 9. — Les contraventions aux dispositions de la présente loi et à celles du règlement d'administration publique rendu pour son exécution, seront punies d'une amende de deux cents à mille francs (200 à 1,000 fr.), sans préjudice de la confiscation des objets saisis et du remboursement du droit fraudé.

Le produit des amendes et confiscations sera réparti conformément aux dispositions de l'article 126 de la loi du 25 mars 1817.

Délibéré en séance publique, à Versailles, le 17 juillet 1875.

Au moment où l'Assemblée allait se dissoudre, un député des Charentes, M. Ganivet, demanda la suppression de l'exercice pour les bouilleurs de crû. Il fut appuyé par les députés des contrées vinicoles, et malgré la résistance de l'administration, l'amendement présenté obtint la majorité. En conséquence, les propriétaires récoltants qui distillent les vins provenant exclusivement de leurs récoltes, sont dispensés de la déclaration préalable et de l'exercice. Cette disposition ne s'applique qu'aux propriétaires des contrées vinicoles mettant en œuvre des fruits; les propriétaires du Nord qui font fermenter des betteraves, des céréales, etc., provenant également de leurs récoltes, n'ont pu obtenir les mêmes avantages : ils restent soumis à l'exercice.

Tenue des livres auxiliaires d'un chai. — La comptabilité générale du négociant en vins et spiritueux n'offre rien qui diffère particulièrement de celle des commerçants d'autres denrées; mais les livres auxiliaires de magasin offrent, par les mutations qui s'opèrent dans les entrées et sorties (à l'intérieur du chai), quelques difficultés que nous allons expliquer.

Quand on a à emmagasiner des marchandises qui ne peuvent changer de nature, telles que le marbre, par exemple, ou des marchandises en compte, en transit ou en consignation, quelle que soit leur nature, il suffit d'en prendre note, d'ouvrir un compte de leur entrée et de leur sortie réelle; mais les vins et spiritueux, se manipulant dans un chai particulier pour le compte de la maison, sortent et rentrent (d'après les livres et les mutations des numéros), sans que réellement rien ne soit sorti ni rentré. Les réunions qui s'opèrent entre plusieurs parties, le transport d'un numéro sur un autre, etc., donnent lieu à ce mouvement, que nous expliquerons par des exemples.

Les livres auxiliaires d'un chai bien tenu sont les suivants :

1° *Livre de régie ;*

2° *Grand-livre d'entrées et sorties,* avec répertoire et comptes ouverts. Dans les grandes maisons, ce livre se subdivise en sept : entrées et sorties des vins ordinaires en fûts ; entrée des vins en bouteilles ; entrée des eaux-de-vie et spiritueux de tous genres en fûts ; entrée des mêmes en bouteilles ; entrée des vins de liqueur, champagnes, vermouts, etc., en fûts ou en bouteilles ; entrée des liqueurs en fûts ; et entrée des liqueurs en bouteilles. Lorsque l'on a plusieurs magasins ou chais, il est tout naturel que chacun ait un compte particulier ; mais le grand-livre doit réunir toutes les existences et rassembler tous les détails, lors des inventaires. Il sert de souche aux livres spéciaux à chaque genre de liquide ;

3° *Opérations et mutations de numéros* à reporter sur le grand-livre ;

4° *Fournitures générales,* détails, règlement hebdomadaire des frais ;

5° *Comptes particuliers* d'ouvriers à l'entreprise ou à la journée et des fournisseurs, avec répertoire ;

6° *Journal quotidien* des travaux, manipulations, mouvements, etc. ;

7° *Livre d'ordres d'expédition* et des manipulations qui s'y rattachent ;

8° *Compte-courant* hebdomadaire ou mensuel, entre le négociant ou le caissier et le maître de chai ;

9° *Livre des inventaires généraux* de marchandises ou matériel.

Ces neuf livres, *bien tenus,* loin de donner plus de travail, facilitent les recherches et sont indispensables dans un grand chai, pour éviter au chef de la maison des pertes.

de temps inutiles et lui permettre d'exercer un contrôle général sur le travail, les existences en marchandises, les mouvements et les frais généraux.

Livre de régie. — La manière de tenir ce livre a été décrite plus haut, en détaillant les rapports d'un chai avec la régie.

Grand-livre d'entrées et sorties. — Ce livre doit avoir un répertoire indiquant les folios des pages où se trouve le compte que l'on cherche. Les comptes se tiennent en partie double : sur la page de droite s'inscrivent les *sorties,* et sur la page de gauche les *entrées.* On inscrit le numéro d'entrée en gros caractère, en tête des deux pages.

Chaque partie de vin ou d'alcool qui entre en chai, re- çoit un numéro d'entrée ; ce numéro se marque sur les fûts ou caisses, ou bien sur les cases où les vins ou spiri- tueux sont entrés. On ouvre ensuite, sur le *grand-livre,* un compte à ce numéro. L'entrée désigne : les dates de réception ; les quantités de fûts, caisses, etc. ; la contenance partielle des vases ; la désignation du crû et la nature du liquide ; l'année des récoltes, la provenance et le nom de l'expéditeur. A la suite de la désignation du crû, le maître de chai fait les observations relatives à la qualité, au loge- ment, etc., des vins reçus. En certains cas, et s'il en reçoit l'ordre, il inscrit le prix de facture : lorsque les chais sont éloignés du comptoir, cela évite la peine de consulter les livres commerciaux.

La sortie désigne : la date de sortie, la quantité totale et partielle des vases, les destinations et les destinataires, les numéros, marques et genres de conditionnement des colis, et le mode de transport. Les entrées et sorties de spiritueux indiquent en outre les degrés et la quantité d'alcool pur.

Lorsque les vins ne sont pas expédiés, mais employés en opérations ou en ouillages, on inscrit les sorties, et on dé- signe les numéros où ils sont entrés ou qu'ils ont servi à ouiller. Un folio spécial doit être réservé aux sorties d'ouillage, afin de se rendre compte des vins employés à cette opération. On ouvre également un compte pour les lies et les vins de lies : *c'est en balançant ce compte avec les ouillages sortis, que l'on contrôle les manquants réels de consommation.*

Il s'ensuit que si des vins de numéros différents sont réunis entre eux, le grand-livre balance leurs comptes, les porte *sortis,* et en compte nouveau les fait *entrer* sous un autre numéro, sans qu'il y ait eu de mouvement extérieur comme on peut le voir par l'opération désignée sous le numéro d'*entrée 72,* que nous détaillons ci-après, et qui se se compose de cinq numéros différents :

Exemples de tenue des comptes d'entrées et sorties.

N° 56. — Entrée.

DATES.	Quantités			Hecto.	Lit.
Mai 1866	7	40	barriques bordelaises, vin rouge Pauillac-Milon, 1865, crû de Delprat, acheté à 790 fr. le tonn., aux usages.	90	50
			Observations.		
			X..., courtier. Ces vins sont logés en barriques à un trait (15 lignes, en Bosnie, à 6 cercles de fer) ; ils ont une belle robe, assez de fruit, mais laissent à désirer sous le rapport de la fraîcheur ; ils ont un léger goût de râpe, d'échauffé : ils ont trop cuvé.		

N° 56. — Sortie.

DATES.	Quantités			Hecto.	Lit.
Juillet 1866	9	24	barriques entrées au n° 42	54	50
»	26	1	barrique employée en ouillage des n°ˢ 31 et 64.	2	26
»	28	4	barriques expédiées en doubles fûts, à Rotterdam, à M. Duvivier, marque D. V. n° 1740. . .	9	05
Août	2	8	barriques doubles barres, expédiées à Londres, à M. Schim, marque SHM n° 1765	18	10
»	11	3	barriques entrées au n° 22	6	79
		40	barriques.　　　　　　BALANCE-TOTAL. . . .	90	50

N° 72. — Entrée.

DATES.		Quantités		Hecto.	Lit.
Nov. 1866	20	100	barriques bordelaises , réunion de vins rouges, côtes Saint-Émilion, 1866 , composée comme suit : N° d'entrée 32. 41 barriques — 4. 7 — — 71. 12 — } 100 barriques . . — 25. 20 — — 34. 20 —	226	»

Ces exemples suffisent; mais, comme nous l'avons déjà dit, on ne se rend un compte exact des manquants qu'en ouvrant un compte spécial des consommations, ouillages, remplissages, boissons des ouvriers, etc., qu'ils soient pris sur les mêmes numéros ou ailleurs; et un deuxième compte pour les lies et vins de lies. La *balance de ces deux comptes, tenus exactement à jour, donne un tableau exact des consommations.*

Opérations et mutations de numéros. — On désigne sous ce nom un carnet où se détaillent les opérations et réunions de parties, avant qu'elles entrent au grand-livre sous un nouveau numéro. Ce carnet a un répertoire et les pages en sont numérotées.

Fournitures générales. — Les fournitures de toute sorte sont détaillées sur ce livre ; le total en est arrêté chaque semaine. Ce livre sert d'auxiliaire à celui des *comptes particuliers d'ouvriers et de fournisseurs,* qui doit avoir un répertoire et des numéros d'ordre correspondants aux *fournitures générales.*

Le *Journal* est un mémorial des manipulations, des mouvements et travaux quotidiens; c'est un brouillard. On ne saurait entrer dans trop de détails dans la rédaction de ce livre, dont les autres sont extraits et sur lequel ils sont contrôlés.

Le *Livre d'ordres d'expédition* est rédigé par le chef de la maison; il doit donner des détails précis sur les manipulations, les genres de conditionnement des liquides, le numéro des parties, le lieu de destination, les noms et qualités des destinataires, l'arrondissement de leur domicile, ou les points de sortie de France, par mer ou par terre; les quantités en litres; le degré et les quantités d'alcool des spiritueux. (Ces détails sont indispensables pour prendre les expéditions de la régie.) Il doit spécifier, en outre, les noms des navires et des courtiers maritimes, et enfin les numéros, marques, contre-marques et estampilles que doivent porter les colis d'expédition.

Lorsque la maison s'occupe des détails de chargement, elle donne de simples notes où sont inscrits les numéros des parties à expédier, leur genre de conditionnement, les numéros et marques de leur logement. Ce système, qui généralement n'est employé que par les maisons qui font le détail, donne au comptoir un surcroît de frais et d'écritures.

Le *Livre des comptes courants* entre le chef de la maison ou le caissier et le maître de chai, sert à balancer les fournitures, achats, ventes, enfin toutes les opérations et avances de fonds faites de part et d'autre. Il se tient en partie double : le *débit* détaille ce que le maître reçoit de la caisse en espèces, en valeurs provenant de ventes pour compte de la maison, etc.; le *crédit* détaille ce qu'il débourse pour frais, fournitures ou paiement de marchandises. Ce compte doit être appuyé du détail des fournitures, quittances, etc.

Le *Livre des inventaires* se relève sur le grand-livre, qui est contrôlé par les existences en magasin. Il sert à établir le bilan de la maison. Une colonne détaille la valeur des marchandises et du matériel. Les vins, dégustés au préalable, sont cotés soit à leur prix de revient au relevé d'inventaire, soit, et le résultat est ainsi plus exact, d'après la valeur réelle que leur donne leur qualité, et selon qu'ils ont gagné ou perdu en vieillissant. Les prix sont basés sur le cours minimum du jour.

Organisation des travaux et manipulations. —

Les travaux d'un chai comprennent les soins à donner aux vins et aux spiritueux, les manipulations, les conditionnements d'expédition. Nous avons déjà donné le détail des soins spéciaux à chaque genre de vin et de spiritueux. Pour exécuter les travaux d'une manière prompte et économique, il faut non-seulement avoir de bons ouvriers, mais encore il faut être bien outillé et bien organisé, c'est-à-dire avoir des locaux et un matériel suffisants.

Les travaux s'exécutent à l'entreprise, ou à la journée. Dans les chais faisant des mouvements considérables, et possédant constamment de grandes quantités de vins et spiritueux, qu'il convient de soigner sans négligence, il y a une grande économie de frais de main-d'œuvre, de fournitures, de luminaire, et les vins même seront mieux soignés, si l'on donne tous les travaux à la tâche, et à des ouvriers capables. Cela est compris facilement de tous les hommes pratiques : aujourd'hui que les exigences de la vie sont plus fortes que jamais, on trouve difficilement de bons ouvriers, c'est-à-dire des tonneliers connaissant leur métier, qui puissent et veuillent travailler à la journée. S'ils acceptent ces conditions, ce ne sera qu'avec répugnance ; ils travailleront sans émulation, et seulement pour attendre qu'ils trouvent une entreprise.

Ainsi dans la plupart des chais on a été obligé de prendre des manœuvres et de leur faire exécuter tant bien que mal tous les ouvrages de manipulation, les tonneliers préférant, et avec raison, travailler à la tâche aux rebattages. Il résulte de là que les vins, mal soignés, souffrent ; que le travail se fait machinalement et sans intelligence. Souvent aussi un maître de chai a des vins en fermentation et qui devraient être soutirés depuis longtemps ; mais la difficulté de trouver des ouvriers fait qu'il s'occupe des expéditions, au lieu de soigner les vins. Il advient alors que ceux-ci, mal traités, perdent leur goût de fruit et se sèchent.

Au contraire, lorsque le travail s'exécute à la tâche, une équipe de deux hommes exercés accomplit sans encombre la somme des travaux de deux escouades de trois manœuvres chacune. On peut dès lors faire marcher de pair les soins et les expéditions, au grand avantage de l'avenir des vins.

Quel que soit le nombre des ouvriers employés, qu'il y en ait dix ou cinquante, une direction normale de travaux exige qu'on les divise en équipes indépendantes les unes des autres. Les ouvriers au *chaput* travaillent chacun pour son compte ; il leur est délivré par le maître, ou, dans les grands ateliers, par un contre-maître, des bons de la valeur des rebattages de chaque fût. Le contre-maître chargé de surveiller l'atelier de tonnellerie, tout en contrôlant le travail, doit veiller à ce que les ouvriers ne manquent pas de barriques, etc. Les manipulations des vins et alcools se partagent entre des escouades de deux ou trois hommes, selon les dispositions des locaux. Les chefs d'équipe, les maîtres tireurs, reçoivent, chaque jour, les ordres de soutirage, opérations, etc. Dans un grand chai, chaque équipe doit avoir sa spécialité. Ainsi, une ou plusieurs équipes, chargées des soins généraux, soutirent les vins qui restent en chai ; d'autres ouillent ; d'autres opèrent ou soutirent pour expédier. En rendant ces travaux indépendants les uns des autres, si l'on possède au complet les outils nécessaires aux principales équipes, le travail s'exécute bien et vite.

Le tarif des prix de manipulation doit différer selon qu'il s'agit de travaux courants de parties considérables, ou seulement du détail de la clientèle bourgeoise.

Conditionnement de tous les genres d'expédition. — Les vins et spiritueux s'expédient en fûts conditionnés de diverses manières, selon les pays de destination. A Bordeaux, les vins en fûts sont toujours expédiés en barriques, demi-barriques et quarts de barriques bordelaises. La barrique bordelaise s'exporte sous quinze genres différents de conditionnement. Voici comment elles se présentent le plus ordinairement : liées ou ferrées et simplement ressuivies; rebattues à simples barres; rebattues à doubles barres; à doubles fonds; pantalonnées; sous toile, et enfin en doubles fûts. Tous ces genres principaux se modifient selon les destinations. Avant de parler de chaque genre en particulier, il est bon de faire quelques observations générales sur les logements.

Un maître de chai doit veiller à ne charger, pour les expéditions lointaines, que des barriques fortes; les barriques faibles, droites ou chantournées, doivent être rejetées pour ces emplois; car, quels que soient les soins apportés dans leur conditionnement, les creux de route extraordinaires seraient inévitables. Elles devront être réservées pour les expéditions à l'intérieur de la France, et, si on n'en a pas l'emploi, on en transvasera le contenu dans des barriques fortes de bonnes lies; on les vendra ensuite ou on les réservera au logement des vins communs.

Les vins en bouteilles s'expédient en caisses de bois de pin débité en planches d'une longueur de 2 mètres sur une largeur d'environ $0^m 25^c$ et $0^m 04^c$ d'épaisseur. Ces planches, dites *refendus, communs et bâtards*, sont sciées à un, deux ou trois traits, selon la grandeur et le condi-

tionnement des caisses, dont la contenance varie de 2 bouteilles (caisse d'échantillon), jusqu'à 100. Les dimensions
les plus usuelles sont celles des caisses de 12, 25, 36, 50
et 72 bouteilles. Les caisses les plus employées pour l'exportation, sont celles de 12 bouteilles, qui présentent huit
genres de conditionnement : les caisses brutes, faibles, à
trois traits ; les mêmes, avec les bouts blanchis ; les caisses
ordinaires, à deux traits, bouvetées ; les mêmes, avec les
bouts blanchis ; les mêmes, avec les bouts en bois dur ; les
mêmes, avec les bouts en bois dur et blanchis ; caisses
en pin, bouvetées et entièrement blanchies ; les mêmes,
avec les bouts en bois dur, bouvetées et blanchies entièrement. Ces dernières constituent le meilleur conditionnement. Nous parlerons plus loin des divers genres d'emballage.

Barriques ressuivies. — On sait que la barrique bordelaise, à part l'épaisseur des douves et des fonds, peut être
liée de deux manières : entièrement en bois, ou ferrée à
six cercles de fer, ayant seulement deux cercles de bois, un
talus et un contre-talus de chaque bout, et quelquefois
deux autres cercles de bois au bouge.

Ressuivre et *rebattre* une barrique, c'est la dépouiller, la
fonder d'un ou de plusieurs cercles, si le bouge n'est pas
assez garni, et rechasser ensuite les cercles, en changeant
ceux qui sont pourris ou cassés.

Les propriétaires qui livrent leurs vins ne sont pas forcés
de faire ressuivre ou chasser leurs barriques, à leurs frais,
avant la livraison, pourvu que la dépouille, quand même
elle serait pourrie, soit complète et garnie de cercles. L'ac-
quéreur ne peut faire de rabais pour cause de mauvais
logement ; il ne peut réclamer que les *raquages* réels et
constatés fût par fût. Sont considérés comme *raquages* : les
douves cassées au bouge, lorsque la cassure va sur le joint,

qu'il y ait ou non fuite de liquide; les joints crevés et les *endagures* sur le bouge. Les fuites de fond, par suite des mêmes causes, ne sont pas considérées comme *raquages*.

Lorsque l'on *ressuit,* on ne touche pas les barres; on y change seulement les chevilles cassées. 'Aux barriques ferrées à six cercles, on ne fait que chasser légèrement les cercles et changer, au besoin, les talus et contre-talus. Pour le service des caves, on ne renouvelle pas les cercles du bouge; ce renouvellement ne s'opère que pour les expéditions.

Il est inutile de rappeler que, sous le rapport de la solidité et de l'économie d'entretien, les dépouilles en fer sont bien préférables aux cercles en bois, et que, d'ailleurs, dans les caves closes et humides, il serait imprudent de loger les vins dans des fûts liés en bois, à cause des pertes que les *coups de feu* feraient subir. (On appelle ainsi des moisissures qui pourrissent très-promptement les cercles sur un seul point, de sorte qu'ils cassent tous à la fois quoiqu'ils soient encore bons ailleurs.)

Les barriques simplement ressuivies en bois ou en fer ne s'expédient guère que pour l'intérieur ou pour les livraisons sur place.

Rebattage à simple barre. — Les barriques sont ressuivies, les barres sont blanchies et jointes, et on les assujettit à l'aide de longues chevilles en bois de châtaignier, qui doivent se toucher par l'extrémité qui porte sur la barre. Ces chevilles se placent un peu en éventail; on les coupe et on les repasse à l'aide d'un ciseau, puis on racle la surface de la barre.

Ce genre de conditionnement est le moins coûteux; les barriques ainsi conditionnées sont reçues par les chemins de fer ou autres voies de transport, aux mêmes conditions que les barriques ressuivies. Toutefois, il est prudent de n'expédier au loin que des barriques ferrées ou *ayant au moins un cercle en fer sur le jable*. Ces observations doivent s'appliquer à tous les genres de rebattage d'expédition qui suivent.

Rebattage à double barre. — Après avoir ressuivi avec soin, on blanchit la barre et on ajoute une barre *croûte* à la barre *carrée* qui garnissait le bout *moule,* ou une barre *carrée* à la barre *croûte* du *faux bout.* Ces barres sont dressées à la doloire ; elles doivent porter sur les fonds. On est forcé de les entailler en dessous, lorsque les fonds ne sont pas plans ; on les châtre ensuite à la doloire, opération qui consiste à les façonner en biseau sur les extrémités où doivent porter les chevilles. On joint ensuite les côtés : les côtés extérieurs se joignent en dehors, et les côtés du milieu se dressent un peu en dedans, afin que les deux barres se touchent ; les chevilles doivent se joindre sur l'extrémité du biseau des barres et former l'éventail. Après avoir percé (le bout étant bien serré par le talus chassé), on calfeutre avec soin le dessous des trous de cheville ; on repasse leur coupe, on blanchit leur surface à l'aide du ciseau, et enfin on racle les barres.

Ce genre de conditionnement a l'inconvénient de scier, en quelque sorte, plus de la moitié du bout des barriques au-dessus du jable, par suite de la multiplicité des trous que l'on est obligé de faire pour garnir les barres de chevilles. De plus, ces trous, faits à l'aide de vrilles *très-goufres,* font souvent éclater le bois, surtout lorsque l'on perce sans avoir préalablement bien serré le bout. Il résulte de là que les destinataires se plaignent souvent de coulages par les chevilles.

On croit que ce mode d'expédition a été introduit dans le temps où certaines maisons faisaient subir aux grands vins le travail dit *à l'anglaise.* Cette opération, qui ne se fait plus à Bordeaux depuis une trentaine d'années, consistait à opérer des vins des premiers crûs du Médoc avec des premiers choix de certains vins de la Péninsule, et à les mettre ensuite en fermentation à l'aide de vins muets. On les laissait fermenter en barriques bien bondées, et on les vinait ensuite avec de vieux cognac. Comme la pression exercée par l'acide carbonique forçait les fonds au point de défoncer les fûts, pour soutenir la fonçure on mettait une double barre, que l'on arc-boutait avec d'autres barres contre les murs ou les rangs qui leur faisaient face. Les vins ainsi traités s'expédiaient avec les doubles barres. Depuis, on a conservé ce genre d'expédition, bien que le travail à l'anglaise ne se pratique plus. On le faisait autrefois afin de rendre nos médocs plus spiritueux, plus forts, parce que les consommateurs anglais, habitués aux liqueurs fortes et aux portos fortement vinés, les trouvaient trop froids. Ces vins, ainsi dénaturés, étaient plus communs, et, à cause des pertes énormes occasionnées par les coulages, ressortaient à un prix beaucoup plus élevé que celui des vins naturels ; mais aujourd'hui les Anglais, mieux éclairés, les boivent fort bien en nature.

Le rebattage à double barre se fait de plusieurs manières, selon les pays de destination.

Pour les colonies, les pays intertropicaux, on doit choisir des barriques fortes, garnies de quatre cercles de fer, et même de six cercles pour les bonnes marques ; on laisse les chevilles courtes et espacées, et on plâtre les fonds et les chevilles, afin que le vin subisse moins l'influence de la chaleur des cales des navires.

Pour l'Allemagne, l'Angleterre et le Nord, on ne plâtre pas ; le contre-barrage est fait avec soin, les barriques sont entièrement liées à neuf et garnies de deux à six cercles de fer. Depuis quelque temps, et à cause de l'augmentation croissante des cercles en châtaignier, certaines maisons expédient les barriques *liées à bande* et ferrées à six cercles de fer.

Doubles fonds. — On fait les doubles fonds de plusieurs manières : sans laisser de barre, en garnissant le bout de trois doubles fonds (un maître et deux chanteaux), faits avec des planches de pin dites *refendus,* sciées à trois traits et placées dans le sens de la barre. On scie juste, en prenant le point à l'aide du compas, et on fait, à la plane, un léger biseau d'environ $0^m 03^c$. On joint cette fonçure, qui est assujettie de 10 en 10 centimètres par de petites chevilles, en plaçant deux grands chanteaux joints en dehors, sciés justes, et en faisant un biseau très-court en dedans, afin qu'ils garnissent mieux. Ces chanteaux sont maintenus en place par un maître-fond en *refendu* de même épaisseur. Quelquefois on remplace le maître-fond par une barre blanchie et jointe en dedans, qui forme clef. Cette barre se garnit de chevilles comme dans les rebattages à simple barre. On ne peut enlever les chanteaux sans sortir la barre. Dans ce cas, on ne fait pas de biseau. On place une cheville très-petite et très-courte sur le milieu des chanteaux. On peut encore mettre des doubles fonds semblables aux barriques à double barre. Il est bon de mettre au moins deux cercles de fer à chaque barrique pour les vins destinés à l'intérieur, et de quatre à six cercles pour ceux destinés aux expéditions lointaines. Comme pour les barriques à double barre, la cherté des cercles en châtaignier a fait prendre à certaines maisons l'habitude d'expédier les doubles fonds liés à six cercles de fer et à bande, c'est-à-dire avec huit à douze cercles de bois (deux ou trois talus et contre-talus et deux ou trois garde-bouges).

Barriques pantalonnées. — Pantalonner un fût, c'est le garnir de cercles d'un bout à l'autre, sans laisser aucun espace vide sur le bouge. Avant de mettre le *garde-bouge* en place, on bonde solidement le fût, on rase la bonde et on y met de la farine en pâte, sur laquelle on place des bouts de jonc fendus que l'on recouvre d'un copeau. Les fûts pantalonnés doivent avoir au moins deux cercles de fer et être munis d'un double fond. Comme ces fûts se remplissent par l'esquive, les doubles fonds du bout moule ne se mettent en place que lorsque la barrique est pleine. Ce genre de rebattage s'emploie le plus souvent pour les expéditions destinées à la clientèle bourgeoise.

Mise sous toile. — Pour être mis sous toile, les fûts, quelle que soit leur contenance, doivent, au préalable, être ouillés, bondés, rasés, plaqués, mastiqués et marqués. On mesure la longueur de toile d'emballage nécessaire pour envelopper le bouge, et on étend sur le sol l'étoffe découpée sur laquelle on répand une couche de paille dans le sens de la longueur du fût. Lorsque les fûts ont des cercles en bois au bouge, on met une couche de paille en travers sur la partie du bouge qui est dégarnie de cercles. On place ensuite le fût, bonde dessus, au milieu de la toile ; on rassemble les deux bouts en serrant fortement, et, à l'aide d'une aiguille recourbée et de fil à voile, on fait une couture d'un bout à l'autre du fût, en serrant la toile le plus possible. Lorsque les fûts sont petits, le même morceau de toile suffit pour couvrir les bouts des fonds, que l'on garnit de paille ; on fait ensuite une couture serrée et on laisse, dans le sens de la barre, deux oreillons, qui servent à les manier plus facilement. Lorsque les fûts sont grands, on ne fait pas d'oreillons ; on maintient la toile du bouge en place en croisant les fils bien tendus en tous sens et en tirant l'étoffe sur les bouts des fûts, que l'on recouvre d'une bande de toile découpée selon leur diamètre. La couture se fait près de la bonde. Avant de recouvrir les fûts, on doit prendre note de leurs marques et numéros, pour les reproduire sur la toile.

Doubles fûts. — Les doubles futailles ou *enchappes* se fabriquent en bois de pin, soit avec des planches débitées exprès, dites *cardines,* soit avec des barres à barriques refendues. Elles se lient à bandes à trois cercles au bout et au bouge, soit douze par futaille. Elles se foncent sans barres; le diamètre intérieur de leur bouge doit égaler le maximum du diamètre extérieur des fûts qu'elles doivent contenir, et leur longueur doit, au minimum, égaler celle des futailles, de jable en jable.

Pour l'expédition, on les prépare comme suit : on cloue tous les cercles d'un bout, sur quatre points différents ; cela fait, on fixe en travers des fonds, à l'aide de clous à plaque, et près des joints, deux *lies* blanches, soit espacées de la largeur d'une barre, soit croisées par le milieu. Ces *lies* sont simplement retournées et reclouées sur la *liane,* ou bien on perce le fût à l'aide d'une vrille, et elles passent en dehors des cercles ; ensuite, on cloue tout autour du diamètre intérieur du bout, au-dessus du jable, un cercle que l'on nomme *liane,* destiné à maintenir le fond. On mastique le plus souvent les *lies* vis-à-vis des clous qui les assujettissent, et on les cachette aux noms ou initiales de l'expéditeur. Quelques grandes maisons, au lieu de *lies* et de mastic, emploient un fil de fer, qui se place en faisant, à l'aide d'un vilebrequin, deux trous espacés d'environ $0^m 02^c$ de chaque côté du fût; on passe le fil de fer dans ces trous, on le tord et on le maintient à l'aide de crochets et d'un bouton en plomb fait exprès, sur lequel on frappe avec une masse. Un cachet portant la marque sociale s'imprime ensuite sur le plomb, à l'aide de la masse. Ce système offre beaucoup plus de solidité.

Pour enfutailler, on défonce l'autre bout, sur lequel on

ne laisse que les cercles du bouge ; on met de la paille sur les fûts pleins, que l'on *mâte* et que l'on recouvre du double fût. On chasse ensuite les cercles du bouge, on met d'autre paille, on fonce et on termine comme au bout non défoncé.

Préparations complémentaires d'expédition. — Après que les vins ont été soutirés bien limpides dans les barriques rebattues destinées à être expédiées, on remplit complétement celles-ci. Quelquefois, on rebat les barriques *en plein*, c'est-à-dire que les vins sont soutirés avant que les barriques soient rebattues. Dans ce cas, on tire des barriques une dizaine de litres, avant de commencer à les dépouiller de leurs cercles ; on doit éviter d'employer cette méthode, parce qu'en *chassant* les cercles, il se détache toujours des parois intérieures des douves quelques parcelles de tartre, des esquilles de bois, etc., qui louchissent les vins. Ils sont beaucoup plus brillants lorsqu'ils sont soutirés dans des barriques rebattues.

Bondes et esquives. — Les bondes et esquives se font en bois de chêne. Généralement, on emploie pour cet usage des rognures de merrain. Le diamètre moyen des bondes et des esquives bordelaises est à très-peu de chose près le même chez tous les fabricants, et correspond au diamètre de la tarière à bonde et à celui du locet à esquive, que tous les taillandiers de Bordeaux fabriquent de grosseur égale.

On fabrique les bondes et esquives de plusieurs manières ; mais, dans toutes les méthodes, le bois est préalablement scié et équarri sur les faces des diamètres, et, afin de le rendre plus facile à tailler, on le met à tremper plusieurs jours. Il est coupé en travers du sens du fil.

La méthode la plus ancienne consiste à se servir de moules en bois de chêne, ronds et faits au tour, d'environ 0m 30c de longueur, et légèrement coniques, dont le gros diamètre, qui est garni de deux ou trois pointes aiguës, correspond au petit diamètre des bondes et esquives. On place sur un billot un morceau de bois équarri, on y enfonce les pointes du moule, et, à l'aide d'une *serpe* ou d'un *stocnet,* on découpe la bonde en faisant glisser la serpe le long du moule, et en le penchant plus ou moins pour donner la *rame* nécessaire. En faisant tourner le moule entre les doigts de la main gauche, on présente successivement à l'outil toutes les faces de la bonde ; on repasse ensuite les angles trop aigus, sans quoi on ne ferait qu'une bonde difforme. Au lieu d'une serpe, on peut se servir d'une plane de sabotier ; le travail est alors moins fatigant.

On les fabrique aussi à l'aide de machines mues par un manége ou par la vapeur, et établies avec des outils et couteaux à découper les bois, d'après le système de fabrication des *journables,* sauf les dispositions des couteaux qui donnent la *rame.* Elles peuvent en outre être faites à l'aide d'une scie mécanique, ou tournées.

Chacun de ces systèmes a ses avantages et ses désagréments. Les bondes faites au tour sont incontestablement les plus régulières ; elles n'ont que l'inconvénient de coûter plus cher que les autres. Celles qui sont découpées à la scie portent des rainures très-nombreuses dans le sens de leur longueur. On reproche aux bondes faites à l'aide de machines, d'être en partie écaillées dans le sens du fil du bois, ou écorchées, ou plus ou moins ovales, parce que les outils, en taillant dans le sens du fil, ne rencontrent pas assez de résistance. Enfin, les bondes faites à la main présentent, selon le plus ou moins de goût et d'adresse des fabricants, de nombreuses irrégularités ; les coups sont souvent trop accusés.

Pour bonder solidement, on doit repasser la tarière ou le locet dans les trous de bonde ou d'esquive irréguliers. Quand on se sert de bondes ou d'esquives faites au tour, on passe

légèrement une *bondonnière à râpe,* on bonde à sec, et
on ne met aux bondes ou aux esquives ni linge ni jonc;
mais il est utile'd'envelopper les bondes irrégulières;
on est même obligé de mettre aux trous irréguliers, qui
ont des rebours, de petites bandes. On place ensuite la
bonde garnie de linge, on l'enfonce légèrement, en la faisant tourner, dans l'orifice, et on l'arrête dans le sens du
fil du bois des douves; on la frappe doucement d'abord,
on la rase à demi, et enfin on met la barrique bonde de
côté, si l'espace est libre, pour la frapper fortement et la
raser.

La plupart des maisons font appliquer des cachets sur le
mastic qui recouvre les esquives, et plaquer les bondes.

Les bondes se plaquent de deux manières; voici en quoi
consiste la première : on met sur la bonde rasée une légère
couche de pâte de farine mélangée de cendre, sur laquelle
on répand des morceaux de joncs coupés par le milieu et
aplatis. La plaque se cloue sur ces joncs. Pour appliquer
la seconde méthode, on commence également par étendre
de la pâte, et au lieu de morceaux de joncs, on la recouvre
d'une couche de mousse. La première méthode est plus
solide en cas de fuite ; la seconde a *un cachet plus bourgeois.*
Aujourd'hui la plupart des maisons font estamper à froid,
sur les plaques à bondes, un *timbre sec* sur lequel est gravé
leur raison sociale.

Quelques maisons enfin font raser très-proprement les
bondes et les esquives, et, au lieu de les plaquer et de les
mastiquer, elles y font une légère marque à la *rouane.*

Marques. — Les fûts et caisses se marquent à feu, ou
au noir avec des vignettes découpées à jour, le plus souvent
par les deux systèmes réunis. Les estampes à feu sont préférables à tout autre genre de marque, mais demandent

beaucoup plus de temps. Pour accélérer l'estampage à feu, il faut avoir un fourneau double, garni de *mandrins,* et des matrices à lettres mobiles. Le plus souvent, les vins se marquent aux initiales d'expédition, avec le numéro au-dessous. La plupart des fabricants de caisses sont pourvus de fourneaux spéciaux et marquent à feu à l'aide de com-posteurs assortis. Lorsque les marques sont placées, on chauffe fortement le composteur et on présente dessus les bouts de caisses, les fonds ou les barres à estamper ; en-suite, à l'aide d'une presse, on appuie fortement les bois sur le composteur : de cette manière l'estampage à feu se fait plus rapidement et il est plus net, parce que cette méthode exige moins de chaleur et donne par la pression une incrustation forcée.

On peut aussi, en imprégnant les *types* d'encre d'impri-merie noire ou de couleur, estamper à froid sur le bois : c'est la méthode brevetée de Léon, graveur à Bordeaux.

Emballage. — Les vins, eaux-de-vie et liqueurs s'em-ballent de cinq manières différentes. On se sert de paille de seigle dans tous les genres d'emballage.

Emballage au paillon. — On garnit le fond de la caisse d'une couche de paille, et on fait ensuite un *paillon* en prenant quelques brins de paille tournés selon la largeur de la caisse ; on tord légèrement ce paillon, puis on le détord un peu en l'aplatissant pour le placer contre le côté de la caisse, et on y met une bouteille ; on place ensuite entre chacune des bouteilles, qui sont rangées à contre-sens, un paillon semblable, on serre et on en met un plus gros à la dernière bouteille de la couche. Cette couche se recouvre de paille, et la première bouteille du deuxième rang se place au contre de la première bouteille de sole ; on presse la paille à chaque couche, et surtout à la dernière.

Paillon lié. — Ce genre d'emballage s'emploie principalement pour certaines liqueurs, et surtout pour le marasquin. On met de la paille entre chaque couche, on fait un gros paillon recourbé de la largeur de la caisse et de la hauteur des bouteilles ; on arrête la paille en faisant une *demi-clef,* puis on aplatit bien le paillon. On en place un semblable entre chaque bouteille.

Tortillon à la champenoise. — Les couches se garnissent comme à l'ordinaire : on prend de la paille longue et non brisée, on enlace la bouteille au col, et on continue, en tournant en spirale, de la garnir entièrement de paille. Lorsque la paille est courte, on ajuste d'autres brins, sans faire de nœud à l'extrémité. En Champagne, certains emballeurs arrêtent la paille en faisant un nœud sous la bouteille ; de cette façon, la bouteille peut se déballer sans que la paille se détorde.

Palette ou quatrain. — On emballe ainsi des flacons et des bouteilles irrégulières : après avoir fait une forte couche de fond, on place les bouteilles ou flacons *debout,* et, à l'aide d'une *palette en bois,* on enfonce entre eux des paillons recourbés de la largeur de la caisse ; on entrelace ces paillons dans tous les sens, et on tasse fortement. On termine la caisse en y mettant une couche de paille bien tassée et bien serrée.

Enveloppes. — Les enveloppes sont des espèces de manchons faits avec de la paille ou du jonc ; les bouteilles coiffées d'enveloppes s'emballent sans paille entre les couches ; il en résulte que pour contenir le même nombre de bouteilles il faut des caisses moins grandes. L'emballage est, sinon plus solide, du moins plus propre, et le prix de ces enveloppes tendant à diminuer par suite de la concurrence que se font les fabricants, le coût des emballages à la paille et celui des emballages aux enveloppes, pour les caisses de

trente-six bouteilles et au-dessus, diffèrent fort peu, à cause
de la différence de cubage des caisses.

Les caisses sont clouées par les soins et aux frais des
fabricants de caisses. Avant de les expédier, il est d'usage
de clouer sur chaque bout un cercle ou *liane*, afin d'éviter
qu'elles ne se déclouent.

Les *lianes* se font avec des feuillards de châtaignier
d'une longueur assortie aux dimensions des caisses ; afin
d'éviter qu'ils ne se cassent, ce qui serait inévitable à la
rencontre des angles, on a soin de faire tremper les feuillards ou de les mouiller plusieurs jours à l'avance, ou au
moins la veille du jour où on les emploie. C'est la méthode
la plus ordinaire.

On *liane* aussi avec des feuillards en fer de faible épaisseur ou des tôles découpées, que l'on fixe avec des clous
à large tête, de la même manière que les lianes en bois ;
ou bien, ce qui est préférable, avec des cercles de fer de
l'épaisseur d'environ 1/2 millimètre. On prend la mesure
des bouts des caisses, afin de les *river juste*, selon leur
dimension. On les introduit à l'aide d'un *chien* (comme les
talus en bois) et on enfonce tout autour des clous à tête
plate et large, après avoir percé ces cercles à l'aide d'un
poinçon aigu. — Quelques maisons procèdent autrement :
elles font garnir les angles des caisses de morceaux de zinc
taillés à cet effet.

Enfin, on peut éviter le *lianage,* tout en donnant aux
caisses une solidité suffisante : on les fait construire en
bois fort, elles doivent être bien clouées et bouvetées, et
avoir un couvercle à *coulisse,* c'est-à-dire bouveté contre
les côtés ; ce couvercle se fixe aux caisses de douze bouteilles avec quatre clous à vis, et, afin de garantir la fraude,
on colle une étiquette sur un des côtés qui portent sur le
bout du couvercle.

Les bouteilles s'expédient rarement telles qu'elles sortent du caveau ; le plus souvent, elles sont capsulées, étiquetées et enveloppées d'une feuille de papier.

Capsulage. — Le capsulage se fait en rognant le bouchon au ras de la bague, et en coiffant la bouteille d'une capsule du diamètre assorti. Cette capsule est fixée autour du goulot. Pour l'adapter, on enroule autour du goulot de la bouteille, sur l'extrémité, une corde qui la fixe sous une planche pourvue d'une rainure demi-ronde, du diamètre moyen d'un goulot de bouteille. On pèse sur la corde à l'aide d'une pédale, tout en faisant tourner la bouteille et en la poussant en avant. Voir, au chapitre de la *Description des outils,* les divers modèles de *capsuloirs.*

Étiquettes. — La colle dont on se sert pour les étiquettes est faite avec de la farine délayée dans de l'eau que l'on a fait chauffer peu à peu et en remuant sans cesse, jusqu'à ébullition. On étend cette colle sur une table, qui reçoit les étiquettes posées sur le côté non imprimé ; on encolle celles-ci en les pressant à l'aide d'une grande feuille de papier fort, et on les place sur les bouteilles le plus lestement possible. On les fixe en les étendant par leurs côtés et en appuyant ensuite légèrement avec la main.

Enfin on enveloppe les bouteilles de papier d'emballage. On se sert de papier gris pour les vins communs d'exportation ; les vins fins s'enveloppent dans des papiers de couleur sur lesquels on fait imprimer, soit la marque sociale de la maison, soit le nom du crû. Pour les expéditions lointaines, on doit choisir des papiers forts, résistants, et pour les rendre souples, on les place quelques heures ras du sol, dans des caves humides, avant d'envelopper les bouteilles.

CHAPITRE XVI.

DESCRIPTION DES OUTILS ET USTENSILES DE CHAI

Planche 1, page 240.

Dégustation.

Figures.

1. Marteau à déguster.— Cet outil s'emploie à percer des trous de foret au moyen de la mèche qui est vissée à l'extrémité du manche *b ;* la partie *a* sert de pince pour retirer les faussets ; le côté *a* sert de marteau, et le côté aigu à raser les faussets.
2. Foret mâconnais ; on le nomme aussi *coup de poing,* parce que, lorsque l'hélice en est bien dévidée et courte, on peut percer les fonds de fûts d'un seul coup.
3. Verre lisse en cristal à déguster les vins vieux à bouquet.
4. Verre mousseline ordinaire à déguster.
5. Sonde de poche ou tâte-vin en argent ou en fer-blanc.
6. Sonde à déguster en verre.
7. Tasse en argent à déguster, forme mâconnaise.
8. Tasse en argent de forme bordelaise.
9. Verre gradué par centilitres.

Analyse commerciale.

10. Tube en verre, gradué de 1 à 100 centilitres.
11. Petit appareil à évaporer les liquides et à filtrer, établi d'après le système de Guyton-Morvaux. — On l'emploie

Figures.

avec avantage pour se rendre compte des sels, des matières sucrées ou de la nature des résidus que renferment les liquides, pour filtrer les échantillons à essayer, etc.

12. Alambic d'essai de Salleron, ancien modèle; le fonctionnement de cet appareil est indiqué à la page 232.
13. Fausset ordinaire à déguster.
14. Pince mâconnaise à retirer les faussets.
15. Alambic Salleron (nouveau modèle) : *b*, cucurbite en cuivre; *o*, réfrigérant ; *a,* éprouvette servant de récipient. — Le fonctionnement en est le même qu'au modèle ancien déjà décrit.

PLANCHE 2, PAGE 16.

Ustensiles d'éclairage et ouillage.

16. Ouillette à zède. — Cet ustensile sert à ouiller les vins des barriques sur bonde encarrassées sur plusieurs rangs superposés.
17. Pot d'ouillage de la contenance de 2 à 4 litres, destiné à alimenter l'ouillette à zède.
18. Bidon en fer-blanc servant au remplissage des vins sur bonde.— Ordinairement on le fait gradué par une échelle intérieure marquant de 1 à 10 litres, afin de contrôler les vins employés en ouillage.
19. Chandelier de chai en fer. — La partie inférieure, qui est pointue, sert à fixer ce chandelier dans les murs; le manche en est plat et sert à le poser sur les barriques.
20. Chandelier en bois.— On le fait ordinairement avec un large cercle dont on aiguise un des bouts ; il sert aux mêmes usage que le précédent.
21. Chandelier de cave des entrepôts du Nord. — La partie supérieure a un crochet qui sert à le suspendre aux barres des fûts.
22. Ouillette nouvelle servant à remplacer l'ancienne ouillette

à zède.— Cet ustensile se remplit de vin par une tubulure ménagée sur le couvercle, que l'on ferme ensuite par un bouchon de liége; l'air s'introduit par une légère ouverture ménagée sous le bec et qui fonctionne tant que la barrique a du creux; dès que la barrique se remplit, l'ouverture pratiquée sous le bec se trouvant immergée, l'écoulement du liquide s'arrête, ce qui en économise beaucoup et réduit ainsi les pertes occasionnées par les ouillages des vins sur bonde, surtout lorsque les ouvriers qui font ce travail sont peu exercés à le bien faire. Voir aux pages 68 et 71 les observations sur les ouillages des vins nouveaux.

23. Bouteille d'ouillage à position oblique, dite *Ouilleur automatique* (système Chaume).

24. Bouteille d'ouillage à position verticale. — C'est tout simplement une bouteille à deux cols : l'inférieur est conique et a la dimension d'une bonde; le supérieur est un goulot ordinaire par lequel on introduit le vin destiné à servir d'ouillage, on bouche ensuite avec un bouchon conique cette bouteille, après l'avoir préalablement bien assujettie sur la barrique, en entourant la douille inférieure, soit de linge, soit de caoutchouc, etc., et l'avoir remplie. Au fur et à mesure que la barrique *consomme,* le vin de la bouteille y descend. L'ouilleur 23 est plus compliqué à cause de sa position oblique; l'air s'introduit de la barrique à sa partie supérieure par un tube en caoutchouc ou en verre qui part de l'orifice de la bonde. Dans l'un comme dans l'autre système, il s'établit, au bout de quelques heures, une communication capillaire entre le vin et l'air de la barrique et de l'ouilleur; mais, si la barrique se maintient constamment pleine, l'ouilleur est bientôt en fraction; or, que le vide se fasse dans l'intérieur du fût ou dans un vase qui communique avec ce fût, il y aura toujours une certaine surface du vin qui sera en contact avec l'air. Nous voulons bien admettre que cette surface sera moindre; néanmoins, on ne peut

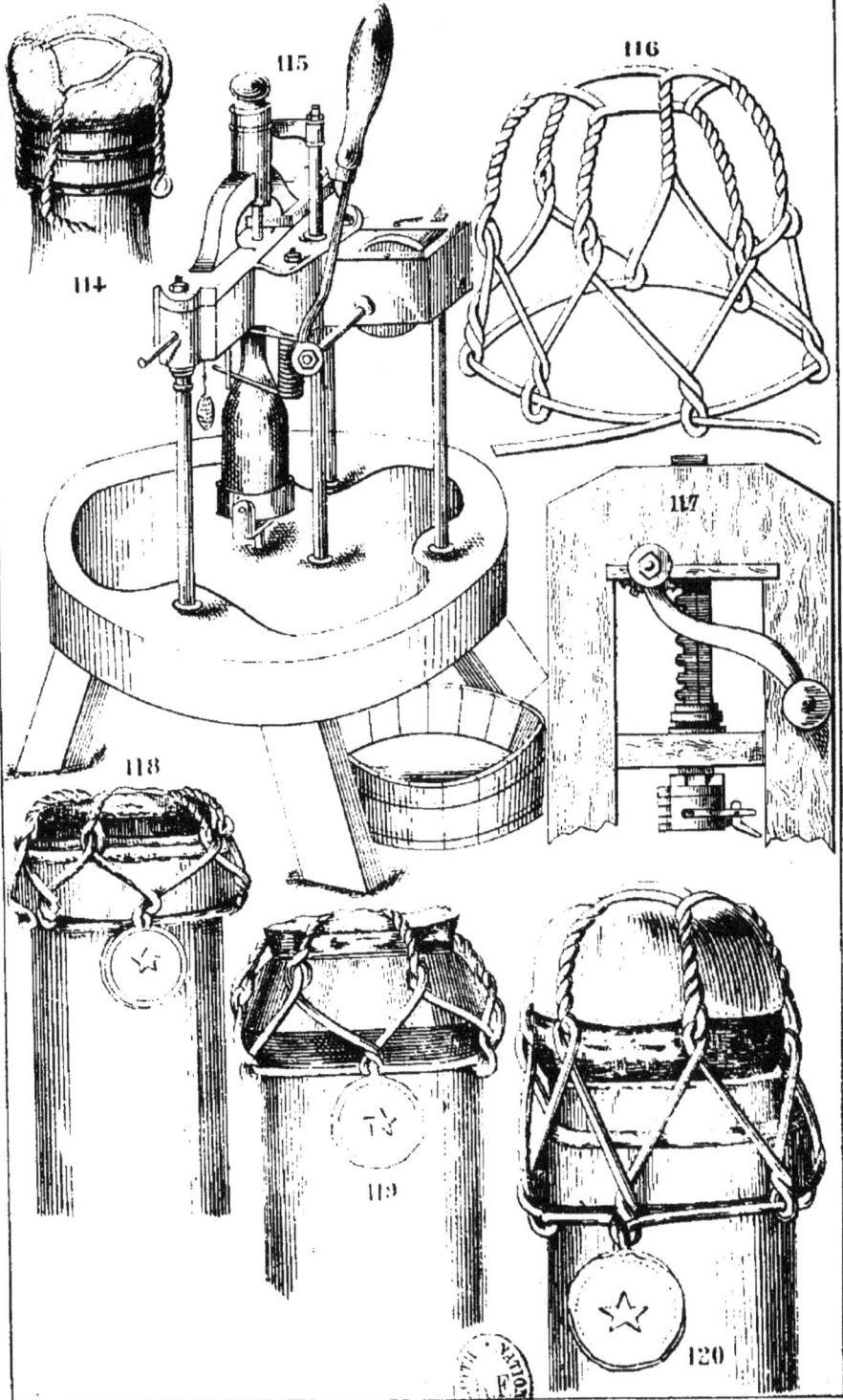

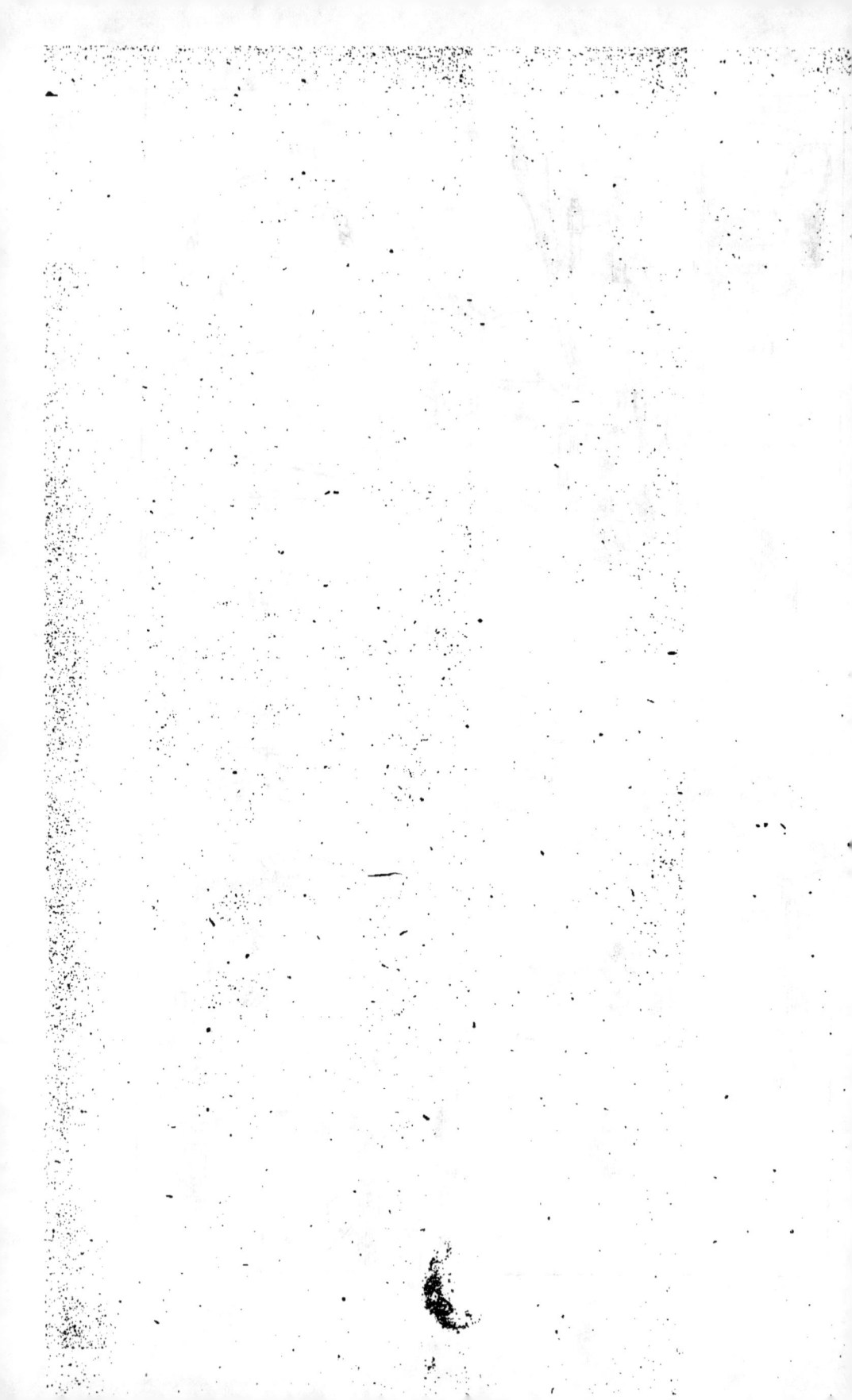

appeler ces ustensiles des *ouilleurs automatiques,* car, pour être automatique, un ouilleur devrait être installé comme les gazomètres, c'est-à-dire que le vin qu'il contiendrait devrait descendre dans le fût, et que le couvercle de l'ouilleur, qui serait mobile, devrait également s'affaisser sans que l'air puisse s'introduire dans l'ouilleur ; si ces conditions ne sont pas remplies, mieux vaut bien bonder ses fûts et les ouiller fréquemment.

25. Ouillette à faussets. — Cet instrument rend de grands services pour remplir les vins vieux placés bonde de côté ; nous en avons parlé à la page 26.

Appareils de gerbage ou encarrassage.

26. Poulain automatique. — Ce poulain, qui est construit par la maison A. Suc, de Paris, a des crans qui, par un mécanisme ingénieux, s'affaissent et se relèvent alternativement à la montée comme à la descente ; il peut être utile dans le cas où un homme est forcé de monter seul des fûts.

27. Poulain ordinaire (voir page 21).

28. Plan incliné pour transvaser à la cannelle.

29. Tabernacle. (Voir sa description page 21 et suivantes.)

30. Machine à gerber de Vernay (page 23).

31. Poulie différentielle.—Ce monte-charge, dont on connaît plusieurs modèles, de Moore, Suc, etc., fonctionne de la manière suivante : la charge, fût ou colis, se croche en *a,* dont la chaîne tourne sur une poulie de petit diamètre ; la grande poulie *b* donne le mouvement à l'aide de la chaîne de manœuvre qui se cramponne dans ses rainures. Un homme seul hisse facilement une barrique bordelaise.

32. Poulie dynamique (modèle de la maison A. Suc, de Paris).— Cette poulie, qui, comme la précédente, est transportable, sert pour hisser des fardeaux d'un étage à l'autre.

PLANCHE 3, PAGE 24.

Appareils de transvasage.

Figures.

33. Brûle-soufre ou méchoir ordinaire.
34. Godet pour recueillir les égouts du soufre en combustion.
35. Méchoir à godet, modèle Kehrig, de Bordeaux, rue Notre-Dame, 45.
36. Martinet ou batte à débonder.
37. Débondoir en fer.
38. Trompe en cuivre.—C'est un siphon ou tube creux recourbé en demi-cercle d'un diamètre de 2 centimètres et demi à 3 centimètres en moyenne à l'intérieur du tube (voir page 35).
39. Canne bordelaise.
40. Chevalet à transvaser. (Voir sa construction page 36.)
41. Furet ou demi-siphon. (Voir son emploi page 36.)

Pompes et siphons.

42. Siphon en caoutchouc (forme Sourbé).— Ils ont à l'intérieur une spirale en fil métallique qui les maintient creux lorsqu'on les courbe; la partie inférieure *a* est munie d'une tubulure à créneaux, afin de faciliter l'introduction du liquide; une seconde tubulure se trouve en *b* dont l'orifice se ferme par un bouchon en caoutchouc *c*, relié par *d* à la tige. Le diamètre intérieur est d'environ 2 centimètres. Pour s'en servir, on l'introduit ouvert dans la barrique pleine (figure 45), il se courbe en *cc*, *c'c'*, et se remplit; on le bouche, puis on le relève verticalement, comme on le voit à la figure 43. En le courbant ensuite comme à la figure 48, on place un vase destiné à recevoir le liquide sous le bouchon que l'on retire; le liquide s'écoule sans qu'il soit nécessaire d'aspirer par la tige.

43. Voir le fonctionnement à la figure 42.

44. Pompe à main.—La tige inférieure *a* de cette pompe se fait plus ou moins longue, selon la profondeur des fûts où elle doit puiser; on peut, à l'aide d'une rondelle en caoutchouc y emboîter une tige mobile, s'allongeant ou se raccourcissant à volonté; cette pompe est surtout utile pour retirer des liquides dans des fûts en vidange, et que l'on ne peut soutirer, ainsi que pour dégarnir dans des couloirs étroits, etc.

45. Voir à la figure 42 le fonctionnement.

46. Pompe Planchon. — C'est une pompe à air comprimé; le fonctionnement de cette *pompe foulante à air* est décrit à la page 33. La tige *a* s'introduit dans la barrique, *b* entoure la bonde.

47. Siphon forme trapèze avec tube d'allumage.

48. Voir à la figure 42 le fonctionnement.

Planche 4, page 50.

Pompe rotative.

49. Pompe rotative spéciale au remplissage des foudres et transvasage des gros fûts. — Modèle déposé chez M. Kehrig de Bordeaux.

Outils de fouettage et soutirage.

50. Fouet bordelais.

51. Dodine. — Cet instrument, ainsi que le suivant, sert le plus souvent pour fouetter de grandes pièces, des cuves ou foudres.

52. Fouet Bazignan.—Cet outil s'introduit fermé par la bonde. On développe ensuite ses bras par une simple pression; l'agitation du liquide a lieu par un simple mouvement rotatif; il se ferme comme un parapluie.

53. Asce à flandre. — C'est l'outil de chai qui est le plus utile et dont on se sert le plus fréquemment.

54. Robinet à soutirage bordelais, à douille droite.

55. Tête de chien. (Voir *Soutirage bordelais*, page 27 et suivantes.)

56. Entonnoir à soutirage. — Il s'en construit de plusieurs genres, à tige simple, et automatiques, qui arrêtent l'écoulement lorsque la barrique est pleine. Leur emploi en est restreint parce que, dans certains systèmes, ou le mécanisme est sujet à se déranger souvent, ou bien la grosseur de leur douille les rend incommodes à manier. Toutefois, lorsque les soutirages et remplissages doivent s'effectuer par des ouvriers peu exercés, ils rendent de grands services.

57. Bassiot ou baquet à cœur.

58. Tire-esquive ou tire-broche.

59. Bassine en bois à soutirage.

60. Tarière à bonde. — On en trouve de plusieurs modèles : ainsi on connaît la bondonnière à râpe qui arrondit les trous déjà faits de bondes et d'esquives ; la bondonnière à enlever les rebours qui sert au même usage ; les anciennes tarières à cuillères coniques. Les tarières modernes ont des espèces de mèches anglaises qui percent un trou cylindrique d'un diamètre inférieur au trou de bonde ou d'esquive ; au-dessus de cette mèche une douille conique garnie de couteaux à rebours donne la *rame* et enlève les rebours.

61. Cuir de sole. — C'est un tube en bois recourbé à ses deux extrémités et composé de trois parties réunies par des bandes de cuir dont les ligatures figurent sur le dessin.

62. Cuir de quatrième. — Sa construction ne diffère de celle du cuir de sole que par une des extrémités, qui est droite.

Planche 5, page 27.

Soutirage et opérations.

Figures.

63. Installation du tirage en sole par la méthode bordelaise. —
Lorsque les deux barriques sont arrivées au même niveau de liquide, on introduit la douille du soufflet par la
bonde *a ;* en soufflant, on opère une pression sur le vin à
soutirer, qui, de la barrique *a,* remonte dans celle qui est
destinée à le recevoir.

64. Robinet à soutirage de forme mâconnaise.

65. Tuyau de soutirage par la méthode mâconnaise.—Il se suspend au rebord en saillie du robinet courbe du numéro
précédent.

66. Ciseau à *débrocher* (méthode mâconnaise). — Au lieu de se
servir d'un tire-esquive pour retirer les broches, on en
enlève une partie à l'aide de ce ciseau et on refoule ce
qui en reste avec le bout du robinet que l'on enfonce à
l'aide du maillet numéro 68.

67. Bout de tuyau s'adaptant par une emboîture au tuyau
numéro 65.

68. Maillet mâconnais. — Le fonctionnement des outils par
cette méthode est décrit à la page 31.

69. Vilebrequin ordinaire. — On y adapte une mèche anglaise
ayant le diamètre moyen des *broches.*

70. Cric à soutirage, système Vivez.

71. Cuir de sole souple (modèle Kehrig). — C'est un tube en
caoutchouc ayant à l'intérieur une spirale métallique qui
le maintient ouvert sous divers angles.

72. Broc mâconnais. — Contenance, 2 à 15 litres.

73. Siphon automatique. — C'est un tube en caoutchouc
ayant, comme le cuir numéro 71 et le siphon numéro 42,
une spirale métallique à l'intérieur qui l'empêche de
se fermer en se courbant; il est muni d'un robinet
droit très-court ayant une clé dans le genre des fer-

moirs à fumée ; il s'allume seul en introduisant le robinet ouvert par la bonde d'un fût ; on referme ensuite le robinet, on courbe la tige dont on maintient l'extrémité au-dessous du niveau du liquide ; il suffit d'ouvrir le robinet pour en établir l'écoulement. Ce genre de siphon s'emploie déjà depuis longtemps, surtout à bord des navires, à cause de la souplesse de sa tige, qui permet de transvaser dans des espaces très-restreints.

74. Siphon numéro 73, prêt à fonctionner.

75. Pompe Laburthe. — Le fonctionnement de cette pompe à transvaser est le même que celui de la pompe foulante à air, décrite page 33.

76. Transvaseur-coupeur (système Vivez). — Cet appareil a un emploi multiple : il sert au soutirage des vins en sole et au transvasement, tout comme les pompes à air comprimé (Planchon et Laburthe), déjà décrites. De plus, il sert à mesurer automatiquement, c'est-à-dire à contrôler la quantité de liquide que l'on a à sortir des barriques bordelaises, soit pour égaliser ou couper, etc. Une tige mobile verticale graduée par 5 litres et pouvant se subdiviser par litres à partir de 35, descend dans la barrique ; les chiffres marqués sur la tige correspondent à la quantité de liquide que l'on veut sortir. Arrivé à ce niveau, l'introduction de l'air arrête l'opération ; il suffit d'enfoncer la tige plus profondément pour continuer de sortir de la barrique la quantité de liquide que l'on désire. Cet appareil est muni d'un nouveau soufflet breveté, à mouvement rotatif.

Machines à boucher.

77. Machine à boucher les bouteilles (système Gervais).— Cette machine est une modification de la machine ancienne, figure 79. Le bouchage à l'aiguille s'opère automatiquement, le sabre est remplacé par une pédale, et un bassin recueille le liquide provenant de la casse.

PL. 6

Transvaseur Coupeur.

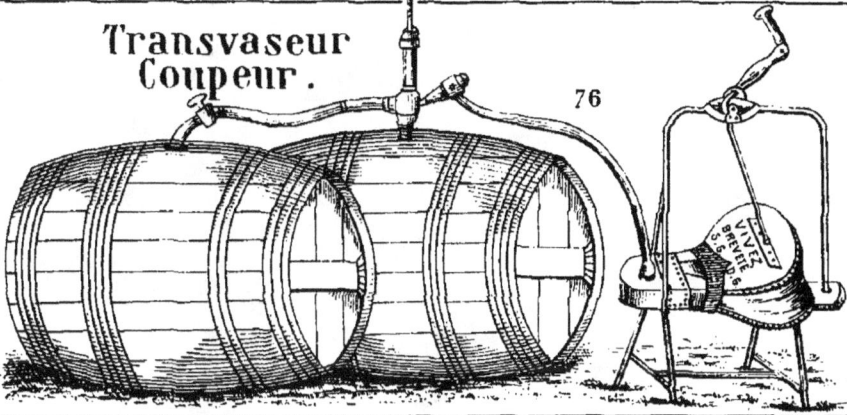

76

Machines à Boucher

77   78

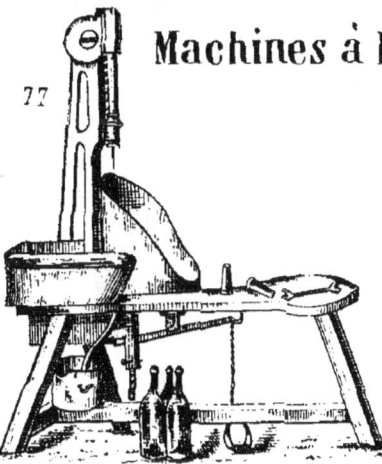

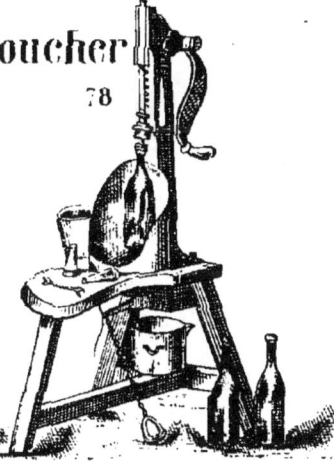

Machines à Boucher

79   A   80   81   82

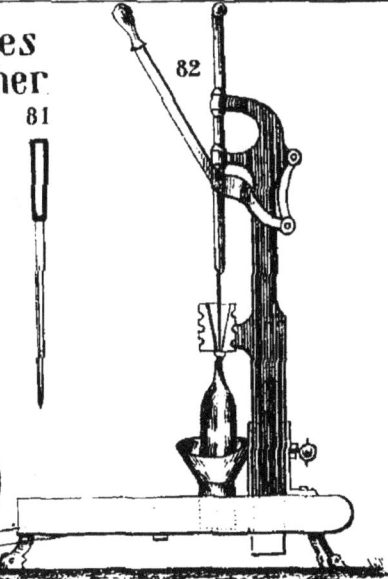

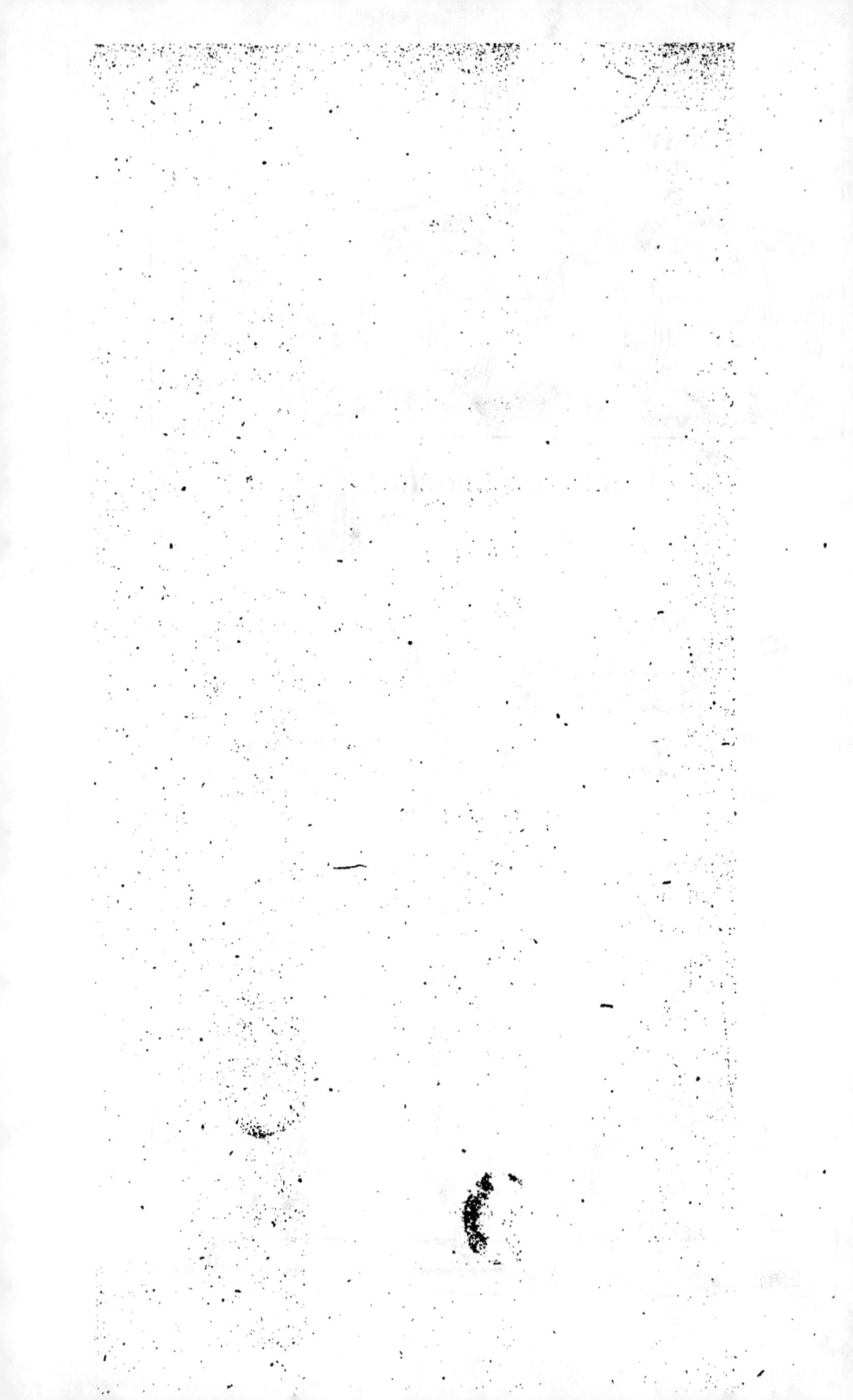

79. Machine à boucher, ancien modèle. — Voir son fonctionnement, page 105. On y adapte un crochet en *a* afin de retirer les aiguilles du col des bouteilles.
80. Aiguille à boucher (ancien modèle avec anneau à charnière).
81. Aiguille spéciale pour l'usage de la machine Savineau.
82. Machine à boucher, de Savineau. — Voir son fonctionnement, page 107; *a*, tube garni de son aiguille.

PLANCHE 7, PAGE 106.

83. Machine à boucher (système Kehrig). — C'est la machine bordelaise, figure 79, à laquelle est joint un réservoir destiné à recevoir directement le liquide provenant de la casse.
84. Petite machine à boucher. — Ces sortes de petites machines, dont il y a un grand nombre de modèles, ne sont guère employées que pour les petits tirages des propriétaires.

Tirage en bouteilles.

85. Robinet de tirage en bouteilles, forme bordelaise.
86. Appareil à dépoter les bouteilles (système de M. Videau, de Bordeaux); *c*, tube en zinc avec regard en verre gradué de 1 à 100 centilitres; *a*, crochet retenant les bouteilles sous l'eau; *b*, bouteille se dépotant, placée sur l'entonnoir d'un tube; *d*, manivelle pour vider l'eau des tubes dans le bassin : on peut la remplacer par des robinets adaptés au bas de chaque tube.
87. Machine à capsuler (système Blanchard). — Ce capsuloir, très-simple, se fixe sur une table. On introduit en *a* le col d'une bouteille garnie de sa capsule : en appuyant sur la pédale *b*, les cordes qui entourent le col en *a* se resserrent. Il suffit d'imprimer un mouvement de rotation à la bouteille, tout en la poussant en avant pour en fixer la capsule sur le col.

Figures.

88. Décantoir de caveau.— Voir, à la page 130, les détails de construction.

89. Tire-bouchons à vis.

90. Cuir de tirage, pour tirer les bouteilles en quatrième ou cinquième.

91. Bouchons à décanter, décrits page 128.

92. Étiquette de caveau.

93. Cannelle champenoise à deux becs et robinet double.

PLANCHE 8, PAGE 97.

Tirage en bouteilles.

94. Machine à tirer (système Farrow et Jackson).— Indiquée page 97.

95. Capsuloir de chai. — C'est une planche en boir dur fixée sur une table; elle est découpée en *a,* afin de faciliter l'introduction du col des bouteilles. On introduit une corde par un petit trou en *a,* on la fixe par un nœud du côté extérieur; le bout opposé traverse la pédale *b* et s'y enroule. Pour capsuler, on entoure le col de la bouteille avec la corde, on la présente au-dessous d'*a,* et on appuie le pied sur la pédale; ensuite, en tournant la bouteille et lui imprimant un mouvement en avant, la capsule se fixe sur le col.

96. Fourneau à estamper les bouchons, modèle Kehrig.

97. Bouteilles bordelaises arrimées en caveau.

98. Trèfle. — Instrument servant au ficelage des vins tirés en mousseux.

99. Patte de homard. — Sert à dégorger les vins mousseux.

100. Crochet à fil de fer.

101. Entonnoir à liqueur de M. Mosach.

102. Nœud de ficelle à boissons et à vins mousseux.

103. Gaine à ficeler les bouchons.

104. Pupitre à mettre sur pointe les vins mousseux.

105. Couteau à deux tranchants.

Figures.

106. Pinces à fil de fer.

107. Fil de fer tordu.

108. Arrimage champenois.

109. Baril à dégorger.

110. Mise sur pointe avec des lattes.

111. Baquet à vieux bouchons de dégorgeage. — Il possède à l'intérieur un treillage en fil de fer sur lequel s'égouttent les bouchons.

112. Panier de bouchons.

113. Appareil à déboucher pour dégorger les vins de Champagne.

Planche 9, page 464.

114. Bouteille champenoise bouchée avec la machine Maurice et l'agrafe spéciale employée avec cette machine en remplacement du ficelage ordinaire et du fil de fer.

115. Machine à boucher les vins mousseux, système Maurice.

116. Système de bouchage et encapuchonnage des vins mousseux d'Adrien de Mestre, de Bordeaux, type employé sur les bouteilles champenoises.

117. Machine bordelaise à tube *articulé*, système de Mestre, pour boucher les vins mousseux. — Le même auteur possède plusieurs modèles de machines à boucher les liquides gazeux.

118. Bouchage système de Mestre, appliqué aux bouteilles bordelaises.

119. Système de Mestre, appliqué aux spiritueux.

120. Bouteille champenoise encapuchonnée avec l'agrafe 116 et la capsule de Mestre.

Planche 10, page 118.

121. Débouchage des bouteilles pour lequel le système de Mestre a été employé.

Figures.

122. Pompe mobile à transvaser les vins, système A. Suc, de Paris.

123. Casier à bouteilles en fer ondulé, à bouteilles séparées. — Ces casiers offrent l'avantage de pouvoir y mettre et en retirer les bouteilles sans déplacer celles qui se trouvent à côté, dessous ou dessus, et sans avoir besoin de lattes; mais ils ont l'inconvénient de tenir beaucoup plus de place que les casiers en fer à cadres du n° 125.

124. Grue à pivot, système A. Suc.

125. Casier à bouteilles à cadres en fer. — Ces cadres contiennent 325 bouteilles, soit une barrique de vin chacun; les bouteilles sont arrimées à l'aide de lattes sciées de la longueur des cases.

PLANCHE 11, PAGE 176.

Machines à hisser.

126. Treuil appliqué, système A. Suc. — Ce treuil se fixe sur un poteau, ou sur un pivot.

127. Treuil système A. Suc, à deux vitesses, pour hisser les fortes pièces. — Il s'établit également sur poteaux ou sur pivot. Le système de treuil le plus employé à Bordeaux pour monter les fûts dans les greniers ou aux étages supérieurs est établi sur deux croisillons formés de deux madriers chacun, et assemblés à mortaise, sur une savate clouée sur le plancher auquel on a pratiqué une ouverture de 2 mètres de long sur une largeur de 1^m 10^c, afin que les fortes pièces puissent facilement y passer; sur l'arbre du treuil s'enroule un câble double qui s'emboîte dans des rainures creusées sur les deux montants d'une échelle placée dans une position légèrement oblique; contre l'ouverture pratiquée au plancher, cette échelle est garnie de forts barreaux; on établit la tige de la manivelle de manière qu'une pièce ou pipe puisse passer dessous, en arrivant à la hauteur du plancher. Cet appareil est très-commode parce qu'il

n'exige aucune manœuvre pour retirer les pièces montées qui, arrivées au niveau du plancher, y roulent librement. Il possède un frein pour le service de la descente,
et un cran d'arrêt pour suspendre au besoin la montée.

128. Filtre conique, en laine ou feutre. — Ce filtre se fixe à
un cercle en fer rond que l'on suspend où l'on veut ; on
établit des cercles en fer ayant une poignée aiguë pour
les fixer dans des trous pratiqués pour les recevoir à
demeure.

Presse à lie.

129. Presse à lie (voir son fonctionnement page 179) ; *a*, point
d'appui du levier ; lorsqu'il n'est pas possible de le
fixer contre le mur, on y établit des tringles par derrière ou sur le devant ; *bb,* égouttoir ; *c*, presse cen-
trale : le levier se place à son niveau supérieur, que la
traverse 129 doit affleurer. On ne doit laisser entre les
deux traverses qu'un espace suffisant à la manœuvre
du levier, que l'on cale avec des morceaux de madriers
carrés au fur et à mesure que la *matte* qui est dans les
sacs s'affaise. Lorsque l'appareil est établi à demeure,
on installe un palan au-dessus de la charge placée à
l'extrémité du levier, afin de la hisser lorsqu'elle est
affaissée jusqu'à terre ; il suffit de recaler le levier pour
rétablir ensuite la pression.

Filtre fermé.

130. Filtre fermé en cuivre étamé à l'intérieur. — Ce genre de
filtre a une, trois, ou cinq manches, selon le diamètre.
Ces manches sont en laine, et quelquefois en tissus
spéciaux, selon les liquides que l'on a à filtrer. Voir
leur fonctionnement page 54. Ils peuvent se remplir,
sans mettre les liquides en contact avec l'air, au moyen
d'un tube en caoutchouc terminé par un robinet placé à
la surface supérieure de l'entonnoir. Un tube extérieur
en verre indique le niveau intérieur du liquide.

Planche 12, page 180.

Filtration et Presse de lie.

Figures.

131. Filtres-presses (voir leur fonctionnement page 180) :
a, poulain ou pont servant à vider la grosse lie dans la
baille *b ;* en *b* se voit un *ensachoir :* c'est un ustensile
accroché à la baille, une sorte de bassine en fer-blanc
à double fond, de forme rectangulaire, qui possède un
ou plusieurs anneaux en fer ayant le diamètre des sacs
et assujettis contre la paroi verticale de *l'ensachoir,* à
une hauteur un peu au-dessous de celle des sacs, qui se
maintiennent ouverts en les plaçant légèrement retour-
nés au milieu de ces anneaux ; *c, c, c,* égouttoirs : ce
sont de petites cuves ayant un diamètre d'un mètre à
l'intérieur, sur une hauteur de 60 à 80 centimètres ; les
premiers ont une contenance de 350 litres, ceux de
80 centimètres contiennent 560 litres environ ; *d,* presse
à lie à grand levier ; *e,* baille de transfert dans laquelle
on place les sacs que l'on retire des égouttoirs, pour les
réensacher ou les presser.

132. Filtre automatique. — Les liquides sont versés dans la
cuve réservoir *a,* qui est fermée au dessus, soit par un
robinet placé au dessus, soit depuis le sol à l'aide de
l'appareil *c ;* un niveau indicateur en fixe la hauteur ;
des robinets régulateurs suspendent ou arrêtent l'écoulement selon le débit des filtres établis en *b.* Le liquide
clair s'écoule en *d,* et des bondes d'une forme spéciale
égalisent le liquide entre plusieurs barriques placées au
même niveau ; le liquide qui s'écoule au début de la filtration se déverse par les robinets de face pour être repris
au besoin et refoulé dans l'appareil par la pompe à air *c.*

133. Filtre à châssis, système L. Mesot.

TABLE DES MATIÈRES.

CHAPITRE PREMIER.

TRAITEMENT GÉNÉRAL DES VINS.

Pages.

Observations générales. 1

Influence du contact de l'air ambiant. 2

Influence des variations de température. 5

Influence du dégagement des ferments et des dépôts; des moyens d'éviter la dégénérescence trop rapide des vins . . 6

Des locaux convenables à l'emmagasinage des vins : caves, chais, magasins, etc. 7

Des dispositions à prendre pour éviter la déperdition due à l'évaporation et conserver une température invariable; ventilateur; différence entre la consommation d'un chai aéré et celle des chais clos. 8

Humidité; son utilité et ses inconvénients; moyens de la diminuer. 12

Installation, pose des chantiers; des diverses matières employées à cet usage. 14

Disposition des passes ou couloirs; inventaires. 16

Encarrassage ou gerbage; ustensiles et apparaux; méthode bordelaise. 17

Pages.

Travail pratique 18

Gerbage des fûts dans les entrepôts de Paris 21

Ustensiles et travail pratique. . 21

Machine à gerber 23

Soutirage des vins et transvasage; utilité et divers buts des soutirages; conditions d'époque et de température les plus favorables pour soutirer les vins 24

Causes qui nécessitent le soutirage en dehors des époques ordinaires. 25

Manière d'opérer les soutirages; méthode bordelaise. 27

Soins de propreté. 30

Méthode mâconnaise; outils nécessaires. 31

Transvasage; divers systèmes de pompes, de siphons, etc., pour soutirages. 32

Transvasage à la cannelle . . . 33

Transvasage par les pompes aspirantes. 33

Transvasage par les pompes aspirantes et foulantes. 33

Transvasage par la pompe foulante à air. 33

Pompe pneumatique. 35

Transvasage par les siphons et les trompes 35

Des meilleurs systèmes de soutirage et transvasage. 38

Acide sulfureux, sa nature, ses propriétés, son emploi dans le traitement des vins; mèches soufrées, fabrication, etc. . . 38

Composition chimique. 38

Manière pratique de muter les moûts. 41

Clarification des vins muets; soins à leur donner. 43

Emploi de l'acide sulfureux pour arrêter la fermentation tumultueuse. 44

Emploi de l'acide sulfureux pour conserver le vin en vidange . 45

Emploi de l'acide sulfureux pour conserver les fûts vides. . . . 45

Emploi de l'acide sulfureux pour assouplir le *vime* 46

CHAPITRE II.

CLARIFICATION DES VINS.

Clarification des vins, observations préliminaires 47

Utilité et inconvénients des collages 48

Substances qui doivent être préférées. 49

Clarifiants divers : mécaniques, alcalins, albumineux, gélatineux, glutineux, etc. 49

Manière pratique d'opérer les collages. 50

Clarifiants à action mécanique; filtration 52

Papier gris délayé, préparation. 52

Sable fin et siliceux. 53

Filtration à la chausse. 53

Clarifiants alcalins, cailloux calcinés en poudre, écailles d'huîtres calcinées, poudre de marbre, craie, albâtre gypseux et calcaire, cendres de bois. 54

Clarifiants albumineux entièrement coagulés 55

Blanc d'œuf frais (albumine), composition chimique 55

Propriétés de l'albumine. . . . 56

Mode d'emploi de l'albumine selon les vins 56

Clarifiants albumineux non entièrement coagulés; sang d'animaux frais ou desséché; composition et mode d'action. 57

Lait; composition chimique et mode d'action. 58

Clarifiants gélatineux entièrement précipités; gélatine; composition chimique de la gélatine. 59

Propriétés de la gélatine 59

Action de la gélatine sur les vins. 59

Préparation de la gélatine destinée aux collages. 61

Colle de poisson (ichthyocolle), composition, préparation et mode d'action. 61

Clarifiants divers; mode d'action de ces matières 62

Décoction de tendons d'animaux 62

Colle forte. 62

Gomme arabique, sucre candi en poudre, amidon, décoction de riz 63

Conclusion; des meilleurs clarifiants 63

CHAPITRE III.

TRAITEMENT SPÉCIAL DES DIVERS GENRES DE VINS.

Traitement des vins rouges nouveaux 65

Ouillages; divers genres de bondes 66

Soutirages nécessaires aux vins nouveaux; défécation naturelle 69

Résumé des soins qu'ils exigent dans leur première année 69

Traitement des vins rouges vieux 74

Différence des soins selon les locaux 75

Temps nécessaire pour opérer la défécation 77

Résumé des soins qu'exigent les vins rouges vieux 77

Traitement des vins blancs . . . 78

Divers genres de vins blancs . . 79

Vins blancs nouveaux 79

Traitements spéciaux selon leur emploi 79

Expédition des vins blancs en fermentation 82

Soutirages 83

Résumé des soins que réclament les vins blancs 84

Observations sur leur fermentation secondaire 86

CHAPITRE IV.

VINS EN BOUTEILLES.

Vins en bouteilles 88

Choix des vins à mettre en bouteilles 88

Conditions qu'ils doivent remplir 89

Age qu'ils doivent avoir selon les crûs et les années 89

Préparations préliminaires en barriques 91

Bouteilles : diverses formes et contenances; forme bordelaise, forme parisienne, cruchon; forme cylindrique . . . 92

Rendement par barrique, selon la contenance des bouteilles . 94

Rinçage, installation 95

Tirage en bouteilles; manière de l'exécuter rapidement . . 97

Bouchons de diverses formes . . 99

Qualité, choix, préparation des bouchons 101

Bouchons imbibés à la vapeur . 102

Bouchage, machines à boucher, divers modes de bouchage, bouchage à la main 103

Machines à boucher 104

Machine à boucher ancienne . . 105

Machines nouvelles 106

Bouchage à l'aiguille 107

Avantages du bouchage à l'aiguille 108

Goudronnage 110

Préparation du goudron 110

Coloration des goudrons selon les emplois 111

Arrimage des bouteilles, massifs provisoires, cases économiques 112

Préparation préalable du sol . . 112

Arrimage 115

Casiers en fer à cadres 116

Porte-bouteilles en fer 118

Casiers de construction mixte en fer et pierre 119
Casiers en pierre et bois 119
Casiers en pierre ou en briques. 119
Casiers en bois 119
Traitement des vins en bouteilles ; altérations qu'ils sont susceptibles d'éprouver. . . . 120
Goût de travail, traitement . . 120
Dépôts volumineux ; perte de la transparence 121

Amertume, âcreté. 123
Graisse 123
Dégénérescence, putridité. . . . 123
Moyens d'éviter ces altérations ; conclusions et soins généraux. 126
Décantation : diverses manières de la pratiquer. 127
Ustensiles auxiliaires, paniers et casiers mobiles. 129
Paniers à décanter 129
Décantoirs, construction de décantoirs de caveau 130

CHAPITRE V.

TRAITEMENT RATIONNEL DES VINS VICIEUX.

Vins vicieux ; causes des divers genres d'altérations. 131
Exclusion des moyens empiririques. 132
Observations générales sur les vices et la manière de traiter les vins altérés 132
Vices ou défauts naturels ; terroir. 134
Moyens propres à prévenir le goût de terroir 135
Moyens à employer pour détruire ou diminuer le goût de terroir 135
Goûts de sauvage, d'herbage, etc. 137
Verdeur : nature et cause de la verdeur. 137
Moyens à employer pour prévenir la verdeur. 138
Moyens à employer pour détruire ou atténuer la verdeur des vins. 138
Apreté, nature, cause 140
Moyens de prévenir l'excès d'âpreté 141
Moyens de détruire l'âpreté . . 142
Amertume et goût de râpe . . . 142
Moyens de prévenir ou diminuer l'amertume. 142

Aigreur, goût d'échauffé. . . . 143
Moyens de prévenir l'aigreur pendant la fermentation . . . 144
Traitement des vins piqués en cuves 145
Faiblesse alcoolique 145
Moyens préventifs à employer pour éviter la faiblesse alcoolique 146
Manque de couleur ; causes . . 147
Moyens préventifs à employer pour augmenter la couleur sans employer de matières colorantes artificielles 148
Couleur terne, plombée, bleuâtrée, goût de lie 149
Moyens préventifs à employer pour éviter ces vices 149
Décomposition putride ; causes. 151
Manière de prévenir la décomposition. 152
Traitement des vins prédisposés à la putridité 152
Vins réunissant plusieurs vices. 153
Vices acquis ou maladies des vins : vins éventés, fleuris ; nature des fleurs du vin ; leur cause. 153
Manière de prévenir le goût d'évent. 154

Traitement des vins éventés . . 155
Acidité, vins piqués, aigreur,
  causes. 156
Moyens de prévenir l'acidité . . 157
Traitement des vins piqués. . . 157
Manière d'opérer 158
Goût de fût ; cause. 161
Traitement du goût de fût. . . 162
Goût de moisi ; mauvais goût
  produit par des matières étran-
  gères ; causes. 162

Moyen de prévenir ces mauvais
  goûts 163
Graisse ; cause 163
Traitement des vins gras, fi-
  lants 164
Amertume ; cause et traitement. 164
Acreté ; cause et traitement . . 165
Goût de travail, de lie, etc.;
  moyens de les prévenir . . . 165
Dégénérescence, fermentation
  putride ; cause et traitement. 166

CHAPITRE VI.

DES LIES DE VIN.

Composition des lies de vin. . . 168
Traitement pratique des lies . . 170
Épuration au moyen de siphons
  en verre. 171
Extirpation des lies au robinet. 173
Clarification des vins extraits des
  lies ; traitement de ces vins. . 174
Presse des grosses lies. 176

Installation économique d'une
  presse à lies. 176
Filtres spéciaux. 179
Filtres-presses, fonctionnement. 180
Lies sèches, emplois divers. . . 182
Tartres ; résumé des matières
  que l'on peut extraire des lies
  de vin. 183

CHAPITRE VII.

DES OPÉRATIONS.

Considérations générales sur les
  opérations et les mélanges de
  divers vins 185
Opération des vins fins 186
Opération des vins ordinaires . 188
Bouquets artificiels. 189
Iris ; préparation. 189
Framboise (teinture et esprit). . 190
Girofle ; diverses préparations. 191

Fleurs de vigne. 192
Réséda ; préparation des fleurs. 192
Noix muscade ; préparation. . . 192
Amandes amères, noyaux. . . 192
Sassafras ; préparation. 192
Résumé de la composition des
  bouquets artificiels et de l'ef-
  fet de leur emploi 193

CHAPITRE VIII.

FALSIFICATIONS.

Observations générales sur les
  diverses falsifications des vins. 195

Vins mouillés ; moyens de se
  rendre compte des fraudes. . 198

Colorations artificielles; moyens de les reconnaître 200
Caramel rouge ou colorine. . . 204
Althæa rosea, passe-rose, mauve, rose trémière. 206
Baies de phytolacca decandra ou baies de Portugal. . . . 207
Baies de sureau; teinte. 208
Baies de myrtille 208
Cochenille ammoniacale 209
Rouge d'aniline 209
Mélange de boissons fermentées. 210

CHAPITRE IX.

ANALYSES COMMERCIALES.

Appréciation des vins sous le rapport de leurs qualités physiques et de leur valeur commerciale. 212
Composition générale des vins; chimistes qui se sont occupés de leur analyse. 213
Insuffisance de l'analyse à cause de la mobilité de leur constitution; changements continuels qui s'opèrent en eux. . 215
Caractères particuliers de leurs principes pris isolément, influence de ces principes constitutifs sur la durée et la qualité des vins. 217
Alcool, composition chimique . 217
Observations sur le maximum et le minimum d'alcool que renferment les *vins en nature*. 217
Tannin; sa composition chimique; son influence sur la durée des vins, sur leur tenue, etc. 220
Acides libres ou combinés . . . 224
Sèves et bouquets. 225
Sels végétaux et minéraux; analyse chimique du tartre . . . 227
Moelleux, onctuosité, velouté des vins fins 228
Œnanthine, croactine, dextrine, mucilages. 229
Analyse physique des vins. . . 229
Alcool; procédés divers employés pour reconnaître le titre alcoolique des vins; œnomètres, densimètres; ébullioscope à cadran, thermomètre alcoométrique, etc. 230
Erreurs sur les titres alcooliques des vins appréciés à l'aide de ces instruments. . . 230
Alambic d'essai, fonctionnement 232
Intensité de la couleur 233
Présence du tannin. 234
Matières sucrées 235
Analyse des liqueurs sucrées. . 236
Alcool qu'elles renferment. . . 236
Sucre en dissolution. 237

CHAPITRE X.

DÉGUSTATION ET ACHATS.

Notions sur la dégustation. . . 239
Causes qui influent sur la délicatesse du palais 240
Théorie des achats selon l'emploi des vins rouges et blancs de la Gironde. 242
Vins ordinaires, côtes et palus de la Gironde. 245

Conditions usuelles des achats, factures d'achats au tonneau de 905 litres 246
Vins des vignobles limitrophes, du Midi, de la Méditerranée, etc.; conditions d'achats, titre alcoolique,emploi,qualité,etc. 248
Dordogne, vins rouges 1ers crûs des côtes de Bergerac 248
Vins de Domme,de Ribérac, etc. 248
Vins blancs liquoreux de Monbazillac. 249
Vins blancs doux de Bergerac. 250
Vins blancs ordinaires 250
Deux-Charentes, vins blancs. . 250
Vins rouges divers 251
Bigorre et Chalosse , vins rouges et blancs 252
Agenais, vins rouges et blancs. 253
Lot, vins rouges et noirs. . . . 254
Languedoc, observations. . . . 256
Tarn-et-Garonne et Gers. . . . 256
Tarn 258
Haute-Garonne 259
Aude, vins de Narbonne, etc. . 259

Hérault, diverses sortes de vins, vins de *table*, de *cargaison,* vins de *vingt-quatre heures,* de *chaudière,* etc.; emploi. . 261
Gard 264
Roussillon, différents genres de vins récoltés 265
Vins liquoreux de Banyuls. . . 266
Vins de la plaine 267
Vins de table 267
Vins de liqueur. 268
Dauphiné; vins de l'Ermitage. . 269
Vaucluse ; côtes du Rhône . . . 270
Bouches-du-Rhône; variétés de vins récoltés 271
Var : vins de Bandol, des côtes de Toulon, de Brignolles. 273
Bourgogne et Côte-d'Or 274
Vins d'exportation ; conditions qu'ils doivent remplir.'. . . . 275
Vins de Bordeaux pour l'exportation 278
Vinages. 279
Vins de cargaison opérés. . . . 280

CHAPITRE XI.

ESSAIS DE VIEILLISSEMENT ARTIFICIEL.

Des diverses méthodes en usage, de leur effet sur les vins moelleux et sur les vins de liqueur. 281
Vieillissement par les collages . 283
Vieillissement par l'agitation continue 283
Vieillissement par l'insolation ; expériences 286
Vieillissement par le chauffage; observations sur son emploi . 288
Conditions d'exposition à la chaleur. 289
Influence du degré de la chaleur 290

Influence de la durée du chauffage. 290
Influence de la constitution des vins. 290
Conservation des vins par le chauffage. 290
Expériences de chauffage sur les vins de la Gironde, d'après les données de M. Pasteur. 295
Vieillissement et conservation des vins par la congélation. . 299
Vieillissement par l'emploi combiné de plusieurs procédés. . 300

CHAPITRE XII.

FUTS VIDES.

Barriques bordelaises ; bois employés à leur fabrication; provenances et modes de débit
et d'équarissage , selon les
pays producteurs. 302
Bois du Nord. 302
Bois américains. 303
Bois de Bosnie 303
Bois de pays 304
Fabrication, forme, contenance;
arrêts du Parlement de Bordeaux ; délibération de la
Chambre de commerce sur la
confection des barriques . . . 304
Différences du dépotage réel des
barriques bordelaises avec
l'appréciation du jaugeage à
la velte; causes de ces différences. 311
Influence des diverses espèces
de bois merrains sur la durée
des barriques, leur résistance
à l'humidité des caves ; action

des matières dissoutes dans le
vin par les bois merrains . . 314
Préparation et conservation des
fûts neufs. 315
Soins à donner aux fûts vides
qui ont déjà servi ; altérations
qu'ils sont susceptibles d'é-
prouver ; acidité, moisissure,
pourriture ; manière de prévenir et de détruire ces altérations 318
Altérations des fûts ; leur traitement ; inconvénients de l'emploi des fûts altérés. 320
Odeur d'éventé, cause , formation et traitement. 320
Acidité ; cause , formation et
traitement 321
Moisissure ; cause, formation
et traitement. 321
Pourriture ; cause, formation et
traitement 322
Fûts à eau-de-vie 323

CHAPITRE XIII.

VINS DE LIQUEUR.

Composition générale ; divers
procédés de vinification . . . 325
Traitement des vins de liqueur;
conservation 327
Vieillissement. 328
Clarification. 328
Imitation des vins de liqueur
avec des vins similaires . . . 328
Calabres à froid , calabres à
chaud; sirop de raisins désa-
cidulé et ordinaire. 329
Sirop vierge, sirop de sucre can-
di, de canne, etc. 330
Coloration, vieillissement divers 330

Bouquet, teinture de calament,
de calamus aromaticus , de
cachou, girofle, sureau, esprit
de goudron, infusion de café
au goudron. 331
Manière pratique d'opérer . . . 333
Vins de liqueur artificiels. . . . 336
Vermout; observations 340
Vermout au quinquina. 342
Vermout astringent et tonique
madéré. 343
Vermout musqué. 344
Vermout italien 344
Traitement des vermouts . . . 345

CHAPITRE XIV.

SPIRITUEUX.

Alcools, trois-six commerciaux. 346
Trois-six Languedoc de vin . . 346
Trois-six extra-fin. 347
Trois-six du Nord fin. 347
Emplois divers 347
Dégustation. 348
Règlement des surforces 348
Eaux-de-vie diverses ; qualité,
　　titre, logement, etc. 349
Eaux-de-vie de Montpellier. . . 349
Eaux-de-vie de pays et de Mar-
　　mande 350
Armagnac 350
Cognac 351
Grande champagne ou fine
　　champagne 351
Petite champagne. 351
Borderies ou premiers bois. . . 351
Bons bois ou deuxièmes bois. . 352
Saintonge. 352
Rochelle. 352
Différentes eaux-de-vie cotées
　　commercialement. 354
Traitement ; conservation et
　　vieillissement des eaux-de-vie. 354
Vieillissement rationnel des co-
　　gnacs; préparation des petites
　　eaux 355
Sirop vierge, opération des co-
　　gnacs. 357
Falsification des cognacs. . . . 359
Manipulation des alcools. . . . 360
Réduction de la consommation
　　des alcools en futs ; fûts im-
　　perméables 360
Dépotage et jaugeage des fûts.. 361
Construction de dépotoirs . . . 362
Types divers des futailles . . . 364
Tableau des dimensions inté-
　　rieures des fûts ou foudres à
　　eaux-de-vie, fabriqués façon

cognac, de 10 litres à 50 hec-
　　tolitres 365
Eaux-de-vie communes fabri-
　　quées avec des trois-six dé-
　　doublés 366
Substances employées à donner
　　du bouquet, du moelleux, de
　　la couleur, du rancio ou goût
　　de vieux aux eaux-de-vie com-
　　munes et pour détruire leur
　　âcreté et leur acidité 366
Fabrication du caramel fin. . . 368
Confection de divers aromates,
　　etc. 368
Opérations diverses de dédou-
　　blés. 369
Rhums et tafias ; origine et types 371
Manipulation, traitement et bo-
　　nification des rhums et tafias. 374
Calculs complets et pratiques
　　des réductions ; observations. 376
1. Manière de reconnaître la
　　quantité d'alcool pur contenue
　　dans les spiritueux 377
2. Dédoublages simples à l'eau. 377
3. Dédoublages avec des eaux-
　　de-vie faibles ; réduction de
　　cognac avec des petites eaux. 379
4. Dédoublages avec des eaux-
　　de-vie faibles pour produire
　　une quantité déterminée . . . 381
5. Remontages des eaux-de-vie
　　faibles, en prenant une quan-
　　tité déterminée 383
6. Remontages des eaux-de-vie
　　faibles en employant toute la
　　quantité donnée, sans laisser
　　d'excédant en nature. 384
7. Opérations compliquées de
　　plusieurs titres 385
8. Opérations des titres moyens. 386

Contraction des mélanges d'alcool et d'eau 387
Mouillages simples ; réduction
des spiritueux avec de l'eau
potable de 95° à 40° centésimaux ; tableaux.. 388
Alcoomètres. Des diverses manières de reconnaître le poids
ou le titre des spiritueux. . . 399
Alcoomètre centésimal, Gay-
Lussac 400
Corrections à faire subir aux
degrés indiqués par l'alcoomètre pour obtenir le degré
réel à la température de 15°

centigrades. Table servant
aux distillations d'essai des
vins et aux petites eaux de
1 a 30° 402
Table applicable aux eaux-de-
vie et trois-six. 404
Alcoomètre centésimal Gibert . 405
Comparaison des degrés indiqués par les alcoomètres de
Cartier, Baumé, Tessa, Borie.
Hydromètre de Sykes (an-
glais), avec ceux de l'alcoomètre centésimal , selon Gay-
Lussac, et leur densité (poids
spécifique) 405

CHAPITRE XV.

EXPÉDITIONS, CONDITIONNEMENT, RÉGIE.

Régie 409
Propriétaires récoltants , bouil-
leurs de crû. 410
Passavant. 411
Acquit-à-caution. 411
Congé. 413
Marchands en gros et entrepo-
sitaires 415
Livre de régie. 416
Entrées ou sorties 417
Demandes d'expédition 419
Liquoristes, marchands en gros
ou entrepositaires 420
Lois promulguées par le Gou-
vernement et votées par l'As-
semblée nationale depuis le
1er septembre 1871 jusqu'a la
dissolution de l'Assemblée. . 422
Tenue des livres auxiliaires
d'un chai 439
Grand-livre d'entrées et sorties. 441
Opérations et mutations de nu-
méros. 443
Fournitures générales 443
Journal, livre d'ordres , d'expéditions, de comptes cou-

rants et d'inventaires. . . . 443
Organisation des travaux et ma-
nipulations 445
Conditionnement de tous les
genres d'expéditions 447
Barriques ressuivies 448
Rebattage à simple barre. . . 449
Rebattage à double barre . . 450
Doubles fonds 452
Barriques pantalonnées. . . . 452
Mise sous toile 453
Doubles fûts 454
Préparations complémentaires
d'expédition 455
Bondes et esquives. 455
Marques à vignettes et à feu. . 457
Emballage. — Emballage au
paillon 458
Emballage au paillon lié . . . 459
Emballage au tortillon à la
champenoise 459
Emballage à la palette ou qua-
train. 459
Emballage aux enveloppes. . . 459
Capsulage. 461
Étiquettes et ployages 461

CHAPITRE XVI.

DESCRIPTION DES OUTILS ET USTENSILES DE CHAI.

Planche 1 (page 240) : Dégustation 462

Analyse commerciale 462

Planche 2 (p. 16) : Ustensiles d'éclairage et ouillage 463

Appareils de gerbage ou encarrassage 465

Planche 3 (p. 24) : Appareils de transvasage 466

Pompes et siphons 466

Planche 4 (p. 50) : Pompe rotative 467

Outils de fouettage et soutirage 467

Planche 5 (p. 27) : Soutirage et opérations 469

Machines à boucher 470

Planche 7 (p. 106) : Machines à boucher 471

Tirage en bouteilles 471

Planche 8 (p. 97) : Tirage en bouteilles 472

Planche 9 (p. 464) : Bouchage des vins mousseux 473

Planche 10 (p. 118) : Débouchage, pompe à transvaser, casiers à bouteilles, etc. 473

Planche 11 (p. 176) : Machines à hisser 474

Presse à lie 475

Filtre fermé 475

Planche 12 (p. 180) : Filtration et presse de lie 476

Bordeaux, imp. J. DELMAS, rue Sainte-Catherine, 139.

EXTRAIT DU CATALOGUE DES LIVRES DE FONDS

DE LA LIBRAIRIE Vᵉ PAUL CHAUMAS

※

Carte vinicole de la Gironde, dressée par M. Duffour-Duber-
Gier, gravée par Unal-Serres, augmentée d'un tableau du
classement des Vins arrêté par la Chambre syndicale des courtiers de commerce de Bordeaux. 1 feuille grand-monde, colo-
riée (1874) . . . . 6 »

La même collée sur toile et pliée dans un étui. . . . 10 »
La même collée sur toile avec gorge et rouleaux. . . . 12 »

Les Crus Classés du Médoc sont indiqués d'après leur situation topo-
graphique, et la classe à laquelle ils appartiennent est distinguée par
une couleur spéciale. Ce classement est conforme au tableau dressé par la
Chambre syndicale des Courtiers.
Les Grands Crus de vins blancs ont été l'objet d'un travail semblable.

Richesses gastronomiques de la France (Les), texte par Charles
de Lorbac, illustré par Charles Lallemand :

Les Vins de Bordeaux. 1ʳᵉ partie : Généralités, Cultures,
Vendanges, Classification, Châteaux vinicoles.

Crus classés, 1 vol. in-f° cartonné. . . . . 25 »
Le Fronsadais, 1 vol. in-f° . . . . 6 »
Les Vins de Graves, 1 vol. in-f° . . . . 8 »
Saint-Émilion, 1 vol. in-f° . . . . 8 »
Sous presse : Les Vins blancs de la Gironde.

Traité sur les Vins du Médoc et les autres Vins rouges et
blancs du département de la Gironde, par Wᵐ Franck. 1 vol.
in-8°, 7ᵉ édition, avec gravures . . . . 8 »

Analyse chimique et comparée des Vins du département de la
Gironde, par J. Faure. In-8°, avec six tableaux. 3 50

La Culture des Vignes, la Vinification et les Vins dans le
Médoc, avec un état des vignobles d'après leur réputation, par
A. d'Armailhacq. 1 vol. in-8°, 3ᵉ édition, avec planches 6 »

Guide du Consommateur de bon Vin, ou essai sur les produits
vinicoles du département de la Gironde, par Ferrier, 1 vol.
in-8° 2 50

Notice sur le Médoc, par M. Bigeat. 1 vol. in-8° . . . . 2 »

BORDEAUX.

www.ingramcontent.com/pod-product-compliance
Lightning Source LLC
Chambersburg PA
CBHW052057230326
41599CB00054B/3012